ちくま学芸文庫

スモールワールド・ネットワーク

〔増補改訂版〕

世界をつなぐ「6次」の科学

ダンカン・ワッツ

辻 竜平 友知政樹 訳

筑摩書房

スモールワールド・ネットワーク　目次

スモールワールド・ネットワーク〔増補改訂版〕 世界をつなぐ「6次」の科学

凡　例

一、本書はDuncan J. Watts, *Six Degrees: The Science of a Connected Age* (with a New Chapter, W. W. Norton & Company, 2003) の全訳である。文庫版の底本には二〇〇四年刊行の阪急コミュニケーションズ版『スモールワールド・ネットワーク』を用い、第11章、読書案内、参考文献、および索引を増補した。

一、訳者の翻訳分担は次のとおりである。

辻：序文、第1〜5章、第11章

友知：第6〜10章、読書案内

一、本文中の〔　〕は訳者による捕足である。

序文

行きたかったところに行けたためしはまずないが、行くべきところにはたどり着くものだ。
——ダグラス・アダムス（『濃いお茶の長いティータイム』*The Long Dark Tea-Time of the Soul* より）

物事は、何が幸いするかわからない。わたしがコーネル大学の長い廊下に初めて立ってからまだ一〇年も経っていないが、あの当時は、なんだって自分は地球の裏側までやってきて、わけのわからないことなんか研究しようとしているのかと、突然そこが刑務所のように思えたものだ。しかし、この短期間に世界は変化を繰り返し、わたしの周囲の世界もそれにつれて変化した。インターネットの急速な勃興に驚かされ、アジアからラテンアメリカに広がった一連の通貨危機に悩まされ、アフリカやニューヨークでの民族暴動やテロに言葉を失ったすえ、世界の人々は、さまざまな事柄の連関は予期も理解も不可能で、将来は前途多難であると知った。

だが一方で、深閑とした大学の中では、新しい科学が興りつつある。それは、周囲で起きているこうした重大な出来事に直接言及する科学だ。もっとうまい言葉があればいいのだが、われわれはとりあえずこの新しい科学を「ネットワークの科学」と呼んでいる。素粒子物理学や宇宙の大規模な構造などとはちがい、ネットワークの科学とは、現実世界の科学である。それが取り扱うのは、人々、友人関係、うわさ話、病気、流行、企業、金融危機などだ。今の時代を非常に簡単に特徴づけるならば、世界史上のどの時代よりも相互の事象の結合が高度に発達し、地球規模に拡大し、予想もつかなくなった時代だといえるかもしれない。そして、この時代、つまり「結合の時代」を理解するためには、それをどうやって科学的に説明するかを研究しなければならない。われわれにはネットワークの科学が必要なのだ。

本書は科学についての物語である。しかし、省略のない、完全な物語ではない。そんなものは一冊の小さな本に収まるものでもないし、一生かけても誰も学びきれないだろう。これはむしろ断片であり、一人の旅行者が著した奇妙で美しい世界の旅行記である。どんな場合にも、物語はある視点から語られるもので、この物語もわたしの視点から語られている。その理由は、出来事の中でわたしが一定の役割を果たしているからであり、その出来事自体が、わたしの経歴にとって中心的なものだからだ。しかし、もっと深い理由は、科学を語るということに関わっている。教科書に登場する科学は退屈なうえ、困った気分にさせられる代物だ。明らかに解けそうもない問題から議論に値しないと思える結論まで、論理が絶え間なく繰り出されるので、教科書の科学についていくのは難しい。科学は発見という行為、すなわち人類の到達点を示すものだが、その発見に至った過程は謎に包まれている。物理学と数学のコースを何年も受けた間中ずっと感じていたことは、ふつうの人にはこんなことはとうていできっこない、ということだった。

しかし、本当の科学はそんなものではない。次第にわかってきたのだが、本当の科学は、散漫で曖昧な世界で起こっていて、科学者はそれを明確化しようと躍起になっているのだ。科学の営みは、制約や悩みを抱えたふつうの人々がおこなっているものだ。本書の物語の登場人物はみな、科学者として成功しようとして懸命に働いた才能ある人々である。しかし、彼らはまた、ふつうの人間でもある。わたしは彼らとともに格闘し、しばしばともに失敗したが、何度もトライし続けてきた。われわれの論文が掲載を拒否されたり、アイディアがうまくいかなかったり、あとから考えれば自明なことなのに誤解していたり、フラストレーションを感じたり、単純に自分を馬鹿だと思うことも多かった。しかし、科学の成果が公にされ、書物で読者の目に止まるころには、その成果は何度となく手を加えられ練り上げてあるので、構築過程では存在しなかった、いわば「必然性のオーラ」というものを備えてくるようになる。これから語るのは、この作られつつある科学の物語である。

もちろん、どんな物語も無から生まれるものではない。わたしがこの本で伝えたいことは、ネットワークの科学が何に由来するのか、科学的進歩というより大きなスキームの中にどのように位置づけられるのか、そして、ネットワークの科学がわれわれの世界について何を語りうるのかである。本当はこれらについては、本書に書かれているよりももっとたくさんの言及すべき事柄がある。なぜなら、ネットワークについては以前から多くの人々が考えてきたからだ。しかし、どれだけ省略されたとしても（おそろしくたくさん省略しているのだが）、次のようなことが伝わればいいと思う。すなわち、「結合の時代」については、一つの学問領域だけで理解することはできないということ、そしてまた、どんな学問であれ、それ一つで理解することはできないということだ。問題は、本当に豊かで複雑であり、率直に言って、難しいのだ。

さらに率直に言えば、ネットワークの科学は、答えを見いだせていない。現在の科学はほとんどの場合、非常に複雑な現象を非常に単純に表現しているにすぎない。複雑なものを理解するには、単純なものから始めるというのがどんな場合でも重要だ。そして、単純なモデルから引き出された結論は、力強いだけでなくたいへん魅力的なことが多い。当惑するほど複雑な世界の微細な部分をはぎ取ると、または、問題の核心部を探究すると、結合のシステムについて学べる場合がよくある。本当の進歩を願うなら、こういうことは必要なコストであり、不可欠なことである。エンジニアが飛行機を製造するには、まず物理学者が飛行に関する基本的な原理を探究しておかなければならなかった。ネットワーク化されたシステムについても同様である。のちに、単純なネットワークモデルの有望な応用法についての考察をするが、そのとき、巨大な飛行機がどのようなものであるかについて想像してみよう。しかし、結局はわれわれは正直になり、思いめぐらしたことと科学の現状を区別する必要がある。現在の科学では説明できないことは何かを知り、では何が説明できるのかを明らかにしてみてこそ、科学は強くなる。この二つを混同する理論からは、何も得られないだろう。

ネットワークの科学は、世界についての新しい考え方を与えてくれる。その目的のために、本書は二つの物語についてまとめている。一つはネットワークの科学そのものについての物語であり、その由来と、何がどのように発見されたかに関する物語だ。もう一つは、現実の世界で起きている現象についての物語であり、伝染病、文化の流行、金融危機、組織におけるイノベーションといった、ネットワークの科学が理解しようとしてきたことについてである。これらの二つの物語は、本書全体をつうじて平行に進んでいるが、章によっては、一方より他方を強調することもある。第2章から第5章までは、大半が現実世界のネットワークを理解するための、異なるアプローチについての話である。発見のプロセスに、さまざまな学問領域がどのように貢献してきたのか、スティーブン・ストロガッツとのスモールワールド・ネットワークについての研究の過程で、わたし自身の関与がどのようにして始まったか、そして、その研究が数年のうちにどのように発展し拡張されていったかについて、述べてみたい。第6章から第9章で焦点になるのは、世界についてのネットワーク的な考え方であり、ネットワークそのものを研究対象とするよりも、伝染病、文化の流行、ビジネス・イノベーションといった問題への応用である。

各章は、前章の内容に基づいて組み立てられているが、最初から最後まですべてを読む必要はない。第1章は、本書自体の背景を示し、第2章は、その理論的背景を概観する。

もしこれらの章を読み飛ばしたければ、それでもかまわない(何かを見落とすかもしれないが)。第3、4、5章は、およそ一つのまとまりであり、特に、最近よく研究されている、いわゆるスモールワールド・ネットワークモデルとスケールフリー・ネットワークモデルを中心に、いくつかのネットワークシステムのモデルの構築とインプリケーション(その結論がどのような意味を持つのか)について述べる。第6章では、病気とコンピュータウイルスの拡散について議論するが、これまでの章のいくつかの参考文献とともに読むことができる。第7章と第8章は、社会的伝染についての話だが、文化における流行、政変、金融バブルが示唆するものは何かについても扱う。第9章は、組織の頑健性と近代企業のための教訓について論じる。そして第10章は、全体をまとめ、学問状況について概観する。

たいていの物語がそうであるように、この物語にも多くの人々が登場する。この物語には歴史があるのだ。ここ数年の間、わたしの共同研究者や同僚――とりわけ、ダンカン・キャラウェイ、ピーター・ドッズ、ドイン・ファーマー、ジョン・ジアナコプロス、アラン・カーマン、ジョン・クラインバーグ、アンドリュー・ロー、マーク・ニューマン、チャック・セーブル、ギル・ストラング――は、いつもアイディアの源泉となり、勇気やエネルギーと楽しいひとときを与えてくれた。彼らなしではこの本を書くことはできなかっただろう。書きたいことがこんなに見つからなかったろうと思えるからだ。

しかし、テーマがどんなにすばらしいものであっても、それだけでは十分ではない。ノートン社のジャック・レプチェックとペルセウス社のアマンダ・クックの励ましがなければ、わたしは、この本を書き始めることもなかっただろう。そして、ノートン社の編集者アンジェラ・フォン・ダー・リップの優しい導きがなければ、わたしはこの本を書き終えることはできなかっただろう。また、寛大な心を持つ人々に感謝したい。それは、カレン・バーキー、ピーター・ベアマン、クリス・キャルハウン、ブレンダ・カフリン、プリシラ・ファーガソン、ハーブ・ガンス、デーヴィッド・ギブソン、ミミ・マンソン、マーク・ニューマン、パヴィア・ロサティ、チャック・セーブル、デーヴィッド・スターク、チャック・ティリー、ダグ・ホワイト、それに特にトム・マッカーシーである。彼らは、いくつかの草稿をすすんで読んでくれ、コメントをくれた。ゲオルギ・コシネッツは、たくさんの図を準備するのをかなり手伝ってくれたし、メアリー・バブコックは、編集作業ですばらしく完璧な仕事をしてくれた。

さらに、マレイ・ゲルーマン、エレン・ゴールドバーグ、エリカ・ジェンらのサンタフェ研究所（インスティテュート）の人々、MITのアンドリュー・ローのほか、ピーター・ベアマン、マイク・クロウ、クリス・ショルツ、デーヴィッド・スタークらのコロンビア大学の多くの人々。彼らはわたしに自由を与え、彼ら自身の利益になるかはわからないような場合でも、わたしの利己的な関心を追求するのを支持してくれたことに深く感謝したい。国立科学財団（グラント0094162）、インテル・コーポレーション、サンタフェ研究所、コロンビア地球研究所は、サンタフェとニューヨークでの研究途上にある一連のワークショップ——

ここから多くの共同研究やプロジェクトが生まれた――のほか、わたしの教育と研究を金銭的にサポートしてくれた。しかし、わたしが制度的にも個人的にもとりわけ多くの有益な影響を受けたのは、次の二人からだった。まず、スティーブン・ストロガッツだ。彼は、数年にわたって精神的な支えとなり、なにものにも代えがたい大切な共同研究者で、よい友人である。そして、もう一人がハリソン・ホワイトだ。彼は、わたしをコロンビア大学に引っ張ってくれ、最初にサンタフェ研究所へのつながりをつけてくれ、そして、最終的にわたしを社会学に引き寄せてくれた。この二人がいなかったら、このような仕事はできなかっただろう。

そして、最後にわたしの両親。子供に対するしつけがその人の人生に対して与える影響について考えをめぐらすのは、ばかばかしいことかもしれないが、わたしの場合はいくつかはっきりした影響があると思う。わたしが最初に知った科学者は父であり、独創的な研究をすることの喜びと苦悩を教えてくれ、この本が完成するまでのあらゆる過程において、父ならではのやり方でわたしに刺激を与えてくれた。一方、母は子供だったわたしに書き方を教えてくれただけでなく、アイディアが力を発揮するのは、それが人々に理解されたときだということを、はっきりとわからせてくれた。そして、両親のさりげなくもすばらしい人生を見ていて、わたしはできるかどうかわからないことをやってみる勇気をもらった。この本を両親に捧げたい。

二〇〇二年五月　ニューヨークにて

ダンカン・ワッツ

第1章　結合の時代

一九九六年の夏は暑かった。アメリカ中で水銀計は記録的な温度まで上昇し続け、この気候が予測不可能であることを無言のうちに示していた。家は暑さから逃れるための要塞と化し、人々はそこに立てこもり、冷蔵庫にものを詰め込み、エアコンをまわし、記録的なほど長時間、ぼーっとテレビを見続けた。実際、どの季節でどんな天候だろうが、厳しい環境をそよ風のようにさわやかにしてくれる機器や設備やサービスに、人はますます頼るようになっている。娯楽や私生活での自由をより一層享受でき、実際の快適感を生み出すものの発明には限度というものがなく、そのためにいくらエネルギーを使おうと使いすぎることはない。リビングルームほどの広さの車内を温度調節できる乗り物から、広大な規模のショッピングモールに至るまで、そのための努力も費用も、惜しまれることはない。かつてはなかなか思いどおりにならず、今でも時折高慢な態度を取る地球が課してくる厳しい試練に対して、現代のアメリカは改革をおこない続けている。

このように文明のエンジンを絶え間なく駆動して、人類のどんな発明にも劣らず生活を大きく変化させたのが、送電システムである。発電所と変電所をつなぐ高圧線の巨大なネットワークは、クモの巣のように北米大陸に広がっている。田舎道沿いの木々の上でたわみつつも、アパラチア山脈の峻険な尾根を乗り越え、西部の果てしない平原を隊列を組んで行進する電力送電網は、経済にとって生命をつなぐ血流であり、同時に文明社会の弱点でもある。

前世紀の大半に巨額の費用をつぎ込んで構築された送電システムは、ほぼ間違いなく、近代世界のもっとも重要な技術的産物である。ハイウェーや鉄道よりも普及し、自動車、飛行機、コンピュータよりも重要なものである電力は、どのテクノロジーにも連結してその基幹をなし、現代の産業・情報体系の基盤となっている。電気がなければわれわれはほとんど何もできず、何も使えず、何も食べられない。生活できたとしても、今よりはるかに高くついて不便になるだろう。電気は、生活においてあまりにも本質的なものであるから、それなしで生きることなど想像すらできない。もし電気のない生活を余儀なくされたら、ニューヨークが一九七七年に恐ろしい二五時間を体験したように、もっとも根本的なところで、非常な混乱をきたすだろう。[訳注1]当時、コンピュータはまだそれほど普及しておらず、自動車、工場、家電製品などは今日と比べるとはるかに電子化が進んでいなかったが、予期できない小さなミスと、システムの弱点とが重なった結果生じた停電のため、ニューヨークは暗闇に包まれ、九〇〇万人の住民が混乱し、略奪とパニックが起きた。明かりが戻って瓦礫が除かれたあと、損害額は三億五〇〇〇万ドルにのぼることがわかった。この大惨事が政治家や規制当局などに対する警告となって、彼らは再発予防を誓い、数多くの厳しい条例を制定した。その後わかったことは、複雑に結合した世界ではたとえ最良の計画でさえも、沈みだしたタイタニック号に対して対策を講じるのと同じように、無駄な営みだということである。

ハイウェーシステムやインターネットといったインフラストラクチャーと同じように、送電網は万人に電気を供給するために、いくつかの地方のネットワークをつぎはぎして、より大きな結合をなしたものである。行政単位の中で最大のものは、およそ五〇〇〇の発電所と一万五〇〇〇の送電線からなる西部地域システム調整評議会（ＷＳＣＣ）――ロッキー山脈より西のメキシコ国境から北極圏までのすべての人とモノに電気を供給する電力生産者と供給者のコングロマリット――の送電網だ。一九九六年八月の灼熱の中、エアコンをまわす人も、裏庭のバーベキューで冷たいバドワイザーを飲む人も、その送電網から電気を引き出していた。夏の休暇に東へ行きたがらない旅行者たちが、ロサンゼルス、サンフランシスコ、シアトルといった海岸沿いの都市をぶらついていたため、それでなくともすでにふくれあがっていたこれらの都市の人口はさらに一時的に増加し、過重の負担を強いられた古い電力ネットワークは、限界まで酷使されていた。

山火事を引き起こす電線のスパークと同じように、八月一〇日に起こった危機の始まりは、たいした出来事ではなかった。だから、そのときはまだ驚くべきことにはなっていなかった。オレゴン州西部のポートランド市の北の一本の送電線がたわみ、剪定されていなかった木に当たって、発火した。それはよくあることだった。これはまずいとすぐに気づいても、大災害からはほど遠いと思ったボンネビル電力事業団のオペレーターたちは、ほとんど対応に動かなかった。しかし、その直後、驚くほどの速さでまったく予期せぬ出来事が生じた。

送電が途絶えたのは、キーラー－オールストン間で、シアトルからポートランドまで電気を運ぶ送電線群の一本だった。そこで自動制御機能がはたらいて、途絶えた線の分の負荷はこの区間のほかの送電線に切り替えられた。ところが、不幸なことにほかの送電線もすでに限界量ぎりぎりを運んでいたため、その負荷が大きすぎた。一つまた一つと、ドミノ崩しが始まった。最初は隣接するパール－キーラー間の線で供給が停止された。その五分後、セント・ジョーンズ－マーウィン間の線が中継の誤作動で途絶え、それに続いて、カスケード山脈の東から西に向かって機能停止が起こり、電圧が大きく振動して、システムを危機の崖っぷちに立たせた。

めいっぱい負荷がかかると、電線は熱を帯びて伸びる。八月までに、木々は大きく成長していた。最後の鉄槌が振り下ろされたのは、午後四時ごろだった。熱い太陽のために、負荷の軽かった線までが垂れ下がり始めてしまったのだ。ひどく酷使されたロス－レキシントン間の線が伸びて垂れ下がり、二時間前のキーラー－オールストン間の線のように、あたり一面に生えている木の一本にふれた。この最後の一撃が、近くのマクナリー発電所の発電機には大きすぎた。保護機能がはたらいて、一三台の発電機すべてが止まってしまったのだ。システムが対応できる不測の事態の範囲を超えてしまったからだった。最初の電圧の振動が始まってから七〇秒後、カリフォルニア‐オレゴン間をつなぐ三つの線――これが電気を西海岸の南北に運ぶボトルネックだった――は、電力輸送を停止してしまった。

電力についての基本的な決まりごとの一つは、備蓄が困難であるということだ。携帯電話やノートパソコンなら何時間かバッテリーで動かすことができるが、これまでのところ、いくつもの市を駆動するようなバッテリーを作る技術は開発されていない。結局、電力は、必要なときに生産され、必要なところにすぐに輸送するしかないのだ。逆にいえば、電気は一度生産されるとどこかに行くしかなく、北カリフォルニアに向けて流れていた電力は、どこかに行かねばならなかった。つながりが切断されることによってカリフォルニアから切り離され、ワシントン州から東に、次に南に向かって、電圧の一時的な急上昇が、アイダホ、ユタ、コロラド、アリゾナ、ニューメキシコ、ネバダ、南カリフォルニアを津波のようにおそった。何百もの送電線と発電機が止まり、西部のシステムは四つの孤立した島に分断されてしまった。その夜、サンフランシスコの街の地平線は暗かったが、幸いにも暴動は起きなかった。ニューヨークの住民と違った、サンフランシスコの住民の何らかの特質を物語っているのかもしれない。しかし、「カスケード故障」〔雪崩を打つようなドミノ的システム崩壊〕によって、一七五の発電施設が停止し、原子炉などいくつかは、再稼働までに数日を要した。その損害額は二〇億ドルにものぼった。

どうしてこのようなことが起こったのだろうか？　ボンネビル電力事業団のエンジニア

と調整評議会は直ちに調査を開始し、一〇月半ばごろに詳細な被害報告書を提出した。基本的な問題は、電力使用者が過剰にふえ、過少なものから過剰な要求をしたことだった。その一方で報告書は、メンテナンスがずさんだったことや、警告サインに注意を払わなかったことを含めて、いくつかの要因を挙げた。ツキの悪さという要因もあった。システムを緩衝する設備のいくつかはメンテナンスのため、あるいはサケが卵を産む河川では、水力発電のせいで発生する流出物を制限する環境規制のため、停止していた。報告書は最後に、システム内部での相互依存性についての理解が不十分であったことを指摘した。

ここで注目すべきことは、何といってもコメントの最後の部分である。なぜならそれは、システムにおいて故障を引き起こしうるものは何か、という疑問を提起しているからだ。送電網のようなシステムの難しさは、それが数多くの要素から成り立っているという点にある。その要素の個別の動きはたいへんよく理解されているのだが（発電に関する物理学は一九世紀の産物だ）、それらが集まったときの動きは、フットボールの群衆や株式市場の投資家のように、ある時には秩序だっているが、ある時には混乱したり破壊的であるといったふうに、混沌としている。一九九六年八月一〇日に西部をおそったカスケード故障は、単純に足し算すると危機に至るような、独立したランダムな出来事がつらなったものではない。むしろ、最初の故障によって後続の故障が起こりやすくなり、そして実際に故障が起こると、さらに次々と故障が起こりやすくなるといったものなのだ。

しかし、問題は以上で述べたことにつきない。もう一つの問題は、ある条件の下での故障は大事につながることがなく、別の条件の下では大災害につながるということを、正確に理解しなくてはならないということだ。たった一つの故障ではなく、故障が組み合わさることで生じる結果について考える必要があるわけだが、これは本当に難しい問題だ。カスケード故障の問題が難しいのは、八月一〇日の供給停止ではっきりと見られたことであるが、発電機に中継保護機能を設置することにより、つまり、個々の機器がひどいダメージを受ける可能性を減らすことにより、設計者は図らずも、システムが全体として大規模な崩壊を起こしやすくしてしまったという点にあるのだ。

複雑なシステムを考える

そのような問題をどうすれば理解できるのだろうか？　まず初めに、複雑に結合したシステムとは何かについて検討しよう。たくさんの要素を集めて組み立てたシステムと、単なる独立した要素の寄せ集めとでは、結果的に何か決定的な違いがあるのだろうか？　どうして指揮者がいるわけではないのに、ホタルの群の発光や、コオロギの鳴き声、ペースメーカー細胞の鼓動のリズムは、同期(シンクロ)するのだろうか？　どうしてごく一部の地域で発生した病気が伝染したり、新しい思想が流行したりするのだろうか？　個々の投資家は分別があるのに、その投資戦略からどうして投機的なバブルが生じるのか？　そしてまた、バブルがはじけたとき、そのダメージはどのように金融システムに広がっていくのか？　送電網やインターネットのような大きなインフラストラクチャーのネットワークは、ランダムに発生する故障や、周到に準備された攻撃に対して、どのくらい弱いのか？　規範や慣習はどのようにして生じ、人間社会の中で持続するのか、そして、それはどうやって覆されたり取り替えられたりするのか？　情報の集中貯蔵庫にアクセスできない場合、この複雑すぎる世の中で、われわれは、どのようにして人や資源や解決策を突きとめればよいのだろうか？　ある企業で、誰一人、問題解決のための十分な情報を持ち合わせておらず、会社が直面する問題を十分理解してもいない場合、どうやってその企業は活路を開き、改革をうまくやっていけるのか？

　これらの問題はそれぞれ異なって見えるかもしれないが、すべて同じ問題のさまざまな変種（バージョン）なのだ。それは、個々の振舞いは、どのように集合的行動に集積されるのか、という問題である。単純な問いだが、これはすべての科学においてもっとも根本的で広く共有された問題だ。たとえば、人間の脳はある意味で、一兆個ものニューロンが結合して電気化学反応を起こす一個の大きな塊りとなったものといえる。しかし、塊りを有する誰にとっても、脳は明らかにそれ以上のものだ。意識、記憶、パーソナリティなど、ニューロンの集積という言葉では単純に説明できない特性を表すからだ。

　ノーベル物理学賞受賞者のフィリップ・アンダーソンは、有名な一九七一年の論文「多は異なり」(More Is Different) の中で、物理学は基本粒子を区別して、その個別の振舞いや相互作用を記述したり原子の大きさを測ったりするのにはまずまず成功していると述べている。しかし、いくつかの原子をひとまとめにして集めると、事態は突然まったく異なってくる。だからこそ、化学は物理学の単なる一分野ではなく、独自の科学なのだ。有機体の連鎖をさらにのぼっていくと、分子生物学は単純に有機化学に還元できないし、医学は分子生物学の直接的な応用を超えたものだ。有機体同士の相互作用というより高いレベルになると、生態学や疫学から社会学、経済学に至るまで、多くの学問があり、それらは独自の規則と原理を持っていて、心理学や生物学の知識だけには還元できない。

何百年も拒否し続けたすえに、近代科学はようやくこのような方法で世界を見ることを受け入れるに至った。一九世紀の偉大な数学者ラプラスの夢は、十分な能力を持った計算器で攪拌し、基本をなす粒子単位の物理学に還元すれば、世界は完全に理解可能になる、というものだった。この夢は、前世紀の大半の間、科学という舞台で生き長らえたが、シェークスピアの演劇に出てくる瀕死の登場人物のように、終幕の直前に独白しながら息絶えた。その代わりに今何があるのかというと、あまりはっきりしない。まず極めて明白なのは、いくつかのものをひとまとめにすると、単なるまとまり以上のものになるのではないか、というアイディアだが、しかし半面、このアイディアについてはそれ以上ほとんど進歩がないと気づくと、これがいかに困難な設問かを痛感せざるを得ない。

問題を難しくしているもの、そして複合システムを複雑にしているものは何かというと、全体は部分の単純な総和ではないということだ。むしろ、それらの部分自体は極めて単純な要素でもお互いに作用し合っていて、その相互作用によってはこちらが当惑するような振舞いをすることがある。最近のヒトゲノム配列の研究によると、人間の生命に関わる基本的なコードは、たった三万個の遺伝子からなっていることが明らかにされた。この数は誰もが思っていたよりずっと少ない。では、人間という生物の複雑性は何に由来するのだろうか？　明らかに、ゲノムの個々の要素が複雑だからではない。ゲノムはこれ以上簡単にできないほど簡単だからだ。また、その数の多さのせいでもない。数は、もっとも下等な有機体と比べてさえ、それほど多いわけではないからだ。遺伝的特性というものは、個々の遺伝子によって表されることはほとんどない。人間集団と同じように、一つ一つの遺伝子は同定できる個別の単位として存在するが、それらは相互作用によって機能し、対応する相互作用のパターンによって、ほとんど数限りない複雑性を表現することができる。

　では、何が人間に特有のシステムなのだろうか？　遺伝子の相互作用が生物学の要諦だと考えるなら、社会の中の人々や経済の中の企業といった、さらに複雑な要素の組み合わせについては、理解することができるのだろうか？　もちろん、それ自体が複雑なもの同士が相互作用を起こせば、手に負えないほどの複雑さが生まれるだろう。人間は概して気まぐれで混乱しており、予測できないものではあるが、そのような人間が多く集まると、幸運なことに、ときには複雑で細かい部分の多くを無視して基本原理を理解できることがある。これが複雑なシステムの持つ別の面だ。個人の行動をつかさどる規則を知ることは、必ずしも大衆の行動を予測するのに役立たないが、個々人のパーソナリティや性質をほとんどまったく知らなかったとしても、大衆行動は予測できるのだ。

　このことを示す逸話がある。数年前、イギリスでは電力エンジニアたちが、需要の高まりが一定程度同時（シンクロ）に生じることを不思議に思っていた。それは一度に数分間だけの現象だったが、国中の多くの送電網で同時に起こり、供給が追いつかないほど電気が消費された。しかし、彼らはついにその理由を突き止めた。国中がテレビにかじりついて、その年のサッカーのチャンピオンシップを見ている最中に、これまでで最悪の需要上昇が起こったからだ。ハーフタイムのときに、サッカーファンである国民全体がまさに同時に、紅茶を淹れるためにやかんを火にかけたのだ。イギリス人は他の国民と同様、個々人を取ってみれば理解しがたいが、電力需要の上昇を理解するには、個々人について知る必要はなかった。彼らは、サッカーと紅茶が好きなだけなのだ。この場合、個人について極めて単純に表象するやり方が、たいへんうまくいったのである。

　したがって、大きなシステムの中での人々の相互作用は、個々人が持っている複雑性を合わせたよりもずっと大きな複雑性を生み出すこともあるが、ずっと小さいこともある。いずれにせよ、集団遺伝学や地球規模の政治改革の波といった例に見るように、人々の相互作用の仕方によって、集団、システム、人口などの面で創発する（emerge）、新しい現象が引き起こされることがある。しかし、送電網のカスケード故障についていえば、正確に理解できているわけではない。特に、大きなシステムにおいて、われわれが注意を払うべき個々の要素間の相互作用のパターンとは何だろうか？　これについては、まだ誰も答えを持っていない。しかし近年、研究者たちは先陣を争っている。物理学から社会学まで、あらゆる分野における数十年にわたる理論と実験に基づいて、新しい科学であるネットワークの科学が、生まれようとしている。

新たなネットワークの科学

ある意味では、ネットワークほど単純なものはない。骨の髄まで引きはがしていけば、ネットワークはあるやり方で互いに結合し合ったモノの集まりでしかない。半面、ネットワークという用語を純粋に一般化しようとしても、きちんと定義しにくい。これが、ネットワークの科学が重要な企てである理由の一つでもある。友人間のネットワークや大組織のネットワークの構成員、インターネットの通信回線間をつなぐルーター、脳内でのニューロン発火、どれについても取り上げることができる。これらのシステムはすべてネットワークであるが、どれもいろいろな意味でまったく違ったものである。ネットワークについて語る言語――ネットワークとは何かだけでなく、世界にどれほど多様なネットワークがあるかをも記述するのに足る正確な言語――を構成することによって、ネットワークの科学は、この概念に真の分析力を与えているのだ。

しかし、これはそんなに新しいものだろうか？　プロイセンのケーニヒスベルク市にあった七つの橋すべてを一度だけ通ってもとの場所に戻ってこられるかという問題は、グラフに置き換えて定式化できると、もっとも偉大な数学者の一人であるレオンハルト・オイラーが一七三六年に気づいた。それ以来、ネットワークはグラフと呼ばれる数学の対象として研究されてきたではないか、と数学者たちは言うだろう（オイラーは、それまで解けなかったその問題を偶然に解いたのだった。そしてそれがグラフ理論の最初の定理となった)。オイラー以来、グラフ理論は着実に成長し、数学の大きな一分野となり、今では社会学や人類学、エンジニアリングや計算機科学、物理学、生物学、経済学にまでも広がっている。どの学問分野においても、ネットワーク理論の独自の変種が見られるのは、それぞれの分野によって個々の振舞いの集合行動への集積の仕方が違うからだ。それでもなお、根本的な問題が残っているのは、なぜだろうか?

この問題の核心は、これまではネットワークとは、純粋な構造を持った対象であり、その特性は遅かれ早かれ安定すると見られていたことにある。これらの仮説は、真実からはほど遠い。第一に、現実のネットワークは個々の構成員からなる集団の表れであり、その中の個々人は権力を生み出したり、データを送ったり、決定を下したりというように、実際に何かをおこなっている。ネットワークをなす要素間の関係の構造は確かに面白いが、それが原理的に重要なのは、個別にとる行動が、ほかの個別の行動やシステム全体の振舞いに影響を及ぼすからだ。第二に、ネットワークとは動的な対象である。ネットワークのシステムの中で物事が起こるからというだけでなく、ネットワークそのものが、それを構成する要素の活動や決定に突き動かされて、時とともに展開、変化するからだ。つまり、結合の時代においては、何がどのように起こるかは、ネットワークに左右される。逆にネットワークも、すでに起きたことに左右される。こういったネットワークの見方、つまり、進化を繰り返しみずからを再構成し続けるシステムの統合体という見方こそが、ネットワークの科学の真に新しい点なのだ。

　しかし、このようにより全体的にネットワークを理解することは非常に難しい。それはそもそも複雑であるだけでなく、通常は専門性や学問領域からは切り離されている、異なる種類の特殊な知識が必要だからだ。物理学者や数学者はものすごい分析力と計算力を備えているが、概して個人の行動や制度的誘因、文化規範について多くの時間をさいて考えることはない。一方、社会学者や心理学者、人類学者はそうしたことを考えている。彼らはこの半世紀ほどの間、ネットワークと社会の関係について、ほかの誰よりも注意深く考えてきた。そして今やこの問題には、生物学からエンジニアリングまで、驚くほど広い範囲の問題が関係していると考えられている。しかし、数理科学における同種の研究のような派手な理論がなかったため、社会科学者は数十年の間、壮大なプロジェクトを前にして立ち止まったままだった。

　したがって、もし新たなネットワークの科学を成功させようとするならば、あらゆる学問分野から、このテーマに関心と理解のある研究者を結集しなければならない。手短にいえば、ネットワークの科学は独自の主題を表明するものにならなければならない。つまり、科学者のネットワークが、個人や一学問では解けない問題を集合的に解決するということだ。だが、きつい課題だ。これをいっそうやっかいにしているのが、長い間科学者を分離してきたバリアである。異なる学問間では専門用語はたいへん異なっているし、われわれ科学者は、お互いを理解することにしばしば困難をおぼえる。われわれ一人一人のアプローチもまた異なっているから、他者がどのように話すかだけではなく、他者がどのように考えるかも、学ばねばならない。しかし、これはもう現実に始まっている。ここ数年間、結合の時代を記述し、説明し、究極的には理解するための新しいパラダイムを求めて、世界中で研究と関心が高まった。まったく道遠しではないものの、まだ到達点に達したといえる段階にはない。しかしこのあと述べるように、われわれはエキサイティングな進歩をとげつつあるのだ。

同期(シンクロ)はなぜ起こるのか

この物語の中でわたしが一役を演じるようになったのは、多くの物語がそうであるようにおよそ偶然のたまもので、場所はイサカだった。オデュッセウスの神話上の故郷と同じ名を持つ、ニューヨーク州北のこの小さな街イサカから物語を始めるのがいいだろう。しかしそのころ、プロメテウスとヘラクレスという神々以外にオデュッセウスについてわたしが知っていたことといえば、小さなコオロギのことだけだった。そしてコオロギこそが、コーネル大学の大学院時代に、わたしがアドバイザーのスティーブン・ストロガッツとおこなっていた実験の題材だった。数学者のストロガッツは数学者としてのキャリアをスタートさせたかなり早い時期から、数学そのものよりも数学を生物学や物理学や社会学の問題に応用することにより関心を持っていた。一九八〇年代前半、プリンストン大学の学部生だったころから、彼はほかの分野の研究にも数学を引っ張り出さずにはいられなかった。

社会学の課題では、ストロガッツは学期末のレポートを書くよりも数学のプロジェクトをさせてほしいと講師を説得した。講師は承諾したが、困惑していたらしい。社会学概論で、どんな数学をやろうっていうんだ？　ストロガッツは恋愛関係を研究することにした。簡単ないくつかの方程式を立てて解き、恋人同士の相互作用を記述してみせた。具体例としたのは、ロミオとジュリエットである。ありえないような話だが、それから一五年以上ののち、ミラノでの学会でストロガッツの研究に興奮したイタリアの科学者がわたしのところにやってきて、イタリアのロマンス映画のあらすじにその研究を応用してみる、と言っていた。

ストロガッツはその後マーシャル奨学金を取り、偉大なG・H・ハーディの『ある数学者の弁明』という回想録の中で不朽の名声を与えられた、ケンブリッジ大学の数学の優等卒業試験（トライポス）を作成する仕事を引き受けた。だが、彼はその仕事があまり好きではなく、故郷に帰り、本当にやりたい研究をしたいとじきに思うようになった。幸運なことにストロガッツは、数理生物学者のアーサー・ウィンフリーと出会った。ウィンフリーは脳内のニューロン発火、心臓で脈を打つペースメーカー細胞、ホタルの発光といったリズミカルなサイクルである生物学的振動子研究のパイオニアだった。ウィンフリー（偶然にも彼はかつてコーネル大の学生だった）は、すぐにストロガッツにキャリアへの道筋をつけてやった。人間の心臓のスクロール波の構造を分析するプロジェクトでの共同研究である。スクロール波とはペースメーカー細胞の中で発生する電気の波で、心筋を伝わって広がり、鼓動を刺激し調整するものである。これを理解するのが重要なのは、スクロール波はときどき止まったり一貫性を失ったりして、一般に不整脈と呼ばれる破壊的な潜在力をもつ事態を起こすからだ。アーサー・ウィンフリー以上に心臓のダイナミクスを理解していた研究者はいなかった。ストロガッツはそのプロジェクトをすぐにやめてしまったが、生物のシステムにおける振動とサイクルの研究は続けることにした。

ハーバード大学での博士論文で、ストロガッツは人間の睡眠と起床のサイクルについての包括的で（本当に疲れる）データ分析をおこなった。この研究は、たとえば地域別標準時間帯を越えて旅行する際に生じる時差ボケの経験と関わる、二四時間周期のリズムのコードを解明しようとするものだった。成功はしなかったが、この経験から生物のサイクルをもっと数学的に研究したいと、ストロガッツは考えるようになった。それはちょうど、ボストン大学の数学者レネ・ミロロと仕事を始めたころだった。日本の物理学者である蔵本由紀の仕事に触発され（蔵本は、ほかでもないアーサー・ウィンフリーに触発された）、ストロガッツとミロロは「蔵本振動子」と呼ばれる単純な振動子（発振器）の数学的特性について、影響力のある論文をたくさん書いた。彼らを含めて多くの人々が関心を持っていた本質的な問題は、同期の問題だった。どのような条件下で、複数の振動子は同期的発振を始めるのか？　この本に登場する多くの問題と同様、多くの人間の相互作用からある大域的な行動が創発するのはなぜかを考えるにあたって、これは本質的な問題である。発振の同期は単純で明確な創発の一種であり、一般に漠然としたテーマでも、部分的

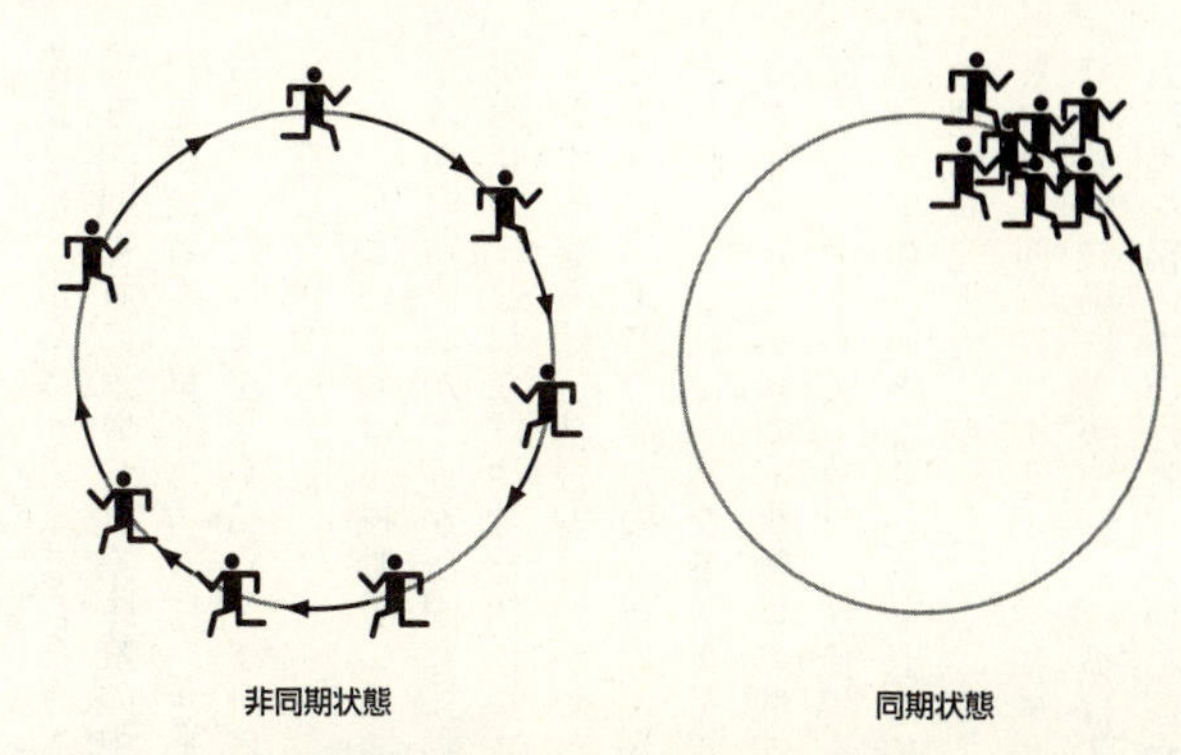

図1-1　2つの振動子（発振器）を円形のトラックを周回する走者として視覚化した図。2つの振動子が強く組み合わされるとき、彼らは同期する（右図）。さもなければ、システムは非同期状態へ向かう（左図）。

にはこの創発によってきちんと理解できる。

円形のトラックで周回を重ねる走者の集団の絵がある（図1-1）。それが近所の運動場のトラックを走る日曜午後のジョギング愛好家だろうが、オリンピックの決勝でメダルをかけて競走するアスリートだろうが、状況にかかわらず、集団の成員同士の身体能力は違っているものだ。つまり、彼らがめいめいに走れば、平均よりも速いラップを刻む人もいれば、遅い人もいる。したがって、こう考えられるかもしれない。生来の身体能力の違いがあるから、走者はトラックに均一に散らばった状態になる。ときには、たいへん速い走者は遅い走者を一周抜いたりする。しかし、われわれは経験から、そういうことがいつも起こるとは限らないと知っている。日曜午後のジョギング愛好家たちは、お互いに何ら注意を払い合わないから、図1-1の左側の図のように、散らばったままだろう。しかしオリンピック競技では、それぞれの走者はいつでも先頭走者に追いつける距離の中にいようとする強いインセンティブを持っていて（また先頭走者も、早くに疲れてしまわないようにと同様のインセンティブを持っていて）、お互いに大きな注意を払い合うから、結局（右側の図のように）ひとまとまりのパックになってしまうのだ。

パックというのは、振動子の用語でいえば、同期した状態を表している。そして、システムが同期するかどうかは固有振動数（個々人のラップタイム）の分布と、結合力（走者がお互いにどれだけ注意を払うか）の両方に依存する。もし全員が同じ能力で一緒にスタートするならば、結合力にかかわらず走者らは同期する。たとえば一万メートル走の決勝のように、走者の能力の分布の幅が広いと、一緒に走ろうとしてもパックは解消し同期は失われる。これは単純なモデルだが、ペースメーカー細胞をはじめホタルの発光、コオロギの鳴き声といった、生物学の興味深いシステムの多くを表現するうえですばらしいものである。ストロガッツは、超伝導を起こすジョセフソン接合の配列——いつか次世代コンピュータの基礎となるかもしれない、非常に速いスイッチ——といった、物理システムの数理的研究をおこなった。

一九九四年にコーネル大学にやってきたころには、ストロガッツは連成振動力学の分野で主導的立場に立っていた。彼はすでに非線形力学とカオスについての決定版と言うべき入門書を書いていたし、若いころからの夢だった、すぐれた研究をおこなっている大学での終身在職権（テニュア）を獲得していた。教育と研究に関する賞ももらっていたし、プリンストン、ケンブリッジ、ハーバード、MITといった世界最高峰の大学で研究し、働いていた。三十代半ばにして輝かしい経歴を持っていたのだ。しかし、ストロガッツは退屈していた。不幸にも一〇年の間、彼はほとんど同じようなことをやってきて、自分がやりたかった学問領域の一角をすでにマスターしたと感じていた。そこで彼は、新しい探求を始めようとしていた。

わたしとストロガッツとの最初の出会いは、彼がまだMITにいたころで、わたしはコーネル大学の大学院一年生だった。多くの大学院生のように、わたしは大学研究者としての一生という夢を描いていたが、現実は甘くなくぱっとせずかなり幻滅していた。わたしはコーネル大よりもよいところに行こうと決心していた。そのころわたしの学部で講演をおこなったのがストロガッツだった。それは、わたしが初めて本当に理解できたと思えた講演だった。そこでわたしはストロガッツに声をかけ、新しいリサーチアシスタントを取るつもりはないかと尋ねた。すると彼は、実はコーネル大の、しかもわたしの学部にやってくるのだと答えた（つまり講演は、彼の就職口頭試験の一部だったのだ）。それでわたしは、コーネル大にとどまることにした。

ちょうどそのころわたしの学部では、大学院生に課す手続として、初年度の終わりにあたり学部四年間と大学院一年目をとおして習得したはずの基礎的な事柄すべてについて、実践的知識をテストする資格試験「Q試験」を実施することになっていた。これは口頭試験で、学生は一人ずつ全教授が居並ぶ部屋に入って、教授たちから質問を浴びせられ、黒板を使いながら答えなければならなかった。試験にパスすれば、博士号取得まで研究を続けることを許され、さもなければ……。でも、実際は落ちることはなさそうだった。しかし当たり前のことだが、かなり恐ろしい経験だった（その恐怖のほとんどは、何か落ち着かないという程度のものではあったが）。ところが運悪く、ストロガッツにされた質問は、わたしがまったく勉強していない問題だった。数分間、わたしは黒板の前でタップダンスをしているような気分だった。わたしが準備不足なのはまったく明らかだった。寛大にもそれ以上の辱めは受けずにすみ、次の問題に移った。幸運なことに、ほかの問題はうまくこなせ、わたしは合格してほっとした（全員合格したのだが）。一、二週間後、いまだによく理解できない学科のゼミのあと、ストロガッツがわたしのところにやってきた。驚いたことに、一緒に仕事をやらないかと言ったのだ。

退屈気味の教授と困惑気味の学生とが組んだようなコンビは、完璧だとはとうてい思えないだろう。だが、完璧だった。それから二年以上、われわれはたくさんのプロジェクトに取り組み、数学に関する哲学を論じ合った——言っておくが、それは存在論的なことでなく実用的な議論である。どの問題が興味深いか、そしてどれが難しいか。誰の研究が称賛に値するか、そしてそれはなぜか。技術に精通するのは、創造性と大胆さに比べてどれほど重要か。よく知らない分野の研究を始めるにあたり、先行研究を学ぶのにどのくらい時間を費やすべきか。つまり言い換えれば、面白い科学をするとはどういうことなのか。

哲学の場合にうすうす感じていたように、解答よりも疑問をとおして考えるプロセスこそが重要であり、後続する仕事に深く影響を与えるのだ。あれこれとやりながら、われわれは友人になり、わたしはコースを終えることができた。そして、唯一の明確なプロジェクトに取り組まずにすんだおかげで、ただ単にできそうなことよりも、本当にやりたいことは何かについて、われわれはじっくりと考えることができた。それが見違えるほどの成果を生むのである。

人があまり歩かない道

行きついた最後のプロジェクトとして、われわれはほかでもないコオロギについて研究していた。バカみたいな研究に思えるかもしれないが、スノーツリークリケットという特定の種類のコオロギは一定の鳴き方をし、また、（ペースメーカー細胞やニューロンと違って）きちんと行動してくれる被験体なので、生物的発振器としてはほぼ理想的なものだ。われわれは、ある特定の種類の発振だけが同期するという、もともとウィンフリーによって提案された数学的仮説を検証しようとした。スノーツリークリケットは非常にきちんと同期するので、それがどんな種類の発振なのかを実験的に定義し、理論的予測が正しいかどうかを確かめてみるには、自然なやり方だと思われた。

驚くことではないが、コオロギには生物学者も関心を持っている。鳴き声によって本能的につがいが形成され、それが生殖の成功に関わっていると思われるから、大域的な同期を導くメカニズムは生物学的にも重要な問題だ。結局、ストロガッツとわたしは昆虫学者のティム・フォレストと仕事をすることになった。わたしは晩夏の幾夜かをフォレストとすごし、前述のオデュッセウスのコオロギを探して、コーネルの広いキャンパスの木々をよじ登った。コオロギをかき集め、防音室に一匹ずつ入れ、スピーカーとマイクロフォンを装備したコンピュータを使ってそのコオロギに鳴き声を聞かせた。そして、コンピュータが与える正確に時間計測された刺激に対する反応を、録音した。こうしてわれわれは、コオロギがどのくらい先走ったり遅れたりするのかは、そのコオロギがほかのコオロギ——この場合はコンピュータの中のコオロギ——の鳴き声を自然のサイクルのどの時点で聞いたかに依存していることを、示すことができた。

しかし、それは簡単な実験だった。われわれが考案した実験状況、すなわち、防音した部屋に隔離された一匹のコオロギが、コンピュータからときどき発せられる刺激にあわせて鳴くという状況は、きわめて人工的なものだ。現実の世界では、そんなことは絶対に起こるまい。一群のコオロギたちがお互いの鳴くのを聞いて応答し合うだけでなく、どの藪や木にも概して多くのコオロギがいて、どのコオロギも同じことをやっている。わたしの心の中に引っかかった疑問は、どのコオロギがどのコオロギの声を聞いているのかであった。もちろん、すべてのコオロギに手がかりを与えるコオロギのボスがいるわけではない。しかし、それならどうしてコオロギはあんなにうまく同期するのだろうか？　コオロギは、ほかのすべてのコオロギが鳴くのを聞いているのか？　そうではなくて、どれかたった一匹なのだろうか？　あるいは、何匹かなのだろうか？　もし構造というものがあるとすれば、全体にどんな構造があり、その構造はどのように作用するのだろうか？

そのころのわたしは、何にでもネットワークを見出すことにはまだ慣れていなかったが、それでも振動子理論の用語で「結合位相」と呼ばれる相互作用のパターンは、ある種のネットワークを連想させた。また、ネットワークで表されるどんな構造のものも、全体が同期する能力に影響を与え、したがって構造自体を理解することが重要である、と思われた。いかにも大学院生が考えそうなことだが、結合位相の問題はわかりきったことだから、答えはとっくの昔に出ているにちがいない、とわたしは推察した。自分はただそれを調べ出しさえすればいいはずだ。ところが、答えを見つけるどころか次から次へと問題を発見することになった。ネットワーク構造と振動子の同期との関係がほとんど探求されていないばかりではなく、ネットワークとダイナミクスとの関係についても、誰も考えたことがないようなのだ。現実世界にどんな種類のネットワークがあるかというもっと基本的な問題さえ、見逃されてきたようだ――少なくとも数学者からは。多くの大学院生が望んでもほとんどかなえられない発見に、自分は偶然にも出くわしたような気がしてきた。それは、科学の中にある真の「穴」の発見であり、わずかに開きかけた未発見のドアを見つけ、世界を新たなやり方で探究するチャンスをつかむことを意味していた。

ちょうどそのとき、一年ほど前に父が言ったことを思いだした。ある金曜日の晩の電話中に出た話題だったと思う。どういう成り行きだったかはどちらもおぼえていないのだが、父はわたしに、どんな人でも「大統領から六人（six degrees）」以上離れてはいないという話を聞いたことがあるか、と尋ねた。つまりお前は、アメリカ大統領と知り合いの人の知り合いの人の知り合いの人……を知っているという話だった。そんなことは聞いたこともなかった。イサカとロチェスターを結ぶグレイハウンド・バスの中で、どういうわけでそんなことになるのだろうかと考えたのをおぼえている。その日以降考えは進展しなかったが、個人間の関係にかんする一種のネットワークの問題として、考えたことはおぼえていた。どの人にも知人の輪があり（これをネットワークの隣人という）、その隣人たちにはまた知人がいて、等々。このようにして、友人、仕事、家族、コミュニティの紐帯が地球規模で連結するパターンが形成されていれば、任意に抽出した二人の人間の間をつなぐことができる。経路（パス）の長さは、病気やうわさ、思想、社会不安など、いろいろなものの影響が人間という集団に伝わる、その伝わり方に関係しているのだとわたしは思った。そして、もし同じ「六次」（six degrees）の性質が、たとえば生物の発振というような人間以外のネットワークにも当てはまるならば、同期という現象を理解するうえでそれは重要なことかもしれないと感じた。

父がわたしに語った「あの奇妙な都市伝説」が突然、ひどく重要なことのように思えてきた。そして、わたしはそのことを掘り下げてみようと決心した。しかし、その穴はとても深いことがわかった。穴が完全に探索され全容が明らかになるまでに、まだ何年もかかるだろう。しかし、われわれはこれまでかなり着実に成果をあげてきた。六次の問題についても多くのことを学んでいた。この問題は「都市伝説」などではなく、名高い歴史を持つ社会学の研究プロジェクトだったのである。

スモールワールド問題[訳注2]

一九六七年、社会心理学者のスタンレー・ミルグラムは、画期的な実験をおこなった。ミルグラムは当時の社会学界で有名だった未解決の仮説に興味を持っていた。その仮説とは、この世界を知人からなる膨大なネットワークとしてみると、世界はある意味で「小さい」ということだった。すなわち世界中のどの人へも、友人のネットワークをとおせばほんの何ステップかで到達できるのではないかというのだ。カクテルパーティで楽しいおしゃべりをしていると、初対面の人間同士に共通の知人がいるとわかり、お互いに「何て狭い世間（スモールワールド）なんだ」と気づく（実際、わたしにはそういうことがしょっちゅうあった）ことから、これは「スモールワールド問題」と名付けられた。

実は、カクテルパーティで観察されることは、ミルグラムが研究したスモールワールド問題と同じというわけではない。世界から見れば知人の輪などほんのひとにぎりの集団にすぎないのに、驚くほどしょっちゅう共通の知り合いに出くわすのは、社会ネットワークが関わっているというよりも、自分を驚かせるような事実に注意を払いがち（そして、そんな事実が起こる頻度を過大視しがち）な傾向があるせいなのだ。ミルグラムが示したかったのは、あなたの知っている人がわたしのことを知らなくても（言い方を換えれば、人との出会いで常に「世間は何て狭いんだ」と言うわけではなくとも）、わたしはなお、あなたを知っている人を知っている人を知っているのだ。ミルグラムの問題は、その連鎖に何人の人が含まれているかということだった。

　この問題に答えるために、今なお「スモールワールド法」として知られている、メッセージ伝達を利用した革新的な手法をミルグラムは開発した。彼はボストンとネブラスカ州オマハに住む数百人の人々を任意に選び、手紙を書いた。その内容は、この手紙をターゲットになっている一人の人物——その人は、マサチューセッツ州シャロンに住む株式仲買人でボストンで働いていた——に送ってほしいというものだった。しかし、この手紙にはふつうでは考えられないようなルールが添えられていた。手紙を受け取った人は、ファーストネームで呼び合うような相手にしか手紙を送ってはならないとされていた。もちろん、その受取人が目標となる人物を知っていれば、彼に直接手紙を送ってもよい。しかしもし知らなければ（実際にはその可能性が極めて高いのだが）、いくらかでもターゲットに近いと思う知人に手紙を送ってほしいというものだった。

　ミルグラムは当時ハーバード大学で教えていたから、ボストン近郊を世界の中心とみなしていた。ネブラスカより遠いところがあるだろうか？　地理的にというだけでなく、社会的にも中西部はとてつもなく遠いと思われた。ミルグラムが人々に、ある場所から別の場所に手紙を送るのに何ステップくらいかかると思うか尋ねてみたところ、たいていの人は数百ステップと推測した。しかし、驚くべきことに結果は何と六ステップくらいだった。

後に一九九〇年にジョン・グエアが「私に近い六人の他人」というタイトルの戯曲を発表した。また、このフレーズはたくさんの室内ゲームやカクテルパーティでの数限りない会話のネタにもなった。

しかし、ミルグラムの発見はどうしてそれほど驚くべきことなのだろうか？　もしあなたに数学的に物事を考える傾向があるなら、図1-2（次ページ）のような絵を描きながら、次のような思考実験をしてみればいい。

わたしが一〇〇人の友人を持っていて、それぞれがまた一〇〇人の友人を持っていると想像してみよう。すると、一次の隔たりのうちに、わたしは一〇〇人の人とつながっていて、二次のうちに一〇〇×一〇〇、すなわち、ほぼ一万人の人々とつながっていることになる。三次のうちには、約一〇〇万人、四次では一億人近く、五次では九〇億人ほどにもなる。言い換えれば、世界の人々が、それぞれたった一〇〇人の友人を持っていれば、六次のうちに、地球全体の人口と自分を簡単につなげてみることができるのだ。それなら、世間が狭いのも当たり前だろう。

しかし、社会的に物事を考える傾向がある人なら、この考えには致命的な誤りがあることがわかるだろう。一〇〇人では考えるのがたいへんなので、一〇人の親友について考えることにし、自分で一〇人の親友を挙げてほしい。おそらくあなたは、似たような人々ばかり思い起こしたのではないだろうか。この結果は、単に社会ネットワークだけでなく、ネットワーク一般についてもいえる普遍的な特徴である。

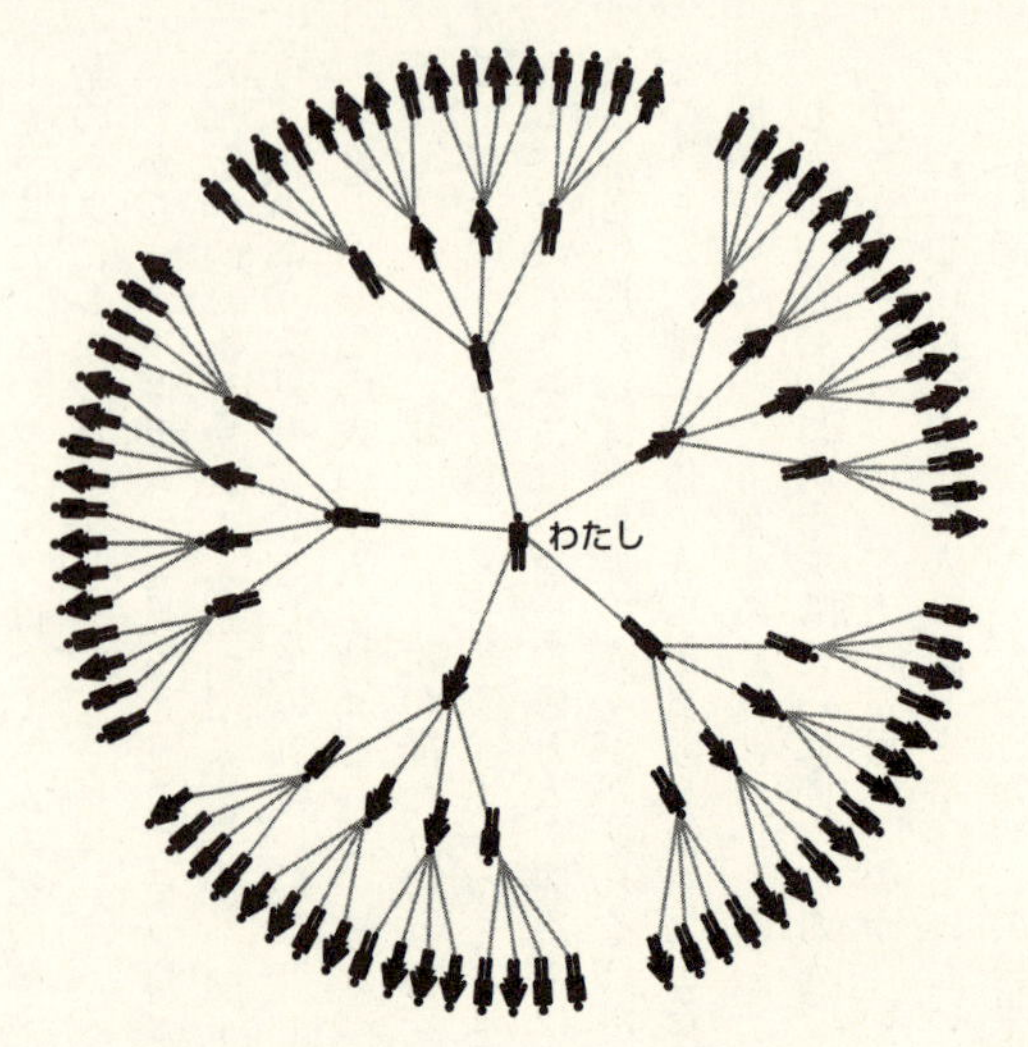

図1-2　単純な枝分かれのネットワーク。「わたし」はたった5人の人物しか知らないが、二次の隔たりの中には25人、三次の隔たりの中には105人[訳注3]……とふえていく。

ネットワークは、「クラスタリング」と呼ばれる様相を示す。「クラスタリング」とは、自分の友人たちはある程度お互いに友人でもあるということである。社会ネットワークは図1-3みたいなものだ。友人グループを越えた友人は、そんなにはいない。友人一人一人は経験・場所・関心を共有する小さなクラスターのようであり、ある集団の個人が別の集団に所属するときに重なり（オーバーラップ）ができることによって、お互いが結びついている。このネットワークの特性が、スモールワールド問題に特に関

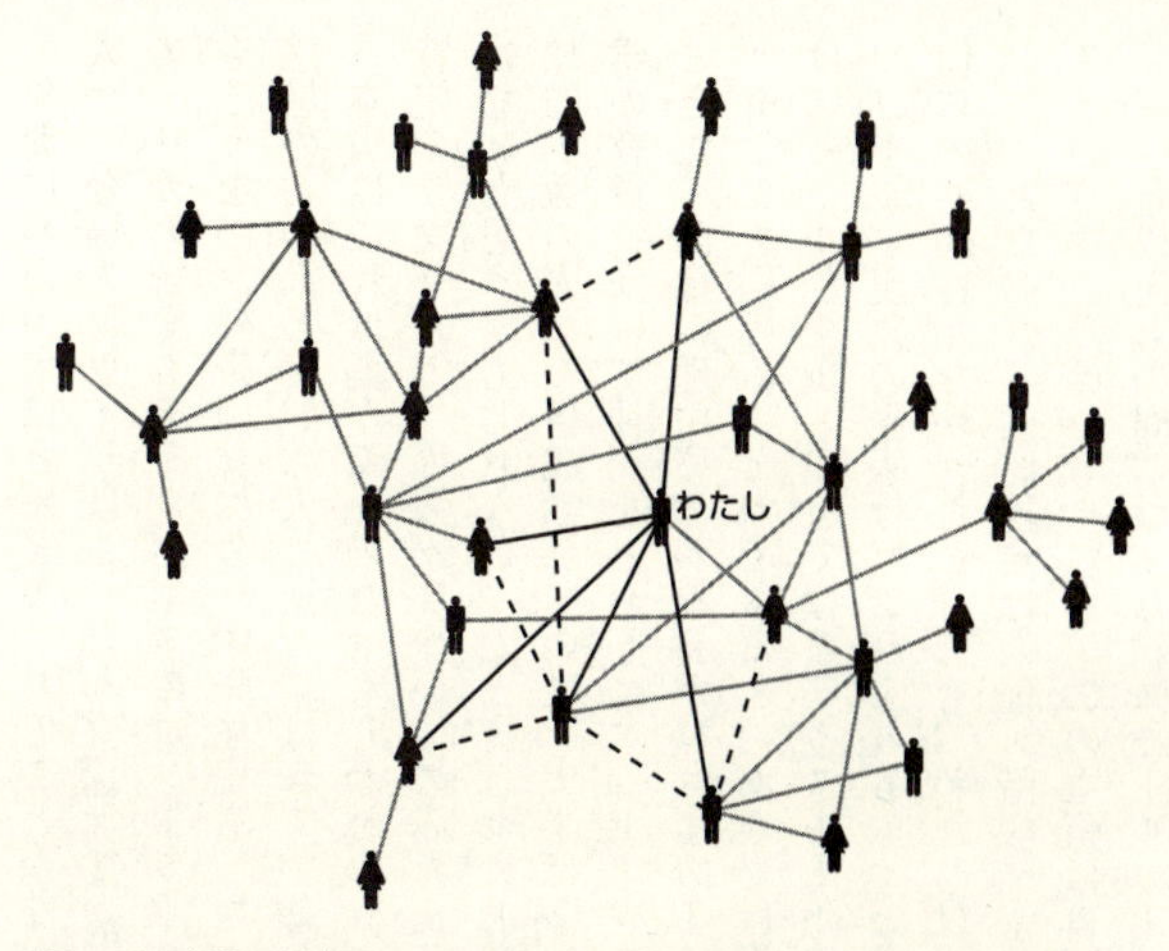

図1-3　実際の社会ネットワークは、クラスタリングの状態を呈する。2人の個人が共通の友人を持っていると、その2人は友人同士になる傾向がある。この図では、「わたし」は6人の友人を持っていて、その友人たちの各々は、少なくともその1人と友人である。

係している。なぜなら、クラスタリングは関係の重複を育むからだ。特に、あなたの友人同士が互いに知り合いであればあるほど、あなたが面識を持たない人にメッセージを届ける際に、あなたを介する必要がなくなるからだ。

ミルグラムの実験が示した社会ネットワークのパラドクスは、一方では、世界が高密度のクラスターを形成していて、わたしの友人の多くが相互に友人なのだが、もう一方では、平均するとほんの何ステップかでどんな人にでも到達することができるということにある。ミルグラムのスモールワールド仮説は、三〇年間にわたってほとんど覆されることがなかった。先に挙げた戯曲「私に近い六人の他人」の登場人物ウイザはこう言う。「地球上の誰もが、ほんの六人の隔たりしかないのよ。アメリカ大統領もそう。ベニスのゴンドラ乗りもね。……有名人だけじゃないのよ。誰でもそうなの。熱帯雨林に暮らす先住民も、フエゴ島民も、イヌイットも。わたしは、この惑星のどの人とも、六人の道で結ばれているのよ。これは奥の深いことだわ」

本当にこれは奥が深いのだ。もしわれわれが、何か明らかに共通するものを持っている特定のサブグループの人々についてのみ考えるなら、この結果はそれほど驚くべきことではないと思うかもしれない。たとえばわたしは大学で教えているが、大学という世界は比較的少数の人々で構成されていて、大半は多くの共通項を持っているから、世界中の他大学の教授に向けて仲間をとおしてメッセージを伝える方法を想像するのは、比較的簡単なことだ。同様の理由で、わたしがニューヨーク近郊の大学教育を受けた職業人に向けてメッセージを届けることができると、あなたは思うかもしれない。しかし、これは、正確にはスモールワールド現象ではなく、スモールグループ現象とでも呼ぶべきものだ。スモールワールド現象の主張は、これよりももっと強烈である。たとえ他者がわたしとまったく何らの共通性がなかったとしても、わたしは誰にでもメッセージを届けることができるということなのだ。人間社会は人種・階級・宗教・国籍といった層に沿って切り裂かれているということだけを考えても、この主張は自明とはいいがたい。

三〇年以上もの間、つまり、スモールワールド現象が社会学的推測から大衆的な伝承になるまでの間、現実世界の性質については疑問が残ったままだったし、パラドクスの核心、すなわち明らかに距離の隔たった人々が実際にはとても近いということも、そっくりそのままパラドクスとして残っていた。しかし、ここ数年で理論的・経験的研究は爆発的に増加した。この研究は主に社会学以外の分野でおこなわれ、スモールワールド現象の解決に貢献しただけでなく、この現象はこれまで誰もが理解していた以上に普遍的なものであることを示した。スモールワールド現象は実際はこれまで社会学者だけに知られてきたものだったが、この再発見は、ネットワーク——それは、科学やビジネスや日常生活での非常に多くの応用と関わっている——に関するより広範囲な問題につながっていった。

科学では(日常的な問題解決でもそうだが)、新しい方向から古い問題に取り組むことによって、行き詰まった状況をうち破るアイディアが発見されることがよくある。「世界はどのくらい狭いのか?」と聞くかわりに、「われわれの世界だけではなく、どの世界も狭くしてしまう原因は何か?」と尋ねることだ。言い換えれば、世界に出ていってその世界を微細に測定するのではなく、社会ネットワークに関する数理モデルを構築したいのである。実物のモノを扱うかわりに、数学とコンピュータの力を利用するのだ。われわれが実際に関わっているネットワークは、紙の上のいくつかの点とそれをつなぐ線として、滑稽なほど簡単に表現される。数学では、そのような対象はグラフと呼ばれている。先に見たように、グラフの研究は何世紀にもわたっておこなわれていて、すでに多くのことが知られている。それこそ本当に重要なことだ。世界を劇的に単純化すると、確かにこの世界についての多くの特徴を失うことは避けられない。だが、これまでは雑然とした細部を気にしすぎたために行き詰まってしまい、答えを出せなかった。このような単純化をおこなえば、ネットワークに関する非常に一般的な問題群を処理できるたくさんの知識とテクニックを、利用することができるようになるのである。

訳注

(1) 原著が二〇〇三年に出版されたときには、ニューヨークはまだ同年夏の大停電を経験していなかった。以下の記述もそのまま今日に当てはまるようだ。

(2) small world の訳は、ディズニーランド風の「小さな世界」、日本語の意味に沿った「狭い世界」などいろいろあるが、ここでは、あえて訳さずに「スモールワールド」とする。

(3) この図は自己は五人の知人を持っているが、その知人たちは、四人しか知人を持っていないように見えるかもしれない。しかし、もとの「自己」も彼らの知人なので五人とつながっているということになる。一ステップ増えるごとに、その時に増えた人と、それまでに到達した人がいるから、それを合わせて一〇五人という計算になる。

第2章 「新しい」科学の起源

ランダムグラフの理論

約四〇年前、数学者ポール・エルデシュは、コミュニケーション・ネットワークの研究のためにきわめて単純なアプローチを用いた。エルデシュは、世間の変わり者がまったくの凡人に思えるくらい変わった人物だった。一九一三年三月二六日にブダペストで生まれ、二一歳まで母親と暮らし、その後は二つの使い古したスーツケースだけで人生を送った。同じ場所に長く滞在することも、定職に就くこともなく、エルデシュは自分を支持してくれる仲間たちの厚意に頼った。仲間たちは、頭の回転が速く旺盛な探求心を持つエルデシュと一緒にいられる礼として、親切にすることを厭わなかった。これは有名な話だが、エルデシュは自分のことを、コーヒーを定理に変える機械だと思っていた。現実には彼はコーヒーを淹れるのはおろか、料理をしたり車を運転するといった、自分よりも劣った連中が極めて簡単にやってしまう日常的な仕事のほとんどができなかった。しかし数学のことではエルデシュは絶対的な巨人であり、生涯に(いくつかは死後に)およそ一五〇〇ほどの論文を発表した。その数は、おそらくかの偉大なレオンハルト・オイラーを除いては、歴史上のどんな数学者よりも多い。

またエルデシュは、共同研究者のアルフレッド・レーニーとともに「ランダムグラフ」の形式的理論を発明した。ランダムグラフとは、その名が示すとおり、点と点が純粋にランダムなリンク（線）で結合されたネットワークのことだ。生物学者のスチュアート・カウフマンのたとえを用いると、床にボタンをまき散らし、ボタンをランダムに二つずつ選んで適切な長さのひもで結んだものだ（図2-1）。もし広い床に、大きな箱いっぱいのボタンをまき散らし、時間をかけてそのような作業をやったとしたら、できあがったネットワークはどんなふうに見えるだろうか？　とりわけ、こういったやり方で作られたネットワークであればどれもが持っているような性質を証明できるだろうか？　ランダムグラフの理論について証明するのは、非常に難しい。いくつかの例を試してみて、どうなるかを観察するだけでは不十分だ。思いつく限りの条件で起こることと起こりえないことを考え、さらに確証を得るために、どんな条件が成り立っていなければならないかを考える必要がある。幸運なことに、エルデシュは証明の達人だった。彼とレーニーが証明した、特に重要な結果を以下に述べよう。

ボタンの例に戻ろう。好きなだけ糸をボタンに結びつけてから、どれか一つのボタンを拾い上げ、そのボタンと一緒に床から持ち上がったボタンの数を数えるとしよう。このとき一緒についてきたボタンが、選択したボタンに結びついた連結成分だ。もう一度床に残ったボタンから一つを拾い上げると、今度はそのボタンに結びついた連結成分が見つかる。

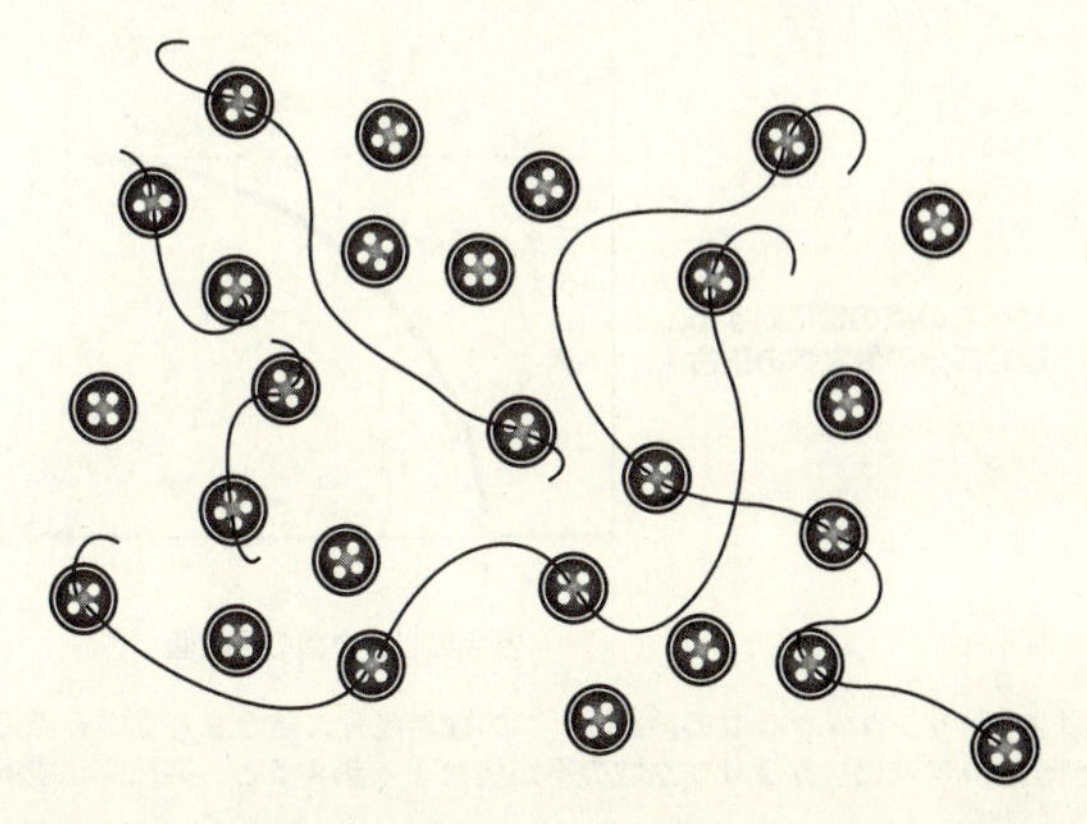

図2-1　ひもによってつながれたボタンの集まりとしてのランダムグラフの1例。点（ボタン）のペアが、リンクあるいは線によってランダムに結合されている。

このように床からすべてのボタンがなくなるまで、同じ作業を繰り返す。では、これらの中で最大の連結成分を含むのだろうか？　それは、いくつの連結成分を持つクラスターは、あなたが結びつけた糸の数に依存する。しかし、その依存の程度はどのくらい正確にわかるものだろうか？

一〇〇〇個のボタンがあるとしよう。ボタンとボタンの間を一度だけ結べば、連結成分の最大数は二個だ。それは、ネットワーク全体に対する比率としては、ゼロに近い。反対に、すべてのボタンを一本の糸で結びつけたら、同じくらい明らかなことだが、連結成分の最大数は一〇〇〇個全部、つまりネットワーク全体を含むことになる。しかし、この両極の間で起こりうるすべての場合はどうなる

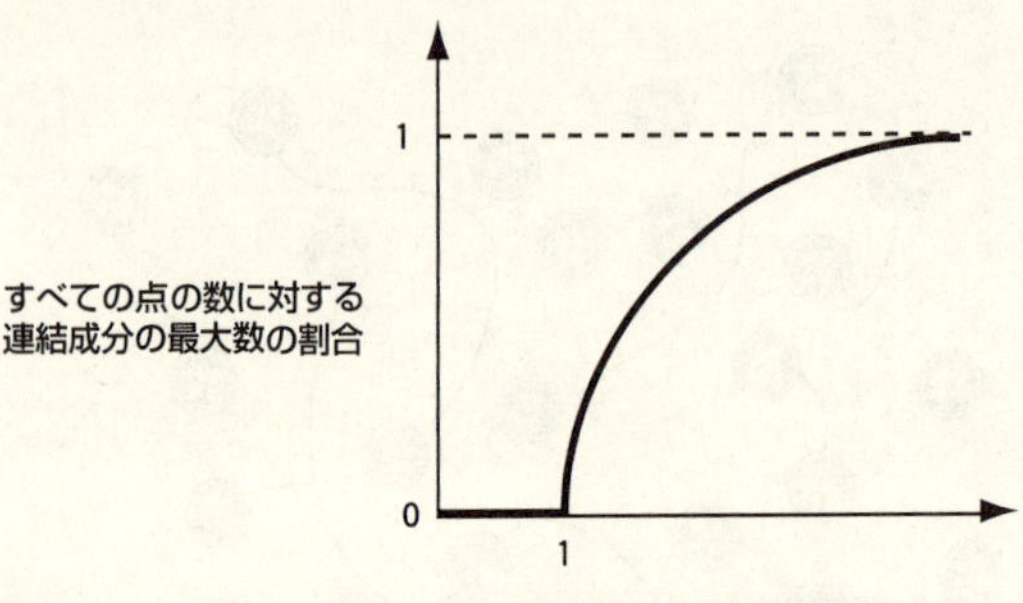

図2-2　ランダムグラフの連結。1つの連結成分に結合されている点の割合は、各点に掛かるリンク数の平均値が1を越えると、突然変化する。

だろうか？　図2-2はこのネットワーク、すなわちランダムグラフの比率を曲線で表したものだ。連結成分の最大数がボタン総数に対して占める割合と、そのときのリンク数の関係を示している。予想されるとおりだが、リンク数がきわめて微少だと、相互の結合はまったくない。純粋にランダムにボタンの間を結ぶので、ほとんど必ずといっていいほど、ほかのどれとも結合していないボタン同士を結びつける。万一その中にすでに糸がついたボタンが偶然含まれていても、その糸につながっているのはごく少数のボタンにすぎない。

ところが、ここで奇妙なことが起こる。それぞれのボタンに平均して一本の糸がかかると、ボタンの総数に対して連結成分の最大数の占める割合が突如、しかも急激にほぼ0から1へと急騰するのだ。物理学の用語では、この急激な変化は「相転移（フェーズ・トランジション）」と呼ばれている。状態が結合していない局面（相）から結合した局面に転移するからだ。そして、相転移が生じる点（図2-2で、最初に線がぐっと上がるところ）は「臨界点」と呼ばれる。あとで見るように、さまざまな相転移が多くの複雑系で生じ、磁場の形成、伝染病の拡散、文化的流行の伝播といった多様な現象を説明するために使われてきた。この例の場合、相転移は臨界点付近で少しリンク数が増えれば生じる。それによって、たくさんの小さなクラスターがたった一つの「巨大連結成分」とつながると、巨大連結成分がほかの節点（ボタン）すべてを吸収し、すべてが連結されるのである。相転移の存在と性質は、一九五九年にエルデシュとレーニーが明らかにしたものだ。

では、なぜこれに注目すべきなのか？ 簡単にいえば、同じ連結成分に含まれない点どうしは伝達したり、交流したり、お互いに影響を与えたりすることができないからだ。一方の行動が、他方の行動に何ら関わりがないという意味で、同じ連結成分に含まれない二つの点は、異なるシステムにいるのと同じなのだ。したがって、大きな連結成分の存在は、ネットワークのどこかで起こったことが、ほかの場所に影響を与える可能性があることを意味する。一方、大きな連結成分がないと、局地的な出来事はその場だけでしか感じられないことになる。エルデシュとレーニーの最初の仕事は、コミュニケーション・ネットワークについて考えることから始まった。一群のデバイス〔システムの構成単位〕からランダムに選ばれたデバイスが、システムの大部分とコミュニケートするには、いくつのリンクが必要かと彼らは問うた。孤立と結合の境界は、情報の流れ、病気、お金、革新、流行、社会規範、そのほか、近代社会でわれわれが関心を持つほとんどあらゆることについての重要な閾値なのだ。大域的な結合は次第に高まるのではなく、突然劇的に急騰し達成される。このことは、世界がいかに深くて不思議なものであるかを教えてくれる——少なくとも、ランダムグラフが世界について何かを教えてくれると信じるならば。[訳注1]

　そしてもちろん、それが問題なのだ。ランダムグラフの理論が精巧にできていたとしても（実際実に精巧にできているのだが）、社会ネットワークから神経細胞ネットワークまでを含む現実のネットワークについて知っている限りのことから推測すると、現実のネットワークはランダムではなく、少なくともエルデシュとレーニーが研究したランダムグラフとは似ていない。なぜだろうか？　六〇億人を超える地球の人口から、本当にランダムに友人を選ぶと想像してほしい。すると、地域や職場、学校の誰かと友達になるよりも、ほかの大陸に住む誰かと友達になる可能性のほうが高いことになる。いかに世界旅行や電気通信が一般化した時代であっても、これはばかげた考えだ。もう少し話を続ければ、あなたに一〇〇〇人の友人がいて、その友達にもそれぞれ一〇〇〇人の友人がいるとすると、あなたの友達同士がお互いに知り合いである確率は、およそ六〇〇万分の一となる！　しかし、われわれは日常的な経験から、われわれの友人がお互いに知り合いになりやすい傾向があると知っているから、ランダムグラフは現実の社会をうまく表現しているとはいえないことがわかる。残念ながら、あとで見るようにグラフ理論家がよって立つ「純粋なランダムさ」という非常に理想化された仮定から離れると、何もかも証明することが格段に難しくなる。それにもかかわらず、現実世界のネットワークの特徴と作用を理解しようとすれば、非ランダム構造の問題はいつかは向き合わねばならないものなのだ。

社会ネットワーク

社会学を、人間抜きで人間行動を説明しようとする学問と特徴づけるのは、いささか片寄った見方である。心理学は個人の性格特性や経験、さらには生理学用語を用いて人間行動を理解しようとする。一方、社会学では人間の行為あるいは「エージェンシー」（主体的行為）は、政治・経済・文化といった制度（それらが社会環境を定義する）の中で人々が演じる役割によって、制限ないし決定されると考える傾向がある。マルクスが言ったように、「人間は自分の歴史を作る、しかし、……自分自身で選んだ状況の下で歴史を作るのではない」。したがって、社会学とは構造の学問なのだ。であれば、ネットワーク分析の理論が構造的な指向性の強い社会学（とその同系である人類学）で発展したのも驚くにあたらない。

五〇年の思考の積み重ねを数ページに要約するならば、社会ネットワークの分析家たちは、ネットワークについて考えるための技術に関して、二つの領域を発展させてきた。一つは、会社、学校、政治的組織などに属するメンバー間をリンクする紐帯の集合である「ネットワーク構造」と、それに対応する社会構造の関係について扱うものだ。その社会構造にしたがって、個々人はさまざまな社会的集団への所属、あるいはそこでの役割ごとに区別される。「ブロックモデル」「階層的クラスタリング」「多次元尺度法」といったエキゾチックな名前を持つ、たくさんの定義や技術が何年にもわたって紹介された。しかし、本質的にそれらはすべて、純粋に関係を示すだけのネットワークデータから、社会的に区分された集団についての情報を引き出すためにデザインされていた。その方法としては、行為者の間の「社会的距離」という直接的な尺度が用いられるか、ネットワークの中でのある行為者同士の関係が別の行為者たちの関係よりも似ていることから、その行為者同士を集団にまとめるやり方が用いられた。この観点からすれば、ネットワークは、社会的アイデンティティのしるしである。個人間の関係のパターンは、背後にある彼ら自身の好みと特徴を写し取った(マッピング)ものだ。

もう一つの技術の領域は、よりメカニカルな感じのものである。ここでは、ネットワークは情報の伝達や影響力の行使のための道筋だと考えられている。さまざまな関係の全体的パターンの中である人が占める位置によって、その人がどの情報にアクセスできるかや、誰に影響を与えるかがわかる。したがって、個人の社会的役割は、どの集団に所属するかということだけでなく、集団内での位置によって決まってくる。たくさんの距離測定法が開発され、個人のネットワークでの位置を数量化することが可能になった。そして、その数値と個人のパフォーマンスの違いとの相関関係が検討された。

この二つの一般的なカテゴリーには入らず、スモールワールド問題に近いいくつかのモデル(これらについては後述)の先駆でもあるのが、社会学者マーク・グラノヴェッターによって導入された「弱い紐帯」(weak tie)として知られる概念だ。ボストンの都市開発の脅威に対抗する運動の結果が二つのコミュニティの間で著しい違いを生んだ現象についての研究を完成させたあと、グラノヴェッターは、効果的な社会的協同は高密度に結合した「強い」紐帯からは生じないという驚くべき結論に達した。むしろ多くの場合、お互いによく知らず共通点のない人々の間にたまたま生じる弱い紐帯によって、協同は引き起こされるというのだ。その後大きな影響を及ぼした一九七三年の論文の中で、グラノヴェッターはこの効果を「弱い紐帯の強さ」という美しくて的確なフレーズで表し、それ以来この用語は社会学の辞書に登場するようになった。

グラノヴェッターはその後、弱い紐帯と個人の職探しの間に似たような関係があることを示した。就職活動では、会社にもぐり込ませてくれる友人を持つことだけでなく、それがどんな種類の友人なのかということが、たいへん重要である。しかし皮肉にも、それはあなたにもっともよくしてくれる親しい友人ではないということだ。親しい友人たちの知り合いはあなたの知り合いとかぶっているし、しばしば同じような情報しか知らない。友人たちがどんなに力になりたいと思ってくれても、実際にはあなたが新しい環境に飛び出すのを手伝ってくれることはほとんどない。役立つのは、思いも寄らない知人なのだ。なぜなら彼らは、その人からでなければ受け取れないような情報をあなたにもたらしてくれるからだ。

弱い紐帯は個人によって作られているという意味で、個人レベルと集団レベルの分析をつなぐリンクだと考えられる。しかし紐帯の存在は、その紐帯の「所有者」である個人の地位とパフォーマンスだけでなく、彼の所属する集団全体の地位とパフォーマンスに影響を与える。それとあわせてグラノヴェッターは、集団レベルの構造を見ることによって、つまり、個人が埋め込まれている構造を観察することによって、それだけで紐帯が強いものか弱いものかを区別することができると主張する。あとで見るように、局所（ローカル）（個人）と大域（グローバル）（グループ、コミュニティ、社会全体など）の間の関係は、グラノヴェッターが三〇年前に述べたのよりはいくぶん難解になっているが、彼の研究はネットワークの新しい科学の現在へとつながる、特筆すべき前兆だったといえるだろう。

ダイナミクスの重要性

研究者が社会ネットワークを分析してその構造についての理解を深めたおかげで、純粋なグラフ理論が受けつけない、あらゆる領域の問題に対して門戸が開けた。しかし、社会ネットワーク分析はまだ大きな問題を抱えている。ダイナミクスが欠けているのだ。研究者はだいたいにおいて、諸社会集団の影響を受けつつ進化する存在としてネットワークを捉えるのではなく、そのような社会集団が固定化し具体化されたものとしてネットワークを論じる傾向がある。さらにネットワークを、独自のルールにしたがって影響力を行使するための単なる経路として考えるのではなく、ネットワークそれ自体が影響の直接的な表現であると考えるのだ。この考え方でいけば、静的な測定値（メトリック）の集合とみなされるネットワーク構造は、社会構造についての全情報を表していると考えられる。この社会構造は、個々人の行動とシステムの作用に影響を与える個々人の能力との両方に関連しているのだから、やるべきことはネットワークデータを収集し、適切な特性を測定することだけなのだ。そうすると、不思議なことにすべてのことが明らかになるというわけだ。

しかし、何を測定すればよいのだろうか？　そして、それは正確には何と関連しているのだろうか？　答えはまさにどんな実用に対処するのかに強く左右されるだろう。たとえば病気の拡散は、財政危機の拡大や技術革新の広がりと必ずしも同じではない。組織が効果的に情報を集められるようにするためのネットワーク構造の特性は、組織がすでに持っている情報を処理したり、予期せぬ惨事から立ち直るようにするためのネットワーク構造の特性とは同じではない。あなたが何をしたいかによって、合衆国大統領からの六次の隔たりは、長くもなれば短くもなる。たとえばジョン・クラインバーグ（彼のスモールワールド問題についての刺激的な仕事は、第5章で紹介する）がかつてとある記者に語ったところによれば、クラインバーグはカリフォルニア大学バークレー校の学者と共同で論文を書いていて、その共同執筆者はマイクロソフト社の未来のＣＥＯ（最高経営責任者）とかつて共同研究をしていたこともあるという。クラインバーグはこう言った。「残念ながらこの論文ができても、ビル・ゲイツとコネはできないね」

ネットワーク構造の純粋に構造的で静的な測度があっても、ネットワークで起こっているどんな行為でも説明できるわけではないから、そういった方法を使って分析しても、その結果を意味のある言葉に翻訳することはできない。この点を推察するために、リーダーシップとはどんな場面にも適用できる非常に一般的なスキルだと主張する経営学を考えてみよう。こうした考え方の主張は明らかである。つまり、「管理する」方法を学べば、非営利組織から軍隊の小隊まで何でも管理できるというものだ。しかし、実際にはそんなにうまくいくわけがない。たとえば、歩兵隊に必要なリーダーシップのあり方は、政府機関におけるリーダーシップとはまったく違っているし、また、ある条件下では成功したリーダーでも別の条件下ではまったくうまくいかないかもしれない。共通の原理などないといっているわけではない。むしろ原理は、特定の組織が達成しようとする内容によって、またそこでどのような人が働いているのかによって、解釈されなければならないといいたいのだ。構造分析についても同じことがいえる。原理に対応する行動理論、すなわちダイナミクスなくしては、ネットワーク構造の理論は本質的に解釈不能であり、したがってほとんど実践に耐えない。

ネットワークへの純粋に構造主義的なアプローチのおかげで、どれほど多くの研究者たちが元気づけられ、しかし究極的には世界に関する誤った見方をしてしまったかを示す重要な例が、「中心性」という概念である。コミュニティから脳や生態系などの有機体に至るまで、分布の幅が広いシステムの大きな謎の一つは、中心となる権威や制御がないのに、どうして全体としてまとまりのある活動が生じているのかという点だ。独裁制やポケットベルのネットワークのようなシステムは、特に統制を企図して構築されていて、脱中心化しようとするものを調整する問題は、コントロールセンターを明示的につくることによって、通常は回避されている。しかし、自然に発展ないし進化する多くの通常のシステムでは、統制の所在は明らかではない。それにもかかわらず、中心性への関心は本能的にとても強いので、ネットワークの研究者たちは、ネットワークの中の個人についての、あるいはネットワーク全体についての中心性を測ることに、たいへん強い関心を寄せてきた。

この関心が暗に前提しているのは、脱中心化して見えるネットワークも、実はそうではないという仮定だ。ネットワークデータを注意深く見れば、どんなに大きく複雑なネットワークでも、影響力のあるプレーヤー、情報ブローカー、重要な資源といった小さな部分集合からなっていて、それが全体として機能的中心を構成し、誰もがそれに依存していることがわかるはずだと主張するのである。鍵となるプレーヤーたちは明らかではないかもしれない。彼らは地位や権力といった従来の尺度からすれば、重要でないように見えるかもしれない。しかし、彼らは常に存在するのだ。そして、もし彼らが中心人物であると判明すれば、中心のあるシステムを扱ういつものやり方に戻ればいい。中心性の概念は、ネットワークの研究ではたいへんポピュラーなものであり、はやる理由はよくわかる。その理論は経験的であり分析的でもある。量的な結果を生み出す点では、ときに驚くべきほどである(会社におけるもっとも首尾一貫した権力の基盤は、喫煙者たちだということがわかる。彼らは、毎日数回戸外に集まる。社長ではなく社長のアシスタントが、鍵となる情報ブローカーとなるのだ)。世界にはいつも中心があり、情報は中心によって処理され分配される、そして中心的プレーヤーは周辺プレーヤーより大きな影響力を行使する。

しかし、もし本当に中心がなかったとしたら、どうだろうか？　あるいは中心がたくさんあり、必ずしも相互に調整されておらず、しかも同じ側にまとまっていなかったらどうだろうか？　重要な革新がネットワークの中心ではなく、主たる情報ブローカーたちが忙しさのあまり注目していなかった周辺部で起こったら、どうなるだろうか？　小さな出来事が偶然でランダムな出合いによって妙な場所へ広まり、マスタープランで決められてもいないのに個別の決定をたくさん引き起こし、その当事者たちを含めて誰にも予期できない重要な出来事へと集積されてしまうとしたら、どうだろうか？

そのような場合、個人のネットワークの中心性やほかのさまざまな中心性は、ほとんど結果を理解する助けにならない。なぜなら中心は出来事そのものの結果としてのみ生じるからだ。この言明は、ネットワークについてのわれわれの理解のうえで大きな理論的含意を持つ。経済学から生物学までの多くのシステムでは、出来事は既存の中心的な人物や個体によって引き起こされるのではなく、周辺に位置するほぼ等質な人物や個体の相互作用によって引き起こされる。あなたが最近行った大規模なコンサートで、最初はバラバラだった観客が突然全員そろって手拍子を始めたことを、思い出してみよう。みんながどうやって一つのビートに合わせたのか、不思議に思ったことはないだろうか？　そもそも大勢の人々が当然異なるテンポで手拍子をしているのだし、まったく同時に手拍子を始めるのでもないのだから。誰が基準となる拍子を取るのだろうか？　たいていは簡単なことで始まる。音楽が止まり、みんながバスドラムにあわせて手拍子を始めるとか、メインボーカルが頭上でゆっくりと手拍子を始めるとかだ。しかし、多くの場合、そのような中心的な信号がなく、その場合には誰が拍子を取るわけでもない。

群衆が今にも同期（シンクロ）しようとするとき、どんなことが起こっているのだろうか。何人かの人が、偶然同時に手拍子を始めるのだろう。彼らは、故意に合わせようとするのではなく、独立にそうするのだ。その出来事はほんの数回しか続かないかもしれない。しかし、それで十分である。同時に手拍手をした人たちがいたので、その音が届く範囲では、一時的に誰よりも大きな音を立てることになり、ほかの人たちを同調するように引き寄せるのだ。こうして、ほかの人たちも彼らの手拍子に参加するようになり、この拡大された信号がさらに広がり、まだ加わっていない人たちを引き寄せる。ほんの数秒の間、彼らは群衆全体を組織化する中心になるのだ。しかし、外から見ている観察者が、手拍子のリーダーたちにどうやって手拍子をまとめたのかと尋ねたならば、当事者たちは、十中八九、自分たちがそんなに特別な存在だったと知って驚くだろう。さらに、観察者がその実験をそのスタジアムで同じ人を使ってもう一度やってみたら、群衆が毎回等確率で異なる人たちに合わせるのを観察することになるだろう。

ほとんど同じようなことが、より複雑な革命といった社会過程にも当てはまる。結局のところ、セルビアの大統領にして独裁者だったスロボダン・ミロシェヴィッチ政権は、ほかの政治指導者や軍隊によって転覆されたのではなかった。むしろ彼の失脚の背後にある駆動力は、緩やかに組織された自治的な学生運動であるオトポールだった。しかし、オトポールは民衆の支持を取りつけるのに成功してからあとに、中心的指導力を獲得したにすぎない。学生運動についての伝統的な社会ネットワーク分析ならば、オトポールの主なプレーヤーの何人かを観察し、彼らの相互の関係や追従者、外部組織を追跡し、彼らが中心的な組織の要素として定着したメカニズムを同定しようと試みるだろう。しかし、そのようなやり方は誤解を招くものだ。リーダーが出来事を決めたのではなく、事実はまったく逆だろう。出来事の起こった特定の順序とタイミングの特異性によって、誰がリーダーとなるかが決まったのだ。二〇〇〇年夏、セルビアは社会不満でくすぶる大釜の中にあった。学生運動と人々を激化させるのに必要だったのは、ほんのわずかの、小規模でまったくランダムな出来事だけだった。多くの個人的はたらきによってミロシェヴィッチ政権の終焉がもたらされたのだが、リーダーになったのはそのうちのわずかな者だけだった。彼らはもともとほかの人より特別な人物だったわけではなかったし、特に格好のポジションにいたわけでもなかった。むしろその中心を決定したのは、手拍子をする群衆や、エルデシュとレーニーのランダムグラフでの巨大な連結成分のように、革命それ自体の外部にある、自由な動きだった。

では中心的な権威や制御もなしに、親しい人たちの相互行為によって一致団結した大域的な活動がどのように生じるのだろうか？　以下で見るように、ネットワーク構造はこの問題を解くうえで重要だが、ダイナミクスもまた重要である。しかし、「ダイナミクス」という用語には実際二つの意味があり、それらを区別することが有用だ。なぜなら、いずれもがネットワークの新しい科学の一つの分野を生み出しているからだ。第一の意味は第3章と第4章で議論されるが、「ネットワークのダイナミクス」と呼ぶべきものである。この用法においては、ダイナミクスはネットワークの紐帯ができたり消えたりというように、ネットワーク自体の構造が進化することを示している。たとえば、時がたつとわれわれは新しい友人に出会い、古い友人と会わなくなる。つまり、われわれの個人的なネットワークが変化し、それにつれてわれわれが属する社会ネットワークの大域的な構造も変化する。伝統的なネットワーク分析の静的構造は、進化し続ける過程のスナップショットだと考えられよう。しかし、ネットワークのダイナミックな見方によると、現時点で存在する構造は、その状態に導いた過程がどんなものだったかによってのみ、正しく理解できると考えられるのだ。

第二の意味は第5章から第9章で論じられるが、「ネットワーク上のダイナミクス」と呼ぶべきものである。この観点は伝統的なネットワークの見方と似ているが、個々人からなる集団をつなぐ固定した基幹としてのネットワークを想像すればよい。しかしこの場合、個人は情報を探したりうわさを広めたり決定を下したりするなど、何かをする存在である。そして個人がおこなうことは、その隣にいる人の行動、すなわちネットワーク構造に影響を受けている。これが、スティーブン・ストロガッツと私が、数年前にコオロギのプロジェクトから転換を図ろうとしたときに考えていたダイナミクスであり、社会過程に関するわれわれの思考を良かれ悪しかれ支配しているのは、このダイナミクスに他ならない。

現実の世界では、両方のダイナミクスがいつもはたらいている。革命家からCEOまで、社会的行為者は出来事に対してどのように応答するかというだけでなく、誰と交際するかについても繰り返し選択しないといけない。友人の行動が気にいらない場合、あなたは彼の行動を変えようとするか、ほかの人と時間を過ごそうとするだろう。一つの場面での応答の仕方によって、ネットワークの構造が変わるかもしれないし、ネットワーク上の活動のパターンも変わるかもしれない。さらに、それぞれの決定、つまりそれぞれのダイナミクスは、その後の意思決定をおこなう際の背景を設定することになる。あなたの幸福はあなたの属するネットワークにはね返り、そのネットワークもあなたの幸福に影響するのだ。それは複雑なダンスであり、一歩でも先に進もうと思うなら、われわれはまずそれぞれのダイナミクスについて理解する必要がある。幸運なことに、その仕事に取り組むうえでわれわれには、よって立つことができる先行研究がある。

ランダムさからの旅立ち

アナトール・ラパポートは数学者だが、ありふれた数学者ではない。半世紀にわたる卓越したキャリアの中で、彼は疫学と社会ネットワーク研究のみならず、心理学、ゲーム理論、協力の進化について大きな貢献をした。一九五〇年代、ラパポートはシカゴ大学の生物物理学委員会という研究グループの一員として、人間集団における病気の拡散を研究していた。そのころほとんどの疫学者は、人間行為の社会的側面を無視した病気のモデルに焦点を当てていた。しかしシカゴ・グループは、ある種の病気の場合、現実のネットワークが重要だと考えていた。特定の病気の爆発的発生の危険性がどのくらいあるかは、誰が誰と交際するかを考慮することによってのみ、決定することができる場合が多いからだ。

この問題は、病気の拡散だけでなくうわさやコンピュータウイルスの拡散にも関わるが、このトピックはあとの章でふれよう。ラパポートの初期の仕事についてふれておくべき重要な点は、彼は数学者としてネットワーク構造の問題に着手したが、社会学、心理学、生物学のアイディアからたいへん影響を受けていたということだ。おそらくその理由は、彼が第二次世界大戦中陸軍に従事し、大学院に入る前に三〇歳代になっており、比較的歳を取っていたからだろう。だから数学者を志したころには、すでにたくさんの人生の浮き沈みを経験していて、それを自分の仕事に組み入れようとしたのだろう。

特定の社会ネットワークで病気の爆発的発生が起こったとき、事態がどれくらい悪化するかをラパポートは知りたかった。その病気は信じられないくらい感染力があり、感染者と接触のあったすべての人が実質的に感染するものとしよう。その場合、どれほどの人々が感染してしまうだろうか？　それは究極的には、人口がどの程度よく結合しているかによる。もし中央アフリカの熱帯雨林の周辺部のように、多くの人々が小さくて比較的孤立した村に住んでいるような場合には、村を壊滅させることはあっても、局地的な出来事にとどまるだろう。しかし、航空路、道路、鉄道など多層的な網の目で結合された巨大で高密度の人口からなる北米大陸の場合には、感染力の強い病気はどこから始まっても爆発的に拡散することは明らかだ。ラパポートの問いは、二つの両極の間には、小さな孤立した人口の集合からそれとリンクした大衆へと一気に病気が伝播するような結合の臨界層があるかというものだった。この問いは、なじみのある問いと思うはずだ。それはエルデシュとレーニーがランダムグラフの理論を生み出すにいたった、コミュニケーション・ネットワークについての問いと本質的に同じである。

事実、ラパポートと共同研究者たちは、ハンガリー人の数学者たちとほぼ同じ理由で、ランダムに結合したネットワークを調べることから始めた。彼らはあまり厳密な方法は用いなかったが、(エルデシュとレーニーのほぼ一〇年も前に)似たような結論に到達した。しかし応用研究に関心を持っていたため、ラパポートはランダムグラフの分析上の美しさを認める一方で、その本質的な過ちと思われる問題に立ち向かっていった。しかし、ランダムなネットワークでなければ、どんなものがあるというのだろう?『アンナ・カレーニナ』の最初の一行は、トルストイの次のような嘆きで始まる。「幸福な家庭はすべて互いに似かよっているが、不幸な家庭はどこもその不幸の趣が異なる」。同じように、すべてのランダムグラフは本質的に同じだ。しかし、これに当てはまらないものを明確に定義するとなると、難しさはずっと増す。たとえばあなたは、友人関係が非対称、つまり互酬的でない場合、それを気にするだろうか? 特定の関係はほかより重視されるものなのだろうか? 人は自分と似た他者とつきあうのを好むようだが、これはどう説明できるだろうか? ほとんどの人の友人の数はほぼ同じなのか、あるいは平均よりもずっと多くの友人を持つ人々がいるのだろうか？　集団内では友人の紐帯の密度は高く、集団間ではその密度が低くなるといった集団の存在は、どう説明できるのだろうか？

ラパポートのグループは、その問題に対していくつかの果敢な挑戦をした。自分たちのランダムグラフの仕事を、人間の特徴である「同類志向（ホモフィリー）」、つまり、好きな者同士が結びつく「類は友を呼ぶ」の傾向を説明するために拡張した。大学の学生寮をはじめ会社の人員配置、店やレストランの常連客、人種グループが多く住む地域などにも、この傾向は当てはまる。同類志向の考え方によれば、なぜあなたは今知っている人々を知っているのかという問いは、それはあなたたちが何か共通するものを持っているからだと説明される。しかし、現在知っている人々をもとに、将来知り合うことになるのがどんな人々かが、どうやったらわかるのだろうか。ラパポートは、このことについても「三者閉包（トライアディック・クロージャー）」という概念を導入して考えた。社会ネットワークでは分析の基本的な単位は「二者（ダイアド）」、つまり二者間の関係である。しかし分析上その次に単純なレベルの、すべての集団構造の基礎となるのが、三角形あるいは「三者（トライアド）」である。三者閉包は、ある個人が二人の友人を持ち、その友人同士がやはり友人である場合などに生じる。しかし、集団構造の基本単位としての三者閉包について最初に考えたのは、ラパポートではなかった。偉大なドイツの社会学者であるゲオルク・ジンメルがラパポートより半世紀以上も前に、そのアイディアを紹介していた。しかし、ラパポートの仕事が革命的だったのは、ダイナミクスが描かれていたことだった。二人の見知らぬ人同士に共通の友人があれば、そのうち彼らは知り合いになる傾向がある。つまり、（ランダムネットワークとは違って）社会ネットワークは、三者が自らを閉ざすように進化するというわけだ。

　ラパポートは概して、みずから定義した特性を「バイアス」（bias）とみなしていた。このモデルの方が、純粋にランダムなネットワークを仮定するよりも一歩進んでいるから、ネットワークのランダム性をまるごと否定しないですむ。ランダムモデルは強力でエレガントな特性を持っているので、現実の生活で起こる複雑で散漫で予期できないものの代替物になる場合が多い。だが一方で、ランダムモデルでは人々の選択を制御するより強力な統制原理のいくつかを把握できないのも明らかだ。ラパポートは、ランダムとバイアスという二つの力を、一つのモデルの中にバランスよく共存させることはできないかと考えた。まず統制原理のうちのどれが重要と思うかを決定したら、その原理が作用するが、それ以外ではランダムであるようなネットワークを構成してみるわけだ。彼は新しいモデルの類（クラス）を、「ランダム‐バイアスト・ネット」と呼んだ。

　このアプローチの優れた点は、ネットワークをダイナミックに進化するシステムと捉えることによって、標準的で静的なネットワーク分析が陥りがちな主要な誤りを回避できたことにある。ところが不幸なことに、そうすることによってこのアプローチは克服し難い二つの障害にぶち当たった。一つは理論的、もう一つは経験的なものだ。第一はデータの問題である。今日ではＩＴ革命の結果として、インターネットそのものも含めて、非常に大きなネットワークに含まれるデータや画像を、われわれは見慣れている。さらに重要なのは、電話でのやりとりからインスタントメッセンジャー、オンラインチャットルームに至るまで、社会的な相互交流を電子的に記録できる技術ができたおかげで、ネットワークデータのサイズはここ数年間だけでも、何ケタもはね上がっていることだ。

しかし、データ収集はいつもそんなふうにおこなわれたわけではない。一九五〇年代の昔から一九九〇年代半ばという近年まで、社会ネットワークのデータを収集する唯一の方法は、現場に出かけていって直接集めることだった。調査票を手渡して、被験者に知人を思いだしてもらい、彼らとの交際の仕方について尋ねるというものだ。これは、高品質のデータを得るにはあまり信頼できる方法ではなかった。動機づけがはっきりしないせいで、誰を知っているかを思い出すのが難しいから、というだけではなかった。二人の知人同士がお互いの関係について、極めて異なる見方をしているかもしれないのだ。だから、本当は何が起こっているのかを言い当てるのが難しい。また、この方法は被験者にも、さらに調査者にも大きな負担がかかる。もっと優れたアプローチは、人々が実際におこなうことば何か、彼らは誰と交際するのか、どうやって交際するのかを記録することだ。しかし、電子的データを収集するのでもない限り、この方法は調査よりずっと実行が難しい。結果として、社会ネットワークのデータは、とれたとしても小集団の人々を扱う傾向があり、研究者が事前に考えた特定の質問紙から得られるものだけに限定される場合がほとんどだ。基本的には、ラパポートは自分のモデルを適用する対象を持っていなかった。それに、その世界の概要がわからなければ、実際に世界に関して何か意味のあることが把握できたのかどうか知るのも、たいへん難しい。

しかし、ラパポートはもっとやっかいな問題と直面した。自分がどんな問題を解こうとしているかを理解していたとしても、鉛筆と紙しか道具がないという一九五〇年代の現実からは、逃れることはできなかった。今日の信じられないほど速いコンピュータをもってしても、ランダム‐バイアスト・ネットの分析は、たいへん難しい。当時は、それは実質的に不可能だった。根本的な困難とは、すべてのネットワーク結合が互いに独立に生じるというエルデシュ‐レーニーの仮定を壊したとたん、何が何に依存しているかがもはや明らかではなくなってしまうことだ。たとえば、三者閉包はネットワークが特定のバイアスしか持たないと仮定している――長さ3のサイクル（トライアド）が生じやすいという仮定だ。つまり、もしAがBと知り合いで、かつBがCと知り合いであるなら、Cはランダムに選んだ誰かよりも、Aの知り合いである可能性が高いということになる。

しかし、三者関係を閉じて三者閉包（長さ3のサイクル）を作ろうとし始めると、予期せぬことが起こる。すなわち、もっと長いサイクルができていくのだ。この予期せぬ依存性の簡単な例が、図2-3に示されている。四つの点からなると想定した最初のフレームは、鎖状につながっているが、これはもっと大きなネットワークの一部だと仮定する。ノード（節点）Aが新しいリンクを作ろうとしており、友人の友人とつながる強い傾向（バイアス）があるものとしよう。すると、ほかの点よりもCとつながる可能性が高いので、実際にCとつながったものとする。二番目のフレームに進んだわけだが、ここでDが新し

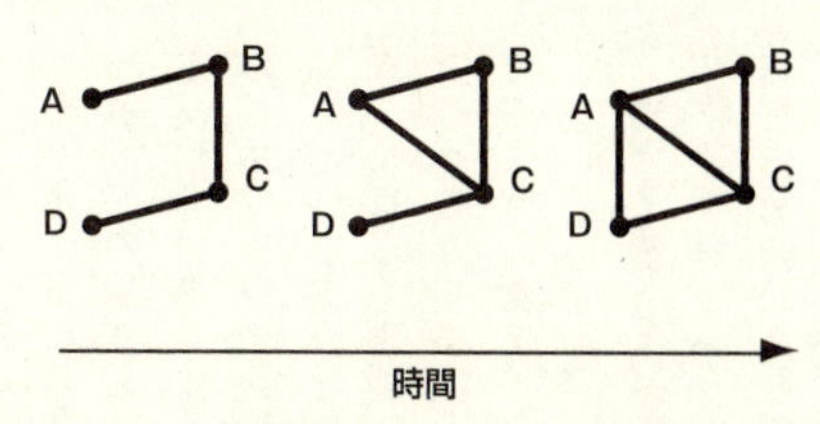

図2-3　ランダム－バイアスト・ネットの進化。長さ3のサイクルを作ろうとするバイアス（三者閉包バイアス）は、より長いサイクルも作ることになる（ここではABCとACDが両方でABCDを作っている）。

い友人を作るとしよう。繰り返しになるが、Dは友人の友人とつながるバイアスをもっている。その可能性のあるのは、AとBの二つの点だが、Dはコインを投げてAを選んだとする。それが三番目のフレームとなる。どうなっただろうか？　われわれが規定したのは、友人の友人とつながる傾向があるということだけだ。言い方を換えれば、トライアドすなわち長さ3のサイクルを完結させるということだけだ。それなのに、われわれは意図せずして、長さ4のサイクル（ABCD）を作ってしまったのだ。

われわれのルールには、長さ4のサイクルに関するものはなかった。トライアドを作るためのバイアスのルールしか持っていなかった。それなのに、トライアドを作ろうとするルールに従っていったら、長さ4のサイクルに到達したのだ。このようなことが起こるのはなぜか。それは、ネットワークの構築がダイナミックな過程であり、一つ一つのリンクが作られることが新たなインプットとなり、以前に作られたリンクをすべて含む現在のネットワークが形成されるからだ。DからAへの結合は、先にAからCへの結合がなければ起こらなかった。つまり、明らかにこの特別なバイアスが意図せざる効果を生みだしたのだが、それだけではなく、おそらくはネットワークの進化のある時点で起こりうる出来事はどんなことでも、たいていそれまでに起こったすべてのことに依存しているのである。

ラパポートの時代にあっては、このことに気づいたところまでがほぼ到達点だった。ラパポートの論文を読むと、彼がそう思っていたことが読みとれる。もしシカゴ大学のグループが今日あるようなコンピュータを持っていたなら、彼らはより開かれた問題に取り組み、ネットワーク理論もまったく異なる経路をたどることになったかもしれない。ランダムｰバイアスト・ネットの理論は、数学的な直観力を持った何人かの主唱者たちが引き継ぎ、しばらく奮闘したが、データ不足による判断不能とコンピュータでの計算不能のせいで、そのうち事実上途絶えてしまった。それは本当に未来のアイディアだったのだ。そして、こうしたアイディアの多くは苦難の時代を経験することになった。

物理学者たちの登場

物理学者というのは、ほかの学問分野に侵入するにはおあつらえ向きな人たちだ。単に非常に賢いからというだけではなく、概して研究問題の選択については、ほかの研究者よりもこだわりがないからだ。物理学者は自分をアカデミーというジャングルの王だと思う傾向があり、自分の方法論の方が他者の知識よりも高いものと尊大に構えて、おのれの領域を油断なく守っている。しかし彼らのもう一つの顔はハゲタカに近い。有用だと思えばアイディアであれテクニックであれどこからでも借りてくるのを厭わず、誰かの問題を踏みつけにしては喜びを感じる。この態度たるや周囲のみなをイラつかせるものだが、以前は物理学の「ぶ」の字もなかった研究分野に物理学者が登場すると、偉大な発見と興奮の時代が到来する前触れなのである。数学者もときどき同じことをおこなうが、これほどまでの狂暴さで襲いかかったりはしないし、数の上でも飢えた物理学者の一群とは比較にならない。物理学者は新しい問題のにおいをかぎつけると、興奮するのである。

エルデシュとラパポート以降数十年間、社会学者は、ネットワークシステムの静的で構造的な記述に集中していたが、物理学者も意図しなかったにもかかわらず似たような問題に、しかも逆の方向から取り組むようになった。個人と集団の社会的役割を理解するためにネットワークの構造的特性を測定するのではなく、物理学者が実質的に推定したのは、個体レベルでの特性を完全に知ったうえで、構造については非常に単純な仮定のみを設定すれば、対応する集団レベルの特性をつかめる、ということだった。社会学者の場合と同様に物理学者のアプローチも、(社会学的な問題ではなく、物理学的な問題だったが)特定の問題を理解したいという欲望に駆られてのものだった。たとえば、磁気などがそれである。

たいていの人は高校の科学の授業で、磁石とはたくさんのさらに小さな磁石から構成されていて、磁石の磁場はそのさらに小さな磁石の磁場をすべて加算することによって測定できると習った。しかし、それらのさらに小さな磁石は、またそれよりさらに小さな磁石からなっており、この連続はさらに続く。では、どこで終わるのだろうか？　磁場は究極的にはどこから来るのだろうか？　その答えは、電場と磁場の間の深い同値関係からもたらされる。その最初の輪郭を描いたのが、一九世紀の終わりのジェームス・クラーク・マクスウェルだった。マクスウェルによる電磁気学の統合から得られた結論の一つは、電子のように自転によって電荷を帯びた粒子は独自の磁場を作るが、それは電場とは違って、自転の方向によって決まる固有の傾向を持っているというものだ。したがって磁石には必ず北極と南極があるが、電子には、たとえば負の電荷があるにすぎない。この基本的な物理学的事実から生じる重要な結論は、磁石は多くの小さな矢印の格子として象徴的に表現されるということだ。それぞれの矢印は、自転によって電荷を帯びた粒子と対応しており、これが「スピン」（自転）とみなされる。こうして磁気とは、すべてのスピン（つまり矢印）が同じ方向を指すようになっているシステムが示す状態と、みなすことができる。

ほかのすべての条件を等しくすれば、磁気のスピンは互いに整列する傾向があるので、すべてが同じ方向を指し示すというのは、何の問題もないと思われるかもしれない。しかし、スピンの相互作用はたいへん弱く、それぞれのスピンの方向は格子上の直近のスピンの方向によってしか影響されないかもしれないのだ。それとは対照的に、大域的なスピンの方向の整列が起こるには、それぞれのスピンが、離れた位置にあるものも含め、ほかのすべてのスピンの方向についていくらかでも「知って」いる必要がある。さもないとどんなことが生じやすいかというと、局地的にあるスピンのまとまりの方向がそろっても、隣のまとまりが反対の方向を向いていたりして、結局どのまとまりもほかに対して十分な影響力を持てない状態になってしまう。目指す状態は大域的に見てスピンの方向がそろっている状態だが、途中で外部の磁場を利用するか付加的なエネルギーで揺さぶるかしない限り、システムはその「フラストレーション」のたまった状態で頓挫してしまうかもしれない。したがって金属片を磁化しようとすれば、だいたいはそれを強い磁力のある場所に置いて、熱したり叩いたりしなければならない。しかしエネルギーがかかりすぎると、すべてのスピンは隣のスピンや外部の場がどうだろうが、ランダムに方向が変わる。したがって大域的な整列を実現するには、システムを高温にすることから始め、その後きわめてゆっくりと、概して外部磁場のある中で冷却する必要がある。

　数理物理学の偉大な勝利の一つは、どうやって磁気の転移が起こるのかを正確に解明したところにある。奇妙なことだが、相互作用は純粋に局所的でありながらも、転移の臨界点でシステムのすべての部分が、あたかもお互いがコミュニケートできるかのようにふるまうのだ。個々のスピンがコミュニケートできるように見える距離は、ふつうシステムの「相関長」と呼ばれる。臨界点を考える一つの方法に、相関長がシステム全体に広がっていく状態というものがある。この状態は「臨界現象」として知られ、ほかの状態では局所的にしか感じられない小さな摂動が、場合によっては無限に大きなシステムにさえ、限りなく伝わっていくことができる。したがって、システムは大域的な配位（コーディネーション）の様相を見せるが、それは中心となる権威なしに起こる。システムが臨界状態になると、中心は必要ない。なぜなら、なんらかの中心がなくてもすべての位置（サイト）がほかのすべての位置に影響を与えることができるからだ。事実、すべての位置は定義上同一で、それらはすべて同様に結合されているから、ある一つの位置がほかのすべての位置に影響を与える基盤となるようなものはなく、したがって中心的な基盤はない。結局のところ、中心性に関わるどんな測度も、観察された行動の根本原因を解明するのに役立たないのだ。むしろランダムグラフや、先に見た手拍子をする群衆の例のように、一連の小さなランダムな出来事――通常の状態では気づかれることのないままに進む出来事――が、臨界点ではシステムを全体的に組織化された状態に推し進め、戦略的に方向づけられたかのようなシステムの状態を出現させる。

　システムのどの要素もすぐ隣にある要素にしか注意を払わなかった場合でさえ、ある規模で生じた出来事がシステム全体の特性にどう影響を与えるか。この説明をすべて聞いても、まだ不可解に感じるかもしれない。しかし、これがわれわれが知りうるすべてなのである。この発見によって興奮がわきあがり、「スピンシステム」の研究は物理学者なら誰もがこっそり取り組む内職仕事の様相を呈し、何千もの論文が生産された。スピンモデルは物理学者の強い関心をひいた。非常に単純に記述できるからでもあるが、主たる理由は、たとえば磁気システム、溶液の凝固、超伝導の開始といったマクロ的変化など、非常に多くの現象と関係があるからだ。カップ一杯の水が凍るところを見たり、雪線に沿って山登りをしたことがあれば気づくだろうが、これらの状態変化はゆっくり時間をかけて起こるのではなく、突然に起こる。ある瞬間には雨が降っていても、次の瞬間には雪が降っている。磁石の磁化も、なったかならないかのいずれかしかない。

臨界点を通過して起こるこのような転移は、事実、物理学者たちの扱う相転移の一つであり、ランダムグラフの結合されていない局面から結合された局面への転移とよく似ている。二つの無関係のシステム——磁気物理学とグラフのような数学の対象——の間で、類似点を比較できそうだということになれば、相転移の理論や一般的に起きる臨界現象がかなり深遠なものだと感じられてくる。磁化について語ろうとも、水の氷結について語ろうとも——まったく異なる物理学とまったく異なる物質を含んでいるが——対応する相転移の性質は同じなのだ！

非常に異なるシステム同士が基本的な類似性を示すことは、一般的に「普遍性」と呼ばれており、その明確な妥当性ゆえに、近代物理学のもっとも深くもっとも強力な謎の一つになっている。これが謎めいているのは、超伝導、強磁性体、液体の凝結、地下の原油貯蔵というようにシステムは違っているのに、なぜ共通したものがあるのか、その自明な理由がないからだ。だが、これは強力である。というのも、それらは実際に共通のものを持っており、それが、細かな構造や制御の規則をほとんど知らなくても、非常に複雑なシステムの少なくともその一部を語ってくれるからだ。多くの細かな点を無視してもかまわないシステムの類（クラス）は、「普遍性クラス」と呼ばれる。ある特定の種類のモデルについてあらゆる普遍性クラスがわかれば、さまざまな物理的システムについての基本的な事実をいくつか知るだけで、それらの物理的システムにおいて何が起こり何が起こらないかについて、いくつかの説得力のある叙述を物理学者はおこなうことができる。これは、友人関係のネットワークや企業、金融市場、ひいては社会といった、複雑な社会的・経済的システムの創発的行動を理解しようとする人々にとって、大きな希望を与えるメッセージである。

そのようなシステムを記述するための簡単なモデルを構成する際に横たわる大きな障害の一つは、システムを駆動する基本的な規則について、ほとんど何もわかっていないということだ。アインシュタインはかつて、物理学は簡単な問題を扱っていると言った。物理学が簡単だと言っているのではない。乱流や量子重力といったもっとも困難で手に負えない問題であっても、少なくとも物理学者は方程式をあやつるもっともらしいアイディアから始めるのがふつうだ。問題を解けないかもしれないし、発見した解の含意をすべて理解できないかもしれないが、それでもまず何が解くべき問題であるかについては、少なくとも合意がとれている。経済学者と社会学者は、もっと荒涼とした眺望と対峙している。二世紀にわたり努力を積んできたが、個人、社会、経済の行動を制御する規則は、わかっていない。

おそらく、社会科学から生まれた意思決定の一般理論でもっとも成功した試みは、「合理的期待形成理論」あるいは単に「合理性理論」として知られたものだ。人間行動についての論争に科学的厳密性を持ち込むために、経済学者と数学者によって開発されたこの合理性理論は、あらゆる説明が合理的説明と比較されねばならないという意味で、事実上の（デファクト・）

判断基準（ベンチマーク）となった。あとの章で見るように、合理性理論は人間の性向と認知容量についてたくさんの仮定を設定するのだが、あいにくその仮定があまりに突飛なせいで、真意を理解するには経済学理論のトレーニングを数年積まねばならない。もっとあいにくなことに、誰もそれよりマシな理論を思いつかない。

一九五〇年代、ハーバート・サイモンたちは、よりもっともらしく思える合理性の一種として「限定された合理性」（限定合理性）と呼ばれるものを提案した。それは、常識的な基礎を捨てることなく、以前の理論においてあまりありそうにない仮定のいくつかをゆるめたものだった。多くの経済学者たちは、限定合理性のある種の変種が現実として正しいことは認めたが（また、サイモンはそのアイディアでノーベル賞も取ったのだが）、どこで仮定をゆるめるのをやめるべきかは、知るよしもなかった。ちょうどランダムグラフを非ランダムにするやり方が、一つしかないわけではないのと同じだ。合理性理論を制限するやり方はたくさんあるので、正しいやり方をしているかはまったくわからないのだ。

普遍性の裏付けがあるのは、たいへん魅惑的である。端的にいえば、ミクロレベルの行動とその相互作用についての細かな規則について実際に知る必要がない——少なくとも、知らなくても解ける問題がある——と主張できるからだ。これは非常に大きな裏付けだ。一体何が問題なのか？　普遍性は数十年にわたって理解されてきたし、磁化や超伝導に当てはめることで成長した臨界現象理論は、物理学において非常によく発展した分野である。では、なぜ流行や電力不足、株式市場の崩壊については理解できないのだろうか？

本質的な問題は、物理学者は物理学の問題を扱うための道具を開発してきたが、それは社会や経済についてのものではなかったということだ。そこには歴史も関わってくる。たとえば、物理学者は結晶格子における原子間の相互作用について考えるのに慣れている。したがって、人間の相互作用についてみずからの方法を応用しようとする際、物理学者は、人間が原子と同じように相互作用すると仮定する傾向がある。その結果、方法はたいへんあざやかであり、立派な成果がたくさん生まれるが、それでは実際の問題を解いたことにはならない。なぜなら、それは実際の問題のための方法ではないからだ。普遍性のすばらしさをすべて脇に置いてしまえば、細部には実際に重要なものがある。ここに社会学者なる人々が参入してくる余地がある。彼らは社会的世界の研究に生涯を費やしているから、それがどう機能しているのかについて実際に通じているので、彼らの洞察は有用なモデルには不可欠な要素となる。

今最後に挙げた点は当たり前のように思えるかもしれないが、多くの物理学者にとっては意外なことである。彼らは問題を取り上げる前に、誰かに相談する必要があるとはほとんど思いもしないからだ。だがわれわれが本当の進歩を望むなら、そのような考え方は変えていかねばならないだろう。学者は気むずかしい連中の集まりだ。丁重な挨拶は交わしても、学問の境界を踏み越えようとはほとんどしない。しかし、ことネットワークの世界では、社会学者、経済学者、数学者、計算機科学者、生物学者、工学者、物理学者は、誰もがほかの人たちに提供するものを持っているし、学ぶべきものはたくさんある。どの学問分野も、どのアプローチも、ネットワークを包括的に科学するのを阻むものではないし、そんなことはありそうもない。むしろ、現実のネットワーク構造を深く理解するには、知的領域のあちこちに分散しているアイディアとデータを純粋に結び付けない限り、無理である。パズルの各ピースそれ自体に魅力的な歴史と洞察があるかもしれないが、それだけではパズルを解く鍵にはならない。ジグソーパズルと同様、鍵は、すべてのパーツをつなぎ合わせて一つの統一した絵を作り上げる方法にある。以降の章で見るように、その絵は完成からはまだほど遠いものの、多くの分野からの多くの研究者たちの努力のおかげで、そしてまた知的探究のきわだった積み重ねで、ようやく統一した絵の完成が注目されてきた。

訳注

（1） この最後の一節は、アルバート＝ラズロ・バラバシ（『新ネットワーク思考』*Linked: The New Science of Networks* ＮＨＫ出版 二〇〇二年刊）らが、世界はランダムではないということを主張し、ワッツの論文を批判していることに呼応しているものと考えられる。

第3章　スモールワールド現象

スティーブン・ストロガッツと研究を始めたころ、われわれは何もわかっていなかった。ラパポートやグラノヴェッターについてはまったく霧の中であったし、実際のところ社会ネットワークについては何も知らなかった。二人とも物理学はある程度理解していた。わたしはカレッジにいたときに物理学を専攻していた。しかし士官学校だったので、海軍での軍事教練や戸外活動、そして若者が一般に夢中になるような世事の合間にわずかに染み込んだ知識では頼りにならず、役に立つとは思えなかった。グラフ理論もまたミステリーであった。事実上、純粋数学の一部門であるグラフ理論は大きく二つの要素にわけられる――ほとんど自明なこととまったく不可解なことの二つである。自明なものは教科書で理解したが、残りの不可解なものは無駄に時間をかけて格闘したのち、どうせ面白くも何ともないことだと自分に言い聞かせた。

このようにあまりに無知なせいで、われわれはぎこちない立場に立たされた。この問題は当然ほかの人がすでに考えたことがあるに違いないと思い、車輪をもう一度発明するような無駄な時間を費やしているのではないかと不安にもなった。また、それを調べたところで、どこまですでにわかっているのかがはっきりし、かえってがっかりするのではないか、または、先人と同じ視点から問題を考えることにとらわれ、先人が躓いてしまった問題にわれわれも躓いてしまうのではないか、とも考えた。オーストラリアに帰省して一カ月一人でよく考えてみた後、一九九六年一月にストロガッツの研究室で話し合い、われわれだけで独自に研究していこうと決めた。誰にも話さず、ほとんど何も読まず、コオロギのプロジェクトを中断し、スモールワールド現象を探求するための非常に単純な社会ネットワークのモデルをいくつか作ってみようと決めた。ストロガッツは突っ走ろうとするわたしを守る必要があると感じたに違いない。ストロガッツは、研究期間は四カ月間(一学期間)だけだと主張した。四カ月やってみて目に見える進展がなければ、敗北を認めてコオロギ研究に戻ろうと言った。そうすれば最悪の場合でも、わたしの卒業が一学期遅れるだけだから。

友人たちの小さな力をかりて

当時、わたしはイサカに暮らし始めてちょうど二年が過ぎたころだった。新しい友人のいる新しい故郷ができたと感じ始めた時期だったが、オーストラリアの故郷にいる友人との強い絆を改めて感じている時期でもあった。ふと、こんな考えが頭をよぎった。平均的なコーネル大学の学生に、オーストラリアのランダムに選んだ一人の人間に親しみを感じるかと尋ねたとしたら、「別に」という返事が返ってくるだろう。つまり、アメリカでの友人のほとんどは、これまでオーストラリア人に会ったこともなく、オーストラリアでの友人のほとんどには、アメリカ人の知り合いはいなかった。この二つの国は事実上地球の反対側に位置し、ある一定の文化的類似性とお互いに対する関心を持ちながらも、その住民たちは互いに相手の国を、途方もなく離れたエキゾチックな場所であると考えていた。それでもアメリカのある人々は、オーストラリアのある人々と実際に極めて近い関係にあるのだ。彼らは気づいてはいないかもしれないが、わたしという一人の共通の友人を介してである。

同じような状況は小規模ながらも、コーネル大学でのさまざまな友人グループ間にも当てはまる。わたしは理論応用力学科に所属していた。この学科は、アメリカ人よりも留学生の方が多い小さな大学院研究科だった。多くの時間をこの学科で過ごし、ほかの大学院生ととても親しくなった。また、わたしは大学の野外教育プログラムでロッククライミングやスキーを教えてもいたので、今でも親しくしているコーネル大学での友人のほとんどは、野外インストラクターやそこでの学生である。さらに、わたしは最初の年に大きな学生寮に入っていたので、そこで何人か良い友人ができた。クラスメートはお互い同士をよく知っていた。寮の友人たちも互いによく知っていた。野外活動の友人たちもお互いをよく知っていた。しかし、それぞれのグループは、どれもそれぞれに違っていたのだ。わたしに会いに来ることがなければ、ロッククライミングの仲間たちは、学科のあるキンボールホールに足を踏み入れる理由はなかっただろう。彼らは、工学部の大学院生を違った種類の人間と考えがちであった。

二人の人間が互いに「親しい」と感じる共通の友人を共有していても、それでもまだ「遠い」存在だと感じるのは、共通の場を有しながらもミステリアスでもある社会生活の一側面である。第5章でふれるが、このパラドクスはスモールワールド問題の中心に位置する。また、この問題の解決をとおしてわれわれは、ミルグラムの結果を理解できるだけではなく、表面上は社会学とはまったく関係のないように見えるほかの多くのネットワークの問題を理解することができる。しかし、それにはさらなる研究が必要になるだろう。今ここで言えることは、われわれは単に個々の友人を持つのではなく、むしろ友人のグループを持つということだ。グループはそれぞれ特定の環境の集合、すなわちある背景によって定義される。例えば、大学の寮とか現在の職場といった背景によって、われわれは知り合うことになる。それぞれのグループの内部では密度の高い個人間のつながりができる傾向にあるが、ほかのグループとのつながりは概して希薄になる。

しかしながら、グループとグループは、二つ以上のグループに所属している個人によって結合されている。一方のグループの人々が、もう一方のグループの人々と、共通の友人の仲立ちをとおして交際を始めると、グループ間の「重なり」(オーバーラップ)が強くなり、その境界線があいまいになる。コーネル大学での数年間で、別々のグループに属する友人たちが次第に出会うようになり、ときには親しくなっていった。オーストラリアの友人が訪ねてくると、永続的な関係を築くほど長い滞在ではなかったが、わずかではあれ二国間の境界線が目立たなくなったこともあった。

このことを繰り返し考え、寒さの厳しいコーネル大学のキャンパスをうろうろと歩き回って、ストロガッツとわたしはモデルの中に取り入れたい四つの要素を決めた。第一は、小さな重なりを持つ数多くのグループ——グループの内部では密接に結合しており、複数の所属を持つ個人によってオーバーラップしている——からなる社会ネットワークである。第二は、静的な対象ではない社会ネットワークである。新しい関係が次々と作られ、古い関係は消えてゆく。第三は、すべての潜在的な関係は同程度に生じるとは限らないこと。わたしが明日知り合う人は、少なくともある程度は今日知っている人に依存する。しかし第四として、われわれはときには、自分の内的な選好と性格特性に導かれて行動する。このような行為は、これまでの自分の友人とはまったくつながりのない新しい人との出会いをもたらす可能性がある。わたしがアメリカへ行く決意をしたのは、大学院へ進みたいという希望から出たものだったから、渡米した当初は知っている人は誰もいなかったし、わたしのことを知っている人もいなかった。同じように、ロッククライミングを教えようと決めたのは学科の選択とは関係なかったし、寮に入ったのも関係なかった。

つまりわれわれは、ある面では周囲の社会的構造の中で占める位置によって、また別の面では内的な選好や性格特性によって行動するものである。社会学では、この二つの力を構造と主体的行為（エージェンシー）と呼ぶ。社会ネットワークの進化は、この二つの間のトレードオフによって発生する。主体は、彼／彼女の構造的位置には制約されない個人の意思決定プロセスの側面であるため、主体によって引き出される行為は、世界に対してはランダム事象として現れる。もちろん、外国に引っ越すとか大学院に進むという決断は個人の経歴や心理の複雑な絡まりから引き出されるものであり、ランダムということはまったくない。しかしここで重要なことは、行為が現在の社会ネットワークによって明確に決定されていないならば、われわれはそれをランダムであるかのように扱うことができるということである。

いったんランダムな過程を経て所属がはっきりしてくると、構造が再び介入し、新しく作られたオーバーラップが橋渡し（ブリッジ）となって、ほかの人々がそのブリッジを渡り、新しい所属関係を構築することができるようになる。したがって、社会ネットワークにおける関係のダイナミックな進化は、競合する力のバランスによって引き出される。つまり一方では、新しい社会的軌道に自ら乗り入れるために、人は一見ランダムな決断を下す。しかし他方では、人は既存のグループ構造を強めるために、現在の友人関係によって拘束されたり可能性を広げたりもするのである。最難関の問題は、一方が他方と比べてどのくらい重要か、である。

明らかなことは、われわれが答えを持ち合わせていないということだ。結局のところ、世界は複雑な場所であり、以上述べたような不確実性や計測しがたい力の競合によって、世界は今あるように形成されているのだ。幸い、このように経験的に立ち向かおうとすると混乱してしまう場は、まさに理論が真価を発揮する場なのである。現実世界に存在する個人の意図的行動と社会的構造――ランダム性と規則性(オーダー)――の間のバランスを構築しようとするかわりに、われわれは次のように問うことができる。すべての潜在的に可能な世界を調べることで何を学ぶことができるだろうか、と。つまり、規則性とランダム性をパラメータとして、その相対的重要性を考えてみることである。われわれはそのパラメータを、潜在的に可能な空間で動き回れるように調整してみる。ちょうど周波数帯域を探すことができる旧式ラジオのつまみを回すのと同じように。

帯域（領域）の一方の端では、個人はいつも現在の友人を通じて新しい友人を作る。だがもう一方の端では、そのようなことは決してしない[訳注1]。どちらも現実的ではないが、そこがポイントなのだ。理にかなわない極端なことをとりあげれば、その中間地点のどこかに、信じるに足る現実的な場を見つけることができるだろう。もしその場がどこにあるかを正確に特定できなかったとしても、両極の間に存在する多くの場は、一定の基準から見て同じような性質を持っているのではないか、とわれわれは考えた。われわれが探し求めていたのは、社会ネットワークのモデルとして通用する単一のネットワークではなく、普遍性の精神に則り、それぞれが細かい点では異なっているかもしれないが、その基本的な特徴においては、細かな相違点には依存しないネットワークの類（クラス）である。

うまくいきそうなモデルを作り上げるのに、いくらか時間がかかった。われわれが取りかかったグループ構造の概念は、正確に把握するのが思ったより難しかったからだ。しかし、やがて突破口が開かれた。いつものようにわたしはすぐに廊下を走り、ストロガッツがやりかけたことをあきらめて研究室の扉を開けてくれるまで、たたき続けた。

ドーム都市住民からソラリア人まで

驚くほどのことではないだろうが、わたしは少年時代アイザック・アシモフの大ファンだった。特に、有名な「ファウンデーション」三部作と「ロボット」シリーズは何度も何度も読み返した。面白いことに、「ファウンデーション」の主人公であるハリ・セルダンの心理歴史学が、社会システムの創発というアイディアとわたしの最初の出会いではなかっただろうか。セルダンが言うように、個人の行動が絶望的なまでに複雑で予測できないものであったとしても、大衆の行動や文明は、分析したり予測したりできる。アシモフが一九五〇年代初頭に思いついた頃は、このようなアイディアは空想的だったのだろうが、このビジョンは複雑系システムの研究が今日やろうとしていることを予期していた点で、特筆すべきことである。しかし、わたしがストロガッツと話したかったのは「ロボット」シリーズの方であった。

シリーズの第一作である『鋼鉄都市』は、地下に建設された鋼鉄のドームという未来の地球都市で起こった殺人事件を、刑事イライジャ・ベイリが捜査する話である。彼は捜査中に、自分の生き方や仲間との関係の不思議さについてじっくり考えるようになる。鋼鉄都市という小さなドーム都市の中で固いつながりを持って暮らしている人々について、ベイリはよく知っているが、ほかのドームに住んでいる人々のことはほとんど知らなかった。

知らない者同士はけっして口をきかず、友人同士の交流は直接的で個人的なものであった。続編の『はだかの太陽』の中で、ベイリは植民惑星ソラリアへ派遣された。そこが彼にとって居心地が悪かったのは、社会的交際のあり方が正反対だったからだ。地球人とちがってソラリア人は惑星の地表に散在し、孤立していて、膨大な敷地にロボットたちと暮らしていた。たとえ配偶者同士であってもグローバルな映像通信装置を介してバーチャルにふれあうだけだ。一方、地球では人々は防御壁に囲まれて、相互の結果を強めながら暮らしていた。ランダムに見知らぬ人と関係を取り結ぶなどということは、考えられないことだった。ところが、ソラリアではすべての人々との交際が等しく可能で、以前の関係は新しい関係を取り結ぶうえではたいして重要ではなかった。

では、二つの世界——ドームの世界（鋼鉄都市）とランダムで独立した関係を持つ世界（惑星ソラリア）——を想像し、それぞれの世界で新しい人間関係がどのようにして形成されるのかを考えてみよう。特に、ランダムに選ばれた特定の人と出会う可能性を、あなたとその人との共通の友人数の関数として考えてみよう。ドーム都市の世界では、共通の知人がいない状態は、あなた方が別々の「ドーム」に住んでいることを示唆し、したがってあなた方は絶対に出会わない。しかし、もしたった一人でも共通の友人がいるならば、あなた方は同じコミュニティに住み、同じ社会的範囲の中で行動しているのだから、非常に高い確率で知り合う可能性がある。これは明らかに住むには奇妙な場所だろうが、ここでのポイントは極端なものを見つけることにある。もう一方の極端では、ソラリアのよう

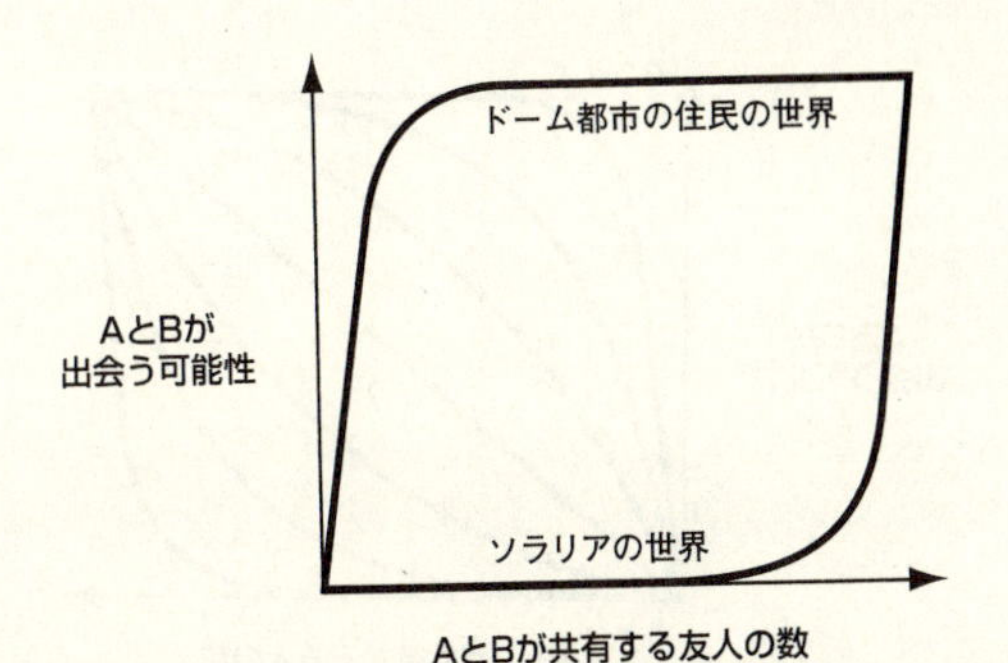

図3-1　2つの極端な相互作用規則。上側の曲線（ドーム都市の住民の世界）では、たとえ共通の友人が1人しかいなくても、AとBは出会う可能性が高いことを示している。下側の曲線（ソラリア）では、AとBに共通の友人が何人いるかには関係なく、すべての交際は等しく可能性が低い。

に、あなたの過去の交際はあなたの未来の交際とは無関係である。二人の間にたまたま多くの共通の友人がいたとしても、一人も共通の友がいない場合と比べて、両者が出会う可能性は高くも低くもならない。

新しい友人選択に関する一般原理は、いずれも「相互作用規則」によってより的確に表現することができる。モデルの世界では、われわれは社会的紐帯で結びついたノード（節点）のネットワーク（これをさしあたり友人関係と考えよう）を構築し、そのネットワークは、時間を追うにつれて、人々が特定の相互作用規則に従いながら新しい友人を作り、進化するものとする。例えば、ドーム都市とソラリアのような二つの極端なタイプの世界は、図3-1のように理解される。二人が友人になるかどうかは、現在の共通の友人数によって規定され

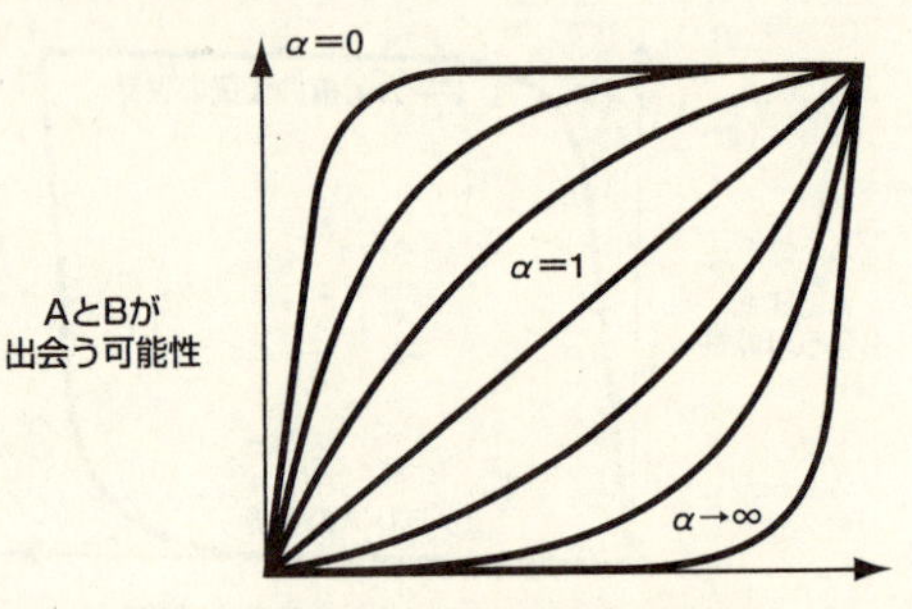

図3-2　2つの極端な状況の間に相互作用の規則の族のすべてが存在する。各規則は、調整可能なパラメータであるアルフ ァ（α）の値によって特定される。α=0のとき、ドーム都市の住民の世界となる。αが無限になるとソラリアの世界になる。

るが、その度合いはどちらの世界の規則を採用するかによって異なる。図の上側のカーブは、ドーム都市の世界に対応する。なぜなら、二人の個人が共通の友人を一人持つとすぐにお互いが友人になる強い傾向を示すからだ。対照的に、下側のカーブはソラリアの世界に対応する。そこでは、たくさんの共通の友人がいても二人が交際する傾向にはほとんど影響しない。したがって、ほとんどすべての状況下で、彼らはランダムに交際する。

このようなネットワーク進化の規則を公式化する最大の利点は、図3-2に示されているように、連続する中間的な規則が両極の間にあるカーブとして定義できることである。これらの規則はいずれも、二人の個人が友人になる傾向を、彼らがそのときに何人の共通の友人を持っているかの関数として表している。しかしそのカーブは、共通の友人がどのくらい重要かによって違ってくる。数学的には、この規則の族（ファミリー）全体は、一つの調整可能なパラメータを含んだ等式によって表される。ゼロと無限大の間を取るパラメータを調整あるいはチューニングすることによって、図3-2にある相互作用規則の一つを選び、この規則に従って進化するネットワークを構築することができる。われわれが構築したのは、社会ネットワークの数学的なモデルだった。ストロガッツとわたしで構築した最初のネットワークモデルだったもので、もっと良い名前が思い浮かばず、「アルファモデル」と名付けた。したがって、行動を引き起こすパラメータはアルファとなる。

そのときは気付かなかったが、このアルファモデルはアナトール・ラパポートのランダム－バイアスト・ネットの精神にたいへん近いものであった。ラパポートと同じように、われわれは紙と鉛筆だけでは問題を解決できないことにすぐ気付いた。しかし、われわれにとって幸運だったのは、五〇年にわたる技術発達によって、猛烈なスピードで計算してくれるコンピュータができていたことだ。実際、ネットワークのダイナミクスに関わる問題は、コンピュータ・シミュレーションにうってつけの題材だった。個人行動のレベルにごく単純な規則を設定するだけで、大勢の個人が過去に下した決定に必然的にもとづいてそれぞれに意思決定を繰り返しつつ、長期にわたって相互作用を及ぼし合う場合の、あきれるほどの複雑性が作り出せるのだ。結果は、しばしばきわめて直観に反するものになり、紙と鉛筆でやる数学では間に合わない。しかしコンピュータは、目もくらむほどのスピードで、際限なく単純な規則を繰り返すことが大好きなので、まさにこのような作業のために生まれてきたようなものだ。物理学者は研究室で実験をおこなうが、コンピュータのおかげで数学者も、同じように実験者になることができた。現実の規則を意のままに調整できるたくさんの仮想研究室の中で、理論を検証することが可能になったのだ。

しかし、われわれはどのようなことを検証したらよいのだろうか。われわれが理解したい問題——スモールワールド現象の起源——のカギをにぎるのは、社会ネットワークには明らかに矛盾する二つの性質があるということだと述べたのを覚えているだろうか。一方では、ネットワークは大きな「クラスタリング係数」を示す。これは、ある人の友人を二人取り上げると、その二人がお互いに知り合いになる可能性は、ランダムに選ばれた二人が知り合いになる可能性よりも平均的にかなり高いことを意味する。また他方では、ランダムに選ばれた二人を、ほんの何人かの連鎖を介して結びつけることが可能でなければならない。したがって、地球上の遠く離れた場所にいる個人であっても、ネットワークの中では短い連鎖、すなわち「パス」で連結されるのだ。それぞれの特性は個別になら簡単に満たされるが、二つをどのようにして結合するのかは、まったく明らかになっていなかった。例えば、イライジャ・ベイリのドーム都市の住民の世界は、明らかに高度にクラスター化した世界である。しかし、直観的には次のように思われる。すなわち、もしわれわれの知っているすべての人々がお互いだけを知っているとすれば、たった数ステップだけで、友人を介して世界の残りの人々全員と結びつくことは困難であろう。局所的な関係の重複は、集団凝集性のためにはよいかもしれないが、大域的な結合を育むにはまったく役立たない。逆に、ソラリアではネットワークのパスの長さが短くなる傾向がある。実際、人が純粋にランダムに交際するなら、任意の二人の間の典型的なパスの長さは平均して短いという、グラフ理論の標準的な結果が得られる。しかしながらランダムグラフだと、自分の友人同士が知り合う確率は、非常に大きな地球規模の人口のもとでは本当に小さくなってしまうということも簡単にわかる。したがって、クラスタリング係数は小さくなる。直観的に考えると、世界は小さくなるか、クラスターになるかのいずれかであり、両方になることはないだろう。しかし、コンピュータは直観にとらわれずに計算する。

スモールワールド現象とは

パスの長さとクラスタリングを研究の指針として使いながら、われわれは、コンピュータで「アルファネットワーク」を構築し始めた。まずネットワークを組み立て、それから対応する統計値を測定するための標準的なアルゴリズムを追加した。必要なプログラミングは、ほとんどが初歩的なものであったが、わたしはその過程でプログラミング言語を独習しなければならなかったので、できたコードは醜く反応の鈍いものとなった。最初の一日ぐらいは楽しげに動いているなと思っていたら、プログラムが突然止まってしまい、その後はプログラムを殺したバグを追跡するのに何時間も費やすことがしょっちゅうだった。コンピュータ・シミュレーションは現実世界のようには煩雑ではないはずだが、それでもたいへんだった。一月ほどフラストレーションのたまる日々を過ごし、ようやくいくつかの結果が得られた。

当初、われわれの直観は正しいかのように思えた。アルファの値が低いとき、すなわち、点が友人の友人だけに結合する強い選好があるときは、得られたグラフはクラスター化する傾向が高い。そんなわけで、グラフは実際にたくさんの小さな部分（すなわち鋼鉄のドーム）に分断された。それぞれのドーム内ではみんなが互いによく結合しているが、ほかのドームとの間には結合がまったくなくなってしまうのだ。この結果は具合が悪かった。なぜなら、ネットワークがこのように断片化してしまうと、異なる断片に含まれる点同士の間の距離を定義するのが難しいからだ。しかし、ネットワークの断片化の原因と考えられるパスの長さを定義することは可能だ。もっとも簡単な修正法として、以前とまったく同様に点と点のペアの中で最短のパスの長さを測定するが、ただ、同じ連結成分内にあるペアについてのみ、パスの長さの平均値をコンピュータで計算する。図3-3に示すように、アルファ値が低いとき、典型的なパスの長さは短く、逆にアルファ値が高くても短くなる。しかし、アルファ値が中間のある値になると、パスの長さはスパイク（突出）して長くなる。この点は、アルファ値が低いときにはグラフは非常に断片化しているが、同じ連結成分に含まれる点の間のパスの平均値だけを計算しているため、小さい連結成分内のパスの長さは短くなるからだと、説明がつく。これは『鋼鉄都市』のドーム世界であり、到達できる人には容易に到達するが、容易に到達できない人にはまったく結合できない。

一方、アルファ値が高いとき、グラフは多少ともランダムになる。その結果、グラフは単

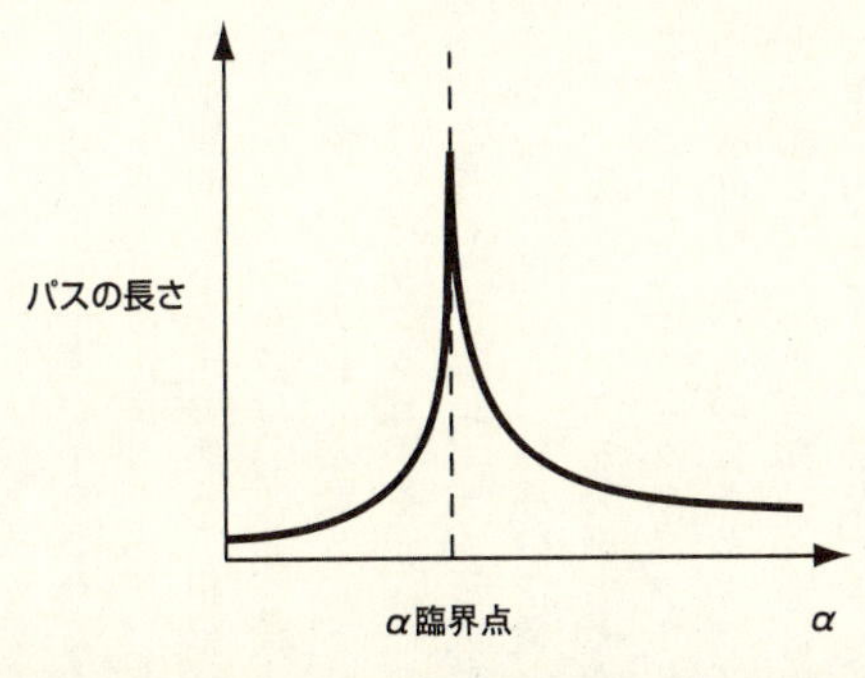

図3-3　パスの長さをアルファ（α）の関数とする。アルファ値が臨界値を取るとき、多くの小さなクラスターが結合しネットワーク全体が結びつく。そこからパスの長さが急激に短くなる。

一の全体的なまとまりになってしまい、典型的なパスの長さは短くなる。これは、われわれがランダムグラフについて知っていることに一致する。これがソラリアの世界である。そこでは、どの人へもほぼ同じくらい簡単に到達できる。

図3-3の中央のスパイク部分に、興味深い行動のすべてが存在する。スパイクの左側では、アルファ値が増加するにつれて断片が急激にまとまり、パスも長くなる。世界は大きくなってゆくが、それは以前に孤立していた部分が結合し始めるからである。距離の平均でいうと人に到達しにくくなるが、より多くの人に到達することが可能になってくる。スパイクの右側では、ネットワークのすべての部分が一つの大きな全体に結合され、相互作用規則がよりランダムになるにつれて、平均的なパスの長さは急激に短くなる。ちょうどスパイクのところが臨界点であり、ランダムグラフについて議論したものと

よく似た相転移であり、ここで誰もが結合するが、個人のペア間の典型的なパスの長さは非常に大きくなる傾向がある。スパイクの頂点では、例えば一〇〇万人のネットワークでは、各人に一〇〇人の友人がいたとすると、典型的なパスの長さは数千にもなるだろう。大統領から数千人が手をつなぐぐらい離れているようなネットワークは、明らかにスモールワールドとは正反対である。しかし――これは重要なことであるが――このような世界は本質的に不安定である。相転移が起こったとたん、ネットワークは大域的に結合し、平均的なパスの長さは急落し、最小値に急接近する。そのときは不思議に思ったが、驚くほど急激にパスの長さが減少することが重要なのである。

クラスタリング係数も予測しない動きをした。アルファ値が低いところでは、パスの平均的な長さと同様に、まず最大値まで上昇し、それから急に減少する。しかし、もっと興味深いことは、この転移の位置と対応する、パスの長さの転移との関連である。われわれは、一方に長いパスを特徴とした高度にクラスター化したグラフ、もう一方に短いパスを特徴としたほとんどクラスター化していないグラフができると予想していた。そして、二つの統計値（パスの長さとクラスタリング係数）の推移も、お互いに対応しているだろうと予測した。ところがそうではなくて、図3-4に示すように、クラスタリング係数が最大値に到達しようとしたときに、パスの長さは急落し始めたのだ。

当初、われわれはコードにエラーがあるのではないかと考えた。しかし、コードを注意深くチェックし、かなり頭を悩ませたあと、目前にあるものこそわれわれの求めていたス

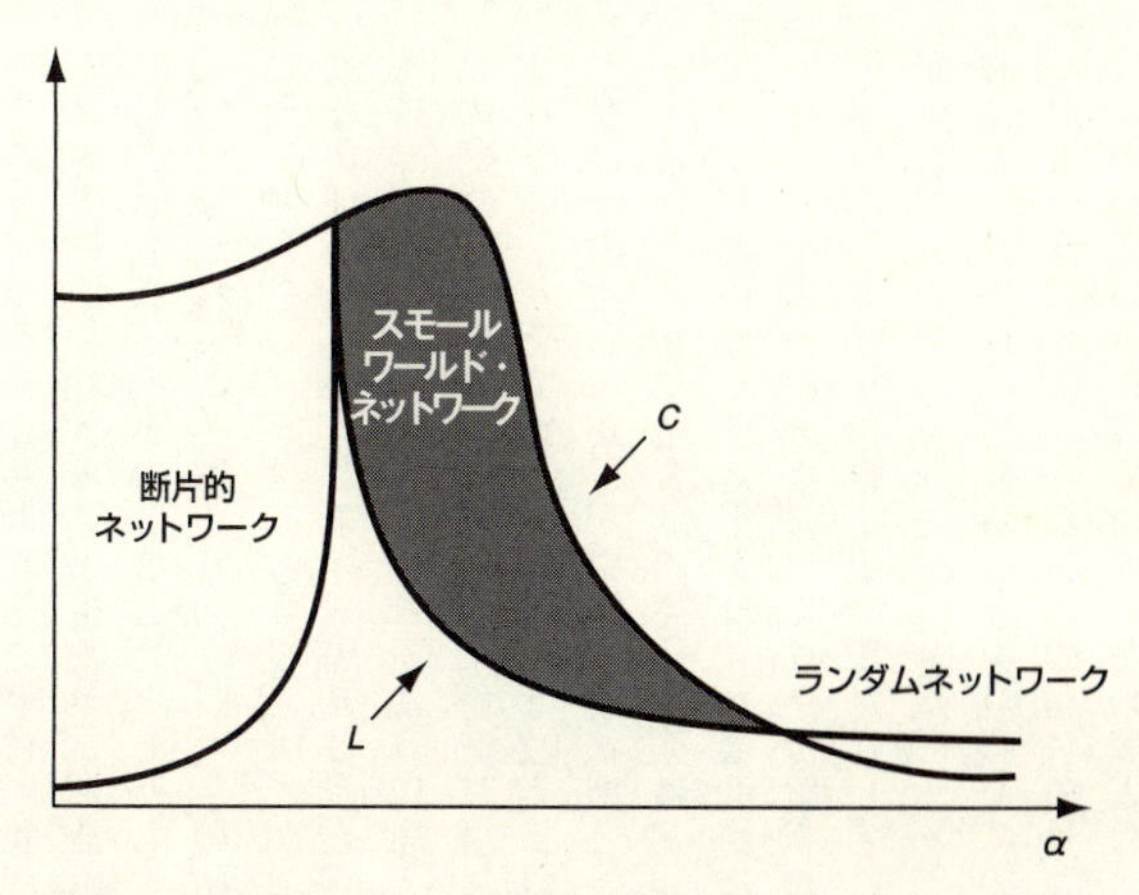

図 3-4　パスの長さ（L）とクラスタリング係数（C）の比較。L が小さく C が大きい曲線に挟まれた領域（陰影部）が、スモールワールド・ネットワークの存在を表す。

モールワールド現象であることに気づいた。われわれのモデルが定義した母集団において、この状態こそ、ほかとは結合していない局所的なクラスターが存在しながらも、どの点にでも平均してほんの数ステップで到達できるように結合しているネットワークの領域（レジーム）なのだ。このネットワークの類（クラス）をわれわれは「スモールワールド・ネットワーク」と呼ぶ。これは科学的な名称ではないかもしれないが、非常にキャッチーだという大きな利点がある。スモールワールド・ネットワークがたいへんな注目を集めて以来、その騒ぎのどこかで原型となったアルファモデルがすっかり忘れ去られてしまったが、このモデルには世界について教えてくれることが、まだいくつかある。

アルファモデルからわかることは、世界は孤立したドームのように小さなたくさんのクラスターに断片化することもあれば、誰もがつながり合っている一つの巨大な連結成分になることもある、ということだ。しかし、例えば世界が均等に二つかそこらの大きな連結成分に分かれることはありえない。この結果には驚くかもしれない。なぜなら、世界はしばしば地理的、イデオロギー的、または文化的なラインに沿って、いくつかの大きな相容れない部分——西洋と東洋、黒人と白人、金持ちと貧乏人、ユダヤ教徒、キリスト教徒、イスラム教徒——に分けられるように思えるからだ。このような分割による亀裂がわれわれの認識を動かし、われわれの行動に強く影響を与えたとしても、ネットワークには適用されないことをアルファモデルは教えている。すべて結合しているか、まったく結合していないかのどちらかで、中間的な状態といったものは実際には存在しないのだ。

さらに、非常に結合度の高い状態は、非常に断片化した状態よりもはるかに生じやすい。アルファというパラメータは、社会的構造からの制約と個人の自由とのバランスを表していることを思い出そう。アルファは解釈が難しいパラメータなので、その特定の値が現実世界のどのような状態と正確に対応しているかはわからない。しかし結果的に、われわれが生きているこの世界はほぼ確実に図3-4のピークから右側にある。これはわれわれが誰にでもつながっていることを意味している。実際、モデルはこれよりもずっと強い主張をおこなう。ピークから右側のパスの長さの減少があまりにも急なので、世界が大域的につながっているだけでなく、どの個人のペアも仲介者の短い連鎖をとおしてつながっているという意味で、この世界が小さいこともほぼ確かなのだ。この結果に、自分自身と共通点の多い、比較的小さな集団――友人、家族、同僚――と交流を重ねつつ過ごしている多くの人は、驚くかもしれない。教育程度の高い、特権階級に属する人々でさえ、自分が所属する小さなコミュニティによって外界からは隔離されていると感じている。それを不幸だとは思わなくても、自分がよく知っている小さな世界とはまったく異なる世界の大部分に対しては、非常に距離が遠いと感じるものである。では、この（かなり現実的な）認識にもかかわらず、われわれがみなつながっているというのは、どういうことだろう。

　このパラドクスの解答は、クラスタリング係数はパスの長さほど急激には減少しないということである。ネットワークが大域的にみてどのような状態であっても――断片化していようが結合していようが、大きかろうが小さかろうが――、クラスタリング係数は、ほぼ確実に高くなる。つまり、個々人が観察できる範囲をもとに世界について推量しても、厳しい限界があるのだ。有名な格言に、「すべての政治は地方（ローカル）にあり」というのがあるが、すべての経験は局所的（ローカル）であると言うべきだろう。われわれは、自分が知っていることしか知らず、世界のそれ以外の部分は、われわれのレーダースクリーンから外れている。社会ネットワークにおいては、アクセスできる唯一の情報と、世界を評価するために使える唯一のデータは、われわれの隣人――友人や知り合い――のところにある。友人のほとんどがお互いに知り合いなら、つまり、隣人が非常にクラスター化しているなら、さらにまた、個々の隣人のそのまた隣人も同様にクラスター化しているならば、われわれは、これらのクラスターがすべて結合するようなことはありえないと考えがちである。

しかし、それはありうる話なのだ。そしてそれゆえに、スモールワールドは直観に反する現象なのだ。それは大域的な現象だが、個人は局所的な測定しかできない。あなたは自分の知る人しか知らず、また、おそらくほとんどの場合、あなたの友人はあなたが知っている人々と同じような人々を知っている。しかし、もしあなた（A）の友人たち（B）の一人（B1）が、あなたの友人たち（B）とはまったく異なる友人たち（D）を持つ別の一人（C）と友人ならば、そこに結合のパス（A-B1-C-D）が存在する。あなたは、そのパスを使えないかもしれないし、パスが存在すること自体を知らないかもしれないし、またそのパスを見つけるのは難しいかもしれない。しかし、それは確かにそこに存在するし、あなたがそれを知っていようといまいと、思想や影響や疾病が伝わる場合には、そのパスが重要になる。ハリウッドの世界のように、誰を知っているかは重要だが、この話にはまだ先がある。あなたの友人が誰を知っているか、また、その友人が誰を知っているかも、重要なのだ。

できるだけ単純に

アルファモデルは、新しい友人を作るときに人が従う規則という観点から、スモールワールド・ネットワークがどのように生成されるのかを理解する試みであった。しかし、スモールワールド現象が生じうることがわかると、今度は、何がそれを生成したのかが知りたくなった。われわれが観察した結果はパラメータ・アルファ如何による、と単純に判断するのは適切ではないと思った。なぜならば、アルファが何であるのかきちんとわかっているわけではないし、したがって、アルファの特定の値が何を意味しているのか、わかっていないからだ。アルファモデルは確かに単純ではあったが、それでもなおとても複雑なので、何が起こっているかを本当に知りたいなら、アインシュタインの有名な言葉に従う必要があった。つまり、「できるだけ単純に、それ以上単純にできないほど単純に」。では、スモールワールド現象を再現できるもっとも単純なモデルとは何か？ そして、そのモデルからわかる、アルファモデルに欠けているものとは何だろうか？ そこで、第二のモデル、すなわち「ベータモデル」を設定するために、社会ネットワーク的なモデリングらしささえ捨てて、構造とランダム性をできるだけ抽象的に扱うことにした。

物理学では、すでに述べたように、システムの中での要素間の相互作用はしばしば格子上で起こる。格子は、格子上のすべての場所（サイト）が同じようなつながり方をしており、自分の位置さえわかったらほかの人の位置もわかるため、研究上都合のよい対象だ。そういうわけで、格子は都市の道路や大きなオフィスの小部屋のレイアウトによく使われる。つまり格子を使うと、道案内が簡単なのだ。少し扱いにくいのは、要素が境界線上にある場合だ。境界線上では内部にある場合よりも相互作用が少なくなるからだ。この非対称性は反対側に「ラッピング」（巻き付け）して結びつけることで、（オフィスでは無理だが、数学的には）容易に解決できる。例えば、直線は円になり、四角い格子はトーラスになる（図

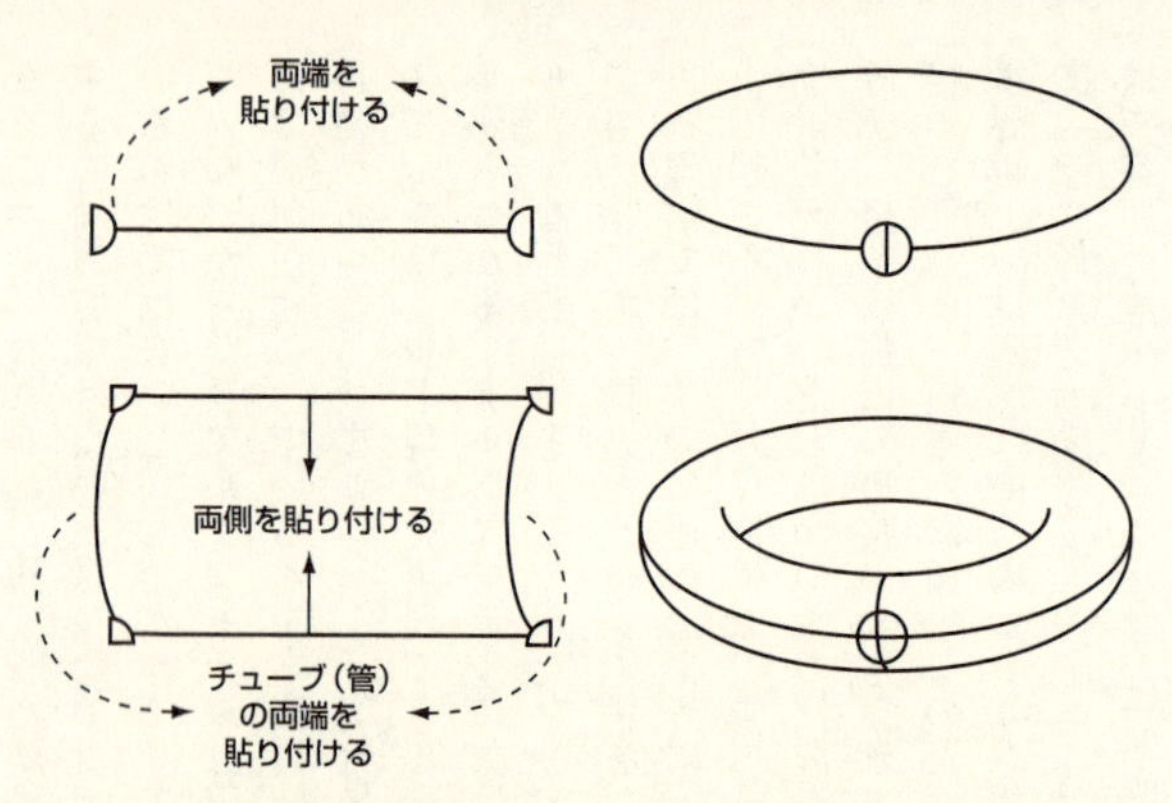

図 3-5　格子は反対側の端をくっつけることで周期格子にすることができる。上図では、一次元格子（左）は円（右）になる。下図では、二次元格子（左）はトーラス（右）になる。

3-5）。円とトーラスは、外部に出られる境界がもはや存在しなくなるため、周期格子と呼ばれる。格子上の任意の場所から他の場所へ移動しようとすると、スペース・インベーダーゲームの敵の宇宙船のようにぐるぐると周期的に回り続けるようになるからだ。

したがって、周期格子は「規則的（オーダード）」相互作用の概念を表現するうえで、ネットワークのとても自然な類（クラス）のように思え、もう一方の極では、ランダムネットワークが「不規則的（ディスオーダード）」相互作用を体現しているように思える。格子ほど単純ではないものの、ランダムネットワークもまた十分わかりやすい。もっとはっきり言えば、周期格子の特性は正確に特定できるが、ランダムグラフの特性は統計的に特定できる。同種でほぼ同じ大きさの二本の木が、同じ土壌で育っているものとしよう。この二本の木がまったく同じでないのは明らかだが、ある意味では相互可換であることも、同じくらい明らかだ。ランダムグラフも、おおよそ同じやり方で予測できる。つまり、同じパラメータを持つ十分に大きな二つのランダムグラフを比べると、いかなる統計法を用いても、この二つを区別できない。

したがって、ネットワークは格子に似ているほど規則的とみなされ、ランダムグラフに似ているほど不規則とみなされる。われわれがすべきことは、それぞれのネットワークを完全に規則的なものから完全に不規則的なものまで、すべての中間的な段階をくまなくなぞって調整する方法を見つけることだ。規則的な部分とランダムな部分があるネットワークは、今なお純粋数学で理解することは難しい。これはコンピュータにおあつらえ向きの仕事だ。そこでわれわれは、すぐにそのようなネットワークを構築するための単純なアルゴリズムを開発した。図3-6の左側の図に示すように規則（レギュラー）格子を描く。そこでは、各点（ノード）は、円上で一定数のもっとも近い点とつながっている。例えばこの配置では、一〇人の友人がいるとすれば、左側の五人と右側の五人を知っていることになる。アルファモデルの一方の極と同じで、この種の社会ネットワークはかなり特異である。この場合、すべての人が輪になって手をつないで立っているようなもので、意思を伝達する唯一の方法は、手をつないでいる人に耳打ちするしかない。しかし、われわれはここで社会ネットワークを構築しようとしているわけではない。ここではある単純なやり方で、規則的なネットワークと不規則的なネットワークの間を補完しようとしているだけである。

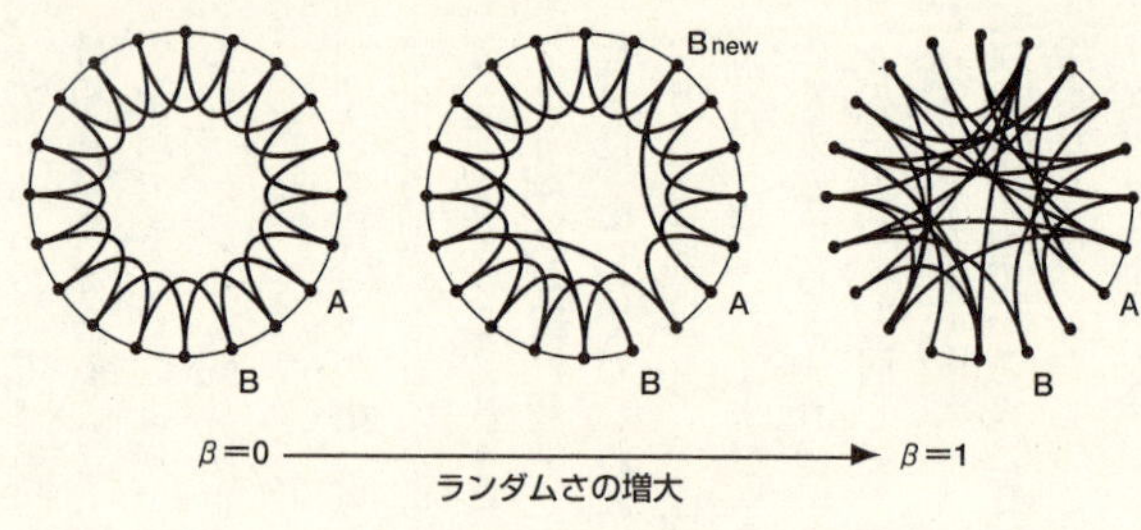

図3-6　ベータモデルの構築。一次元周期格子におけるリンクは確率ベータ（β）でランダムにつなぎ直される。ベータがゼロ（左図）のとき、格子は変わらないままである。ベータが1のとき（右図）、すべてのリンクはつなぎ直され、ランダムネットワークが生成される。中央図では、ネットワークは部分的に規則的で、部分的にランダムである（例えば、最初のAからBへのリンクがB newへつなぎ直されている）。

ここで架空の携帯電話を考えてみよう。その電話は隣人の一人にはつながらず、ネットワーク全体からランダムに選ばれたほかの誰かに直接つながるものとしよう。図3-6で言えば、このことは、ランダムにリンクを選んで新たにつなぎ直す（rewiring）のと同じことだ。つまり、AとBの間のリンクを消して、Aの端は固定したまま、その円の中からランダムに新しい友人B newを選ぶことである。実際には、0から1の間の値を取るベータ（新しい調整可能なパラメータ）の値を一つ選び、格子上のすべてのリンクをシステマティックに訪れ、確率ベータでランダムにつなぎ直す。したがって、ベータがゼロの場合にはつなぎ直しは起こらず、初めにつないだままの状態で終わるので、完全な規則格子である。もう一方の極、すなわちベータが1の場合には、どのリンクも毎回つなぎ直され、非常に不規則的なネットワークになる

（図3-6の右側の図）。これはランダムグラフと似ている。

このベータモデルの両極は、対応するアルファモデルの両極よりずっと理解しやすい。アルファモデルは、個々の点を支配する相互作用規則によって定義されていた。ダイナミックに成長するネットワークは、例えば、アルファモデルもそうなのだが、一般的に分析が難しい。なぜなら、観察された構造を生成する基盤となるいくつもの行動規則のうち、どれが当該構造を生成したのかが、多くの場合しばしば正確にはわからないからだ。おそらくより重要なことは、基盤となる行動規則の多くが、最終的なネットワークで同様の構造特性を生成するかもしれないことだ。そしてこれこそが、われわれが非常に関心を持っていた問題だった。われわれは、スモールワールド・ネットワークを動的に生成する方法を手に入れた。次に、それがいかにして組み立てられたかにかかわらず、どのくらい生じやすいのかに関心を抱いた。

規則からランダムへの移行の両極に加えて、格子はランダムグラフとどのように違っているのだろうか？　まず第一に、円格子は非常に多くの人々から構成されている場合には「大きく」、任意の二点間の典型的なステップ数（パス）は長くなる傾向がある。例えば図3-6の左図において、円の反対側の誰かにメッセージを伝えたいとしよう。そして、円が一〇〇万人で構成され、それぞれの人が一〇〇人の友人を、左に五〇人、右に五〇人持っていたとしよう。あなたのメッセージを伝えるもっとも早い方法は、左側の五〇番目の人に叫んで、メッセージを伝えてほしいと言うことだ。そして今度はその人が、その人から数えて左側の五〇番目の人に同じことをするわけだ。このやり方であなたのメッセージが円の回りを一度に五〇人ずつスキップしていくと、目的地に着くにははるばる一万ステップ（次）もかかることになる。すべての人があなたの反対側にいる人ほど遠いわけではないが、平均距離はやはり約五〇〇〇次ほどあり、ミルグラムの示したような六次には遠く及ばない。円格子もクラスター化の程度が高い。なぜなら、格子構造のため、あなたの隣人はあなたとほとんど同じ人々を知っているからだ。あなたの友人の輪の末端にいる人でさえ、やはりあなたの友人の半数を知っている。したがってクラスタリング係数は、あなたのすべての友人について平均すると、およそ二分の一と一の間、すなわち、四分の三くらいになる。

対照的に、完全にランダムにつなぎ直されたグラフは、無視できるほど小さいクラスタリング係数を示す。非常に大きなネットワークでは、あなたが二人の人に対してランダムにつなぎ直し、その後、その二人がランダムなつなぎ直しによってお互いにつながるというような可能性は、絶望的に小さい。同じ理由から、格子が大きくなるほど、ランダムグラフは自動的に小さくなる。われわれの最初のスモールワールド現象についての思考実験（四七ページ）を思い出してみよう。われわれが一〇〇人の人々を知っていて、その人々がそれぞれが一〇〇人ずつ知っているとすると、二次の隔たりの中で一万人の人に到達でき、三次でほぼ一〇〇万人に到達できる、等々。クラスタリングがないことは、無駄な重複した結合がないことを意味する。新しく加わる結合はすべて新しい領域に届き、わたしの知人ネットワークの成長率は最速になる。その結果、たとえ人口がとても大きかったとしても、わたしは、ほんの数ステップでネットワークのすべての人に到達できることになる。

　それでは、その中間では何が起こるだろうか？　つなぎ直される確率が小さいとき、図3-6の中央の図のように、生じたネットワークは規則格子と似ているが、ランダムで長距離にまたがる結合がいくつかある。これらはどのような違いをもたらすのだろうか？　クラスタリング係数を見ると、ランダムリンクの個数が数個ていどであれば変化はほとんどない。一回一回のランダムなつなぎ直しで、あなたは友人の一人を失い、そのかわりあなたの知り合いとはまったく接点を持たない誰か一人と新たに友人となる。それでも、あなたの友人のほとんどはお互いのことを知っているので、クラスタリング係数は高いままである。しかし、パスの長さは劇的に変化する。リンクは一様にランダムにつなぎ直していて、また大きな格子の中ではあなたの近くよりも遠くにたくさんの場所（サイト）があるので、あなたはずっと遠くにいる誰かとつながる可能性が高い。したがって、ランダムリンクは近道（ショートカット）を作る傾向がある。近道というのは、その名の示すとおり、以前は遠かった点と点のパスの長さを縮小する役割を果たす。

　携帯電話のたとえにもどろう。五〇歩ずつ円の反対側までメッセージを伝えるのではなく、今やあなたとターゲットの相手は、直接につながる電話を手にしている。二人の距離は数千から一に一気に縮まったわけだ。そればかりではない。メッセージを新しい友人の友人たちに届けたいなら、あなたはたった二ステップで届けることができる。さらに、ほんの数歩で彼らの友人たちはあなたの友人たちと話ができ、彼らの友人たちの友人たちもあなたの友人たちの友人たちと話すことができる。これらはすべて、あなたが世界の反対側の人とつながったことによる。大まかに言えば、これが、スモールワールド現象がどうやって起こっているかを示している。大きなネットワークでは、すべてのランダムリンクは、以前は遠く離れていた人々を結合しやすくするのだ。そして、彼らが一緒になるだけでなく、ネットワークの残りの大部分も互いにずっと近くなるのである。

注目すべき点は、少数のランダムリンクが非常に大きな影響をもたらすことである。図3-7に示すように、ベータがゼロから増大するとパスの長さは急落する。それは、あまりにも急なので縦軸と区別できないほどだ。同時に、多くの二点間の距離が縮まると、個々にできた近道のおかげで、そのあとさらに近道ができてもさほど大勢に影響を与えない。したがって、パスの長さの急落は始まるとすぐに緩やかになり、ランダムグラフの極限まで穏やかに収束していく。この単純なモデルの驚くべき結果は、ネットワークのサイズにかかわりなく、平均して最初の五回ほどのランダムなつなぎ直しによって、平均的なパスの長さが半分に短縮されたことだ。ネットワークが大きくなればなるほど、ランダムリンク一つ一つの影響は大きくなる。この法則は衝撃的だ。さらに五〇%減少させようとすると、つまり、平均的なパスの長さを最初の長さの四分の一にしようとすると、さらにおよそ五〇ものリンクのつなぎ直しが必要である。つまり、全体の距離をさらに半分にす

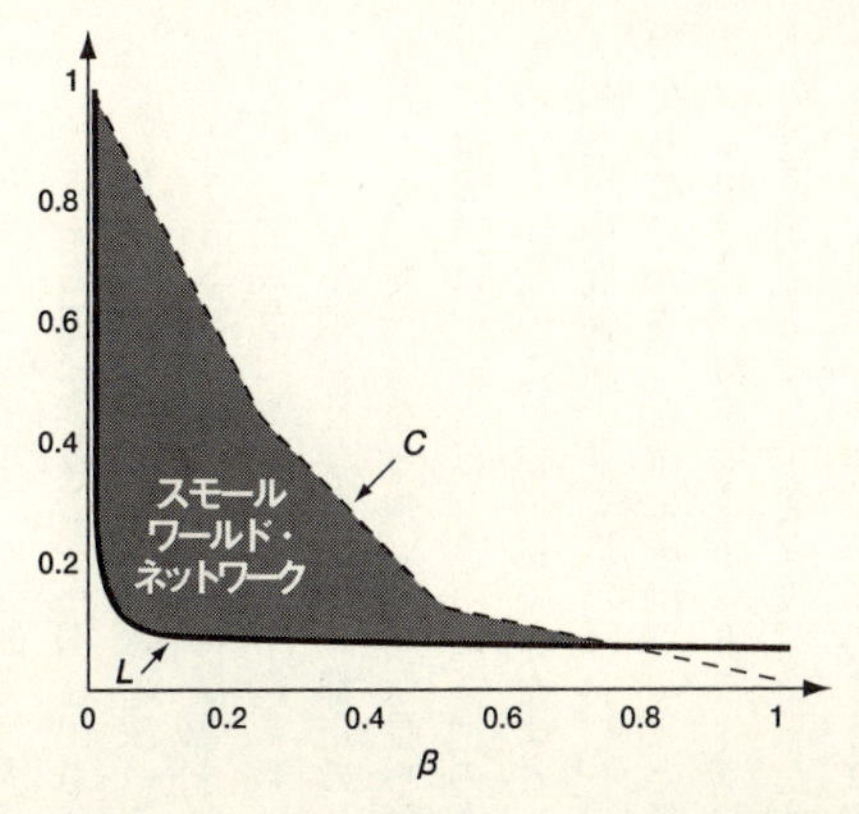

図3-7　ベータモデルでのパスの長さとクラスタリング係数。アルファモデル（図3-4参照）と同じように、スモールワールド・ネットワークはパスの長さが短く、クラスタリング係数が大きい（陰影部）ときに存在する。

るのに、およそ一〇倍必要になる。さらに距離を減少させようと思えば、もっとたくさんのランダムリンク、すなわちより大きな不規則性が必要になる。一方、クラスタリング係数の方は、ウサギを追うカメのように、ゆっくりと一定の減少を続け、完全な不規則状態の極限である特定の場所（特性長）で、ようやく追いつく。

全体的な結果として、われわれは再び、ネットワーク空間の完全な規則性と不規則性の間に広い範囲があるのを発見した。その部分では、局所的なクラスタリング係数が高く、全体的なパスの長さは短い。これがわれわれのスモールワールド・ネットワークである。アルファモデルが示すように、人々はスモールワールド・ネットワークのどこかにいても、その世界がどんなものなのかはわからない。彼らは、お互いに顔見知りの固定した友人クラスターの中に住んでいるものと思っている。後の章で見るように、病気やコンピュータウイルスの拡散や、大組織や友人同士のネットワークにおける情報探索について考える際に、ここから引き出される結果は重要である。

しかし、ベータモデルはさらに深いことを教えてくれる。なぜなら、最初のモデルで謎だったアルファ・パラメータの問題を解決するのに役立つからだ。アルファについての問題とは、アルファをネットワークそのものから解釈することはできないということだった。アルファが小さいとき（ドーム都市の住民の世界）は、共通の友人が一人しかいないような人々も、友人になる強い傾向が見られる。また、アルファが非常に大きいとき（ソラリアの世界）は、人々は、彼らに共通の友人がいようがいまいが、ランダムに出会う傾向がある。しかし、これまで見てきたように、とりわけアルファがもっとも興味深い行動を引き起こす中間領域の値を取る場合に、どのような種類のネットワークがアルファ値いかんで生じるのかを、正確に予測することは一般に不可能だ。

アルファは、最終的なネットワークにおいて長距離の点の間にランダムな近道ができ、その近道があらゆる重要な役割を果たすかどうかの確率を決定するものだ。この結果の美しさは、――アルファモデルのように、ネットワーキングの社会過程をシミュレートすることによって、あるいはベータモデルのように、単純にある確率で近道を作ることによって――われわれが望むとおりに、どのようにでも近道を発生させることができることにあり、さらに、どちらでもおよそ同様の結果を得られることにある。クラスタリングについてもほぼ同じことがいえる。ベータモデルの格子で試みたように、単純に現在の友人をとおして新しい友人を作るための規則を繰り返し適用することによって、自然にクラスタリングを発生させることもできる。いずれにせよ、クラスタリングを発生させる方法と近道を可能にする方法があるかぎり、どちらのやり方でも、われわれはいつもスモールワールド・ネットワークを生成することができる。

現実のシステムはベータモデルと同じように見えないという意味で、ベータモデルは馬鹿げたものにも思えるが、ベータモデルからのメッセージは馬鹿げたものではなかった。それがわれわれに教えてくれる点は、スモールワールド・ネットワークはとても基本的な力――規則的な力と不規則的な力――の単純な混合によって生じるのであり、混合を仲立ちする特別なメカニズムがあるわけではないということだ。そういうわけで、スモールワールド・ネットワークは、アイディアのもとになった社会的世界の中だけに見られるのではなく、すべてのネットワークで見られるものであるということが明らかになった。

現実世界の実例から

明々白々のことだが、スモールワールド・ネットワークがほかのあらゆる種類のネットワーク化されたシステムにおいても生じるとわかったのは、われわれにとっては事実上大きなブレークスルーだった。ここにたどり着くまでは、この問題を純粋に社会ネットワークという観点からしか考えてこなかったが、このおかげでより実際的なレベルで、われわれの予測を確かめるためのデータを探しだす可能性が開けてきた。スモールワールド現象を研究するうえでの大きな問題の一つを思い出してほしい。規則性とランダム性の間を調整するアプローチを採用せざるをえなかった理由は、この現象を実験で検証するのはまったく無理なように思えたからだ。そのようなネットワークデータを手に入れることなど、一体誰にできようか？　ところが、今や確認のために使えるネットワークデータの範囲が劇的に広がった。十分に適切なやり方でデータが記録されていれば、どんな大規模ネットワークでも基本的によくなったのだ。実はこのことは、電子的なネットワークデータでないといけないということを意味する。この要求は今日では些細なことのように思える。しかし、一九九七年当時のインターネット暗黒時代には、良いデータ候補を思いつくことさえかなり難題だった。

当初、われわれは科学関係の研究業績データベースを調べようとした。それは、何千もの学術雑誌から集められた科学論文の膨大なネットワークであり、それらの論文は文献引用をとおしてお互いにリンクしあっていた。わたしがあなたの論文を引用すると、わたしはあなたにリンクされ、逆に、もしわたしの論文があなたに引用されていれば、あなたはわたしにリンクされている。しかし、これは本当にわれわれが調べようとしていることではなかった。なぜなら、論文は通常、それ以前に掲載された論文しか引用しないから、論文間のリンクは一方向であることが多いからだ。しかし、そのときにはこれがわれわれの思いつく限りで一番いい考えだった。残念なことに、データベースを所有している国際科学協会（International Scientific Institute）は閲覧の費用を要求した。しかし、われわれにはそんなお金はなかった。

実際、彼らは丁寧にしかしきっぱりと、もとになる論文を一編申請すれば、五〇〇ドルでその論文を引用しているすべての論文を送るといってきた。もう五〇〇ドル払うと、それらの論文すべてに引用されている論文を送るというのだ。これは馬鹿げた話だと思った。ネットワークについて何がしか学んだならば、ある最初のノードから一つを検索すると（この場合は、もとになる論文）、到達するノードの数は指数関数的に膨らむ傾向があることがわかっているからだ。つまり、最初の五〇〇ドルで協会が配達しなければならない論文は、手に持てるほどの数だが、第三または第四の五〇〇ドルでは、協会は、何百何千倍という論文を探さなければならないことになる。しかも同じ金額で！　単にこのことを実証して彼らに見せてあげるために、ストロガッツの研究費から数千ドルを出してみようかというふざけた考えにちょっと傾いたが、分別がはたらいてほかのネットワークを探すことにした。

次の挑戦はもっとうまくいった。一九九七年初頭に、ケビン・ベーコン・ゲームという新しいゲームがはやりだしたが、これがわれわれの関心にぴったりとはまった。このゲームはウイリアム・アンド・メアリー大学の映画同好会の仲間が考え出した。彼らは、映画界の真の中心はケビン・ベーコンである、という結論に達していた。知らない人もいるかもしれないので、ここで説明しよう。映画ネットワークは、一度でも映画で共演したことがあるということで結びついている俳優たちで構成されている。ハリウッドだけに限定するのではなく、どこで作られたいつの映画でもこれに含まれる。インターネットムービー・データベース（IMDB Internet Movie Database）によれば、一八九八年から二〇〇〇年までのあいだにざっと五〇万人の役者が二〇万本の映画に出演しているという。ケビン・ベーコンと共演したことのある役者には、「ベーコン数」1が与えられる（ベーコン自身は、ベーコン数ゼロである）。ケビン・ベーコンはたいへん多くの映画に出演し（この時点で五〇本以上）、共演者は一五五〇人にのぼる。この一五五〇人の俳優はそれぞれベーコン数1である。数がずいぶん多いように感じるかもしれない。確かに、ケビン・ベーコンは平均よりも多くの役者と共演しているが（平均は六〇人くらい）、それでも映画俳優の全人口と比べれば一％にも満たない。ベーコンから遠い場合、つまりベーコンと共演したことはないが、ベーコンと共演したことのある誰かと共演したことがある俳優がいるとする。そうするとその人は、ベーコン数2となる。例えば、マリリン・モンローは『ナイアガラ』（一九五三年）でジョージ・アイヴズと共演した。彼は『スター・オブ・エコーズ』（一九九九年）でケビン・ベーコンと共演している。したがって、マリリン・モンローはベーコン数2ということになる。ゲームの目的は一人の俳優からケビン・ベーコンへの最短パスを探し、ある俳優のベーコン数を決めることである。

表3-1で、ベーコンを基点とした俳優ネットワークの「距離次数分布」がわかる。デ

ベーコン数	俳優の数	俳優の累積数
0	1	1
1	1,550	1,551
2	121,661	123,212
3	310,365	433,577
4	71,156	504,733
5	5,314	510,047
6	652	510,699
7	90	510,789
8	38	510,827
9	1	510,828
10	1	510,829

表3-1　ベーコン数による俳優の分布

ータベースに登録された俳優のうちのほぼ九〇％が有限のベーコン数を持っている。それは、彼らがネットワーク中の仲介者の連鎖を通して、ベーコンとつながることができるということである。いったん臨界点となる結合数を越えると、俳優ネットワークは、ランダムグラフと同じような巨大連結成分を持つと結論づけることができる。一目瞭然なのは、膨大な数の俳優たちが驚くほど小さいベーコン数を持っていることである――巨大連結成分に含まれているほとんどの人が、四ステップ以下で到達できる。

映画同好会の仲間たちがそうだったように、あなたはベーコンが特別な存在で、俳優世界のテコの支点のようなものであると考えるかもしれない。しかしちょっと考えてみると、まったく違った解釈の方がもっともらしいことがわかるだろう。もしベーコンが、ほとんどの人とわずか数ステップでつながるのが真実ならば、誰もが、ほぼ同じステップ数で誰とでもつながるということも、また真実ではないだろうか？　だから、誰かのベーコン数を数えなくても、「コネリー数」や「イーストウッド数」、もっと言えば、「ポールマン数」（エリック・ポールマンは一九一三年に生まれ一九七九年に没した、あまり知られていないオーストリアの俳優で『ピンク・パンサー2』や『007ロシアより愛をこめて』などの一〇三本の映画に出演している）でもいいのではないか？　一歩進んで、すべての可能な基点から数えてその平均を取る（つまり、巨大な連結成分の中でそれぞれの俳優から始まる数を数えて、平均を取る）と、われわれのモデルネットワークで測定した平均のパスの長さと同じ値が得られるかもしれない。

われわれに必要なのは、ネットワークデータだった。しかし、これは問題でないことがわかった。ちょうどそのころ、ヴァージニア大学の計算機科学者であるブレット・チャデンとグレン・ワッソンが「オラクル・オブ・ケビン・ベーコン」というウェブサイトを立ち上げ、ほどなくウェブ上でもっとも人気のあるサイトとなった。先ほどわれわれがマリリン・モンローでみたように、映画ファンがお気に入りの俳優の名前を打ち込むと、オラクルはたちどころにその俳優からケビン・ベーコンまでのパスをはじきだす。このような計算をおこなうためにチャデンとワッソンは、どこか適当な場所にネットワークデータを保存しているに違いないとわれわれは考え、チャデンにそれを使わせてもらえないかと手

	$L_{実際}$	$L_{ランダム}$	$C_{実際}$	$C_{ランダム}$
映画俳優	3.65	2.99	0.79	0.00027
電　線	18.7	12.4	0.080	0.005
線　虫	2.65	2.25	0.28	0.05

L＝パスの長さ　C＝クラスタリング係数

表3-2　スモールワールド・ネットワークの統計値

紙を出してみた。やや驚いたことに、彼は即座に同意し、生データの特徴について指導までしてくれた。ほどなくわれわれは、その当時概算して二二万五〇〇〇にのぼる俳優で構成された巨大連結成分に含まれる、平均のパスの長さとクラスタリング係数を算出した。表3-2からわかるように、結果は明らかであった。何百何千もの個人で構成された世界では、どの俳優からどの俳優にも平均四ステップ以下でつながるようだ。さらに、どの俳優の共演者たちも、互いの主演映画においてかなりの確率（八〇％）で相互に共演しあう。疑う余地もなく、これはスモールワールド・ネットワークだ。

この結果に勇気づけられて、ストロガッツとわたしはすぐにほかの例を探し始めた。われわれのモデルの一般性を検証したかったので、われわれはできるだけ社会ネットワークと関係のないネットワークを丹念に探した。巨大電力送電システムの力学に関する研究をしていたコーネル大学の電気工学科の同僚たち——ジム・ソープとペ・クァンウィ——が寛大だったおかげで、われわれはすぐに軌道に乗ることができた。ストロガッツとジムは親しかったので、われわれは彼らが持っているあらゆるネットワークデータを検証したいと言って、話し合う時間を取ってもらった。彼らは実に多くのデータを持っていた。とりわけ、第1章でふれた一九九六年八月の大停電を起こした送電ネットワークの完全な送電マップを、彼らは持っていた。われわれはすぐにこれに注目した。クァンウィは西部地域システム調整評議会でネットワークを記録する際に使っている複雑な表記法の読み方を教えてくれた。数日間データをいじくりまわして、扱いやすいフォーマットに直し、われわれのアルゴリズムで実行できるようにした。そして、うれしいことに俳優ネットワークとまったく同じ現象を発見した。表3-2に示すように、パスの長さは同数の点とリンクを持つランダムネットワークに近いものであったが、クラスタリング係数はずっと大きい――これはまさしくスモールワールド・モデルが示唆したとおりだった。

われわれの予測をさらに前に推し進めてみようとして最後に扱ったネットワークは、まったく異なるものだった。本当は、神経細胞ネットワークのデータを見つけたかったが、そのデータは社会ネットワークのデータと同様に、ほとんどないということがすぐにわかった。幸い、生物学的な振動子について考えることに何年も費やしている間に、ストロガッツはある程度生物学について学んでいた。何度か失敗をしたのち、彼はCエレガンスという線虫について見てみようと提案した。彼によれば、それは広範な研究のために生物学者が見出したモデル有機体の一つだという。ひょっとしたら誰かが、この神経ネットワークについて研究しているのではないかというのだ。

自分でざっと調べたり、たまたまCエレガンスの研究者であったストロガッツの友人の生物学者に手伝ってもらったりして、わたしはすぐに、Cエレガンスが生物医学研究の脇役ではないということに気づいた。ショウジョウバエ、大腸菌、イースト菌などと並んで、地中に住む小さな生物であるCエレガンスはもっともよく研究され、少なくとも生物学者の間では、よく知られた有機体である。一九六五年に、初めてシドニー・ブレナー――同時代にワトソンとクリックもいたが、彼らは三〇年後にはヒトゲノム計画の中枢にいた――によってモデル有機体として紹介されて以来、Cエレガンスは顕微鏡の下で三〇年以上研究されてきた。文字通り何千人もの科学者たちが、Cエレガンスの一部だけではなく、そのすべてを学んできた。まだ道は半ばであるが、その成果には目を見張るものがある。特に、初めてそれと出会った者にとっては衝撃的だ。例えば、Cエレガンスのゲノムの塩基配列が特定されたこと。この業績はヒトゲノム計画の陰になって、ささいなことに思えるかもしれないが、ごくわずかな資金で短期間のうちに達成されたことを考えれば、同じように画期的なことである。研究者たちはCエレガンスの成長のあらゆる段階において、体のすべての細胞をマッピングしていた。そして、その中には神経ネットワークも含まれていた。

Cエレガンスの利点の一つはヒトと違って、標本のバリエーションが有機体レベルにおいてさえ、非常に少ないことであった。したがって、ヒトではとても考えられないが、線虫では典型的な神経細胞ネットワークについて語ることが可能なのである。もっと都合がよかったのは、研究者のあるグループが、一ミリの体のほとんどすべての神経について、それらがどのように互いにつながっているかを示すマッピングを、本当に途方もない作業の末に完成させたばかりではなく、他のグループが、得られたネットワークデータをコンピュータが読めるフォーマットにその後書き換えていたのだ。皮肉にも、二つのそのような見事な科学的業績は最後は、コーネル大学図書館に保管されている一冊の本の裏表紙に貼り付けられた、二つの四・五インチ・フロッピーディスクに納まっていた。確かにその本はそこにあったが、しかし図書館員によると、フロッピーを紛失してしまったという。図がっかりして研究室にもどり、ほかのネットワークについて検討していると、数日後、図書館員から電話があり、意気揚々たる口調でディスクを見つけたと言った。それまで誰もそれに関心を持った者はおらず、わたしがそれを借り出そうとした最初の人だったという。ディスク、それに四・五インチと三インチの両方が使える旧式のコンピュータを手に入れたら、あとの仕事は比較的スムーズに進んだ。送電網と同様に、データには多少の手直しが要求されたが、それほど手こずることなくわれわれの標準的なフォーマットに変換できた。結果は瞬時に出た。それは、われわれを失望させなかった。表3-2に示すように、Cエレガンスの神経細胞ネットワークもまた、スモールワールドであった。

これら三つの例がいずれもうまくいったことから、われわれのモデルもある程度の経験的な妥当性が得られたといえよう。三つのネットワークがわれわれの求めていたスモールワールドの条件を満たしたばかりではなく、それぞれサイズと密度の点で異なっているにもかかわらず、またもっとも重要なこととしてそれぞれ根本的な性質が異なっているにもかかわらず、その条件を満たしたからである。送電網と神経細胞ネットワークには、細かな点に至るまで実質的に似たところはまったくない。映画俳優が自分の出演すべき映画を選ぶことと、エンジニアが送電網を構築することには、細かな点に至るまで実質的に似たところはまったくない。しかしある水準では、つまり、ある抽象的な意味では、これらすべてのシステムには何がしかの類似性がある。なぜなら、それらはすべてスモールワールド・ネットワークだからだ。一九九七年以来、ほかの研究者たちもまたスモールワールド・ネットワークについて研究を始めた。予想どおり、スモールワールド・ネットワークはあらゆる場所に姿を現した。ワールドワイドウェブの構造、大腸菌の代謝ネットワーク、ドイツの大手銀行と企業との間の所有関係、アメリカの『フォーチュン』誌が選んだ一〇〇〇の優良企業の取締役会のメンバー間の重複によるネットワーク、そして科学者たちの共同研究ネットワークなどがそうである。これらのネットワークは、どれも正確には社会ネットワークではない。しかし、共同研究ネットワークはほぼそのようなものと考えてよいし、ウェブや所有関係のネットワークは真の意味では社会的という感じはしないが、少なくとも社会的に形成されている。だが、これまで検討してきたネットワークには、間違いなく社会的でないものもある。

したがって、このモデルは正しかったのだ。スモールワールド現象は、必ずしも人間の社会ネットワークの特性に依存していない。われわれがアルファモデルに組み入れようとした、人間の相互作用の定型の特性にさえ依存していない。スモールワールド現象はもっと普遍的なものだということがわかったのだ。何らかの方法で規則性を体現し、しかし、わずかながらも不規則性を有しているかぎり、どのようなネットワークもスモールワールド・ネットワークになりうるのである。規則性の起源は、社会ネットワークの連結した友人関係のパターンに見られるように、社会的なものかもしれないし、発電所の地理的近接性に見られるように、物理的なものかもしれない。しかし、その点は重要ではない。必要なことは、共通の点につながっている二つの点が結合する確率は、ランダムに選ばれた二つの点よりも高くなるというメカニズムがあることだ。これは局所的な規則性を表すための非常にうまいやり方だ。なぜなら、ネットワークデータをざっと見るだけで観察と測定ができるし、また、われわれはネットワークの要素についての詳細や人々の関係、人々がなぜそのようなことをしたのかを知る必要がないからだ。AがBを「知って」いて、AがCを知っていれば、BとCはランダムに選ばれた二つの要素よりも知り合う可能性が高いことになる。こうして、局所的な規則性が得られる。

しかし、多くの現実世界のネットワーク、特に中心化したデザインを欠いたなかで進化してきたネットワークには、少なくともいくらか不規則性が存在する。社会ネットワークの中の個々人は、社会的背景や経歴だけに簡単に還元できない、それぞれの生き方や友人を選択しながら、主体的な行動をとる。神経システムのニューロンは、理由や計画もなしに物理的・化学的な力にしたがって盲目的に成長する。経済的・政治的理由で、電力会社は初期の送電網では計画されていなかった、長距離にわたって困難な地形を越えてゆくような送電線を建設する。大企業の取締役会のような制度的ネットワークであっても、あるいは、金融と商業の世界をつないでいる所有関係のパターン——その形成者たちのマキャベリアン的な企図にしたがって秩序づけられたと思われるネットワーク——でさえも、対立するさまざまな利害が協調的なやり方では調停できないために、ランダム性を示す。

規則性とランダム性。構造と主体。戦略ときまぐれ。これらは現実のネットワーク化したシステムの主要な対立点である。そのそれぞれはもつれるほど絡み合い、終わりのない対立をとおして、不安定だが必要な休戦にいたるまで、システムを動かし続けている。もし過去が現在になんの影響も及ぼさず、現在が未来と無関係ならば、われわれは途方に暮れるばかりではなく自己という感覚も失ってしまうだろう。われわれが世界を整理し理解するのは、みずからを取り巻いている構造をとおしてなのだ。しかし、強すぎる構造や未来に対する過去の強すぎる拘束もよくない。それは停滞と孤立をもたらすことになるからだ。多様性は、実際、人生のスパイスだ。多様性があるからこそ、規則性が豊かで面白いものを生み出す可能性があるのだ。

これが、スモールワールド現象の背後にある重要な論点である。われわれは、友人関係について考えながらこの点に行き着いたが、また社会的紐帯の観点から、現実のネットワークの多くの特徴を解釈し続けることになるだろうが、現象自体は社会関係という複雑な世界に限られているわけではない。事実、生物学から経済学まで非常に多様で自然に進化したシステムにおいて、スモールワールド現象は生じるのだ。ある面では、スモールワールド現象が一般的なのは、それが単純だからである。しかし、スモールワールド現象は、格子にいくつかのランダムなリンクを加えただけの単純なものではない。むしろそれは、自然それ自体が取り決めた、厳格な規則性と破壊的なランダム性との間の避けがたい歩み寄りの結果なのだ。

学問的に見て、スモールワールド・ネットワークも、ネットワーク化したシステムについて研究するために、数学、社会学、物理学において数十年にもわたって発展してきた全く異なるアプローチ間の融合の産物である。一方では、局所的な相互作用から大域的な創発について考えるように導く物理学と数学の視点がなかったなら、われわれは、社会的関係のネットワークとは異なるほかのネットワークによって体現された関係を抽象化しようとはしなかっただろうし、多くの異なる種類のシステムの間にある深い類似性を見出すこともなかっただろう。他方では、われわれを刺激した社会学がなかったら、そして、冷徹な格子の規則性とランダムグラフの不規則性の間のどこかに現実のネットワークが生きているという、社会的現実に対する強いこだわりがなかったら、そもそもこのような問題を考えることすらなかっただろう。

訳注

(1) いつもランダムに友人を作るということ。

第4章　スモールワールドを超えて

社会ネットワークに焦点を当てたことで、われわれは道に迷うことにもなった。多くの現実のネットワークの中には、ストロガッツとわたしが研究してきたネットワークも含めて、思いもよらなかった際立った特徴があることがわかってきたのだ。一九九九年四月のある週末、わたしはサンタフェ研究所内の、博士号取得後の奨学金で設備を整えた自分のオフィスにいた。そのときわたしが受け取ったノートルダム大学の物理学者ラズロ・バラバシからのメールは、好感の持てるものだった。われわれが前年発表したスモールワールドに関する論文のデータが欲しいというのである。そのときはバラバシと彼の教え子であるレカ・アルバートが何をしようとしているのか知るよしもなかったが、わたしは喜んで手持ちのネットワークのデータを渡し、ブレット・チャデンの映画俳優のデータについても紹介した。わたしはもっと注意を払うべきだった。わずか数カ月後、バラバシとアルバートは『サイエンス』誌に、ネットワークに関する新しい疑問を提起した革新的な論文を発表したのだった。

われわれは何を見落としていたのだろうか？　そもそもの動機はスモールワールド現象

から端を発したものだったから、ストロガッツとわたしは、ネットワークの中で個人が典型的に何人くらいの隣人を持っているのかということにほとんど無関心であった。社会学者たちが、人々の友人の数を測定することに躍起になっていたことは知っていた。さらに、被験者が思いうかべた友人数が、そもそも友人という言葉をどのようなものとして理解しているかに大いに依存していることも知っていた。明らかなことだが、もし友人が「ファーストネームで呼びあう仲」ということを意味するなら、それが「個人的な問題を相談できる仲」とか「一週間車を貸してあげる仲」ということを意味する場合とは完全に異なる結果が出るだろう。結局、われわれはこの問題は難しすぎるとして棚あげし、考えるのを後回しにしていた。そうしながらも、われわれはネットワークの紐帯の分布に関する仮定を立てていた。大きな友人関係ネットワークの中にいるすべての人に（ある明確に定義された意味での友人を仮定して）、何人の友人がいるかを尋ねることができて、みんなが正しい答えを教えてくれるものと想像してみよう。たった一人しか友人がいない人は、何人いるだろうか？　友人が一〇〇人いる人は、何人いるだろうか？　まったく友人がいない人は、何人いるだろうか？　われわれがそんなデータを持っていたなら、一般的に、図4-1に示すような図が描けるだろう。これはネットワークの「次数分布」と呼ばれているものである。この図から、母集団のなかからランダムに抽出されたメンバーが、ある特定の友人数、すなわち「次数」（「何次の隔たり」という場合の「次数」とは混同しないように）を持つ確率がわかる。

ストロガッツとわたしは、研究対象としているあらゆるネットワークはおよそ図4-1に示すような次数分布をしているだろうと仮定していた。すなわちネットワークは、鋭い頂点で表されきちんと定義された「平均次数」を示すだけでなく、ほとんどの点（ノード）は、平均からそれほど違わない次数を持っている。別の言い方をすれば、平均値の左右で急激に減少し、その減少はあまりにも急激なので、平均よりもずっと多くの友人を持っている人の確率は無視できる（ネグリジブル）ということになる。それは、巨大なネットワークであっても変わらない。一般的には、これはかなり慎重（センシブル）であるべき仮説である。現実世界にある多くの分布は、まさにこの特性を持っている。このような分布はあまりにも多いので、ふつうこれは「正規（ノーマル）分布」と呼ばれている。われわれの目的のためには、正規型の次数分布こそが、現実世界の次数分布はこうであろうというリーズナブルな推測のように思えた。また、正規型の次数分布は、ネットワークの中の誰もが人口全体のわずかな部分としか結びつかないという、われわれのもう一つの要求も満足させるものだった。

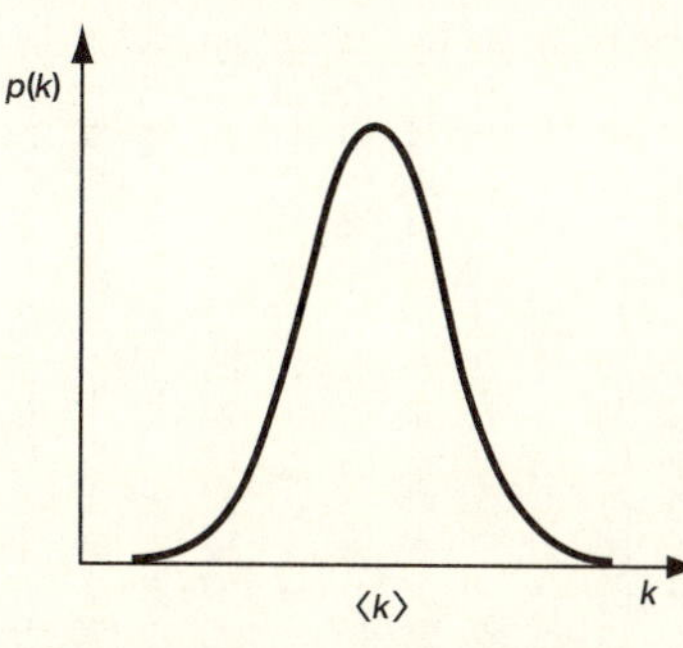

図4-1　正規分布は、ランダムに選ばれた点が k 人の隣人を持つ確率 $p(k)$ を特定する。平均次数 $\langle k \rangle$ は分布の頂点のところにある。

　われわれが関心を持ったのはスモールワールド現象だった。もし、母集団の中の数人がほとんどの人々と結合したとすると、ネットワークは、当たり前のことだが小さくなるだろう。飛行機の路線ネットワークを考えてみよう。あなたがどこかへ飛ぶとする。小さな空港から出発したとすると、まずあなたがすることは、大きなハブ空港へ行くことだろう。そこからあなたは目的地に直接飛ぶか、別のハブ空港へ行くだろう（もちろん、最初のハブ空港は目的地ではないものとする）。もしあなたが、ある小さな町から地球の裏側の別の小さな町へ飛ぶとしても、乗り換えの回数は二、三回で、それより多いことはまれだろう。それは単純に、ハブ空港が非常に多くの空港や他のハブ空港と結びついているからなのだ。われわれは、社会ネットワークがこんなふうになっているとは考えていなかった——つまり、人々は、地球上にいる六〇億人のうちほんのわずかな人々しか知ることはでき**ない**——から、われわれは意図的にネットワークを正規次数分布に限定し、たとえハブが**なくても**、世界がいかに小さくありうるかを見ようとしたのだ。

　これにはすべて正当な理由があったが、われわれは重大な間違いを一つおかしていた。確認を**しなかった**のだ！　正規次数分布でない次数分布は無関係だとあまりにも確信しすぎていたために、どのネットワークが実際に正規次数分布に従い、どれが従わないかを検討しようと思わなかったのだ。データは放置されたまま、二年もの間じっとわたしたちを見つめていたわけだ。ものの半時間もあれば確認できたのに、われわれは確認しなかったのである。

スケールフリー・ネットワーク

バラバシとアルバートは、ストロガッツやわたしと同じ問題に行き着いたが、それはまったく別の角度からだった。ハンガリー出身のバラバシは、エルデシュのランダムグラフのモデルを含めて、ハンガリー伝統のグラフ理論を学んだ。しかし、物理学者であった彼は、ランダムモデルデータの厳しい制約に満足せず、手に入りやすくなった現実のネットワークの膨大なデータの中に、まだ見つかっていない秘密が隠されているのではないかと考えた。ランダムグラフの基本的な特性の一つは、その次数分布がいつも特定の数学的形式をとることにある。ランダム過程の類（クラス）を研究した一九世紀のフランス人数学者シメオン＝ドニ・ポワソンの名前をとって、この分布を「ポワソン分布」と呼ぶ。ポワソン分布は正規分布とまったく同じではないが、類似性が多いので、ここでは差異を考える必要はない。基本的にバラバシとアルバートがしたことは、多くの現実世界でのネットワークが、ポワソン分布とはまったく違う次数分布を持つことを示したことである。そのかわり、ベキ法則[訳注1]（power law）として知られている分布に従うことを示した。

ベキ法則は、ポワソン分布が正規型の分布を起源としているほどにははっきりしていないが、自然のシステムにおいてたいへん広く見られる分布の一つだ。ベキ法則は、正規分布と比べて二つの非常に異なる特徴がある。まず第一に、正規分布と違ってベキ法則は平均値のところで最頻値を取らない。そうではなくて、図4-2に示すように、初めに最大値を示し、それから横軸が無限大に向かうにつれてずっと減少する。第二に、ベキ法則で

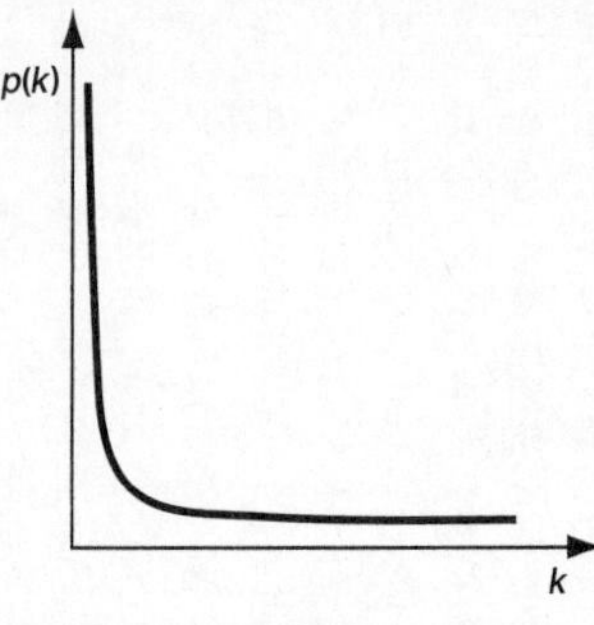

図4–2　ベキ法則分布図。kの増加にともなって$p(k)$の値は急激に減少するが、その後の減少は図4–1に示す正規分布よりもずっと緩やかである。これは、kが大きな値を取ることが、より起こりやすいことを示唆している。

の減少率は正規分布よりもずっと遅い。それは極端な事象がずっと起こりやすいことを意味している。例えば、大きな母集団における人々の身長の分布と都市の人口分布を比べてみよう。アメリカの成人男性の平均身長はざっと五フィート九インチ（一七五・三センチ）であり、それより低い人も高い人もたくさんいるが、平均の二倍もある人（およそ一二フィート＝三六五・八センチ）や半分の身長（三フィート＝九一・四センチより低い）の人はいない。対照的に、ニューヨーク市の人口は八〇〇万人ぐらいおり、イサカのような小さな町に比べれば三〇〇倍もある。後者のような著しい差異は正規分布では扱えないが、ベキ法則にとってはお手のものである。

例えば、アメリカ合衆国の富の分布はベキ法則のようになる。一九世紀のパリ生まれのエンジニア、ヴィルフレド・パレートがこの現象を初めて指摘したので、これは後に「パレートの法則」と呼ばれるようになった。彼は、富に関連した統計が存在するどのヨーロッパ諸国にも、この法則が当てはまることを実証してみせた。この法則の主要な結論は、大変多くの人が比較的小さな富を所有しているのに対して、ごくわずかな少数派が巨万の富を得ているということだった。あまりにも歪んでいるので、ベキ法則分布の平均値の特性は誤解を招きやすい。例えば、アメリカ人の富の平均値について論じることはあまり意味がない。なぜなら、スーパーリッチなわずかの個人が富を独占していて、彼らは分布で言えばそのずっとしっぽの方に位置しており、実際の平均は、典型的なアメリカ人の富と認識される量よりもはるかに高いからだ。同様に、ネットワークの中にあるごく少数の非常に多くの結合を持つ（スーパーコネクテッド）点が、その数とは不釣合いなほど影響を持つ可能性がある。

ベキ分布の鍵となる特性は、指数と呼ばれる量である。これは、底にあたる変数の関数として、分布がどのように変化するかを基本的に記述するものだ。例えば、もしある規模の都市の数が、規模に反比例して減少するとしたら、その分布の指数は1となる。その場合、イサカのような規模の都市は、イサカよりほぼ三倍大きいオールバニー（ニューヨーク州の州都）のような都市よりも三倍多く存在するだろうと期待される。また、一〇倍の規模のバッファローのような都市よりも一〇倍多く存在するだろうと期待される。しかし、分布が規模の二乗に反比例して減少するならば、その分布の指数は2となる。その場合、イサカのような町はアルバニーの九倍、バッファローの一〇〇倍の頻度で存在するだろう。

規模の関数として事象確率をプロットしていく（図4-2）よりも、ベキ法則の指数を決定するもっとも簡単な方法は、規模の対数に対して確率の対数をプロットすることである。都合がよいことに、この形式（両対数（ログ・ログ）プロットと呼ばれる）では、純粋なベキ法則分布は図4-3に示すように、常に直線となる。指数は直線の傾きとして簡単に表される。

したがってひとたび十分なデータが得られれば、われわれは両対数スケール上にプロットし、得られた線の傾きを測定しさえすればよい。例えば、パレートはどの国についても富の分布は傾き二から三のベキ法則であり、指数が低いほど不平等の程度が大きいことを示した。対照的に、同じ両対数スケールにポワソン分布かまたは正規分布を描くと、図4-4にあるように、分布はある点から曲線を描いて急激に減少し、カットオフと呼ばれる状態を示す。一般にカットオフは、分布が表す量が何であっても上限を定めるものである。これをネットワークの次数分布に適用すると、カットオフの重要性は、カットオフによって母集団のメンバー同士の結合の上限が定まることにある。平均的な人が全体のほんの一部分の人々だけとしか結合できないとしたら、もっともたくさん結合している人についても同じことがいえる。

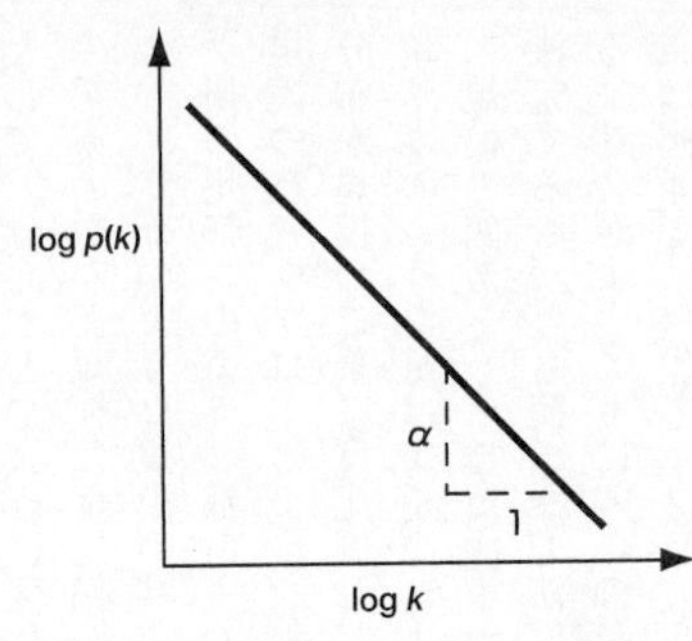

図4-3　両対数プロットでのベキ法則分布。指数アルファ（α）は直線の傾きである。つまり、直線は横軸1単位につきα分だけ減少する。

カットオフを考える別の方法は、それが分布の本質的なスケールを定めるというものである。ベキ法則はカットオフに出会うことなく伸び続けるので、これを「スケールフリー」と呼ぶ。したがって、「スケールフリー・ネットワーク」は次のような特性を持つ。

ありきたりのランダムグラフとは違って、ほとんどの点は比較的結合が乏しいが、少数のハブは非常に高度に結合しているということだ。ネットワークデータの範囲を検討したあと、バラバシとアルバートは、われわれが研究した映画俳優ネットワークのほかインターネットの物理的ネットワーク、ワールドワイドウェブといった仮想リンク構造、いくつかの有機体の代謝ネットワークなど、多くの現実のネットワークがスケールフリーであるという驚くべき結論に達した。数十年にわたりまったく逆の仮定が信じられてきただけに、その発見自体が衝撃的なものだった。しかし、何が本当にネットワーク研究者たちの関心を掴んだかというと、彼らがワンステップ先に進んだからなのだ。彼らは、時間が経つにつれてそのようなネットワークが進化するという、単純でエレガントなメカニズムを提案したからだった。

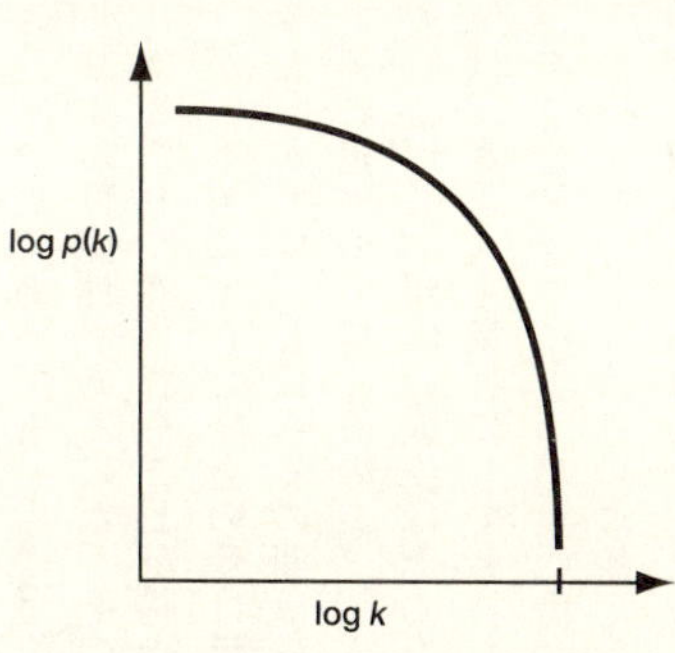

図4-4　両対数プロットでの正規型の分布。カットオフは曲線が横軸で消滅するところにある。

金持ちはより金持ちに

ランダムグラフにおけるポワソン次数分布の原点とそれに対応したカットオフは、非常に基本的な前提をもっている。それは、点と点の間のリンクは相互に独立して生じるということだ。ネットワークの構築過程におけるどの段階でも、結合が乏しい点であっても、もっとも結合された点と同じくらいに新しい結合を作ったり受けたりする可能性があるのだ。そのような平等主義のシステムによって、物事はやがて平均的なところに落ち着くことが期待される。ある点は、しばらくの間不幸な状態かもしれないが、次第に新しい結合の受け手になるはずだ。同様に、運のよい状態は永遠には続かない。したがって、しばらくの間は一つの点が平均よりも頻繁に選ばれたとしても、他の点も次第に追いついてくるのだ。

しかし、現実の人生はそんなふうに公平ではないことが多い。こと、富と成功については、貧乏人を犠牲にして金持ちはより金持ちになる。この現象は長い間人類につきまとってきた。少なくとも聖書の時代からのことで、マタイは次のように書いている。「だれでも持っている人はさらに与えられて豊かになるが、持っていない人は、持っているものまでも取り上げられる」（マタイによる福音書、二五―二九）。これは、二〇世紀の偉大な社会学者ロバート・マートンによってマタイ効果と名付けられているが、ネットワークの文脈では、多くの結合を持った点はもっと新しいリンクをひきつける可能性が高いが、結合の乏しい点は、過剰なほど貧しいままでいる可能性が高いということと同義である。

バラバシとアルバートは「金持ちがより金持ちに」効果の特殊な場合が、現実のネットワークの進化をうながしていると主張した。特に、一つの点が別の点より二倍多いリンクを持っていたら、新しいリンクを受ける可能性が二倍になるという。また、点の数が一定で、リンクだけが追加される標準的なランダムグラフモデルと違って、現実のネットワークモデルは時間とともに母集団自体が成長することを認めるべきだと提案した。そこで、バラバシとアルバートは点の小さな集まりから始めて、規則的に点とリンクの両方を追加していった。その際、各時点で新しい点が加えられ、一定数の紐帯を広げることで、既存のネットワークに結合するようにした。ネットワーク上にすでに存在する各点は、新しい紐帯を受けることができるが、その確率は、その時点での次数に正比例するものとする。したがって、ネットワーク上にあるもっとも古い点(ノード)は、より最近の追加された点より有利なのだ。初期状態では点の数は少ないから、はじめのうちは結合が生じやすい。すると、「金持ちがより金持ちに」規則によって、後々までその有利さが保たれる傾向が生じるのだ。バラバシとアルバートが示した結果は、十分に長い時間をかけてネットワークの次数分布はベキ法則分布に収束することだった。その分布は、彼らがすでに手持ちのデータで見たことのある分布を思い出させるものだった。

なぜこれが重要なのだろうか? まず、スケールフリー次数分布はポワソン分布とはあまりにも違うので、現実のネットワークの構造を理解したいならば、注目せざるをえない。明らかに、エルデシュとレーニーによって提案されたランダムグラフの標準的なモデルにはいくつかの深刻な問題がある。それは、われわれが先に議論したクラスタリングについて予測できないばかりではなく、なぜバラバシとアルバートが発見した次数分布がそのようなものであったかを説明できないからである。世界が以前仮定されていたものとはまったく違っていると単に認識することも、重要な前進だ。しかし、優先的選択(優先的成長）を解明できれば、世の中のしくみについてもっと多くのことがわかる。つまり、能力の小さな差異や純粋にランダムなゆらぎ（フラクチュエーション）さえも固定されると、やがてたいへん大きな不平等へとつながることになるという説明である。また、後の章でふれるが、スケールフリー・ネットワークは、例えば故障や攻撃に対して脆弱であるといった他の多くの特性を持っていて、それによって通常のネットワークと区別することができ、またそのことが重要で現実的な関心事なのだ。

　当時まだ二人は気づいていなかったが、バラバシとアルバートはベキ法則分布の存在を説明するために優先的成長モデルを提案した最初の研究者ではなかった。ノーベル賞を受賞した大学者であるハーバート・サイモン（の限定合理性）が、企業の規模分布を説明するほとんど同様のモデルを一九五五年というかなり昔に考案していた。この特別な分布は、ジップの法則――ハーバード大学言語学教授ジョージ・キングズレー・ジップの名前をとって名付けられた――の一例だ。ジップは一九四九年に、それまで見たことがあるものとはまったく異なる分布を記述するのに、その特別な分布を用いた。それは、英語の文章に現れる単語の頻度を順位付けようとしたときに発見された分布だった（theという単語がもっとも使われる単語であり、次がofといったことがわかった）。ジップは、たくさんの文章の中からすべての単語を取り出し、その出現頻度にしたがって順位付けし、その順位に対して頻度をプロットすると、その分布がベキ法則に従ったのだ。ジップはさらに続けて、その法則が（他のものもあるが）、都市の規模の順位付け（ここでは指数が1に近い）

にも、企業資産にも適用できることを示した。

ジップ自身はこの現象を「最小労力の原理(リースト・エフォート)」で説明した。これは魅力的な概念だった。しかし、彼はその用語を本のタイトルにも入れたりしたが、内容は絶望的にわかりにくいものだった。六年後、サイモンと共同研究者である井尻雄士がシンプルなモデルを提案した。それはバラバシとアルバートのモデルのように、個々の都市(サイモンと井尻の場合、研究対象はビジネス)は多かれ少なかれランダムに成長するが、ある与えられた量だけ成長する確率は、現在の規模に比例すると仮定した。したがって、ニューヨークのような大きな都市は、イサカのような小さな町よりも新しい訪問者を引きつける可能性が高い。そこでは、初期の規模の差は増幅され、少数の「勝ち組」が母集団全体に対して不均衡に多くのシェアを持つことになる、べキ法則分布を発生させる。

実際には、ニューヨークがイサカよりも大きいことは何もランダムなことではない。ニューヨーク市は東部沿岸の大河の河口に位置し、片やイサカは活気のない農業共同体の真ん中に位置している。しかし、サイモンのモデルの意図はそのようなところにはない。バラバシとアルバートは、有望な事業計画とベンチャー・キャピタルへのアクセスには、高度に可視的で高度に結合されたウェブ・サイトが重要であることを否定しないと思われる。それと同程度にサイモンも、どの特定の都市が巨大なメトロポリスになるかを同定するのに、その地理的・歴史的な重要性を否定はしないだろう。そうではなくて、ポイントは、個々の都市、ビジネス、またはウェブ・サイトがひとたび大きく成長すると、どうしてそうなったかとは関係なく、それよりも小さな類似のものが成長するよりも、なお成長しやすいということである。金持ちはより豊かになる多くの手段を持っていて、ある人はそれを利用しようとするし、またある人は利用しようとしない。しかし、生じた統計的分布に関する限り、唯一重要なことは、金持ちが実際により金持ちになることである。

バラバシとアルバートのモデルの一般性は、ネットワーク構造をダイナミックに進化するシステムとして理解する新しい道を約束した。ネットワークが人に関するものであろうが、インターネット・ルーターに関するものであろうが、ウェブ・ページのものであろうが、遺伝子のものであろうが、関係ない。システムが二つの基本的原則である成長の原則と優先的結合の原則に従うならば、帰結するネットワークはスケールフリーとなるだろう。しかし、サイモン自身が指摘したように、どんなにエレガントで直観に訴えるモデルであっても、誤解を生じやすいものである。時には、細部こそが違いを浮かび上がらせるものである。

金持ちになるのは難しい

スケールフリー・ネットワークで一つ特に問題となる点は、べキ法則分布はネットワークの大きさが無限大のときに限って本当にスケールフリーなのだが、われわれが経験的に取り扱うネットワークは、いつも有限だということだ。有限サイズ効果は、統計学上の技術的な問題に止まらない。システムが有限の大きさであることによって分布にカットオフが必ずできてしまうから、とりわけベキ法則にとっては問題になる。もっと具体的にいうと、あらゆる現実のネットワークにおいては、いかなる点も母集団の残りの点より多くの点と結合することはありえないのだ。したがって、背後にある確率分布がスケールフリーであったとしても、観察された分布には、典型的にはシステムの規模よりはるかに小さいところにカットオフがある。よって、スケールフリー・ネットワークモデルは現実の次数分布を説明するために構築されたのだが、現実の次数分布には、実際のところ、図4-5にあるように二つの領域があったのだ。つまり、両対数プロットで直線として現れるスケールフリーの領域と、有限カットオフの領域がそれである。

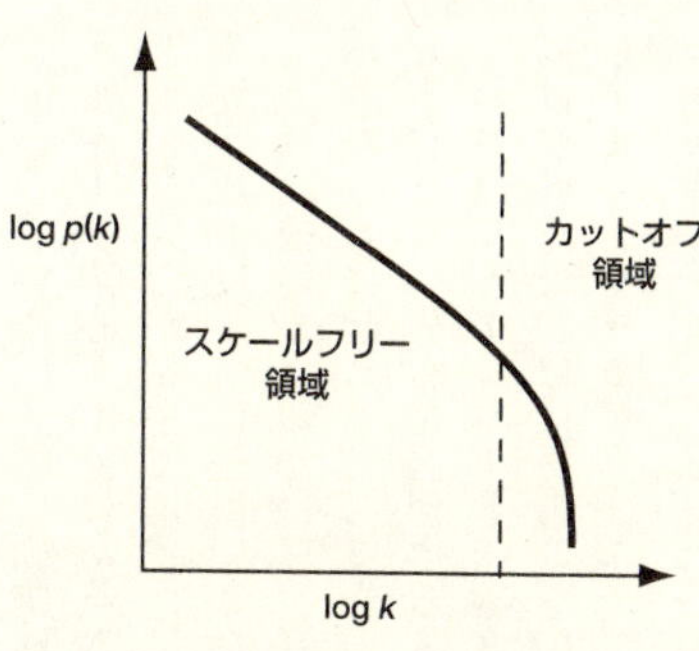

図4-5　実際には、ベキ法則分布はシステムが有限の規模であるために、常に固有のカットオフがある。したがって、観測された次数分布が両対数プロット上で直線となるのは、ある範囲においてのみになる。

観察者は、観察したカットオフがシステム規模の有限性によるものなのか、それとも実際により根本的なシステムの特性によるものなのかを判断するときに混乱する。例えば、人々が持つ友人の数は地球の人口規模によって制限されるのではない。地球の人口は、ほとんどの人々にとっては十分に大きく、実際の友人数より何百倍や何千倍もの友達を持つことができる。いや、実際の制限は人々自身にあるのだ。多くの他者を助けることに時間やエネルギーや関心が十分にある人々がいたとしよう。しかし、彼らがどんなに努力をしようとも、全人口が相手ではどうにもならないのだ。マタイ効果がワールドワイドウェブのようなネットワークに適用できたとしても、すべての、あるいはほとんどのネットワークでも同様に適用できるかははっきりしない。さらに悪いことに、時にはカットオフが次数の小さなうちに起こってしまうので、図4-5の分布は図4-4のようなまったくスケールフリーではない分布と区別することが難しくなる。

バラバシとアルバートの論文が出た約一年後、スケールフリー・ネットワークが当初思われていたほどにはあちこちに見られるわけではないことがわかってきた。若い物理学者ルイス・アマラルがH・ユージン・スタンレー――統計物理学の権威の一人で、バラバシの指導教官でもあった――らの多くの共同研究者と共に、科学アカデミー会報 Proceeding of the National Academy of Sciences に論文を発表し、多くの現実ネットワークの次数分布を検討した。彼らは（有限カットオフのある）ベキ法則分布に似ている分布もあるが、明らかに違うものもあることを示した。衝撃的だったのは、ユタ州におけるモルモン教徒コミュニティの社会ネットワークだった。それは平凡な正規分布と何ら変わりなかった。もう一つの非スケールフリー・ネットワークの証拠は、今となっては遠い過去の遺物に見えるが、アナトール・ラパポートの論文の一つの中にあった。そこで彼は、ミシガン州のある高校での友人関係ネットワークを調査した。ラパポートはストロガッツやわたしと同様、次数分布だけに関心を持ったのではなかった。彼は、丹念にそのネットワークをプロットしたところ、ランダムグラフの一つであるポワソン分布でもなければ、スケールフリーでもなかった。

世界はバラバシとアルバートが考えたようなシンプルなモデルよりももっと複雑であるということはそれほど驚くことではないし、彼らの成果の評価を下げるものでもない。スケールフリー・ネットワークの導入は、新しいネットワーク科学の中心的な考え方の一つであり、それは、とりわけ物理学の分野で洪水のようにたくさんの論文を誘発することになった。ネットワーク科学への物理学者の参入は、長い間この分野で欠落していた数学と計算法の筋肉のようなものをもたらした。その結果ここ数年は、それに関わる者としては、実に創造的でエキサイティングな日々だった。しかし、即座に、筋肉だけでは十分ではないことが明らかになった。われわれのオリジナルのスモールワールド・ネットワークモデルが現実世界の多くの特徴を見落としたように、同じことが単純なネットワークの成長と優先的結合の原則にも言えることがわかってきたのだ。

ネットワークがスケールフリーだという観点の重大な限界は、すべてが自由であると仮定することだ。バラバシとアルバートのモデルにおけるネットワークの紐帯は、コストがかからないものとして扱われている。したがって、紐帯を作ることや維持することは、何ら難しくなく、蓄えられる限りの紐帯を持つことができる。この仮定は、ウェブのようなものについてはうまくいくだろうが、人間や生物のシステムはもとより、送電網などの工学的システムにおいても、普通はありえない。情報もまた自由であるとみなされるので、新しく到達された点（ノード）は、そこから世界のどの点も見つけることができるし結合もできる。そして、唯一重要なのは、存在する点がどのくらいたくさんの結合を現在維持しているかということだけだ。しかし現実としては、新参者は、大きなシステムの特定の部分から始め、検索と発見というコストのかかる過程をとおして、そのシステムのことを学ぶ必要があるのだ。新しい町に引っ越した場合、われわれはもっともたくさん友人を持つ人物を簡単に見つけることができない。ほとんど友人のいない人よりは、たくさんの友人のいる人に出会う可能性の方が高いかもしれないが、他の要因も絡んでくる。ひとたびわれわれが誰かと最初の接触をすると、現在われわれが埋め込まれている社会構造が作用して、大きなスケールで見ていかに結合しやすいかとは関係なく、ある人々をそれ以外の人々よりもずっとアクセスしやすくするのだ。

これが、われわれがスモールワールドモデルで把握しようとしてきたまさにその効果であり、われわれは、その重要性を確信し続けてきた。しかし、スケールフリーモデルには、その中にまったく社会構造の要素がない。その一方、バラバシとアルバートのエレガントな結果は、ランダムネットワークを研究するために必要なツールが、無視するにはあまりにも強力すぎることを明らかにした。どうにかしてわれわれは社会構造の問題にあの物理学者たちの数学を利用する必要があるし、その一方で、アナトール・ラパポートを五〇年前に悩ませた壁を突破する必要もあった。われわれには、新しい考え方が必要だった。

集団構造の再導入

二〇〇〇年二月二〇日は、たまたまわたしの誕生日だったのでこの日付を覚えているのだが、ストロガッツとわたしはワシントンDCで開催された米国科学振興協会 American Association for the Advancement of Science（AAAS）の年次大会で会った。そこでわれわれはネットワークとスモールワールド問題の歴史についてのセッションを組織した。このセッションには社会学者であるハリソン・ホワイトも出席していた。ホワイトはとても面白い経歴を持っていた。一九五〇年代初めに、MITで固体物理学を研究する理論物理学者として大学での経歴をスタートさせた。当時も今も多くの若い物理学者がそうであるように、彼は、物理学の主流における大きな未解決の問題がすでによく定義されていることにすぐに気づき、みんなもそのことを知っているように思えた。彼のように頭がよく勤勉で志の高い何千人もの大学院生や博士課程修了者たちが、世界中の実験室で猛烈に研究しながら、次の大発見を夢見ていた。もしあなたが、他の誰よりも頭がよく、他の誰よりも研究し、そしてまた、幸運に恵まれてタイミングよく素晴らしいアイディアが浮かぶというようなことがなければ、あなたが成功するチャンスは、祖国オーストラリアの格言でいえば「バックリーのチャンス」[訳注2]でしかない（少なくとも、伝説ではバックリーには何もチャンスがなかった）。若い物理学者は、みんなこの希望のない現実に直面する。だからその意味では、ハリソンはごく普通だった。彼が普通でないのは、その現実に気づくために選んだ道のりだった。

さかのぼってMITでの大学院の最初の年、ハリソンは政治学者であるカール・ドイッチュのナショナリズムの講義を受け魅了された経験を持っていた。ドイッチュの勧めで、彼は社会科学を研究するために物理学をやめることにした。フォード財団から一年間の奨学金を得て、彼はプリンストン大学の大学院に進学し、今度は社会学の博士号を取得した。しかし、彼はいつも物理学者の側面を持ち続けた。学際的という言葉が大学のキャンパスや資金提供機関に浸透する数十年前、ハリソンは真の学際的学者であり、現代物理学の考え方やテクニックで社会学を侵略し再形成する、悪意のないトロイの木馬であった。一九七〇年代、ハーバード大学でハリソンはスタンリー・ミルグラムと同僚であり、スモールワールド問題についてもいくつか研究を行った。また、ハリソンは応用数学のプログラムを立ち上げ、次世代のもっとも影響力を持つ社会学者たちを訓練し、社会ネットワークの現代理論の種となるような貢献を残した。今は七十代の年齢だが、ハリソンはその短気さや難解な文章で有名なだけでなく、深い寛大さや、驚くほど広い関心や、時折みせる驚くべき洞察力でも有名であった。

その学会でのハリソンの講演はいつものようにデルフォイの神託のように解釈の難しいものだったが、彼の言った一つのことで、いくつかの古い歯車が揺さぶられてうまく動き始めた。彼はこんな話をした。人々は、互いに相手が何をやっているか、もっと一般的にいえば、彼らが生きている文脈によって、お互いのことを理解しあうものだ。大学の教官であることは一つの文脈であり、海軍将校であることもそうである。出張でよく飛行機に乗ることも文脈、登山を教えることも文脈、ニューヨークに住むことも文脈なのだ。われわれがやることすべて、われわれを定義する特徴のすべて、またわれわれを互いに出会わせ相互作用させる活動のすべてが文脈なのだ。したがって、われわれ各々が参加する一連の文脈が、われわれがその後に作り出すネットワーク構造にとって非常に重要な決定因なのだ。

ラパポートの研究に刺激されたわたしは、ストロガッツとわたしが最初に研究していたアルファモデルよりも扱いやすく、しかも、ベータモデルのようには人工的な格子の基盤に依存しないような方法で、社会構造を組み入れたランダムネットワークを構築するというアイディアと、しばらく格闘していた。問題は、格子上の距離の決め方を取り払ったとたん、われわれは誰と誰が近いのかを決定する方法がなくなってしまい、したがって、人々がどれほど結合されやすいかを決定する方法もなくなってしまう点にあった。ランダムグラフではこれは問題ではない。なぜなら誰もが同じくらい結合されやすいからだ。また、バラバシのスケールフリー・ネットワークの場合には、結合の確率は次数にのみ依存するからだ。しかし、どのような種類であれ、社会あるいは集団の構造を取り入れると、われわれは「近い」から「遠い」までを区別する基準が必要になる。事実、近いとか遠いという概念抜きでは、そもそも社会構造を定義する方法さえ、もはや明らかではなくなってしまうのだ。結局、あなたがある意味で近いと思っている人々との距離が、世界のそれ以外の人々との距離よりも近くないとしたら、社会集団とはいったい何なのだろう？

　ハリソンの話を聞きながら、問題の解決への手がかりが見えてきた。距離という概念から始めて、それを集団の構成に使うのではなく、集団から始めて、それを距離を定義するものとして使ってみてはどうだろう？　母集団において個々人がお互いを直接選ぶのではなく、彼らが単に多くの集団に参加する、より一般的に、多くの文脈に参加すると考えるのだ。二人が共有する文脈が増えれば増えるほど、彼らはより近く、またより結合する可能性が高くなる。言い換えれば、社会的存在は、これまでのわれわれのネットワークモデルで仮定していたような白紙（タブラ・ラサ）状態から始まるわけではない。現実の社会ネットワークでは、個々人は社会的アイデンティティを持っているのだから。ある集団に所属してある役割を果たすことで、個人は、程度の差はあれ、集団の成員とお互いに交際しやすくなる特徴を持つようになる。言い換えれば、社会的アイデンティティは、社会ネットワークの構築を促進するものなのだ。

　簡単に聞こえるかもしれないが、ネットワークについてのこの考え方は、これまでわれわれがネットワークについて扱ってきたやり方とは根本的に違っている。なぜならば、これは一つだけではなく二つの違う種類の構造——社会構造とネットワーク構造——について同時に考えることが要求されるからだ。もちろん、この考え方は社会学者にとっては、ごく自然な考え方だ。先にも述べたように、社会学者は社会構造とネットワーク構造の関係について長い間真剣に検討してきた。しかし、物理学者や数学者にとっては、決して自然なことではない。彼らにとっては、ネットワークの点（ノード）がアイデンティティを持っているなどという考えは非常に滑稽なことに思える。それにもかかわらず、その直観はあまりにも魅力的で、わたしは今まで考え付かなかったことが不思議に思えた。[訳注3] 実は、わたしは以前にこのことを考えたことはあった。それはこの問題に頭を突っ込んだころ、ストロガッツに社会ネットワークのモデルとして提案した一番最初の考えであった。しかし、多くの技術的な理由で、その考え方をうまく展開することができなかったので、われわれはその考え方を捨てて、概念的により単純な格子モデルの方をとった。数年たってもなおそれは困難な問題に思えたが、ストロガッツとわたしは秘密兵器を手に入れた。マーク・ニューマンである。

　マーク・ニューマンは、どうして今まで何もしようとせず悩んでいたのかと人に思わせるような類の人間だ。聡明な物理学者であり、コンピュータの達人であるばかりではなく、マークはまた素晴らしいジャズ・ピアニストであり、作曲家であり、歌手であり、ダンスのインストラクターであり、スノーボードもうまい。まだ三十代半ばであるのに、著作が四冊あり物理と生物学の論文誌に何十もの論文を掲載していた。さらに、彼は教師としての評判もよく、オリジナルのコンピュータ・アルゴリズムを沢山発明した。彼は、こういうことを、夜も週末も返上することなくすべてやってしまうのだ！　もっとすごいのは、彼がとにかく速いことで、それも信じられないほど、疲れ知らずに速いことなのだ。マークと仕事をするのは、どこ行きの路線かもチェックせずに特急列車に乗るようなものだ。

あなたは、非常に速くどこかにたどりつくことができることは保障される、しかし、どこかに到着するまで、どこに自分がいるのか考えてついてゆくだけで忙しく、到着した頃には疲れ果ててしまっている。列車は、そうこうするうちに、もう次の論文に取りかかっているのである。

われわれの問題に対して、マークに興味を持ってもらうまでは、ちょっと骨がおれた。しかし幸い、彼とわたしはサンタフェで何編か論文をいっしょに書いていた。ベータモデルの数学的特性についての研究であった。そのおかげで、彼にはネットワークに関する問題のセンスが身に付いていたのだ。わたしの提案で、ストロガッツはコーネル大学にマークを呼びよせ、招待講演をしてもらうことになった。出会ってすぐに二人は気が合い、共同研究をするというアイディアは、われわれみんなにとって魅力的なものになった。しかし、たいへんなのはそれからだった。二〇〇〇年初め、わたしはマサチューセッツ州のケンブリッジに住んでいた。前年秋にアンドリュー・ローと一緒に研究するために移ってきたのだった。ローはMITスローン経営大学院の金融論の経済学者で、ストロガッツとはハーバードで大学院時代からの友人であった。マークは、そうこうするうちにサンタフェに戻ってしまい、ストロガッツだけがずっとイサカにいた。われわれはアイディアを電子メールでやり取りしなければならず、それは効率的とは言えなかった。しかし、そのうちに、五月に長い週末があることに気づき、イサカに集まって新しいプロジェクトについて話し合うことになった。ストロガッツは、この週末がコーネル大学の卒業式の週末だということを忘れていた。この期間は、キャンパスも町も両親、兄弟、姉妹、他の親戚、有頂天になった学生の群れなどで混雑し埋め尽くされていた。ともあれ、われわれは何とかカユガ・ハイツにあるストロガッツの家に引きこもり、いくつかの重要な研究を片付けることができた。というよりも、実際にはマークが重要な仕事を片付け、その間、ストロガッツとわたしはマシンがハイ・ギアに入っているのを賞賛の眼差しで見守っていたのだった。

所属関係ネットワーク

集団構造の関数として距離の概念を定義づけるために役に立った技術的なトリックとは、所属関係ネットワークと呼ばれるもので集団構造を表現することであった。第3章における俳優ネットワークでは、俳優二人が同じ映画に出ていれば結合しているとみなしたように、所属関係ネットワークにおいて二つの点が「所属関係にある」というのは、それらの点が、同じ集団またはハリソンの用語でいう文脈に参加していることを意味する。所属関係ネットワークは基幹（サブストレート）となり、その上に社会的紐帯からなる実際のネットワークが成立する。所属関係がなければ、二人の人間が結合するチャンスはほとんどない。逆に、所属関係が沢山あればあるほど、それぞれの所属関係は強くなり、彼らが、友人、知り合い、ビジネスの提携者として相互作用する可能性が高くなる。つまり、彼らが置かれている文脈の性質に依存するのだ。しかし、所属関係ネットワークをもとにして社会ネットワークを構築する問題に取りかかる以前に、われわれはまず所属関係ネットワーク自体の構造を理解しなければならなかった。そして、これこそがストロガッツとマークとわたしがイサカの週末に選んだ問題だった。

所属関係ネットワークは、研究に値する重要な社会ネットワークの類（クラス）だ。所属関係によって、友情やビジネスの紐帯といった別の新たな社会的関係が基礎づけられるからだけではない。それは、社会ネットワークではない別の分野における応用を可能にするからであり、その応用は、経済的に、あるいは社会的に興味深いものなのだ。例えば、本を買うためにアマゾンにアクセスしたとすると、選んだ本の下に「この本を買った人はこんな本も買っています」というリストが出る。これが所属関係ネットワークである。所属関係ネットワークは、この場合、一方が人で、一方が本で構成されている。一冊の本を買うことで、個々人は同じ本を買った人たちすべてと所属関係になる。つまり、所属する新しい「集団」を選んだことになる。映画俳優のネットワークも、一方が俳優で、一方が映画で構成されている所属関係ネットワークだ。一つの映画で共演することで、二人の俳優は所属関係になったと考えられる。同様の記述が、会社の取締役会に同席する取締役や、連名で論文を書く科学者にも適用できる。事実、多くの人から注目された最初の所属関係ネットワークの一つが、ポール・エルデシュ——第2章に登場したランダムグラフ理論の創始者——を含む数学者たちの共同執筆ネットワークだった。

所属関係ネットワークを研究するもう一つの理由は、われわれが持っているデータが非常に良質であるという理由による。少なくとも次のような文脈、例えば、クラブの会員、ビジネス活動への参加、映画や科学論文のような共同プロジェクトでの協同においては、誰が何に所属しているのかが、とくにはっきりしている。最近は、オンライン・データベースという形で、電子的にこのようなデータが大量に入手できるようになったので、とても大きなネットワークでも速やかに構築や解析ができる。さらに都合のいいことに、アマゾン・コムや後でふれる共同研究ネットワークでは、データは、消費者が何を買うかを決断するときに、あるいは研究者が科学論文を提出するときに、リアル・タイムで個人個人の手によって自動的に記録される。データベース管理人の手元にデータ入力を集中させるよりも、ネットワークに参加するメンバーにデータ入力をしてもらって手間を分散させることによって、データ記録の主たる限界は事実上解消され、結果的に、データベースは境界をもたずに成長する。一〇年前までの収集と記録の方法とは、隔世の感がある。[訳注4]

所属関係ネットワークは常に二種類の点から構成されているため——これを行為者と集団と呼ぼう——これを表すもっともよい方法は、二部(バイパータイト)ネットワークまたはツー・モード・ネットワークと呼ばれるものだ。図4-6(一六一ページ)の中央にあるように、二部ネットワークでは、二つの点の集合が別に表されており、種類の違う点同士だけが結合できる。それは、われわれが所属しているとか選ぶと解釈している関係を表している。すなわち、行為者は集団にのみ結合し、集団は行為者にのみ結合する。一方、これまで考察してきたネットワークはワン・モード(一部)・ネットワークであり、単一の次数分布によって特徴づけられる。これに対して、ツー・モード・ネットワークは、二つの分布がある。それは、集団規模の分布（それぞれの集団に何人の行為者が所属しているか）と、それぞれの行為者が所属している集団がいくつあるかという分布である。

二部ネットワークは、図4-6にあるように、二つの点の集合の上に（オントゥ）写像することによって、いつも二つのワン・モード・ネットワークとして表現されうる。一つは行為者で構成され、もう一方は集団で構成されている。行為者のモードは、これまで扱ってきたものだ。二人の行為者は、少なくとも一つの集団にともに所属していれば結合している（所属関係にある）。しかし、集団もまた共通の成員性を介して所属関係にある。もし、少なくとも一人の行為者が二つの集団に所属していれば、その二つの集団は重複（オーバーラップ）している、あるいは相互連結（インターロック）しているという。この写像のトリックの結果からわかるのは、二部ネットワークは、原理的に行為者所属関係ネットワーク（図4-6下図）と集団相互連結ネットワーク（図4-6上図）の両方に関わる情報をすべて含んでいることだ。ストロガッツとマークとわたしが望んでいたことは、二部ネットワークを使って、ワン・モード・ネットワークの観測可能な特性を理解することだった。このようなやり方をとった理由は、AAAS会議でのハリソンの議論にある。ワン・モード・ネットワークは、誰かが誰かを知っているというリストのように、ネットワーク分析家が通常集めるような測定可能なネットワークデータから、実際に観察しうる関係を表現したものだ。しかし、この種のネットワークデータから読み取れないのは、「知っている」というようなこれらの関係が、どこからきたかということである。

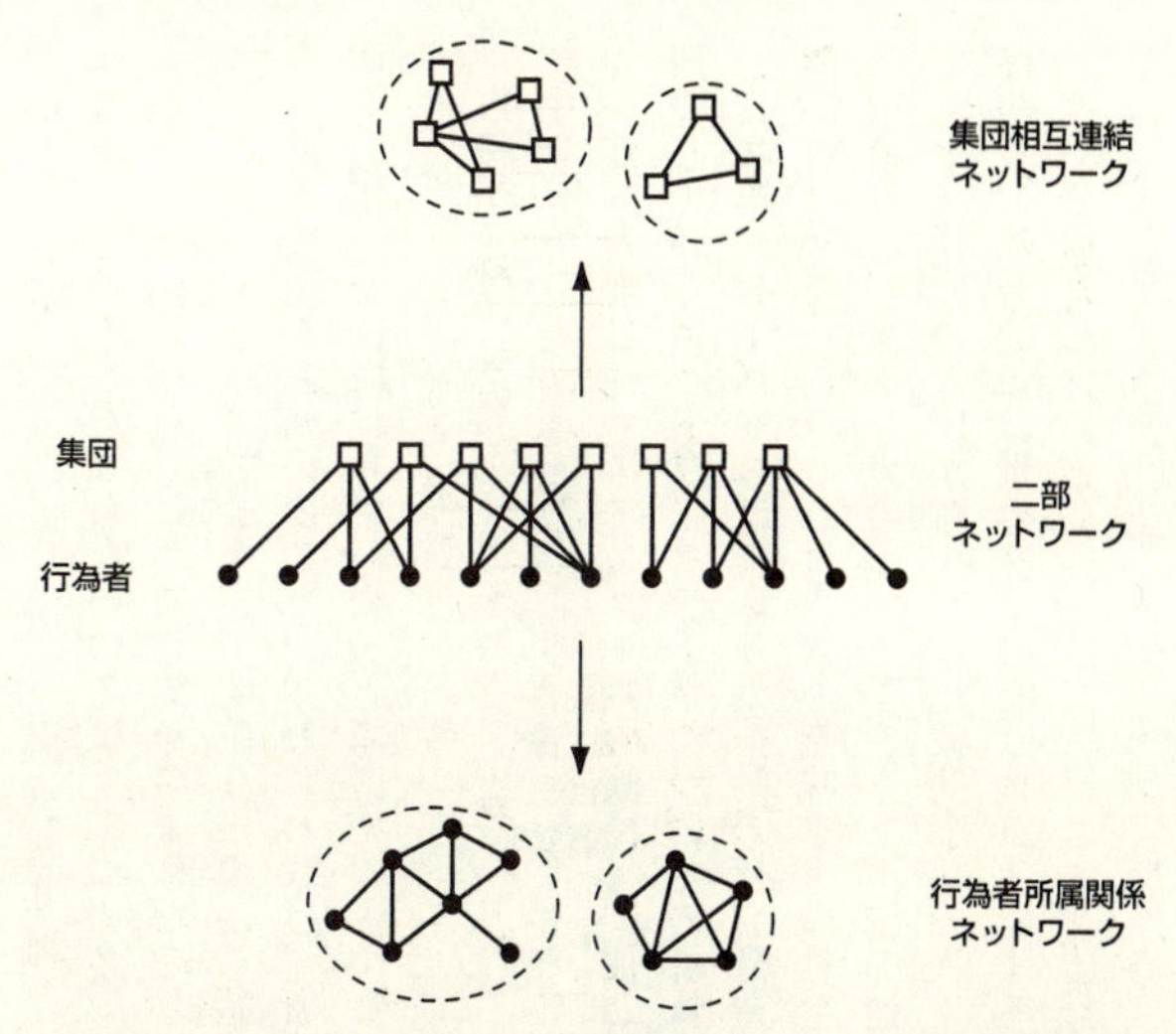

図4-6　所属関係ネットワークは、二部ネットワークとして中央部に表示されている。ここでは行為者と集団は別の種類のモードとして表されている。二部ネットワークは、常に行為者間（図下）または集団間（図上）という二つのワン・モード・ネットワークへの全射である。

第2章で述べたように、伝統的なネットワーク分析は、ネットワーク構造から集団構造のみを抽出するための技術を考案し、この問題を避けようとした。[訳注5] 図4-6で言えば、これは行為者所属関係ネットワーク（下図）の知識だけから集団相互連結ネットワーク（上図）を再構築するというのと同じことだ。これは図中央の二部グラフについて知らないでやろうとするわけだ。しかし、図4-6からわかるように、比較的小さな二部ネットワークであっても、集団への写像

（上）も、行為者への写像（下）も、結構複雑だ。だから、二つのネットワークがどうやって出てきたのかを知らないのでは、二つのネットワークの間の関係を抽出することはむずかしいだけでなく、いかにしてそのようなやり方で物事が解明できるのかもよくわからないのだ。まずは、社会構造の明確な表現から始めることで、つまり、完全な二部ネットワークの表現から始めることで、われわれは、所属関係と相互連結のネットワークという両方の構造を同時に理解したいと考えた。

取締役と科学者のケースのネットワーク

イサカで三人が合流したころ、ジェリー・デーヴィスからEメールを受け取った。彼はミシガン大学ビジネス・スクールの教授で、彼と共同研究者であるウェイン・ベーカーが研究しているネットワークデータについての計算を手伝ってくれないかという内容だった。ここ数年、デーヴィスはアメリカ企業の社会構造、特に企業取締役の相互連結構造に深い関心を持っていた。これは大きな意味をもつ社会ネットワークである。ざっと八〇〇〇人の取締役が、アメリカの『フォーチュン』誌の選んだ一〇〇〇の優良企業に在籍している。このアメリカの人口からすれば比較的少数の人々が、その企業の幹部とともに、この国の経済や、部分的には世界経済の有り様を決定するほど重要な役割を果たしている。このゲームの参加者のほとんどは株主に対してしか責任を負っていないし（どう見たってそうだ）、企業資産を最大化することは、一般の人々や社会や聡明な統治者の最大関心事であズムを特定することの重要性がかつてないほど増してきたと思われる。るとは限らない。そのため重要な問題は、実業界の広範囲に散らばっている企業が、いわゆる市場競争原理に反して調整的な行動を取れるかということである。エネルギー大手と通信大手の会計スキャンダル[訳注6]が広まった余波の中で、企業癒着をもたらす潜在的なメカニズムを特定することの重要性がかつてないほど増してきたと思われる。

歴史的に、経済学者はこの問題についてあまり考えてこなかった。彼らは一般に、市場が常に企業の相互関係を支配していると考えてきたからだ。しかしデーヴィスなどの社会学者は、このことに注目した。二つ以上の異なる企業の取締役を兼務する誰かが、自然にそれらの企業間に情報を流すパイプを形成することは自然なことであり、その取締役が、それらの企業の関心を企業提携に向かわせることもありえよう。もちろん、兼務には規則がある。例えば、直接の競争相手である企業の取締役は兼務できない。しかし、企業が共通の関心を持っているならば、兼務はそれほど問題にはならない。また、企業提携が一概に悪いことだともいえない。アメリカの企業セクターが、全体としてグローバルな経済環境の急激な変化に迅速かつ効果的に対応しようとすれば、企業幹部が直接会って緊密な話し合いを持つことを促すことになる。

当然、企業の経営責任者や重役たちは、公式にも非公式にも多くの会合で相互交流している。会合の場は重役室ばかりではない。しかし重役室こそが、もっとも重要な企業戦略の変更が発案され決定される場所であるため、研究のためには、特に重要な文脈だと思われる。さらに、CEOの間の非公式な交流がゴルフコースまたは中華料理店での昼食会で行われるのと違って、取締役会の成員は公的に手に入るデータであり、分析することもできる。デーヴィスとベーカーは、企業取締役のネットワークは高度にクラスター化しているが、どの二人を取ってもほんの数人の媒介者によって結合しているという意味で、スモールワールドであるかどうかを知りたいと思っていた。そうであることを実証するのにそう長くはかからなかった。増大するスモールワールド・ネットワークのリストにもう一つの事例を追加することができた。しかしこの事実は、もはやわれわれを驚かせるものではなかった。そこでわたしはデーヴィスに、彼のデータにもっと詳細な分析を行ってもよいかと尋ねた。彼は気持ちよく同意してくれた。

その間、マークは自分の仕事をしていた。一九九〇年代中ごろ、ロス・アラモス国立研究所の二人の物理学者ポール・ギンスパーグとジェフリー・ウェストは、物理学のさまざまな分野を網羅する出版以前の研究論文のオンライン電子貯蔵庫を作り、科学出版物の小さな革命を起こした。物理学のコミュニティでは、伝統的な雑誌論文を基本とした出版プロセスは、次の波に乗ろうとする者にとってはとてもいらいらするものだったため、LANL電子プリント・アーカイブという名前で知られる新しい手段に関心が集まった。第一に、このアーカイブは少なくとも二つの機能を果たし、革新的な科学の制度となった。第二に、このアーカイブは研究者がアーカイブのサーバーに論文をアップロードするだけで、実質的に即座に出版をするという選択肢を提供することになった。第二に、このアーカイブは研究者コミュニティのすべての人々に対して、他のすべての研究者が行っている研究に同等の速さでアクセスする場所を提供することになった。これは、アイディアと革新のサイクルを劇的にスピード・アップさせた。このような、自分の研究を出版するほとんど無制限の能力を手にしたことが、科学の進歩にとって本当によいことであるかどうかは、まだわからない。しかしほとんどの物理学者は、少なくとも、論文のアップロードやダウンロードが自由に行われる限りにおいて、このやり方はよいものだと考えている。

制度上の重要性に加えて、このアーカイブは科学者間の共同研究ネットワークでもあるから、科学的調査の対象にもなった。創設されてから五年がたち、五万人以上の著者が、およそ一〇万編の論文をアーカイブに提供した。明らかにこの数字は、物理学者の全人口のほんの一部でしかなく、彼らのこれまで書いてきた論文の一部でしかないが、少なくとも、物理学という学問の現代の社会構造を代表するには十分である。ギンスパーグをとおして、マークは論文と著者の全データベースを手に入れた。そこから二部グラフを描き、また、対応する共同研究者ネットワークを再構築することができた。

中途半端で放ったらかすな。というわけで、マークはさらに膨大なデータであるMEDLINEを調べた。これは生物医学研究者とその論文のデータベースで、電子プリント・アーカイブよりもずっと長期にわたって蓄積された二〇〇〇万編と一五〇〇万人の著者で構成されていた。この数は、社会ネットワークのデータとしては桁外れに大きかった（デーヴィスのデータ・セットは大きいと思われていたが、それでも数千だった）。マークは、サンタフェ研究所に導入されたばかりの巨大な新しいコンピュータを計算のために使わねばならず、その後数年間もそのマシンに縛りつけられないように、いくつかの標準的なネットワーク・アルゴリズムを改良せねばならなかった。さらに、それだけでは十分でないかのように、マークは二つの小規模な（そうとはいえ、社会ネットワークの標準からすればなお巨大な）データベースを、高エネルギー物理学と計算機科学のコミュニティから取得した。

経済学的な視点でみると、科学における共同研究者たちのネットワークは企業取締役ネットワークよりも明らかに重要ではない。しかし長い目でみると、科学のコミュニティが革新をもたらす力は、新しい知識の生産とその知識の技術と政策への変換という、（いくらか不確定的なところもあるが）深遠な結果をもたらす。共同研究の社会構造は、科学者が新しい技術を学び、新しいアイディアを夢見、一人では解けない問題を解決するためのメカニズムであり、科学的営為が健全に機能するためには欠かせない。特に、どれほど大きな科学者の共同研究ネットワークであっても、孤立したたくさんの下位コミュニティに分割されているのではなく、単一のコミュニティとして結合していることが望まれる。

したがって、イサカで五月の週末に集まった頃までに、われわれは所属関係ネットワークの理論的なアイディアばかりではなく、われわれのモデルが説明しなければならないのはどのような経験的現象であるかについて、かなりよい見通しを持っていた。例えば、共同研究ネットワークの驚くべき特徴の一つは、各々のネットワークにいる著者たちの大多数が、確かに単一の連結成分に結合していることだ。そこでは、どの研究者も共同研究者の短い連鎖(典型的には四か五)によって誰とでもリンクできるはずだ。われわれは、すでに映画俳優ネットワークでこの特性を観察していたので、この発見にそれほど驚いたわけではなかった。しかし、マークのデータ・セットはたった五年で作られたというのに、すでに何千人という著者で構成されているのだ。（かなり狭く焦点を絞る傾向のある）科学者は、俳優のように結合するだけの時間がなかったはずだ。さらに、論文一編に関わる典型的な著者数はわずか三名ほどである。これは平均的な映画キャストの数（六〇名くらい）よりずっと少なく、人々がみんなよく結合していることは自明なことではなかった。

それにもかかわらず、この現象はランダムグラフ理論で容易に説明できるものであった。ランダムグラフでは、第3章のアルファモデルのように、ほぼ同じ大きさの二つの大きな連結成分があるのにそれらが結合していないということは、ありえないのだ。理由は簡単だ。もし、そのような二つの成分が実際に存在するなら、一つの連結成分に含まれているある成員が、そのうちランダムに他の連結成分に含まれる成員と結合することは、ほとんど避けられないからだ。その時点で、二つの連結成分は一つになる。驚くべき点は、この結果はランダムではないネットワークにおいても現れることだ。非ランダムなネットワークでは、学問的専門化の力はむしろコミュニティを分離する傾向を持つと考えられるからだ。しかしアルファモデルで見たように、最小のランダム性であっても、このトリックを使うように思える。したがって、結合度が高くしかも大域的なパスの長さが短ければ、ランダムネットワークモデルもうまく説明できるのだ。

困難な問題に直面して

ところが、データをもう少し詳しく調べると、そのネットワークの特徴の多くが、ランダムネットワークのものとまったく違っていることにすぐ気づく。第一に、共同研究ネットワークは、それまでにすでになじんだ人々のスモールワールド・ネットワークであり、すべて高度にクラスター化している。第二に、それぞれの著者が何編論文を書いたかという分布と、それを書くための共著者の数は、ランダムグラフの特徴であるポワソン分布のような鋭いピークがあるというよりも、バラバシとアルバートのベキ法則分布に似ているように見える。

さらに、デーヴィスの取締役のデータを見ると、事態はもっと複雑になる。ネットワークの大部分というだけでなく取締役ネットワークの全員が結合し、その次数分布はスケールフリーでも正規型のランダムネットワークでもないのだ。だから、多くの取締役――『フォーチュン』誌の一〇〇〇社の取締役の座に座るのは簡単なことではない。――実際に、八〇%近く――が複数の企業の取締役を兼務していないことは、驚くことではない。それから分布は指数関数的に速く落ちる。その速さは、ベキ法則分布よりも速いが、ポワソン分布や正規分布よりは遅い。偶然だが、ネットワークの中でもっとも多く結合した取締役は、何とヴァーノン・ジョーダンであった。彼は前大統領ビル・クリントンの親友で、モニカ・ルインスキーとのスキャンダルでかなりよく知られるようになった（おそらく彼がモニカの就職の世話をしたと思われるレブロンは、彼が取締役を務める九つの企業の一つだ)。しかし、共同取締役についての分布——各々の取締役が、何人の他の取締役と一つの取締役会を構成しているか——は、まったく不思議なことだった。図4-7(一七一ページ)にあるように、一つではなく二つの明確なピークがあり、なめらかに減衰するようには見えない長いテールがある。この引き伸ばされたこぶだらけの分布は、どんな統計学の本にも標準的な分布としては載っていない。では、これはいったいどんなネットワークなのだろう? 共同研究ネットワークの構造も説明できる理論によって、このような分布を理解する方法はないものだろうか?

先に示したように、鍵は図4-6にある完全な二部(ツー・モード)ネットワークの表現を使って所属関係ネットワークをモデル化することにある。つまり、行為者と集団を別種の点(ノード)として扱い、行為者は集団だけに結合でき、集団は行為者にだけ結合できるようにするのだ。われわれは、二部グラフを構成してその特性を計算することから始め、対応するワン・モードへの写像(図4-6の上図と下図)とその特性の期待値を計算した。しかし、単なる記述以上のことを得るには、われわれはいくつかの仮定を置かねばならなかったが、簡単なものから始めてみるのがよいと思われた。その一つとして、二部ネットワークの二つの分布(行為者一人あたりの加入集団数と、集団一つあたりに所属する行為者数)を所与とし、われわれは、行為者と集団のマッチングが、多かれ少なかれランダムに起こると仮定した。明らかにこれは現実世界では起こらないことだ。実際には、どの集団に入るかという決定はふつうは計画され、しばしばかなり戦略的に行われるからだ。しかし、これまでにもわれわれのモデルで想定してきたように、個々の行為者の決定は、十分に複雑で予期しがたいので、単純にランダムである場合と区別できないところがあるのではないかと考えた。

ランダム分布の特性を研究するための強力な数学的テクニックを使って、マークとストロガッツとわたしは、ランダムなワン・モード・ネットワークについて古くから検討されてきた特性(エルデシュとレーニーによって以前から研究されたものだが、彼らがやったよりも形式的に洗練されている)のほとんどは、とても自然にツー・モードの場合にも拡張できた。科学の共同研究者ネットワークに見られる特性、例えば短いパスの長さや巨大な連結成分の存在といった科学的共同研究者ネットワークの特性などは、すべて行為者が集団をランダムに選ぶという仮定から直接的に導かれることがわかったのだ。もっと興味深くて予想すらしなかったことは、われわれのモデルは、デーヴィスのデータの奇妙な次数分布と、その過程におけるほとんどのクラスタリングまでも説明できたのだ(図4-7にあるように、理論とデータの適合度がこれほどまでに近いのは、異様なほどだ)。

しかし、われわれは以前に、ランダムネットワークにはクラスタリングがないことを示さなかっただろうか? 確かにそのとおりだ。しかし、これこそが所属関係ネットワークを二部グラフで表したことの有効性を示しているのだ。なぜならば、定義上ある集団のすべての行為者は、その集団の中の行為者すべてと所属関係にあり、二部ネットワークから

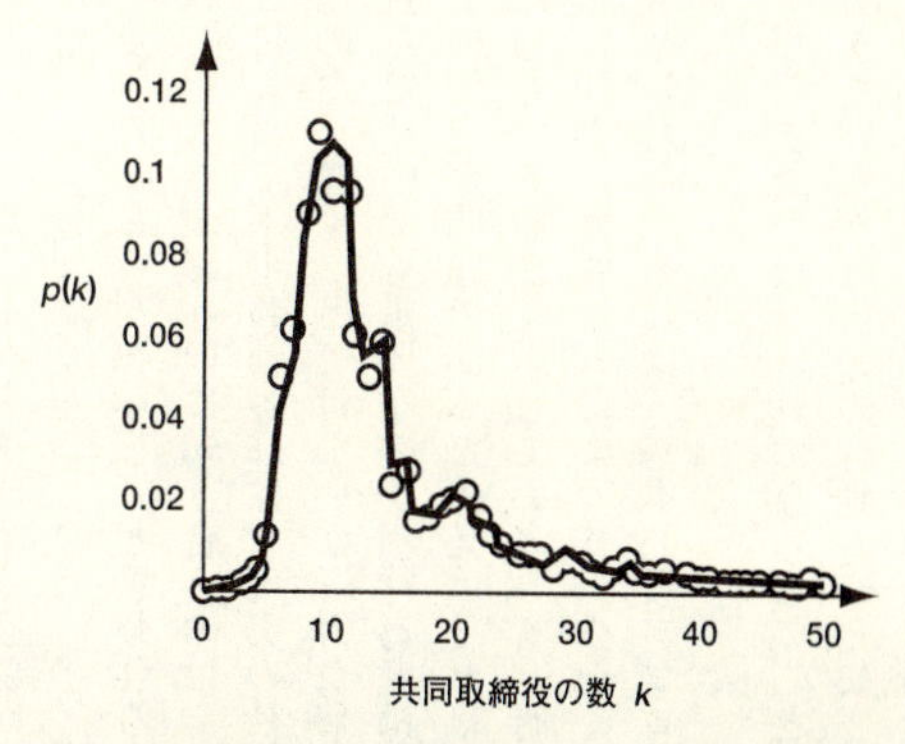

図4-7　ジェリー・デーヴィスの取締役会データにおける共同取締役の分布。○は実データで、線は理論予測値である。

ワン・モードへの写像においては、すべての集団は完全に結合した行為者の「クリーク」として表される。所属関係ネットワーク（図4-6の下図のようなもの）は、重複のあるクリークのネットワークであり、複数集団における個々人の共通成員性をとおして連結している。この特徴はネットワークの表現型の特性であり、他の特殊なマッチングの仕方に依存したものではないか ら、個人と集団がどのようにマッチングさせられるかに関わりなく真である。しかも、ランダムな二部ネットワーク——その中に特別な構造がまったく組み込まれていないもの——でさえ、高度にクラスター化するのだ。一方、ランダム性はネットワークが高度に結合したまま、大域的に短いパスの長さを示す要因となる。つまり、ランダムな所属関係ネットワークは、常にスモールワールド・ネットワークになるのだ！
この結果には、とりわけ勇気づけられた。それは、われわれが別の方法でスモールワールド・ネットワークを生成する必要がなくなったからではない（そんなことは、簡単なことだ）。そうではなくて、スモールワールド特性がこんなに自然な形で発生したからだ。社会学的にもっともらしいと思われる方法で問題を単純に表現することによって――すなわち、人々がお互いに知り合うのは、彼らが参加する集団と活動によるのだと仮定することによって――われわれは、現実の社会ネットワークの多くの特性を作り出すことができたのだ。驚くことではないが、われわれはなおたくさんの単純化した仮定をモデルに組み込んだ。中でも重要なのが、行為者は集団をランダムに選ぶという仮定だった。しかし、この仮定が問題であると思えばそれは修正可能なのだが、実際にはその仮定は結果がいかに強力であるかを示している。もし行為者の集団選択について、もっとも単純であろうと思われるメカニズムによって、少なくとも容認しうるようなネットワーク構造が生成できるとしたら、それは、基本的なアプローチが正しかったからではないかと考えられるだろう。

まだまだやらなければならないことがあるが、再びダイナミクスが鍵であるように思えてきた。人々は自分の行動のゆえに、自分を知っている人のことを逆に知っているのかもしれない。一方で、人々は知っている人がいるから新しいことに挑戦するものだ。あなたの友人は、あなたをパーティに招待したり、自分の好きなことにあなたを引き込もうとしたりする。あなたの同僚は、あなたを新しいプロジェクトに巻き込もうとしたり、問題解決を助けてくれそうな人にコンタクトするように提案したりする。上司は、会社の内外で新しい機会を与えてくれる。あなたが情報を得て自分の地平を拡大するのは、あなたのまわりに現存する社会的接触をとおしてなのだ。つまり、あなたが行動することによって社会構造が変化し、未来の知人を得ることになる。二部ネットワークによるアプローチの真の力は、これらの過程——ネットワークのダイナミクス——のすべてが、一つのフレームワークで簡単かつ明確に表現できることである。そのフレームワークを用いることで、社会構造とネットワーク構造の両方の進化を追うことができ、社会過程の核心である、一方が他方に無限に折り重なっていく過程を追うことができるのだ。

しかし、これは全体として何を意味するのだろうか？　たとえ、人々が社会構造からネットワーク構造を（あるいは、ネットワーク構造から社会構造を）作り出すということをわれわれが理解したとしても、人々はそれで何ができるのだろうか？　また、人々が入手可能な情報を制限したり、人々の統制能力を超えたところにある影響のもとに彼らをさらしたりすることによって、そのネットワークはそこにいる人々に対してどんな影響を及ぼすだろうか？　第1章でふれたように、これらの質問に対する答えは、そこで関連のある行為や影響——ネットワーク上のダイナミクス——の種類にきわめて依存している。したがって、ネットワーク上のさまざまなダイナミクスはさまざまな方法で探求されなければならないことになる。そうすることで、時にはネットワーク自体についての新しい洞察が得られるだろう。この問題の手がかりをつかむために、ふたたびスタンリー・ミルグラムのスモールワールド問題に立ち返らなければならない。それは、いまだかつて誰も考えなかった非常に手の込んだものだということがわかってきた。

訳注

(1) ベキとは、累乗あるいは指数のこと。

(2) 逃亡したバックリーには、生き残るチャンスはほとんどないという意味。

(3) このあたりの表現は、ワッツが物理学から社会ネットワークの研究に入っていったことの特異性を表す表現だと考えられる。それというのも、訳者のように社会ネットワーク分析の典型的な教科書から学んだ者にとっては、次節で述べられる所属関係ネットワークという概念は至極当たり前で、ちっとも「滑稽」なことではないからだ。訳者(辻)にとっては、以下の文章は、非常に大仰で、それ自体が滑稽に思える。しかし、それは、社会ネットワークという分野が、いかにインターディシプリナリーな領域であるかを、如実に表している。

(4) 確かにそういう側面はある。工夫次第でデータは取りやすくなった。例えば、インターネット調査などが活用され始めている。しかし、それには母集団の範囲がよくわからないなど、新たな問題も発生している。よいところばかりとは言えないのも事実である。そのあたりのバランス感覚が重要だと思われる。

(5) この事実認識には訳者(辻)は賛同しかねる。たとえば、一九九四年に出版されたワッサーマンとファウストによる標準的なネットワークの教科書では、すでに二部ネットワークから行為者所属関係ネットワークと集団相互連結ネットワークへの変換について詳細な記述が見られるし、実際に広く活用されている。特に、この段落の記述は、その真偽のほどが疑問である。

(6) ここでは、いわゆるエンロンとワールドコムの事件について言及したものと考えてよいだろう。

第5章　ネットワークの探索

スタンリー・ミルグラムは研究人生のあいだ、ずっと物議をかもし続けた人物だった。二〇世紀最大の社会心理学者の一人であるミルグラムは、個人の心理とそれが典型的に作用している社会環境との間にある、神秘的な接点を調べるための実験をデザインすることにいかんなく才能を発揮した。実験の結果はしばしば驚くべきものだったが、ときには人々を戸惑わせ、歓迎されなかった。もっとも有名な研究は次のようなものだった。ミルグラムは地元ニューヘブンの人達を、表向きには人間の学習に関する研究として参加を募り、イェール大学の研究室に集めた。到着すると、各々の参加者はこの実験の被験者と思われるもう一人の人物を紹介された。そして、参加者は紹介された被験者に一連の単語を読み上げるように求められた。そして、相手の被験者は、それらの単語を復唱しなければならなかった。もし被験者が間違えると、電気ショックで罰せられることになっていた。このとき電気ショックは参加者によって与えられるのだった。間違えるたびに、電気ショックの電圧は上げられた。電圧は次第に有害なほどに上げられ、ついには致死レベルにまで上げられるのだった。ショックを受けている間、被験者はうめき、叫び、慈悲を求め、のたうちまわった。これを見て、参加者たちは、監督者からするよう指示されたことをためらったり抵抗したりしたが、白衣を着てクリップボードを携えた厳格な監督者は、続けるようにと指示する。重要なことだが、参加者は何も強要はされないし脅迫もされていない。[訳注1] どの時点かで拒めば、この実験は、その場で終了したのだ。

もちろん、この実験はすべて芝居であった。電気ショックは本物ではなく、被験者はサクラだった。研究の真の目的は、自分は命令にしたがっているだけだと認知したとき、自由な意思をもった人間は、他人にどんなことをするのかということだった。参加者は後ですべてを知らされたが、実験の間、彼らは本当のことだと思いこんでいた。だから、参加者にとって、自分の行動はなおいっそう不快なものと感じられたのだ。実験のある条件では、参加者は指示を与えるだけで、電気ショックは仲介者が加えるものがあった。その時、四〇人中三七人の参加者が電圧を致死レベルにまで上げた。ここから、ミルグラムは次のような身の凍るような結論に達した。すなわち、個人の行動の最終的な結果から当人が引き離された官僚制では、人は残虐行為を実行しやすくなるというものだった。別の実験条件では、参加者は被験者が電気ショックを受けている間、その手を電気盤から離さないように求められるというものもあった。今日でも、ミルグラムのこの研究についてエレガントに説明した『服従の心理——アイヒマン実験』を読むことは辛く、時折戦慄が走って中断なしには読むことができない。しかし、一九五〇年代アメリカにおける大戦後のイデオロギー状況の中で、ミルグラムの発見は信念が何の役にも立たないことを示し、この実験は国家暴力に対する関心を集めた。

たいへんな物議をかもしたが、この実験によってミルグラムは知識人として殿堂入りし、その研究は、広く記憶されしばしば取り上げられた。われわれは今でもミルグラムの実験結果にはショックを受けるが、その実験が二度と再現されることがなかったにもかかわらず、実験結果の正しさに疑問を持つことはなかった（実際は、今日ではヒトを対象とした実験・調査の規制があって、この種の実験はおこなえない）。また、スモールワールド問題に関する彼の研究（第1章参照）に対しても、われわれは疑いの目を向けることはなかったが、この実験結果にはたえず興味をそそられ、また驚きもした。誰もが「六次の隔たり」について聞いたことはあるが、ほとんどの人はこのフレーズの由来を知らないし、ミルグラムの実験の結果をじっくりと確認したものもほとんどいない。ミルグラムのオリジナル論文を引用している研究者や、その論文を注意深く徹底的に調べただろうと思われる人でさえも、単純に彼の結論を額面どおりに受け入れてしまっていることが多かった。

このような科学者の行動には、科学の営為についての微妙な論点が含まれている。一方では、科学的プロジェクトの強さは、研究を蓄積していくという点にある。科学者は背景にある知識をたくさん受け入れて、自らの特定の問題に取り組む。その背景の知識について、使われた方法、仮説、事実について、いちいちそのすべての妥当性を疑うことなく引用できるものと考えている。もし、われわれが何事も第一原理から取り組もうとしたり、パズルの一つ一つのピースをどれも同じくらい詳細に理解しようとこだわったりしていたら、だれもどこにも到達しないだろう。だから、科学者のコミュニティによって認められているものは何であれ、注意深く正しくおこなわれ、それゆえに信用できるということを、われわれは、ある程度受け入れなくてはならないのだ。

しかしもう一方では、科学者はほかの職業人と同じように人間であって、純粋な科学的真実の探求だけではなく、ほかの多くの要素によって不可避的に動機づけられている。部分的には人間としての弱点のために、また部分的には真実そのものが見極めにくいために、科学者は間違いをおかし、結果を誤解し、あるいは、ほかの人から誤解されるのを許してしまう。このような避けがたい誤りに対応するために、査読、学会やセミナー、異なる考えの論文の発行などのシステムを機能させて、不純物を濾過しようとしている。しかし、この過程は完璧ではない。時としてわれわれは、長い間当たり前だと思っていた知識が、疑わしいとか間違っていることに気づいて驚くのである。

ミルグラムは何を示したのか

心理学者ジュディス・クラインフェルドは、学部の講義の中で、よくある誤信と思われる例に出くわした。彼女は、学生が実施でき、講義で学んだことが教室の外での生活にも応用できるという実感を得られるような、実地型の実験を探していた。ミルグラムのスモールワールド実験が完璧な候補に思え、クラインフェルドはこれを二一世紀型にして、つまり、手紙ではなく電子メールを使って学生にやらせてみようと考えた。ところが、彼女は実際には実行に至らなかった。準備のために、クラインフェルドはミルグラムの論文を読むことからはじめた。ところが、ミルグラムの結果は彼女の実験にしっかりとした基礎づけを与えなかったばかりか、よく調べてみると、ミルグラム自身の実験にも難問をつきつけるだけに思われた。

ミルグラムはざっと三〇〇人の人の鎖で始め、それぞれにボストンに住む一人のターゲットへ手紙を届けさせようとした。みんなの話によれば、その三〇〇人はネブラスカ州オマハに住んでいたということだが、注意深く読むと、実際はそのうち一〇〇人はボストンに住んでいたのだ！　さらに、ネブラスカの二〇〇人近くのうちほぼ半数だけが、（ミルグラムが買った郵送先名簿から）ランダムに選ばれていた。残りの半数は一流の株式投資家であり、ターゲットはすでに述べたとおり、一人の株式仲買人であった。有名な「六次」の考えはこれらの三つの母集団の平均だったのだ。簡単に推察できると思うが、その三つの母集団では次数にかなり違いがあった。連鎖を完成させようとしたボストン在住者と株式投資家は、ランダムなネブラスカのサンプルと比べてうまく連鎖が完成し、また、リンク数も少なかった。

また、スモールワールドについての驚くべき発見が主張するのは、誰もが誰もに到達することができるということだった。単に同じ町に住む人々や共通の興味関心を持つ人々だけでなく、どこの誰とでもというのだ。実際のところ、通常述べられているような（ミルグラム自身によってさえ述べられている）仮説の条件を満たしていた母集団は、ネブラスカの郵送先名簿から選ばれた九六人であった。ここから、数字は戸惑うほど小さくなる。その母集団における九六人の中でターゲットに届いたのは、たった一八通だったのだ。そのことがそんなに大騒ぎするほどのことなのか？ それはそうだろう。一つのターゲットに届いたたった一八の鎖から、普遍的で全体的な原理を推論できるだろうか？ どうしてわれわれは、そもそもこの主張のもっともらしさに真剣に立ち向かうことなく、やりすごすようなことが起こってしまったのだろうか？

　こういった疑問で混乱したクラインフェルドは、経験的な結果とその後の解釈の間の明らかに支持できないギャップが、どこか別の場所できちんと納得できるように説明されていると仮定して、ミルグラムやほかの著者のその後の論文を探索した。ところが、彼女はそのようなものがないということに再び驚いた。事実はその反対だったのだ。ミルグラムと共同研究者は実際にほかの実験をおこなったが——その中でも重要なのは、ロサンゼルスの白人集団とニューヨーク市の黒人ターゲットとの間でおこなわれたものだが——それも、オリジナルと同じように頼りないものだった。もっと驚くのは、ほんの一握りの研究者しか、ミルグラムの発見を再現（レプリケート）しようと試みていないが、その結果はミルグラムによるものよりももっと頼りないものだった。例えば、ある実験では送り手とターゲットを同じ中西部の大学の中から選んでいた。これでは普遍的な原理を導く検証にはなりえない。

　ますます自分の発見に混乱したクラインフェルドは最終的にイェール大学のアーカイブに辿り着き、ミルグラムのオリジナルのノートや未刊行の記録を掘り出したが、それでも何か欠けているはずだと確信した。そして、実際欠けているものがあったのだ。彼女が発見したのは、ミルグラムがオマハでの実験と並行して、別の実験をおこなっていたことだった。この実験は、カンザス州ウィチタの人々が送り手で、ハーバード神学校の学生の妻がターゲットだった。ミルグラムは彼の『サイコロジー・トゥデイ』誌に掲載された最初の論文でこの研究について言及している。その実験で最短の連鎖を記録したためだ。その手紙はたったの四日で、しかもたった二人の仲介者を介して届いたのだった。ミルグラムがこの論文でもほかの論文でも言及しなかったことは、ターゲットにあてて送られた六〇通のうち届いたのはわずか三通で、この手紙はそのうちの一通だということだった。クラインフェルドはさらに、連鎖の完成率があまりにも低いために発表されなかった二つのフォロー・アップ研究の報告書の存在も明らかにした。クラインフェルドの最終結論は、われわれがよく目にするスモールワールド現象には、信頼できる経験的な基礎がまったくないということだった。

この本が出版されようとしている現在[訳注2]、われわれは遅きに失した感はあるが、この問題に終止符を打つべく、いまだかつてない最大規模のスモールワールド実験を試みているところだ。手紙のかわりに電子メールを使い、集中化したウェブ・サイトでメッセージを管理しながら、われわれは、ミルグラムが夢見るしかなかったほど大量のデータを扱うことができる。今現在、合衆国、ヨーロッパ、南アメリカ、アジア、太平洋地域の一八人のターゲットを探して、一五〇カ国以上から発せられる五万ものメッセージがつらなったデータを、われわれは持っている。イサカの大学の教授（想像するまでもないだろう）からエストニアの古文書調査官へ、西オーストラリアの警察官からオマハの店員へ、われわれのターゲットは、地球上に散らばっている五億人のインターネット・ユーザの全範囲に及んでいる。われわれの実験の送り手は、今のところ、世界中で刊行されている定期刊行物の告知文（レポート）をとおして募集され、毎日何百もの新しい接触（プレス）がある。

この数字は大きいと思うかもしれないが、五億人というのはまだ世界全体とは言えない。ほぼ確かなことは、コンピュータを使用する人々（の中で、さらに十分に暇な時間がある人々）は、地球上の社会の比較的狭い断面を代表しているにすぎないということだ。明らかに、このような膨大な実験結果でも地球全体に普遍的に適用できるわけではない。さらに、程度は違うが、ミルグラムも経験したのと同じ問題に苦しめられた。無関心という問題だった。今日では、人々は一九六〇年代よりもずっと多くの無用なメールを受け取る。特に電子メールではそうだ。人々は、たとえ友人に頼まれたとしても多くの場合（忙しすぎて）参加に消極的だ。その結果、完成率はひどく低くなる。ターゲットに到達したのは、すべての鎖の一％以下だった（ミルグラムは二〇％の完成率だった）。われわれはこの実験に対して高い希望は持ち続けているけれど、まだ結論は出ていないし、結果がすべて分析された後もまだ結論は出ないかもしれない。おそらく、ミルグラムの実験の真のメッセージは、スモールワールド現象の主張は経験的に解決することが非常に難しいということだろう。

六次は多いか少ないか

われわれはどこにとり残されたのだろう? われわれは、たいへん多くの時間を費やしてスモールワールド現象を理解しようとしてきた。もちろん、これまでやってきたことに対し疑問を持つわけではない。しかし、われわれが自分たちのネットワークモデルで定義したスモールワールド現象と、ミルグラムによって研究されたようなスモールワールド現象——これまで言いつくろって説明してきたこと——との間には重要な違いがあるのだ。われわれのこの問題へのもともとのアプローチの主たる動機は、経験的確証の難しさだったことを思いだそう。だから、経験的な証拠がまだまだ不足しているということ自体は、われわれの結果に問題をもたらすというわけではない。真の問題は、二人をつなぐ短いパスがあること(これは、すべてのスモールワールド・ネットワークモデルが主張すること)と、それを見つけることができるということには大きな違いがあるという点にある。ミルグラムの被験者は、自分よりもターゲットに近いと考える一人の人物に手紙を送ることになっていた。彼らが、自分が知っているすべての人に手紙のコピーを送るようなことは、想定されていなかった。しかし、それこそがまさしくストロガッツとわたしが数値実験でやっていた計算だった。そして、このことは、最短のパスの長さについてのわれわれの主張の中におりこみずみである。したがって、ミルグラムの発見の正確さには疑いをもちながらも、第3章と第4章で紹介したスモールワールド・ネットワークモデル的な感覚をもって、われわれが、スモールワールドの中で生きていくことはまったく可能だ。

われわれのスモールワールドモデルと、ミルグラムのモデルとのもう一つの違いは、全方向（ブロードキャスト）探索と一方向（ディレクテッド）探索の違いだ。全方向型モードでは、あなたは知人全員に話をし、今度は、その知人がそのまた知人全員に話をし、このようにして、メッセージがターゲットに届くまで続くのだ。このルールに従えば、起点とターゲットをつなぐ最短のパスがたった一つだったとしても、全方向にばらまかれたメッセージの一つは、必ずそのパスを通ってターゲットに到達する。弱点は、ネットワークがメッセージで完全に飽和状態になってしまい、ターゲットまでのあらゆる潜在的なパスが、隅々までくまなく調べつくされるということだ。あまり快適な感じがしないし、実際快適ではない。事実これが、まさにやっかいなコンピュータウイルスのいくつかがやることなのだ。これについては第6章で詳しくふれる。

一方向探索は全方向探索より多くの点で微妙な論点があり、それぞれ賛否が分かれる。ミルグラムの実験のような一方向探索では、一度にたった一通のメッセージが送られる。だから、ランダムに選ばれた個人二人の間のパスの長さが、例えば六ステップだとするならば、そのたった六人だけがメッセージを受け取ることになる。ミルグラムの被験者が全方向探索をおこない、彼らの知っているあらゆる人にメッセージを送っていたとしたら、手紙は、たった一人のターゲットに到達するために、全米に住む全人口（当時およそ二億人）が受け取ることになっていたかもしれない。原理的に、全方向探索はターゲットへの最短パスを探し出すだろうが、実行は不可能だろう。たった六人の参加だけが必要だということから、一方向探索法がシステムを圧倒してしまうことはないが、最短のパスを探す仕事はより困難になる。理論的には、あなたが世界のどの人々からも六次しか離れていないとしても、世界には、なお六〇億の人がいて、少なくともそれだけ多数のパスが彼らに向かってつながっている。この想像を超えた複雑さの迷路に突き当たって、どうやってわれわれが探している一本の最短のパスを見つけたらよいだろうか？　これは、実に難しい。

ケビン・ベーコン・ゲームができるずっと以前には、数学者たちはポール・エルデシュで同じような遊びをしていた。エルデシュは偉大な（極めて多産な）数学者であったばかりでなく、数学者コミュニティの有名人で、彼は、ベーコンが映画俳優の世界の中心であるように、数学界の中心だと考えられていた。エルデシュと共著で論文を出すと、「エルデシュ数」1が得られることになる。エルデシュとの共著論文はないが、エルデシュ数1をもっている人との共著論文があれば、エルデシュ数2が得られる。以下同様だ。つまり、問題は「あなたのエルデシュ数はいくつか？」であり、ゲームの目的はできるだけ小さな数をもつことである。

もちろん、あなたのエルデシュ数が1であれば簡単だ。エルデシュ数が2であっても、そう悪くはない。エルデシュは有名な男だったから、彼といっしょに研究をしたものは、おそらくそのことに言及しているだろうから。しかし、エルデシュ数が3以上になるにつれ、問題はどんどん難しくなる。なぜなら、あなたは自分の共著者をよく知っていたとしても、多くの場合、その人がだれと共同研究しているかをすべて知っているわけではないからだ。それなりの時間をかければ、そして、あなたにそれほど多くの共著者がいなければ、共著者のすべての論文を探すか尋ねるかして、ほかの共著者のかなり完全なリストを書き出すことができるだろう。しかし、四〇年以上論文を書いてきたある科学者に何十人もの共著者がいる場合には、そう簡単には思い出せないだろう。もうすでに難しそうな感じだが、次のステップでは、さらにたいへんなことになる。このあたりで、あなたは迷子になるだろう。あなたのすべての共著者とそのすべての共著者を書き出すだけでなく、その共著者のすべての共著者を書き出すということを想像してみよう。あなたは、そのほとんどの人を知らないだろうし、聞いたこともないかもしれない。では、どうやってその人たちの共著者を知ることができるだろう？ それは基本的に不可能だ。

われわれがここでしようとしてきたことは、共同研究ネットワークの全方向探索だった。しかし再び、それは現実的にほとんど不可能だということがわかった。したがって、だれもが最終的におこなうのは一方向探索である。あなたは自分の共著者の中から、その研究がエルデシュにもっとも似ていると思う人を一人選び、それからその人の共著者の中から、エルデシュにもっとも似ていると思う人を一人選ぶ。以下同様だ。問題はあなたが、エルデシュが研究していた特定の分野の一つの専門家でない限り、どの共著者がもっともよい選択であるかわからないかもしれないことだ。そのような場合、一番最初のところで間違えて、袋小路に陥ってしまうかもしれない。あるいは、最初はよかったが、その後の推察が間違っているかもしれない。またあるいは、道は正しいのだが、途中でお手上げになってしまうかもしれない。探索がうまく進んでいるかどうかは、どうやって分かるのだろうか?

この疑問に答えることは、容易ではないように思える。根本的な難しさは、あなたが最短のパスを見つけるという大域的な問題を、ネットワークの局所的な情報だけを使って解決しようとしているところにある。あなたは、自分の共著者が誰かはわかる、そして彼らの共同研究者のうち何人かはわかるだろう。しかし、そこから先は、見知らぬ人たちの世界を扱うことになるのだ。結局、あなたから出ているたくさんのパスのどれが、エルデシュに最短のステップ数で到達するのかを知ることは不可能なのである。どの隔たりの次元でも、あなたは新しい決断を下さなければならないが、その選択を明解に評価する方法はない。マンハッタンに住む人が西海岸への飛行機に乗るために、ラガーディア空港に向かって東へと車を走らせることに似て、ネットワーク・パスの最適な選択は、一見すると間違っているようにみえる方向にあるかもしれないのだ。しかし、飛行場に車を走らせるのとは違って、あなたの心の中には完全な道路地図があるわけではない。だから、西へ向かって飛ぶために、東に向かって運転するようなたぐいの行動は、よい考えだとは言えない。

当初は小さいと思った6という数が、大きい数だということにもなりうる。事実、一方向探索の場合、3以上の数は事実上大きい。ストロガッツはある日記者からエルデシュ数を尋ねられたとき、丸二日を無駄に費やしたのだった(わたしは彼にほかのことをやってもらおうとしていたのだが、話す暇もないくらい忙しくしていた)。結局、それは4だった。これが数学者に本来の仕事をさせないやり方にしか思えないのなら、一方向探索は致命的な側面をもっていることになる。友人間(ピア・トゥ・ピア)ネットワークのデータファイルを検出するためにウェブ上でリンクをサーフィンしたり、または技術的問題や管理上の問題について答えてくれる適切な人を探そうとしたりしているとき、われわれは、一方向的な問合わせを連続しておこなって、情報を探索することが多い。しかし、こういったやり方では袋小路に陥っていらいらしたり、もっと短いルートがないものかと思ったりするものだ。第9章で触れるが、適切な情報に到達するための短いパスを探すことは、危機や急激な変化の時には特に重要になる。また、問題を急いで解決しなければならない場合や、何が必要で誰が情報を持っているかを誰も知らない場合にも重要になる。オリジナルのスモールワールド問題で発見したように、複雑な世界——それそのものを直接ながめていても推測することが絶対できないような世界——について、単純な理論は、時には多くのことをわれわれに教えてくれるものだ。

スモールワールドの探索問題

このとき、鍵になる突破口が、若い計算機科学者であるジョン・クラインバーグによってもたらされた。彼はコーネル大学とMITに学び、サンフランシスコ近郊のIBMアルマデン研究センターで数年働いたあと、コーネル大学に教授として戻ってきた。クラインバーグは、ストロガッツもわたしも考えもしなかった問題について考えていた。スケールフリー・ネットワークの場合がそうだったように、振り返ってみれば、なぜそれを見落としていたのか不思議でならないほど自然なものだった。ストロガッツとわたしがやっていたように、短いパスの存在だけに焦点を当てるのではなく、クラインバーグは、ネットワークの中の個人が、実際にどのようにしてパスを見つけるのかを考えた。この動機もまた、ミルグラムの研究から発想されたものだった。ジュディス・クラインフェルドの抱いた疑惑はさておいて、明らかにミルグラムの被験者の何人かは、目的のターゲットに手紙を届けたわけだが、クラインバーグにとっては、どういうふうにすればそれができたのかは自明なことではなかった。結局のところ、ミルグラムの実験の送り手は、社会ネットワークについてほとんど情報がなかったのだが、基本的には非常に大きな社会ネットワークの一方向探索をおこなおうとしていたわけだ。その情報量はといえば、数学者が自分のエルデシュ数を計算しようとするときに使える量よりもずっと少ない。

　第一にクラインバーグが発見したことは、ストロガッツとわたしが提案したモデルとまったく同じように現実世界が動いているとしたら、ミルグラムが観察したような一方向探索は不可能だということだ。問題は、われわれがまだ論じていないスモールワールドモデルの特徴から生じているのだ。われわれのモデルは、不規則性（ディスオーダー）の量を変化させながらネットワークを構成できるが、ランダム性というのはその特殊なものだ。特に、近道（ショートカット）がランダムなつなぎ直し（random rewiring）から作られるときにはいつでも、一人の隣人が開放され、一人の新しい隣人がネットワーク全体から一様にランダムに選ばれる。つまり、どこにいようがどれほど遠かろうが関係なく、どの点（ノード）も等しく新しい隣人として選ばれる可能性があるのだ。

一様なランダム性は、この問題に対する最初の試みとしては、自然な仮定のように思えた。なぜならその仮定は、いろいろな人が考えた距離についての特定の考え方に与しないものだったからだ。しかしクラインバーグが指摘したのは、実際には人は他者から自分を常に区別する、非常に強い距離の概念を持っているということだった。地理的距離は自明なものだが、職業、階級、人種、収入、教育、宗教、個人的興味関心も、しばしば他者からの「距離」を見積もる材料となる。われわれはこれらの距離の概念を常に用いて、自分と他者を確認するときに用いている。おそらくミルグラムの被験者も、この概念を用いたであろう。図3-6にあるような一様にランダムな結合は、このような距離の概念を用いていないので、このようにして得られた近道は、一方向探索のためには使いにくい。基盤となる座標系――たとえば第3章におけるベータモデルのリング格子など――への参照が欠けているために、うまく基点を参照しながら探索することができない。したがって、メッセージはランダムに飛び回るか、格子を這い回るかしかない。ミルグラムの実験に当てはめて考えてみると、連鎖は何百リンクもの長さになり、オマハからボストンまで一件ずつ直近の隣人にメッセージが渡されるのより、少しはマシという程度にしかならない。

そこでクラインバーグは、より一般的なネットワークモデルの類（クラス）を考えた。そのモデ

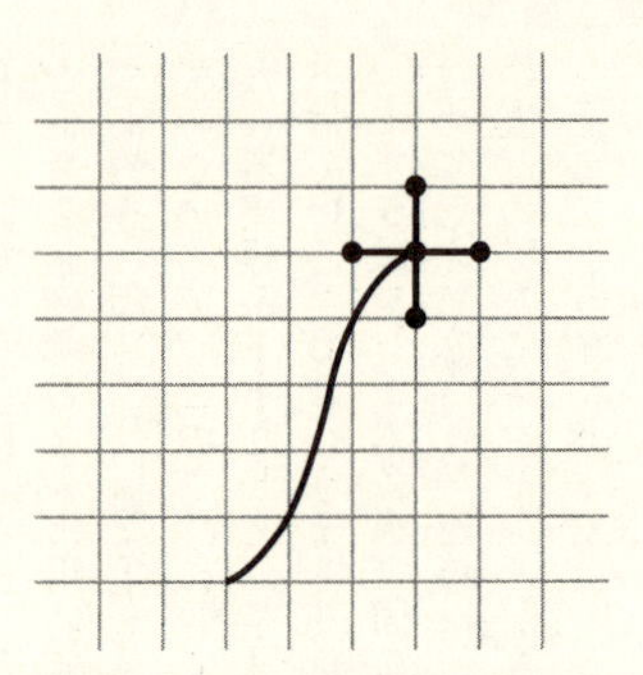

図 5-1　クラインバーグの二次元格子モデル。それぞれの点は、格子上の4つのもっとも近い隣人に加えて1つのランダムな接触で結合している。

ルでは、ランダムなリンクがなお基盤となる格子に加えられていくが、二点をつなぐランダムなリンクの確率は、格子上で測定する距離が増大するにしたがって減少する。問題を単純にするために、彼は二次元格子（図5-1）上でメッセージを送る問題を考え、その格子上で、図5-2の関数の一つによって表現される確率分布にしたがって、ランダムリンクが加えられていくと想定した。数学的には、両対数スケールにプロットされたどの直線も、指数ガンマのベキ法則であり、ガンマの値の変化によって線も変化する。指数の値がゼロの場合（上の水平線）、格子上のすべての点は、同程度にランダムなつながりを持つ可能性があることを示している。つまりクラインバーグのモデルは、第3章のベータモデルの二次元版ということになる。ガンマがゼロの場合、たくさんの短いパスが存在するが、先ほど述べたとおり、どれが短いのかわからない。対照的に、ガンマが大きければ、ランダムな近道の確率は、距離の増大とともに急激に減少するので、すでに（格子上で）近くにある点がつながりやすくなる。この制限のために、それぞれのランダムな結合は、基盤となる格子についての多くの情報を含んでおり、パスは簡単にたどれ

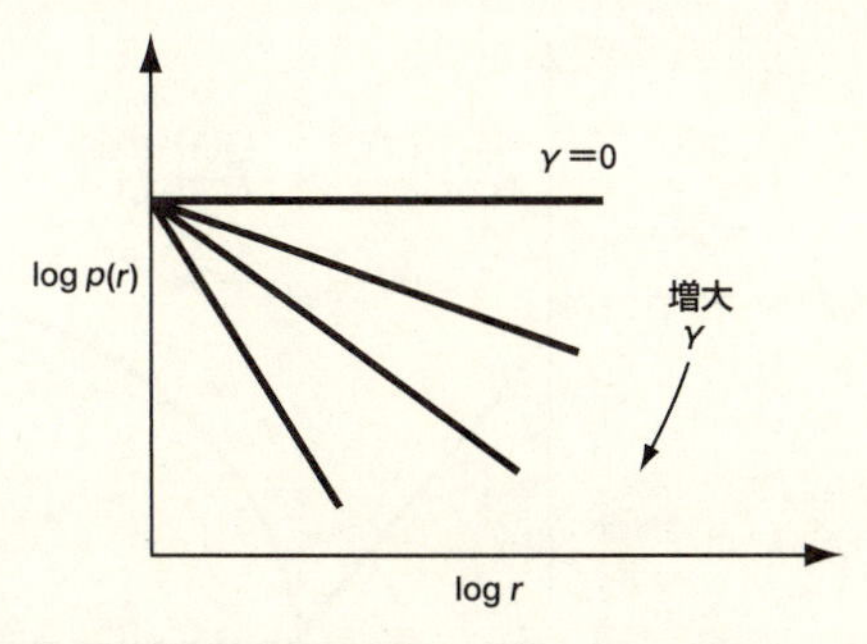

図5-2　格子上の距離（r）の関数としてランダムな接触が生じる確率。指数ガンマ（γ）がゼロの場合、どんな距離であっても、ランダムな接触は同じくらい起こりやすい。ガンマが大きい場合、格子上で近い点のみが結合する。

る。問題は、長距離の近道ができることが事実上不可能なので、短いパスは見つからないということにある。したがって、いずれの両極端の場合にも、モデルは探索可能なネットワークを生成しない。しかし、クラインバーグが知りたかったことは、中間ではなにが起こっているかということだった。

実際にやってみると、とても興味深いことが生じる。図5-3（次ページ）では、ランダムに選ばれたターゲットへメッセージを届けるために必要なステップ数の典型的な数が、指数ガンマの関数として示されている。ガンマが2よりもずっと小さい場合、ネットワークは最初のスモールワールドモデルと同じ問題につきあたる。つまり、短いパスは存在するが見つからないという問題だ。ガンマが2よりずっと大きい場合、短いパスはそもそも存在しない。しかし、ガンマがちょうど2の場合、ネットワークは、

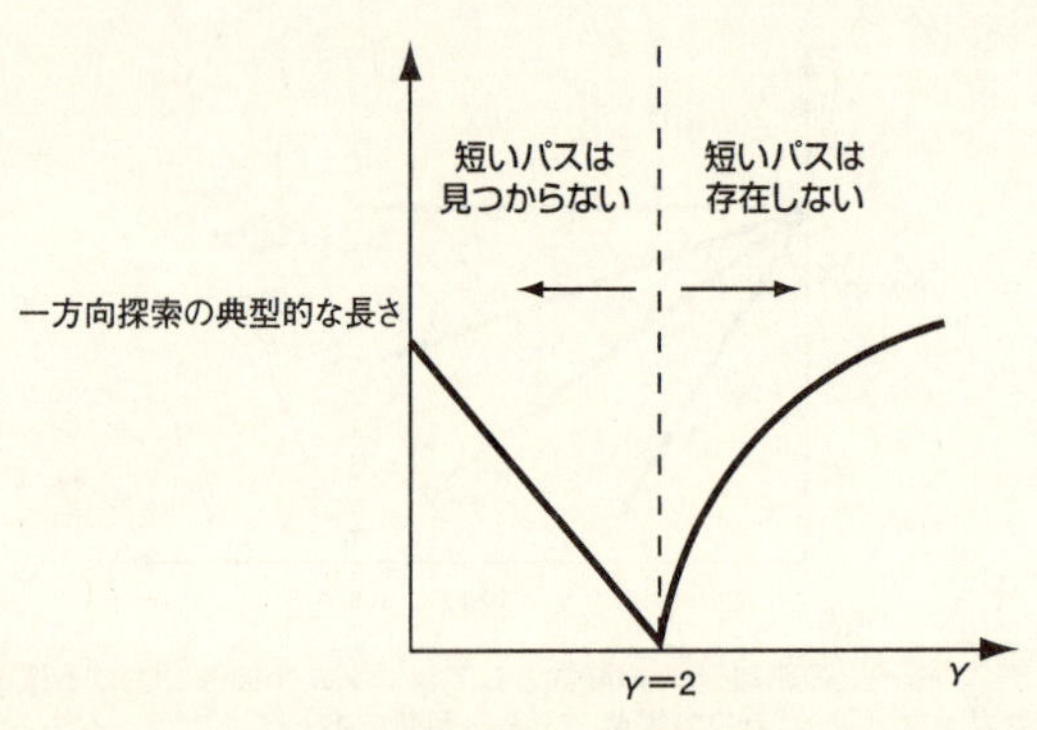

図5-3　クラインバーグの主要な結果。指数ガンマ（γ）が2に等しいときだけ、そのネットワークは個人が実際に見つけることのできる短いパスをもつ。

格子上をたどる利便性と、長距離をまたぐ近道という距離を縮める力との間の、ある種の最適なバランスを獲得する。あらゆる特定の点に結合する確率が距離の増大にしたがって減少することはなお変わりないが、他方で距離の増大にしたがって、結合する点の数は増加する。クラインバーグが示したのは、ガンマが臨界値2を取るとき、これらの相反する力は相殺しあうということだった。結果として、個人がどの長さのスケールにおいても同数の紐帯を持つという、特異な特性のネットワークが得られたのだ。

この概念はやや巧妙で理解しにくいところがあるが、クラインバーグは、理解しやすい、うまいイメージを思いついた。それは、ソール・スタインバーグの「九番街から見た世界」（View of the World from 9th Avenue）という、一九七六年に発行された『ニューヨーカー』誌の表紙絵だった。図5-4(次ページ)にあげておく。絵の中で、九番街は一つのブロックとほぼ同じスペースを占めているように見える。また、マンハッタンの西に位置する一〇番街とハドソン川を合わせたくらいのスペースを占めている。さらに同じくらいの割合を、ハドソン川の西側の合衆国全部、太平洋、そして残りの世界で占めている。

スタインバーグは、ニューヨークの人々が地球上の重大な問題と同じくらい地元の出来事に注目していて、自分たちが宇宙の中心であると考える傾向があるとコメントをしている。しかし、クラインバーグのモデルではそのイメージはより現実的な意味をもっている。ガンマがその臨界値2に等しければ、九番街の人は、絵の中の各領域あるいはスケール上に同数の友人がいる可能性がある。つまり、あなたは近隣に住む友人数と同数の友人を、その都市の残り部分に持ち、その州の残りの部分に持ち、その国の残りの部分に持ち、等々。最後には世界全体のスケールに到達する。大まかに言うと、あなたは自分の住む街区に住む誰かを知っているのと同じくらい、ほかの大陸に住む人を知っている可能性がある。もちろん、数十億の人々がほかの大陸に住んでいるのに対して、おそらくたった数百人しかその街区には住んでいない。しかし、あなたが世界の反対側に住む特定の個人を一人知っている可能性は極めて低いので、知人数は「残りの世界」に住む人も「街区」に住む人もほぼ同じだというのがこのアイディアの要点なのだ。

クラインバーグの結果の要諦はこうである。すなわち、すべての長さスケールで同程度に結合するという条件が満足されたならば、ネットワークは、すべての点と点の間にある

図5-4　ソール・スタインバーグの「九番街から見た世界」は、1976年に発行された『ニューヨーカー』誌の表紙絵である。クラインバーグの探索の相（フェーズ）の概念が描かれている。（個人所有。ニューヨーク）

短いパスが明らかになるばかりでなく、個々の送り手が、ターゲットにもっとも近いと思える友人の一人にメッセージを転送するだけで、パスを見つけられるのだ。探索問題を実行可能にするのは、誰も自分で問題を解く必要がないということなのだ。どのステップでも、特定の送り手が悩まなければならないのは、メッセージを探索の次の相に送り込むことである。ここで相とは、スタインバーグの絵の中の異なる領域のようなものだ。したがって、あなたの最終ターゲットが、タジキスタンの農夫であったならば、目的地あるいは目的国まではるばるとメッセージを届ける道を見つけだす必要はない。あなたは、世界の適切な場所へ届けさえすればよい。そして、その後のことは誰かに考えてもらえばよいのだ。つまり、連鎖の次の人がターゲットにより近く、あなたより正確な情報を持っているので、その人のほうが次の相に探索を進めてくれると仮定すればよい。これが、ガンマが2に等しいという条件が保障することなのだ。ネットワーク上でこの条件が満足されると、一つの相から次の相にメッセージを送るための送り手が数人がいさえすればよい。世界のどこからでも目的の国へ、国のいかなる場所からでも目的の市へ、等々。そして、スタインバーグの見方と同じように、世界はいつも少数の相に分けられるので、メッセージ連鎖の全体の長さも短くなる。

「クラインバーグの条件」――われわれはこう呼ぶことにした――は、一様にランダムなスモールワールドを探索することが不可能であることの証明であるとともに、この条件は、われわれのネットワークについての考え方を次の段階へと進ませた。クラインバーグの結果を深読みすれば、局所的な情報しかもたない個人がスモールワールド現象を実感するには、その近道を利用するだけでは不十分だということになる。何かをきちんと探すという意味で、社会的結合を使いものになるようにするためには、背後にある社会構造についての情報を符号化しなければならない。しかし、クラインバーグのモデルが説明していないのは、世界がいかにしてこのようにあるのかということである。もし、社会ネットワークの紐帯がかくかくしかじかの様式で配置されているということがはっきりするならば、世界はたちまち探索可能になるだろう。しかし、そもそもネットワークがそんなふうに配置されているだろうか？　社会学者の見地からすると、実際問題としてクラインバーグの条件はありえそうにないと思われる。クラインバーグは、もちろん社会学的に現実的なモデルを追究していたのではなかった。できるだけモデルを単純にすることによって、彼はその特性を理解することができた。もっと複雑なやり方をしていては、かえって何もできなかったかもしれない。しかし、この問題について新しいやり方で考えるドアが開かれた。今度は社会学的に考えてみることだ。

社会学からの反撃

ある日、コロンビア大学――わたしは二〇〇〇年八月にMITからコロンビア大学の社会学部に籍を移していた――にわたしを訪ねてきたマークと一方向探索問題について話し合っていた。しばらくディスカッションしたあと、われわれはクラインバーグの条件は、ミルグラムの結果を理解するのには適切な方法ではないということを確信した。しかし、どのようにしたら理解できるのか？　クラインバーグは、すべての長さスケールで同程度に結合していないどんなネットワークも、効果的に探索できないことを証明したのではなかったか？　その答えは、イエスでもありノーでもある。もし、人々がお互いのすべての距離を、基盤となる格子をとおして測るならば、イエスである。しかし彼の結論が実際に訴えかけるのは、人々は実際にはそのようなやりかたで距離を計算しないだろうということである。春の陽だまりの中、キャンパスを二人で歩き回りながら、われわれは典型的なスモールワールドの難問に関する一つの例に思いあたった。それは、どうすれば中国の小作人に到達できるかということだった。二人とも中国本土の小作人を一人も知らないし、どんなに大勢いたとしても、われわれが知り合うことはないだろう。しかし、われわれは少なくとも正しい方向を示すことができると思われる人物を知っていた。

エリカ・ジェンは中国系アメリカ人である。彼女は、最近までサンタフェ研究所の副所長を務め、以前マークとわたしを研究所に採用してくれたのも彼女だった。サンタフェで働くようになるずっと前のことだが、彼女は文化大革命のころ北京大学に在籍していた。当時、彼女はちょっとした社会活動家だった（北京に留学した最初のアメリカ人の一人でもあった）。われわれは、彼女が四川省（仮想の農夫が住んでいる場所ならどこでもよい）の農村の指導者を一人も知らなかったとしても、農村の指導者を知っている誰かを知っているのではないかと考えた。とにかく、彼女に手紙を渡したら一発でその手紙は中国に届くということにかなり自信があった。われわれは、どのようにして届くのか、また中国へ届いてから先はどうなるかはまったくわからなかった。しかし、もしクラインバーグが正しければ、それはわれわれが考える問題ではない。われわれがしないといけないのは、次の相へ（つまり、目標の国へ）手紙を届けることだ。ターゲットに照準を合わせることは誰かに考えてもらえばよい。

クラインバーグのモデルと、われわれが想定する送り手たちの連鎖との違いは、次のようなものだ。確かにエリカは連鎖の中の重要なリンクであり、おそらくもっとも遠くへ手紙を運ぶ人だろうが、彼女は、マークとわたしにとってみれば、「長距離」接触ではない。三人ともある意味では、同じ小さな強い絆で結ばれたサンタフェ研究所という、寝食を共にする研究者たちで構成されたコミュニティに属している。われわれの見方からすると、エリカがどこに住んでいたとか、二〇年前には何をしていたかということは問題ではない。ただ、われわれが彼女に出会ったときは、彼女はわれわれの上司であり、同僚であり、友人であり、同じ場所で働き、多くの同じ知的プロジェクトに関心をもっていたということだ。マークとわたしとの距離と比べて、彼女とわれわれの距離が遠いということはなく、彼女の目からみれば、彼女とわれわれの距離と比べて、彼女と彼女の中国の友人たちの距離が近いということもない。つまり、それぞれの受け手にとっては小さな一歩が二つ分であるように見える――一つはわれわれからエリカへの一歩、もう一つは彼女から中国の友達への一歩――が、それを一歩で行こうと思うと、とても長いように感じられるかもしれない。

二つの短いステップを合計すると、決して短くない〔かなり長い〕ステップになるというのは、一体どういうことだろうか？　通常の格子モデルでは、ストロガッツとわたしのモデルも、クラインバーグのモデルも、そんなことはありえないと考えてきた。だからこそこれらのモデル（クラインバーグのでさえも）では、長距離のリンクがいくつかは必要とされるのだ。それにもかかわらず、現実社会においてはそのようなことは起こりうるように思われる。このパラドクスは、数学的な志向を持つ社会学者の間では、根強い関心事だった。一九五〇年代というかなり昔に、数学者マンフレート・コッヘンと政治学者イシエル・デ・ソラ・ポールがはじめてチームを組んでスモールワールド問題について考えたのだが、社会的距離は、図5-5で示すような三角不等式として知られている数学の条件を犯すように思われた。この不等式によると、三角形のどの辺の長さも、ほかの二辺の長さの和と比べて常に等しいか小さい。つまり、一歩進み、さらにもう一歩進むとき、起点から見て二歩より先に進むことは、決してないということだ。しかし、これこそがわれわれがおこなった思考実験における手紙の意味するものだった。

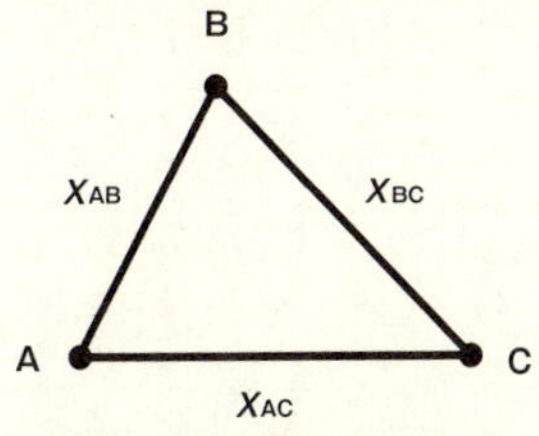

図5-5　三角不等式によると、距離 $X_{AC} \leqq X_{AB} + X_{BC}$。よって、２つの短いステップがその和よりも長いステップになることは決してない。

社会ネットワークは、本当に三角不等式を犯すのだろうか？　もし犯していないのであれば、どうして犯しているように思えるのか？　社会ネットワークの距離についてのパラドクスを理解するための鍵は、われわれが「距離」を二通りの方法で測定することができ、しばしばそれらを混同してしまうところにある。第一の方法は、これまでも本書のほとんどでふれてきた、ネットワークを通しての距離である。この考え方でいくと、二点間AとBの距離は、それらをつなぐ最短パスのリンク数のことだ。しかし、これは自分と他者がどのくらい近いとか遠いとかについて考えるときに、われわれが典型的に使う距離の定義ではない。そのかわり、ハリソンが前年のワシントンDCでのAAAS会議において指摘してくれたように、われわれには所属している集団や団体や活動によって自己確証（アイデンティファイ）する傾向がある。

　この段階で所属関係ネットワークについてしばらく調べてゆくと、マークとわたしは社会的アイデンティティという言葉をよく使うようになった。[訳注3] しかし、今やわれわれは個人が単純に集団に属しているのではないことに気づいた。人々は、他者との類似性や相違点を測るために、社会空間のようなものの中に自他を配置するようなやり方をしている。その方法は、図5-4に示したスタインバーグの絵にどこか似ている。人々は、世界全体という段階からはじめて、それを、自分に扱いやすい程度の数の、より小さく、より特殊なカテゴリーに分割する。さらに各カテゴリーを分割して、より小さく、より特殊な多くのサブカテゴリーに分割する。このような過程を続け、図5-6にあるような、所属関係ネットワークのイメージを形成する。

　この階層の最低段階は、もっとも近い所属関係を定義する集団から構成されている。例えば、アパートや、仕事場や、趣味だったりする。しかし第4章でのべた、二人の行為者が同じ集団に属するか否か（属するということは所属関係にあるということだ）という関係とは違って、ここでわれわれは、所属関係に強さの違いがあるものと考える。二人は職場で、異なるチームで働くかもしれないが、同じ課に属しているかもしれない。あるいは、別の課に属しているかもしれないが、同じ部門かもしれないし、または単に同じ会社にいるだけかもしれない。階層を上っていくにつれて、人は共通の分類を見つけなければならないし、二人の距離はより遠くなる。そして、クラインバーグのモデルと同様に、距離があればあるほど、お互いが知り合う可能性は減少するだろう。われわれのモデルで

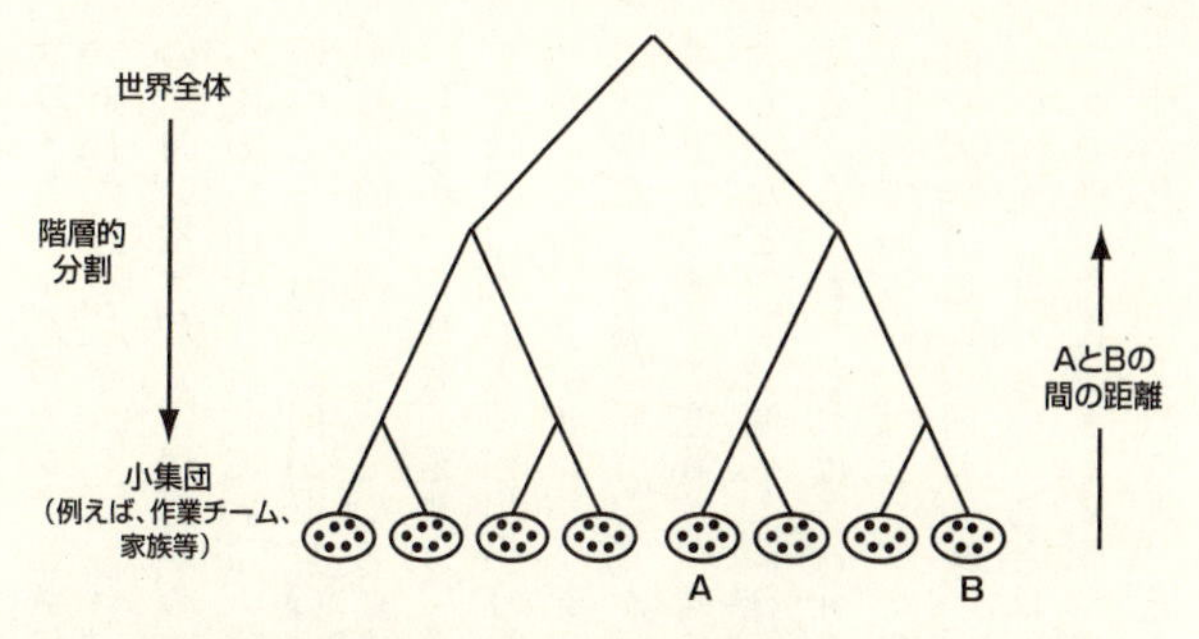

図 5-6　単一の社会的次元にそった世界の階層的分割。A と B の間の距離は、共通祖先集団としてまとまるときに必要な最下層からの高さであり、これを最近共通祖先という。この場合は 3 となる（同じ最低水準集団にいる人々は、距離にして 1 だけ離れていると考える）。

クラインバーグのガンマ指数に相当するものは、われわれが同類志向（ホモフィリー）パラメータと呼んでいたものである。同類志向は、「好き」に対して「好き」で応える人間の傾向を指す社会学用語からつけられている。高い同類志向を持つネットワークでは、最小限の集団を共有している人々だけが結合し、孤立したクリークからなる断片化した世界が生じる。同類志向がゼロのときには、クラインバーグの条件に相当する。そこでは人々が社会的距離のすべてのスケールにおいて同程度に出会うことになる。

したがって社会的距離は、クラインバーグのモデルと同じ方法で機能する。しかし、ここでは、二人の人間が出会う可能性を見積もるときに参照する、多くの種類の距離があるものとする。クラインバーグの格子では、個人を地理的な座標のみによって効果的に位置づけるが、現実世界での人々はいくつもの社会的次元を類別しながら、距離という概念を導き出す。地理的位置はやはり重要だが、人種、職業、宗教、教育、階級、趣味、組織への参加などの所属関係も同様に重要だ。つまり、世界をより小さくより特殊な集団に分割するとき、われわれは多次元を同時に利用する。地理的近接性は重要だが、その人がどこに住んでいるかではなく、その人を誰が知っているかを知るためには、同じ工場で働き、同じ大学に通い、同じ音楽が好きだということの方が、はるかに重要だろう。さらに、一つの次元で近いということは、必ずしもほかの次元で近いことを表していない。ニューヨークで育った人がオーストラリアで育った人よりも、教師になりやすいとか、医者になりやすいということはない。また、同じ職業の人同士が近くに住まなければならないわけで

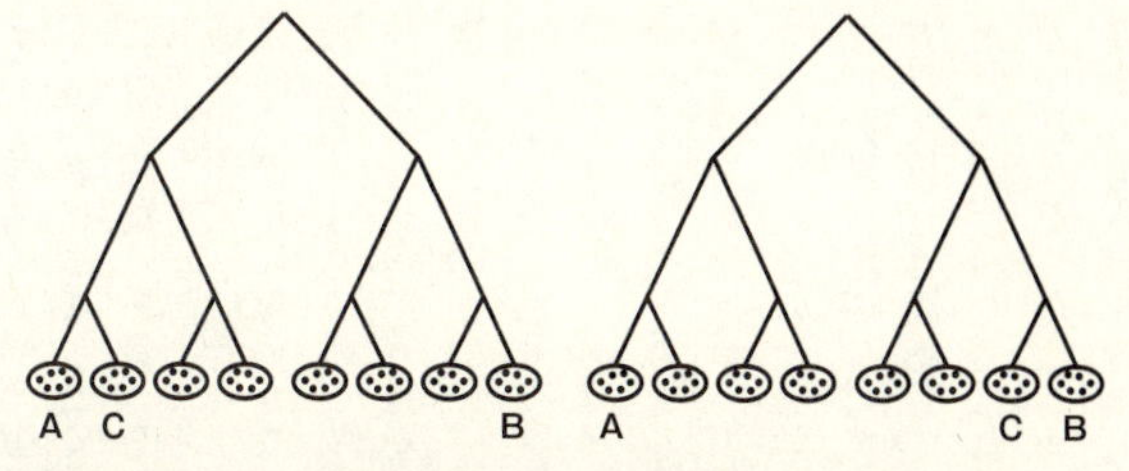

図5-7　個々人は、世界を複数の独立した社会的次元にしたがって、同時に分割する。この図式的な例は、A、B、Cという3人の相対的な位置を、2次元で（例えば、地理的次元と職業次元）表したものである。AとCは地理的に近く、BとCは職業が近い。したがって、CはA、Bの両者と近いと思っているが、AとBは、互いに遠いと思っている。こうして、図5-5の三角不等式が犯されることになる。

もない。

最後に、二人が近いのが一つの次元においてだけで、ほかの次元ではかなり距離があるとしても、絶対的な意味で自分たちが近いと考えるかもしれない。あなたとわたしにはたった一つだけ——一つの相互作用の状況だけ——共通なものがあればいいのだ。お互いが知り合うにはそれで十分なのかもしれない。言い換えれば、社会的距離は相違点よりも類似点を強調するものであり、ここにスモールワールド・パラドクスの解決策が存在している。図5-7に示したように、二人の個人AとBは、どちらも第三者Cに近いと思っている。Aは一つの次元で（例えば、地理的に）近く、Bは別の（例えば、職業）次元で近いとする。最短距離だけが重要なので、Cがそのほかの点でAとBからかなり距離があったとしても問題はない。しかし、AとBは両方の次元で離れているので、両者は、互いに極めて離れていると思っている。これは、あなたに違う状況のもとで知り合った二人の友達がいて、あなたは両者とも好きだが、両者にはまったく共通性がないと感じるような状況だ。しかし、両者間には共通なところが確かにある。それはあなただ。彼らがそれに気づいていようがいまいが、両者は近いのだ。この特性について別の方向から考えてみると、集団は簡単に分類できても、個人はそう簡単にはいかないということだ。したがって、社会的アイデンティティは多次元的な性質――人々は、異なる社会的文脈に散らばっている――があるのだ。こうして、社会的距離が三角不等式を犯すことが説明できるわけだ。個人の社会的アイデンティティの多次元的性質のために、厳しい社会的障壁が立ちはだかっているように思えても、なおネットワークをとおしてメッセージは伝達できるようになる。

マークがサンタフェへ帰るまでに、マークとわたしはこの地点まで到達した。しかし、その後は二人とも忙しくなり、この問題に取り組むことができなくなった。約六カ月後、ジョン・クラインバーグが、彼のスモールワールド研究について講演をおこなうためにコロンビア大学の社会学部にやってきた。わたしはこの機会を捉えて、彼に自分たちのこれまでの考えをぶつけてみた。彼は、われわれのアプローチがこの問題に対する正しい考え方だと思うと同感してくれたばかりではなく、彼も独自に同じようなやり方で研究を始めたところだった。これは、われわれにとっては困ったことだった。なにしろジョンは評判の切れ者だった。初めてある問題についての講義をきいても、講義が終わる頃には、講演者よりも内容を理解しているというような類の人物だった。だから、彼がわれわれと同じアプローチを取ろうとしているのならば、われわれには成果をまとめる時間があまり残されていないことになる。

幸いにも、ジョンは頭がいいだけではなくとても寛大な人だったので、数カ月の間、議論の内容を伏せてくれることになり、われわれがまず先に論文を発表するのを待ってくれた。それにしても、マークもわたしも当面のことで頭がいっぱいで、何かを急いで完成させるためには助けが必要だった。ありがたいことに、ジョンとの話し合いに同席したのは、ピーター・ドッズだった。彼はコロンビア大学の数学者で、わたしの研究グループの一員でもあった。ピーターとわたしはすでにほかの問題について共同研究をしていた（第9章で述べる）。だから、わたしはピーターがマークとおなじくらい早くコンピュータをプログラミングできることを知っていた。マークがサンタフェに帰ってからは、ピーターがとても身近になった。クラインバーグが来ていた数日間、ピーターとわたしは探索問題をやるために、ほかのプロジェクトは休みにした。数週間後、期待以上の結果が出て、マークは驚いた。

われわれの主な発見は、われわれのモデルの中の個人に複数の社会的次元を利用することを認めたならば、彼らの交際がかなり同類志向である場合でさえ、彼らは非常に大きなネットワークの中からランダムに選ばれたターゲットを比較的容易に見つけることができるということだった。実際、図5-8に見られるように、探索可能なネットワークの存在は、同類志向パラメータや社会的次元の数にあまり依存しない。図式的に言えば、探索可

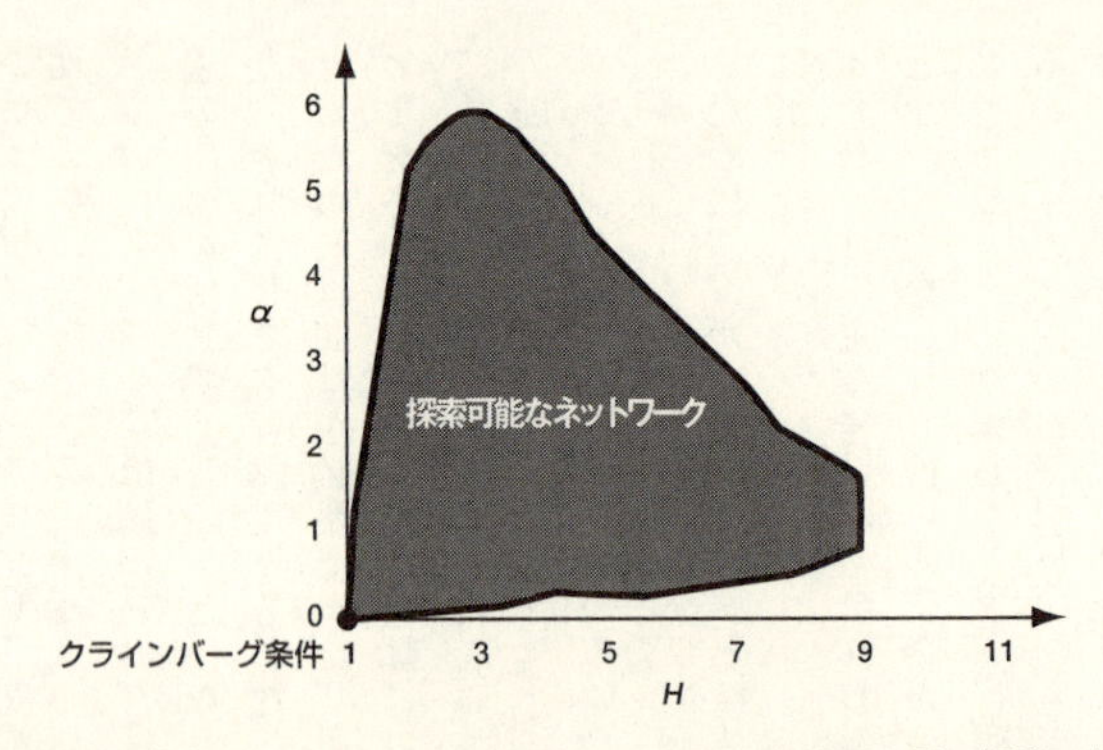

図5-8　社会ネットワークは、モデルのパラメータ空間の影の領域にあるとき探索可能である。この領域は、社会集団が同類志向であることと対応しており（$\alpha>0$）、人々は類似性を多次元的に判断している（H）。これに対してクラインバーグの条件は、この空間の左下の一点でしか満たされない。

能なネットワークは、モデルのパラメータが図5-8の影の領域内から選択されれば、存在することを意味する。対照的に、クラインバーグの条件に相当するものは、図の左下隅の特異な一点ということになる。だから、われわれの結果はある意味で、クラインバーグの結果の反対ということになる。彼の条件では、スモールワールド探索が成功するためには、世界が非常に特異なやり方で秩序づけられていないといけないが、われわれの結果は、ほとんど条件に制約がないことを示唆しているのである。自分自身と同じような他者と知り合う傾向（同類志向）がある限り、そしてまた、これが重要なことだが、複数の社会的次元で類似性が測定される限り、誰と誰の間にも、どことどこの間にも短いパスが存在するだけでなく、ネットワークについて局所的な情報しか持っていない個人でも、短いパスを見つけることができるのだ。

さらに驚いたことに、最良の結果が得られたのは次元数が2か3のときだった。数学的には、これは納得できる。誰もが世界を見るのにたった一つの次元（例えば、地理的次元）しか使わないのなら、社会空間で長距離の一歩を踏み出そうとしても多重の所属関係を利用できないことになる。これはすなわち、クラインバーグの世界に立ち戻ることになる。そこでは、一方向探索がうまくいくために、紐帯がすべての長さスケールにおいて等しく配置されていなければならない。一方、すべての人があまりにも多くの次元に交際を広げたならば——極端な場合には、あなたの友人たちがお互いに同じ集団に属していないときには——われわれはランダム・ネットワークの世界に立ち戻り、短いパスが存在はするが、見つけられなくなる。だから、探索可能なネットワークがどこかその中間にあるというのは納得できる。そこでは人びとは一次元に並びすぎておらず、また、多次元に散らばりすぎてもいない。それにしても、最適（オプティマル）な結果が次元数が2くらいのときに得られるというのは、なおうれしい驚きだった。それというのも、その数は、人々が実際に使っているように思える数だからだ。

ミルグラムがあの重要なスモールワールドに関する論文を発表した数年後、ラッセル・バーナード（人類学者）とピーター・キルワース（何と、海洋学者）が率いる研究グループが、「リバース・スモールワールド実験」と呼ぶ研究を始めた。ミルグラムがやったように手紙を送ったり、経過を追跡したりするかわりに、彼らは数百人の被験者にその実験について簡単に説明し、もし依頼されたらどんな判断基準を使って手紙を送るかと尋ねた。すると彼らは、ほとんどの人は次の受取人にメッセージを送るために二つの次元しか使わないことを発見した。とりわけ抜きん出ていたのは、地理的要因と職業だった。二五年後にわれわれが分析すると、特にヒントがあったわけではない（むしろ、どうなるかはまったくわからなかったし、2になるとも思わなかった）が、同じ値が導かれたので、たいへん驚いた。しかし、われわれの方が一枚上手だった。

彼らがミルグラムの実験に当てはめたように、われわれのモデルでも、モデルに大まかなパラメータの推定値を当てはめることによって、ミルグラムの実際の結果とわれわれの予測を比較することができた。図5-9にその比較を示す。その二つの結果は見かけ上似ているばかりでなく、標準的な統計法を使う限りでは、両者に差があることを示すことができない。両者は趣旨も目的もすべて同じだった。われわれのモデルがもつ、世界の複雑性から生じる膨大な自由度からすれば、この結果は本当に目を見張らせるものがあった。[訳注4]どうしてこんなにうまくいくのかを見るために、架空の中国の小作人の例に立ち返ってみよう。われわれの友人エリカを第一仲介者として選ぶことで、われわれは二つの情報を使えるようにした。第一に社会的距離の概念で考えると、われわれはかなりターゲットから離れている。しかし、ターゲットに近づくためには、仲介者がどの集団に属さなければならないかはわかる。したがって、われわれの社会的距離の概念は、メッセージを伝えるに

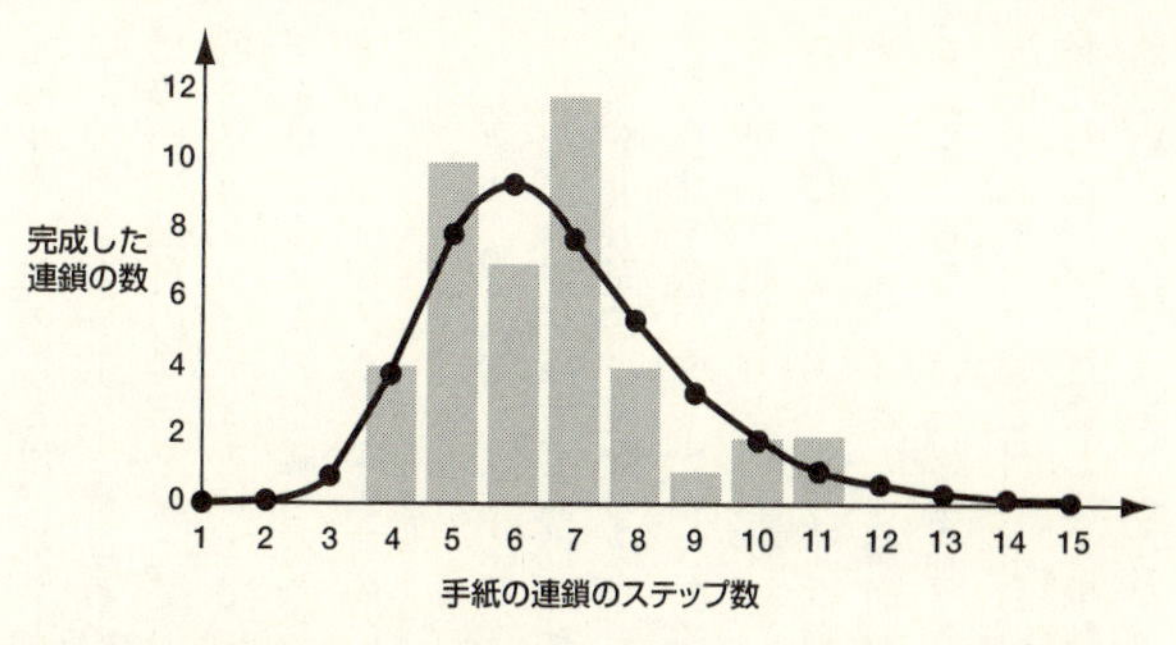

図5-9　社会ネットワーク探索モデルとミルグラムのネブラスカ実験の比較。棒グラフは、ネブラスカからスタートした42の完成した連鎖を表し、曲線はわれわれのモデルにしたがってくり返し実行した平均値。

は誰がよい候補者かを特定するのに役立つのだ。第二に、われわれの友人のうち誰がそういった条件を満たすかを決定するために、われわれはネットワークの局所的な知識を活用する。われわれの友人のうち誰が、一つでもいいから、ターゲットにより近づけるような集団に属しているだろうか？ そういうわけで、中国に住んでいたエリカは格好の候補者なのだ。

　これが、基本的にミルグラムの被験者が用いた方法である。彼らが自分と他者との類似点を判断できる次元を少なくとも二つ持っていさえすれば、よく似た者同士がつながっていることの多い世界であっても、遠くてなじみのない他者への短いパスを探すことができる。われわれのモデルは、そんなことを示しているのだ。われわれのモデルとミルグラムの結果との間の一致は、非常に頑健（ロバスト）で、われわれがどんなふうに特定のパラメータを選ぶかとはほぼ独立しているはずだ。このことは、社会という世界の深みを教えてくれる。電力発電所や脳のニューロンのネットワークとは違って、社会ネットワークにおける個人は、自分が何者であるかについて独自の考えをもっている。言い換えれば、社会ネットワークの中の個人は、社会的アイデンティティを持っている。そして、ネットワークの創造と、個人がネットワーク上をたどるときの距離の概念とを両方とも働かせることによって、社会的アイデンティティはネットワークを探索可能にするのである。

ピア・トゥ・ピア・ネットワークの探索

したがって、探索可能性は社会ネットワークというネットワークに特有の性質である。世界を——同時に複数の次元を考慮しながら——われわれのやり方で分類し、また探索の過程自体を扱いやすい相に分割することによって、非常に難解に思えた問題（コンピュータを使わずにケビン・ベーコンの六次の隔たりをやってみよう）が比較的簡単に解決できるようになる。ネットワークにはどこかに発生の起源があるという認識、そして、社会的アイデンティティという側面から見たネットワークの起源が、後に現れてくる特性にとって重要であるという認識は、今では自明なことのように思える。しかし、次第に物理学に支配されてきている科学において、社会学に再びかかわることは、重要な知的進歩だった。われわれが学んだことは、単純なモデル自体には何も問題はないのだが、現実が複雑であるために、当てはまりそうな単純なモデルがたくさん存在するということだった。しかし、世界がどのように動いているのかについて深く考えることによってのみ――すなわち、数学者のように考えると同時に社会学者のように考えてみることによってのみ――われわれは、その中から適切なモデルを選択できるのだ。

しかし、ネットワーク上で一方向探索を理解しようとする実用上の理由がある。媒介する知人の連鎖をとおして社会ネットワーク上のターゲットを見つける過程は、分散型データベースからファイルや特定の情報を引き出すのと基本的に同じである。近年、いわゆるピア・トゥ・ピア・ネットワークの可能性が、特に音楽産業においてたいへん多くの注目を集めている。そのようなネットワークの第一世代は、悪名高いナップスターNapsterに代表されるように、実際に限られた意味でのピア・トゥ・ピア・ネットワークだった。ファイルは個人のパソコン――ピアと呼ばれる――に置かれているのだが、ピア間でファイルが直接交換される。そして、入手可能なすべてのファイルとその完全な場所（ディレクトリ）は、中央サーバに置かれている。

原則的に、中央ディレクトリは、どんなに大きなネットワークであっても情報探索を簡単にする。単純にディレクトリに照会すれば、ファイルの在処を教えてくれる。しかし、中央ディレクトリは立ち上げるにも維持するにも費用がかかる。ユーザーの立場からすれば、グーグルのようなインターネットのサーチ・エンジンは中央ディレクトリのような働きをし、一般的に言って、情報の場所を見つけるうえでまずまずの仕事をする（時としていらいらすることもあるが）。しかし、グーグルはふつうのウェブ・サイトとは違う。大量の照会が同時にやってくる膨大な処理をおこなうために、膨大な数の高性能なサーバで構成されている。グーグルの創設者の一人であるラリー・ページが数年前にサンフランシスコの会議で話していたのを聞いたことがある。それによると、需要に対応していくために毎日三〇台ものサーバを追加しているというのだ。中央ディレクトリは探索問題を解決するためには有効な解決方法かもしれないが、安くはない。また、集中型の設計は、かなりもろいことも明らかにされた。ナップスターのユーザーが、自分たちの大好きな音楽ファイルの交換のメカニズムを、怒れるレコード業界によってシャット・ダウンされたのがその例だ。すべてのフライトが一つのハブを必ず通らなければならないような航空会社のネットワークでも、センターが故障するとシステム全体がだめになる。

ナップスターが死の断末魔を迎える前に、分散型データベースのさらに過激な形のもの――真のピア・トゥ・ピア・ネットワークと呼びうるもの――が、インターネットの地下社会に現れ始めていた。その中の一つであるグヌーテラ Gnutella は、AOL（アメリカ・オンライン）社の反抗的なプログラマによって設計された。彼は二〇〇〇年三月頃に、AOLのウェブ・サイトにプロトコルを掲示した。AOLは、どのファイル共有システムにも著作権侵害の恐れがあるという認識を持っていたのと、タイム・ワーナー社と完全合併することがわかっていたため、掲示されてから半時間以内に有害なコードを削除した。しかし、その時には遅すぎた。コードはすでにダウンロードされ、ハッカー・コミュニティの血流の中をドラッグのように走り抜けて、何十もの改訂版や変種が生まれていたのだ。

グヌーテラの初期の運動家の一人は、若いソフトウェア・エンジニアのジーン・カーンだった。彼は、グヌーテラがすべてのファイル交換者たちの祈りに対する答えであり、レコード業界への止められない天罰であると主張した。グヌーテラはプロトコル以上の何ものでもないから、押収されることはない。また、中心がないのでだれも訴えられることはないし、シャット・ダウンすべきものもない。カーンの話をきいた人は、グヌーテラは破壊不可能であり全能であると考えたかもしれない。

一年後、半分はカーンが正しかったということがわかった。だれもグヌーテラを破壊できなかったからだ。しかし、そのころにはそうする必要性がなくなっていたのだ。グヌーテラは、将来有望のように思えたその完全分散構造が主な原因となって、明らかに苦境に陥っていた。なぜなら、中央ディレクトリが存在しないので、どこにすべてのファイルがあるのか、どのサーバも分らなかったのだ。どの問い合わせも全方向探索になり、すべてのネットワークの点(ノード)の一つ一つに「このファイルがありますか?」と聞いてまわらなければならなかった。したがって、グヌーテラのようなピア・トゥ・ピア・ネットワークは、例えば一万個の点で構成されているとしたら、同じ規模のナップスター型のネットワークのおよそ一万倍ものメッセージを発生させることになる。ナップスター型では、どの問い合わせも単一の大容量サーバだけに送ればよいからだ。ピア・トゥ・ピア・ネットワークの目的は、(手に入るファイルの数を増やすために)できるだけ大きくなることであるが、ネットワークが大きくなればなるほど処理能力が低下するわけだから、真のピア・トゥ・

ピア・ネットワークは、やはり本質的に自滅的なのだろうか？

グヌーテラのような世界についてのヒントは、一年ほど前にノース・カロライナ州にあるテイラーズヴィル小学校で、ジャネット・フォレスト先生の六年生の社会科の授業によって、偶然に明らかになった。電子メール・プロジェクトを始めようとしていたフォレスト先生と生徒たちは、可愛らしくて短いメッセージを家族や友人に送っていた。メッセージには次のようなお願いが付いていた。「このメッセージを受け取った人は、知っている人全員にこのメッセージを送ってください。その人たちも知っている人全員に送れるように。」彼らはまた、それぞれの受信者から送信者に返事を出し、返事が返ってくることで、何人の人に送られたか、そして、どこまでメッセージが広がったかの記録が取れるようにした。ひどいアイディアだった。数週間後にこのプロジェクトがついに打ち切りになったときまでに、そのクラスには、四五万通以上の返事が全米のほか八三カ国から送られてきていた。その数字は、返事をくれた人の数だけなのだ！　さて、世界中の六年生が社会科の授業で同じような実験を同時に試みたとしたらどうだろう（信じられないことだが、わたしは実際にニュージーランドの学校から最近同じようなメッセージを受け取った。こともあろうに、ニュージーランド教育省から承認を受けていた。学習しない人々がいるものだ）。もっとひどいことに、いついかなるときでも、みんなが誰かにメッセージを伝えたいと思って、まさにこの種の世界規模の全方向伝達（ブロードキャスト）を始めたとしよう。インターネットの時代は、バンコクの高速道路よりも混乱して、早急に不名誉な最期を迎えるだろう。

したがって、一般的には中央ディレクトリは高価で脆弱であり、全方向探索は恩恵よりも多くの問題を引き起こす。結果として、局所的なネットワーク情報しか必要としない効果的な探索アルゴリズムが、非常に実用的な関心を浴びるのは当然だろう。社会ネットワークの中に埋め込まれた人々は、自分ではどうやったか分らないのかもしれないが、ピア・トゥ・ピア探索問題を解決しているように見える。このことが、スモールワールド現象のもっとも面白い側面なのだ。この問題に対する社会学版の特性を理解し利用することによって、われわれはネットワーク探索問題について、すべての人々を含まなくてもよいような斬新な解決法を考え出すことができるのではないかという希望を持つことができる。この問題へのわれわれのアプローチのしかたを補足する形で、ピア・トゥ・ピア・ネットワークにおける一方向探索問題のほかの解決法が提案されてきているが、これらはネットワーク構造の別の側面を利用するものだ。これらの成果の中でもっとも注目すべきものは、カリフォルニア州パロ・アルトのヒューレット・パッカード研究所の物理学者ベルナルド・ヒューバーマンとその学生ラダ・アダミックのものである。

グヌーテラ・ネットワークの次数分布を観察すると、(ある範囲では)ベキ法則に従っているように見える。アダミックとヒューバーマンは、次のような探索アルゴリズムを提唱した。ファイルのコピーを探すために、まず点(ノード)がもっとも高度に結合された隣の点に問い合わせる。そうすると、その点は自分のディレクトリをチェックし、さらにその隣の点のディレクトリをチェックする。もしファイルが見つからなければ、その過程を繰り返す。このようなやり方で、問い合わせを何度かおこなうことによって、比較的少数のハブ――ハブはスケールフリー・ネットワークの特徴であり、これらを合わせるとネットワークのほとんどの場所につながる――の一つをすぐに見つけることができる。このハブ・ネットワークをランダムに探索することにより、ネットワーク全体に過度の負担をかけずに、比較的短時間で、ほとんどのファイルが見つかることを、彼らは実証して見せたのだった。このアプローチは巧妙だったが、中央ディレクトリ解決法の亜種に苦しむことになる。すなわちハブは通常の点よりもずっとたくさんの点と結合しているし、ネットワークの挙動(パフォーマンス)は重要なハブの操作性に敏感に依存する。対照的に、社会ネットワークの探索可能性は、かなり平等主義的な仕事になる。われわれのモデルでは、一般の個人は短いパスを探すことができるので、特別なハブを必要としない。

だが、おそらく重要な点は、(一見したところ)これほど異なるさまざまな問題への斬新な解決を刺激することによって、スモールワールド問題は、どうやって異なる学問が助け合えるかについて、新しいネットワークの科学の構築という形で完璧な実例を提供したことである。一九五〇年代にもどると、コッヘン(数学者)とポール(政治学者)が最初にこの問題について考えたが、コンピュータなしには解決法を見出せなかった。ミルグラム(心理学者)はホワイト(物理学者・社会学者)の助けをかり、バーナード(考古学者)とキルワース(海洋学者)が続いた。彼らは問題に実証的に取り組んだが、スモールワールド現象が実際にどうやって起こっているのかを説明できなかった。三〇年後、ストロガッツとわたし（二人とも数学者）がこの問題を一つにまとめ、ネットワーク一般についての問題としたが、そのアルゴリズムを洞察することには失敗し、ジョン（計算機科学者）がその扉を開けた。ジョンは、ほかの人がそこら中を歩き回って解決法を探せるようにと、その扉をマーク（物理学者）とピーター（数学者）とわたし（今は、まがりなりにも社会学者）に開けたまま残した。その解決法は、今そこにあるように思われる。

これは、五〇年にもわたる長い軌跡であった。そして今、われわれはようやくこの問題を理解したと考えている。誰かがもっと早くに気づいてもよかったように思える。しかし、事態は、かくあるように進んだのだ。例えば、ジョンがいなければ、われわれは探索問題についてどう考えたらよいかわからなかっただろうし、どのドアから入って歩き回ればよいのか分らなかっただろう。われわれの初期のスモールワールド・ネットワークの研究がなくては、そもそもジョンがこの問題について考えることもなかっただろう。ミルグラムなしには、われわれが説明しようとしていたことが何だったのか、われわれは知らなかっただろう。ポールとコッヘンがいなくては、ミルグラムは別の実験をやっていただろう。振り返ってみると、何もかもが自明のことのように思われるが、実はスモールワールド問題はあらゆる方面からやってきて、素晴らしく多様な技術やアイディアや視野をもたらした、多くの思索家の努力を合わせることによってしか解決されなかったのだ。科学においては、人生と同様に誰かがテープを早送りして結末を見ることはできない。なぜなら結末はそこに行き着く過程の中だけに書かれているからだ。大ヒットしたハリウッド映画のように、その結末には問題が解決されたという感覚があるとしても、単に続編へのプロローグにすぎない。われわれにとっての続編は、ダイナミクスだった。ネットワーク上のダイナミクスの謎——疾病の流行、電力システムの連鎖事故、あるいは革命の勃発——である。われわれがこれまでに遭遇したネットワークの問題は、まだ浜辺の小石にすぎないのだ。

訳注

(1) 正確には、監督者は続けるようにと言ったわけだから、強要したとは言えるだろう。ただし、参加者が何度かくり返し拒めば、実験は終了することになっていた。

(2) 英語版の出版のこと。時期は二〇〇三年初頭。

(3) 社会的アイデンティティという言葉は、そもそも、社会学における象徴的相互作用論の影響を受けつつ、社会心理学において展開されてきた有力な理論の一つである。決してハリソン・ホワイトやワッツが使ったのが最初ではない。ハリソン自身は、一九九二年に『アイデンティティとコントロール』を書いているが、その文献リストからは、社会心理学からの影響があるようには、あまり見えない。しかし、その内容の一部は、社会心理学における用法とかなり類似しており、さらに、まさにその類似している部分が、本書でのワッツのアイディアと一致している部分でもある。したがって、ワッツがここで述べている社会的アイデンティティの概念は、新しいものではないし、もちろん、彼のオリジナルなアイディアではないことに言及しておくのがフェアだろう。もちろん、社会的アイデンティティの概念を、以下のようなモデルに発展させたのは、彼(ら)のオリジナルな業績だと言える。なお、社会心理学からの社会的アイデンティティ理論については、ホッグとアブラムスの『社会的アイデンティティ理論』が日本語で読める包括的な書物である。

（4） 多くの場合、たくさんの要因があるほど、その中から選んだ少ない要因で現象を説明することは難しくなる。もう少し正確に言えば、その現象を部分的にしか説明できなくなる。そうなると、モデルの予測と結果は、なかなか一致しないことになる。ワッツが驚いている理由は、そういうところにあるわけだ。

第6章　伝染病と不具合

ホット・ゾーンのウイルス

われわれの多くは伝染病の大規模な発生の可能性に関して無頓着である、といってもおそらく間違いではないであろう。しかしそれは、エボラ出血熱に関する実話をもとにリチャード・プレストンが書いたノンフィクション『ホット・ゾーン』*Hot Zone*（飛鳥新社刊）をわれわれの多くがいまだに読んだことがないからであるといえよう。自然界でしかつくりえないともいえるこの恐怖に満ちたエボラ出血熱に冒された者は、それこそ血を噴き出しながら死に至る。

コンゴ民主共和国北部にあるエボラ川にその名の由来を持つエボラ出血熱は、一九七六年に初めてジャングルからその姿を明るみに出した。エボラ出血熱はまずスーダンでその猛威を振るい、そしてその二カ月後にはザイールの五五の村々でほぼ同時に発生し、その年だけでも七〇〇人に近い犠牲者を出したといわれている。

エボラ出血熱に関してはいまだにあまり多くのことが知られていないが、ＨＩＶ（エイズウイルス）のようにサルから人間に飛び火したものと考えられ、少なくとも三つの系統があるとみられている。ウガンダにおける最近のエボラ出血熱はスーダン系統によるもので、その死亡率はたかだか五〇％であった（ザイール系統のエボラ出血熱の死亡率は九〇％にも及ぶ）。しかしそれでもエボラ出血熱の大流行が始まる以前の二〇〇〇年の一〇月から二〇〇一年の一月の間に、グル地区だけでも死者の数は一七三人に達した。過去三〇年間におけるエボラ出血熱の他の大流行はこのウガンダのケースと同数程度の死者を出し、発生状況も似かよっており、多くは病院などの施設がほとんどないような小さな隔離された村で発生した。エボラ出血熱の恐ろしさは以下のようなものだ。村の医者を訪ねてきた患者が、最初は風邪のような症状を訴える。その数日後には倒れて、血を流し、事実がわかった時には大抵の場合はもう手遅れで、エボラ出血熱にやられている。勇気ある医療関係者が防衛の第一線で倒れ、エボラ出血熱は拡大する。村の家々では血を流した遺体が次々と発見される。村は荒廃し放棄され、その一帯の村々は恐怖のどん底に陥れられる。エボラ出血熱はとんでもない怪物で、まさに地獄からの使者だ。

皮肉にも、エボラ出血熱のこの恐るべき脅威そのものが、実はこの病気の弱点でもある。つまりエボラ出血熱が備える殺傷能力が、それ自体にとって命取りになるということだ。潜伏性の高いＨＩＶとは異なり、エボラ出血熱はその刃をすぐに剝き出しにし、数日のうちにその犠牲者を死に至らしめる。さらに、いったん兆候が現れると、感染者は移動などできないほどの機能不全に陥るので、比較的簡単に隔離できる。したがって、エボラ出血熱の拡散能力は低い。そのため、エボラ出血熱が大流行する地域は人口の集まるような都市部ではなく、ジャングルの周辺に限られてきた。

しかし、ただ一度だけ、一九七六年の二度目の流行の際に、エボラ出血熱は大都市にまで到達した。それはザイール・エボラ出血熱に感染したマインガ・Nという名のある若い看護婦が、コンゴ最大の都市かつ首都であるキンシャサで一日過ごしたときのことだ。幸運にも、惨事はウイルスの気まぐれによって避けられた。エボラ出血熱は少なくとも初期の段階では感染力を持たないのである。患者が大量な内出血に見舞われ血の混じった痰を吐き出し咳き込みながら、まさに死を迎えようとする最終段階のときでさえ、ウイルスは皮下に潜り込むことによってしか、あるいは鼻や目の中にある透過性の粘膜を通してしか新たな感染者に到達しえない。看護婦であるマインガは、このような段階にいたる以前に自らの運命を悟り、病院ですでに隔離されていたのである。

ここまで読んでくると、エボラ出血熱は、遠いアフリカのサハラ周辺地域を襲っている数々の恐怖の一つと思うかもしれない。エキゾチックで悲劇に満ちた国々からなるアフリカは、たとえそこで伝染病が流行したとしてもわれわれに影響を与えるとは考えられないほど、確かに遠い。しかしながら、もし『ホット・ゾーン』から一つ学べることがあるとするならば、それはわれわれはそう安心してはいられないということだ。エボラ出血熱はアフリカだけの問題ではなく、全世界共通の問題なのである。ＨＩＶは生まれ故郷のジャングルからキンシャサ・ハイウェイを通ってある海岸地帯の都市にたどり着き、患者第ゼロ号として知られることになるカナディアン航空勤務の客室乗務員ガエタン・デューガスを、どういうわけか見つけ出した。そしてデューガスはサンフランシスコのゲイ・サウナにＨＩＶを持ち帰り、西洋世界にエイズをもたらした。このようにそれ相応の出来事が重なれば、エボラ出血熱も同様にアフリカから開放される可能性が十分ありうる。

プレストンが記すエボラ出血熱がもたらす死のリアルな描写よりもっと恐ろしい光景が、全世界で起こりうるというゆゆしき事態も考えられる。前世紀に人類がおこなったことは、もっとも恐ろしいウイルスが潜むアフリカの熱帯雨林奥深くに分け入ったということだけではなく、そのようなウイルスを数日のうちに――いや、エボラ出血熱の潜伏時間に匹敵するほど短い時間のうちに――世界の主要都市に運ぶことが可能な国際輸送ネットワークシステムを構築したということである。プレストンの著書中の登場人物シャルル・モネはナイロビに向かう小型飛行機の中で、黒い血を吐いたとき、プレストンは次のように書いている。「シャルル・モネとその中に潜む生命体（エボラ出血熱のウイルス）がネットワークに潜入した」

とある地方のショッピングモールからエボラ出血熱が現れるという光景は考えられないほど身の毛のよだつものであるが、『ホット・ゾーン』を読んだ後ではそれは考えられなくもないと思うようになる。実際に彼の本には、ワシントンＤＣ近郊のバージニア州レストンという町にある陸軍研究所のサルの集団から発見された、エボラ出血熱の第三の系統に関する記述がある。このエボラ・レストンと命名されたウイルスは、人間には悪影響をまったく及ぼさないということが判明した。しかし、エボラ・レストンはエボラ・ザイールと非常によく似ており、当時のどのテストによっても区別をつけることができなかったため、科学者らは非常に困惑した。もしそれが実際にザイール系統のウイルスであったならば――そうでなかったのは本当に幸運なことだったが――、われわれはエボラ出血熱について今日よりもより多くのことを知りえていたであろう。

インターネット上のウイルス

今日では生物学的なウイルスだけが伝染病の唯一の根源なのではない。例えば西暦二〇〇〇年のクリスマス直前、クレア・スワイヤが味わった苦い経験がそれを物語っている。クレアは若いイギリス人女性で、クリスマスの数日前、あるイギリス人男性ブラッドレー・チャイトと恋に落ちた。その翌日クレアは現代っ子らしく、ブラッドレーへの熱烈な想いをEメールに託して送った。そのEメールをえらく気に入ったブラッドレーは、親友(しかもたった六人の親友)にもこれを読ませたいと思い、そのEメールを転送することにした。受け取った親友らもそのEメールをとても気に入り、彼らの親しい数人の仲間たちに転送することにし、それを受け取った人たちも同じことをした。そして、この「彼女からのラブメール」とブラッドレーにより命名されたクレアによるEメールは、数日のうちに世界中を駆け巡り、約七〇〇〇万の人を楽しませたのである。七〇〇〇万人である! かわいそうなクレアは発狂してしまう前に身を隠さなければならなくなり、ブラッドレーは勤務する法律事務所から、Eメールの私的利用という名目で罰せられることになってしまった（あたかも誰も職場から私的なEメールの送信をしてはいないかのごとく……）。ばかげた話に聞こえるかもしれないが、これは特にインターネットにより可能になったほとんど費用のかからない情報通信のもとで、指数関数的に発展していく凄まじい現象の良い一例である。この問題に関しては、真剣に考えるべき多くの要素が含まれている。

生物学的なウイルスもコンピュータウイルスも、本質的にはネットワークの全方向探索と呼ばれている行為をおこなう。第5章でも見たように、全方向探索は、ある一点（ノード）から始まり、新たに連結された点からその点の未知の隣り合わせの点へとシステマティックに広がっていくことによってどの他の点にも到達するという、もっとも効率的な方法を意味する。しかしながら、ある伝染病が「検索」に乗り出したときは、それは何か特定なものを探しているのではない——それはただ単にできるだけ遠くまで広がろうとしているだけのことである。したがってウイルスのような伝染性のものが効率的であるということは、破壊的であるという意味を総じて含んでいる。ウイルスの伝染力が強ければ強いほど、そしてそのウイルスがホスト（宿主）を生かしておく期間が長ければ長いほど、そのウイルスの探索効率はより高くなる。したがって、エボラ出血熱はＨＩＶよりも感染力が高いという観点からみれば、ＨＩＶよりも効率的であるが（ＨＩＶ感染者は救急治療室で吐血することはない）、エボラ出血熱にかかると感染者はすぐに死亡してしまうという観点からみれば、ＨＩＶよりも効率的ではない。そしてＨＩＶもエボラ出血熱も空気感染が可能なインフルエンザと比較すると、はるかに効率的ではない。伝染病の効率の重要性を考えると、もしエボラ出血熱が空気感染する伝染病であったならば、人類は一九七〇年代にすでに滅亡してしまっていたかもしれない。

プレストンが真に破壊的な伝染病と呼ぶようなエボラ出血熱の出現の可能性に関してわれわれは心配すべきであろうが、効率性だけの観点からすると、コンピュータウイルスは生物学的ウイルスよりも厄介な存在である。人間のものにせよ、コンピュータのものにせよ、ウイルスはホストからの材料を使って自己の複製をおこなう一連の命令として見なすことができる。人間の体内においては免疫システムがこのような外部からの危険な一連の命令を遮断することができるが、コンピュータには一般的に免疫システムは存在しない。本質的にコンピュータの機能とは、それがどこから来た命令であろうと、その命令をできる限り効率的に実行することである。したがって、人間と比べるとコンピュータは敵意に満ちたコードに対してかなり弱い。コンピュータウイルスが世界的に蔓延しても文明が終焉を迎えることはないだろうが、この現象が経済的な大打撃を引き起こす可能性はある。そのような出来事はまだ起きてはいないが、われわれはすでにこの恐怖の震えをいくつか経験した。それは、Y2K問題（二〇〇〇年問題）が騒がれる以前の二十世紀最後の数年間に発生した、世界中のユーザーに大打撃を与えた一連のコンピュータウイルスである。政府の役人、巨大企業、そして一般大衆までもがあわて、頭を悩ませた。

われわれはコンピュータウイルスとすでに数十年来つき合っているが、なぜ最近になってコンピュータウイルスの被害が世界的な規模に広がったのであろうか？　その答えは、一九九〇年代後半に現れた多くの問題の答えとなるもの、つまりインターネットである。インターネットが生まれる以前も時にはウイルスは広がり、コンピュータのユーザーたちは悩まされた。しかしあの頃は、あるマシンから別のマシンへのウイルスの感染は、それらのマシンに物理的に挿入されたフロッピーディスクを介してしか可能ではなかった。もちろん、汚染されたディスクが多くのコンピュータ間を流通することは可能であるし、一度感染したコンピュータがほかのフロッピーディスクを汚染することも可能である。したがって、ここでもウイルスの指数関数的成長の可能性は否めないが、エボラウイルスが皮下に到達しなければ感染しないのと同様に、この種の人力を大いに要するような方法では、ウイルスの小規模な発生が大規模なものへと発展するほどの効率のよさは一般的に得られない。

インターネット、特にEメールはこれまでの勝手をがらりと変えてしまった。世界がそれに気づき始めたのは一九九九年三月に発生したメリッサと呼ばれるコンピュータウイルスの登場によってである。メリッサはコンピュータウイルスあるいはバグとして一般的に認識されているが、実際にはもっと悪意のあるワームと非常に多くの類似点を持つ。ワームは個々のマシンにそれほど大きな打撃を与えるものではないが、ユーザーの知らぬ間に自己の複製を作り出し、それをネットワーク上の多くのマシンへとばら撒く、つまり増殖を繰り返すのである。当時もっとも早く広がるウイルスとして知られていたメリッサは、「Aさんからの重要なメッセージ」という表題のEメールとして送りつけられてきた。表題のAのところにはメールの送り主の名前が自動的に記されている。そしてメールの本文には「ご依頼のファイルを添付しました。ほかの誰にも見せないでください」と記されており、「list.doc」というファイル名のマイクロソフト・ワードの文書が添付されていた。もしもその添付ファイルを開いてしまうと、メリッサに仕組まれたプログラムがユーザーのアドレス帳の中の最初の五〇のアドレスに自己の複製をメールする。もしもそのアドレスがメーリングリストのアドレスであったならば、そのリストに登録されている全員がウイルスを受け取ることになる。

結末は非常にドラマチックなものであった。メリッサが最初に発見されたのは三月二六日の金曜日であったが、メリッサは数時間のうちに全世界へと拡散した。そして週明けの月曜日の朝までには三〇〇以上の組織団体における一〇万台以上のコンピュータに感染し、メールのシステムをシャットダウンしなければならないほどの負荷がかかり、パンク状態になってしまうほどであった。あるケースでは、四五分間のうちに三万二〇〇〇通ものメッセージが届いていた。しかしながら幸いなことに、メリッサはそれほど悪意に満ちたウイルスではなく（ウイルスによって引き起こされる症状はといえば、ある特定の日時に開かれたファイルにアニメ『シンプソン・ファミリー』からの引用が挟み込まれるというだけのものであった）、またマイクロソフト・アウトルックというソフトウエアを介してしか感染することがなかったので、最悪の事態は免れた。アウトルックを使用しないユーザーもウイルスを受け取るおそれはあったが、難なくやり過ごせた。これが後に見る世界

（そしておそらくマイクロソフト）を混乱に貶める真に破壊的なウイルスとの大きな違いであった。その前に、われわれはまず伝染病の数理に関することを一つ二つ学ばなければならない。特に、どのような条件の下で局所的な伝染病の発生が大規模な伝染病へと発展するかについて理解しなければならない。

伝染病の数理

現代数理疫学の誕生は七〇年ほど前のＳＩＲモデルの導入にまでさかのぼる。「ＳＩＲモデル」はＷ・カーマックとＡ・マッケンドリックの二人の数学者により定式化され、今もなお伝染病のモデルを構築する際の基本的な枠組みとなっている。ＳＩＲモデルの頭文字はそれぞれ、Ｓ（susceptible 伝染病にまだ感染しておらず、したがってこれから感染の可能性を有するもの）、Ｉ（infectious すでに感染し、しかも他者に伝染病を伝染させうるもの）、そしてＲ（removed 回復したもの、抵抗力を持ったもの、あるいは死に至ったもの）、を表している（図6-1参照）。新たな感染はＩがＳにダイレクトに接触することによってのみ起こりうる。その際にＳは、その疾病の感染力とＳ自身の特性（例えば体力の個人差など）によって決定される確率でＩになる。

明らかに、誰が誰とダイレクトに接触するかは人々が構成するネットワークに依存する。したがって、モデルを完成させるためには、ネットワークに関するいくつかの仮定を導入する必要がある。例えば、標準的なモデルにおいては、Ｓ、Ｉ、そしてＲのランダムなマ

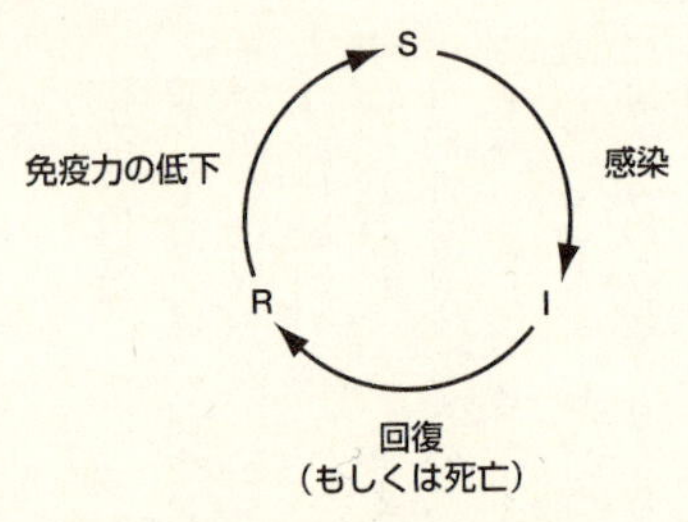

図6-1　SIRモデルにおける三つの状態。対象となっている集団に属する者は、S、I、およびRのどれかの状態であると仮定され、SはIとの相互作用によりIになり（感染する）、Iは回復するか死に至ることによってRになり、そのうち回復した者は免疫の低下により再びSにもなりうる。

ッチングが仮定されている。これは図6-2に示されているように、あたかも人々を大きなタンクの中に入れてかき混ぜているようなものである。タンクのイメージが示しているとおり、完全にランダムな接触という仮定は実際の人々の接触の仕方を非常にうまく表しているとはいえないが、それは分析を扱いやすくするための単純化に大いに役立っている。SIRモデルにおいてランダムな接触という仮定が示しているのは、IとSが接触する確率はIとSの数にのみ依存するということである。つまり、タンクの中には構造というものが存在しないことになっている。これは、無視できる問題ではない。しかし、現時点で少なくともいくつかの方程式をたてることが可能であり、それらの方程式の解は伝染病の初期の段階での規模や、伝染病の感染力、回復力などといった伝染病自体に関するパラメータによって決定される。

モデルによれば、伝染病が発生すれば、感染者

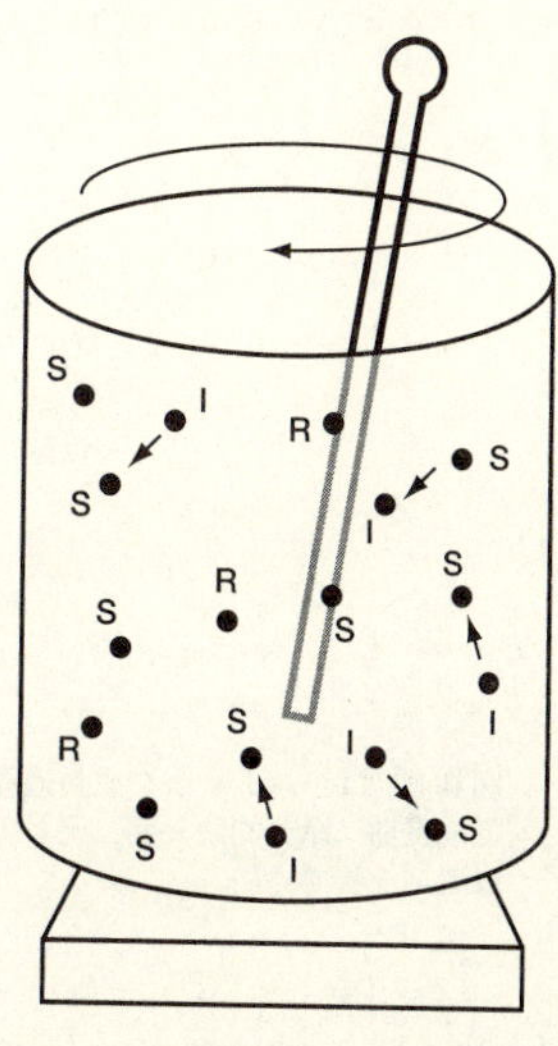

図6-2　初期のSIRモデルでは、相互作用は完全にランダムに行われると仮定されていた。それは、例えば、S、I、Rをタンクの中でかき混ぜるようなものである。この「ランダムに混合する」という非常に簡素化された仮定のもとで得られる結果によると、感染する確率はS、I、Rの相対的な割合にのみ依存するということになる。

の数は数学者が呼ぶところのロ、ジ、ス、テ、ィ、ッ、ク、成長という予測可能な過程を経る。図6-3（次ページ）に概略を示したとおり、感染が起こるにはIとSの両者の存在が必要であり、したがって、Iの増加率はIとSの数に依存している。伝染病発生後の初期の段階においては、Iの数は少なく、したがってIの増加率も小さなものとなっている（図6-3上段）。この低成長の期、間、は伝染病の蔓延を食い止めるのにもっとも効果的な時期であると同時に、ここでの失敗は後の大惨事に繋がりかねない。しかしながら不運なことに、もし保健所の連携がうまくいかないなどの事態が発生すれば、初期の段階ではそれが果たして伝染性の疾病であるのか、あるいはそうではないのかという

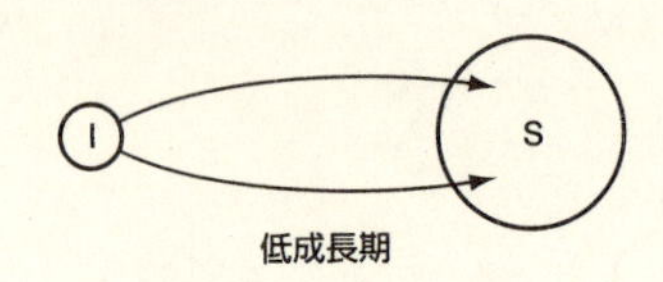

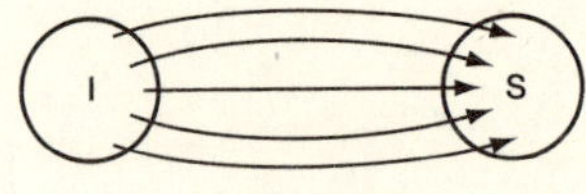

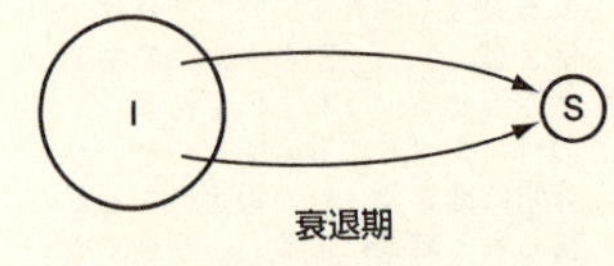

図6-3　ロジスティック成長過程。低成長期、爆発的成長期、そして衰退期を表す。

ことを見極めるのは容易ではない。

Ｉの密度〔割合〕が無視できないほど高くなるようなころには、Ｉの増加率はロジスティック成長の爆発的成長期に達しているのが典型的なケースである（図6-3中段）。この時期においては、ＩとＳの数は両方とも多く、したがってＩの増加率は最大となる。爆発的成長期の真っ只中における伝染病はもはやコントロール不可能であり、それは半年のうちにイギリスのほぼ全域とスコットランドの一部に飛び火した二〇〇一年の口蹄疫の事例にも現れている。伝染病の発生が確認されたのは二月中旬のことで、そのたった三週間後には四三の農場で感染が確認された。この数は多いと思われるかもしれないが、その時は伝染病はまだ初期の段階にあり、低成長期にしか過ぎなかった。九月になるころには、予防目

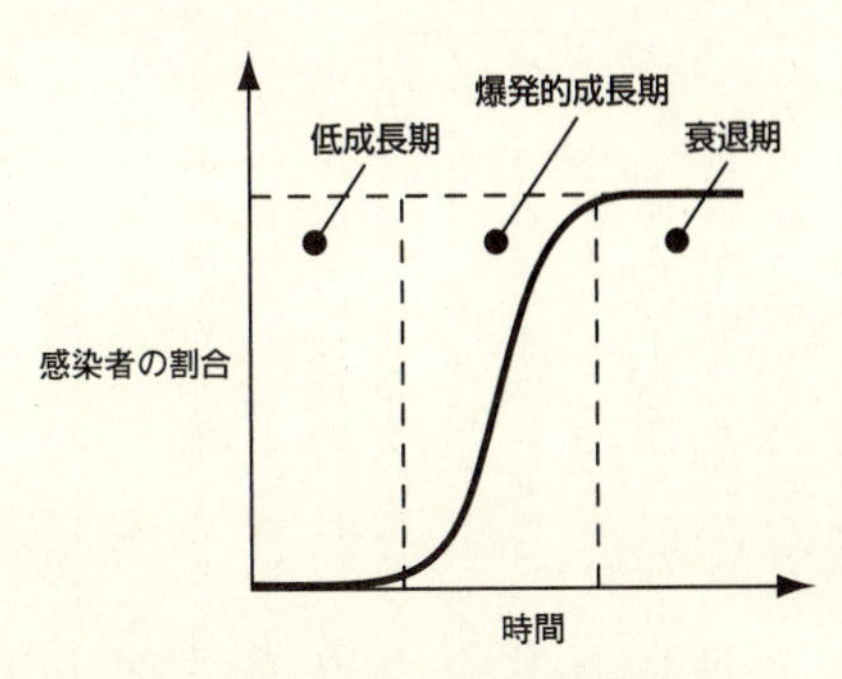

図6-4　ロジスティック成長では、新たなIの出現の割合はIとSの数に依存する。どちらの数が少なくても感染率の値は小さい（低成長期、および衰退期）。一方、IとSの数がちょうど中間的なサイズになると、感染率は最大化する（爆発的成長期）。

的による四〇〇万頭におよぶ羊や牛の処分にもかかわらず、九〇〇〇を超える農場で感染の疑いが持たれるまでにその数は膨れ上がったのである。

しかしながら、手の付けようのないような伝染病にもその最期は訪れる。Iが増え続ければ、ターゲットであるSが減少し、Iの増加率がゼロになるからである。この時期はロジスティック成長の衰退期と呼ばれる。口蹄疫においてはこの自己制限とも呼べるプロセスは、農場の効果的な隔離政策と動物の大量処分によって加速された（処分された動物のうちわずか二〇〇〇頭からしか実際には病原体は発見されておらず、この数は実際に処分された数のごく小さな割合でしかない）。したがって、図6-4に示されているとおり、伝染病蔓延の過程は特徴的なS字型のカーブを描いている。低成長期、爆発的成長期、そして衰退期からなる伝染病蔓延までの軌跡がロジスティック成長モデルにより説明されるということは、伝染病の蔓延という現象をつかさどる力が基本的にはシンプルなものであることを示している。

しかし、伝染病が常に大流行に至るとは限らない。実際のところ、ほとんどの伝染病の大流行は人間の介在によって止められるか、あるいはより多くの場合、伝染病はほとんど初期の段階で自然消滅してしまう。例えば、二〇〇〇年のエボラ出血熱の発生は真の意味で大流行に至ったとは言いがたい。犠牲者の数は一七三人で、絶対数としては多いが、エボラ出血熱は地理的には限られた場所で食い止められたといえる。一方、二〇〇一年の口蹄疫はイギリス全土に影響を及ぼした。SIRモデルの観点に立てば、伝染病を食い止めることは図6-4に示される爆発的成長期に達するのを食い止めるということにほかならず、それはつまり初期のIの数にではなく割合に注目しなければならないということを意味している。ここで重要な項目は伝染病の複製率（再生産数ともいう）、つまり、Iが平均して何人のIを新たに作り出すか（何人のSをIに変えるか）ということである。

伝染病が広がるためには、複製率が1以上でなければならない。もしも複製率が1以下であるならば、Iは新たなIを作り出すよりも早くRになってしまい、伝染病は大流行に至る前に消滅してしまう。しかし、もしも複製率が1を超えると、伝染病は単に広がるだけではなく、その拡散のスピードが増加し、そして爆発的な成長が必然的に始まる。一人のIが一人以上の別の新たなIを作り出すかどうかというこのせめぎ合いのポイント（つ

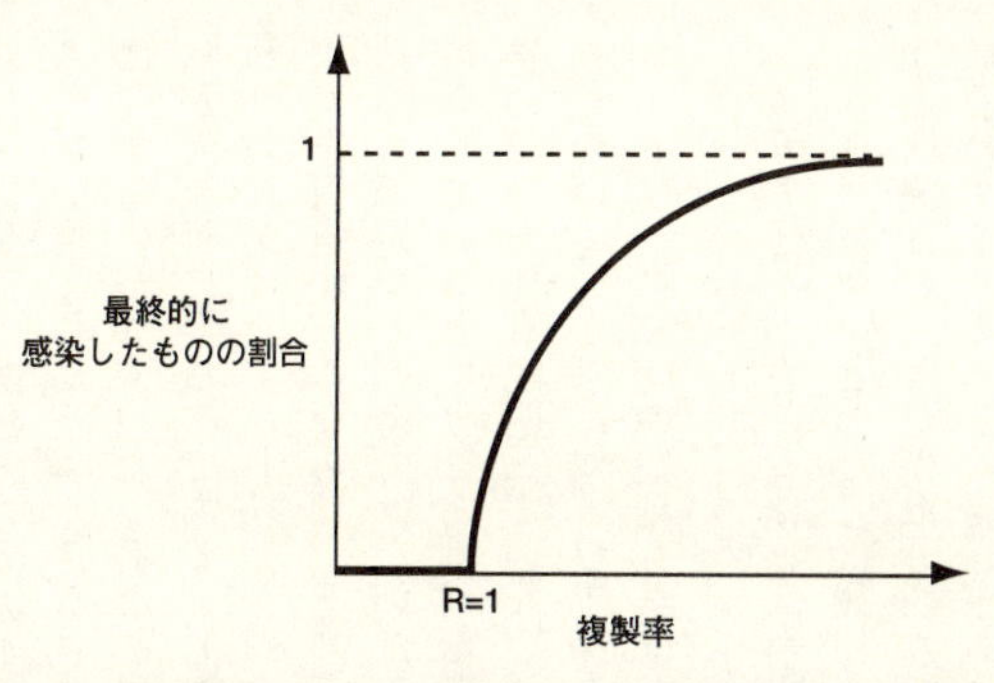

図6-5　SIRモデルの相転移。複製率が1（伝染病の閾値）を超えると、大流行へと発展する。

まり複製率1」は伝染病の閾値と呼ばれるものである。伝染病を食い止めるということは複製率をこの閾値以下に保つということである。

構造という概念がまったく無視されたこの標準的なＳＩＲモデルでは、伝染病の閾値は、その感染力やしぶとさなどの特性およびＩが接触可能なＳの数にのみ依存するものとなっている。このようにして、世界のいくつかの地域では、感染率（感染力）の低下をターゲットとしたセーフセックス運動でＨＩＶが抑制され、またＳの数を減らすためにイギリスでおこなわれた家畜の大量処分によって口蹄疫がもたらしえた最悪の結果は回避されたのである。

ＳＩＲモデルにおける複製率の閾値が厳密に１でなければならないということは数学的に非常に興味深い結果をもたらす。実際のところ、伝染病の閾値はランダムネットワークが巨大連結成分になる臨界値と非常によく似ており（第２章参照）、複製率はネットワーク上の隣人の平均値と数学的に一致する。そして、図6-5にあるとおり、複製率の関数としてのIのサイズは図2-2の巨大連結成分のサイズと類似している。言い換えれば、エルデシュとレーニーが発見したコミュニケーション・ネットワークに関するいわばまったく異なる現象の相転移と同じ相転移を伝染病が経験した時に、伝染病が大流行に至るのである。しかし、この驚くべき類似点は明らかな批判を招く。もしもわれわれが社会ネットワークやその他のネットワークを表すものとしてランダムネットワークを否定するのならば、そのランダムネットワークをベースに組み立てられたいかなる結論も否定するべきではないだろうか? 例えば、複製率が接触可能なSのサイズにのみ依存しているということは、伝染病と戦うのに役立つであろう社会構造やネットワーク構造の特徴を何も説明していない。これからみていくとおり、SIRモデルにより得られた知見のいくつかはネットワークを考慮に入れた複雑な世界においても成立するが、新たなネットワーク志向の知見も学ばなければならない。

スモールワールドにおける伝染病

ストロガッツとわたしは最初からダイナミクスに関心があった。結局ネットワークに関する研究にわれわれが取り組んできたのは、そもそも(例えばコオロギのような)連成振動子のダイナミクスに関心があったからである。そして、いったんいくつかのネットワークモデルを作ってみてからは、異なるダイナミックなシステムがネットワーク上でどのような振舞いを見せるのかについて、自然に興味を抱くようになった。最初に理解しようと試みたシステムは第1章の蔵本モデルであり、それに関してはストロガッツが研究成果をいくつか有していた。不運なことに、蔵本モデルのようなシンプルなモデルでさえ、スモールワールド・ネットワーク上での振舞いはわれわれの理解を超えていた（それはその後、数年間続いたのだが……）。そこでわれわれはもっとシンプルなダイナミクスを探し始め、そして再びストロガッツの生物学への関心が生かされることになった。彼はある日研究室でこう言った。「ＳＩＲモデルはわたしが思いつく中でもっともシンプルな非線形ダイナミクスだ。ネットワーク上でのＳＩＲモデルを今まで真剣に考えた人はいないと思うよ。少なくとも、われわれの扱っているようなネットワーク上ではね。われわれでそれをやってみないか？」

そこで、われわれはそれを実行に移したのだが、その前にまずわたしは一つの宿題をこなした。特異な伝染病や異なる人口統計学的グループにおける感染性の変化などを説明できるようにするため、初期の段階のＳＩＲモデルを一般化しようという流れの中で、思ったとおりスモールワールド・ネットワークに触れられた文献は探しても一つもなかった。それだけに、初期のＳＩＲモデルとランダムネットワークの連結性には非常に似かよった性質があることは喜ばしいことであった。スモールワールド・ネットワーク上での伝染病の振舞いがたとえどのようなものであったにせよ、それは（図3-6右側にあるように）すべてのリンクがランダムにつなぎかえられたとした場合における初期のＳＩＲモデルと

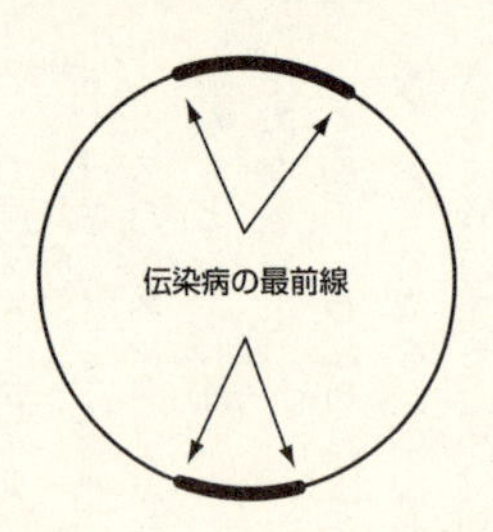

図6-6　リング形の格子状ネットワーク（一次元格子状ネットワーク）では、IとSの相互作用が見られる伝染病の最前線は固定されている。Iの増加に伴い、多くのIは新たなSと出会うことのできないIのクラスターの内側に位置し、したがって、拡散の勢いが低下する。

似たものになるに違いないということをわれわれは確信していた。したがって、われわれには大方理解していたネットワークモデルがあっただけではなく、これから理解したいモデルの比較の対象としてのモデルをすでに手にしていたのである。

最初の比較はランダムネットワークと一次元格子状ネットワークにおける伝染病の拡散というかたちでおこなわれた――図3-6の右端と左端。格子状ネットワークでは、第3章でも述べたとおり、ノード（点）のクラスター度は高く、したがって疾病の広がりはもうすでに感染してしまったノードへの継続的な逆戻りを余儀なくされる。図6-6にあるように、一次元格子状ネットワークでは成長するIのクラスターは二種類のノードからなっている。一つはクラスターの内側に位置し、感染する新たな対象と接触を持てないもの、そしてもう一つは境界線、つまり、伝染病の最前線に位置するものである。どんなにIのサイズが大きくても伝染病の最前線のサイズは一定で、したがって一ノ

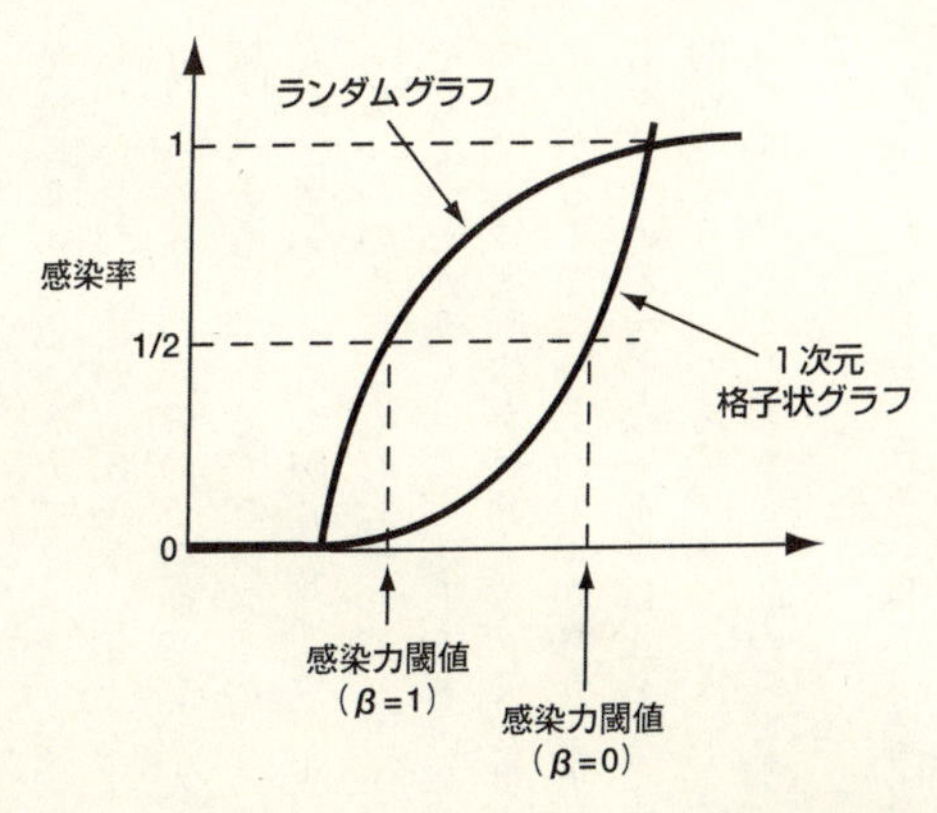

図6-7　ランダムグラフ（$\beta=1$）、および第3章のβモデルのもとでの格子状グラフ（$\beta=0$）における、感染率と感染力の関係を表した図。

ド当たりのIの増加率は感染が拡散するにつれて減少するということは避けられない。このように、格子モデルとランダム・モデルとではまったく違う結果になる。このことはまた複製率の計算が難しいということを意味しており、そこでわれわれは感染率という観点から比較を試みることにした。そしてその違いは驚くべきものであった。図6-7に示されているとおり、ランダムネットワークと比較して格子状ネットワークでは感染率が低くなっており、そこでは明確な閾値はもはや観察されない。ここで得られた知見としては、伝染病が拡散しようとしているネットワークの次元が低い場合には——それが例えば二次元の場合であっても——非常に強い感染力を持った伝染病しか大流行に発展することはないということである。そしてたとえ感染力が非常に強かったとしても、感染拡大の速度は爆発的に速いものではなくゆっくりとしたものとなり、公衆衛生局は対応するのに十分な時間を得ることができ、したがってある特定の地域に集中することができるということになる。

じわじわと広がる伝染病の例としては一四世紀にヨーロッパ全土に広がり、当時のヨーロッパの人口の四分の一の命を奪ったペスト（黒死病）があげられる。その犠牲者の数は驚くべきものであるが、ペストのような伝染病の大流行は現代の世の中では起こりにくいものと考えられる。図6-8（次ページ）の地図にあるとおり、ペストはイタリア南部のある一つの小さな港町（そこにペストに侵されたある中国船がたどり着いた）から始まり、そしてそこからちょうど小石を水面に投げた後に広がる波紋のように拡散していった。ペストは主に病原体を媒介するノミが群がるねずみによって運ばれたので、ヨーロッパ全土に広がるまでに一三四七年から一三五〇年の三年を要した。当時の医学にも公衆衛生局にもペストの容赦のない進展は止めることができなかったので、ペストの広がり具合が比較的ゆっくりとしたものであっても結局のところ打つ手はなかった。しかし現代の世界においては、ペストのような拡散のスピードが遅く非効率な伝染病は抑制することが可能である。

不幸にも、今日の伝染病はちょろちょろと動き回るねずみよりも効果的な輸送メカニズムを持ち合わせている。われわれのネットワーク・モデルにごくわずかなランダムリンクを許しただけで、比較的安定した格子モデルは直ちにバラバラになってしまう。この影響

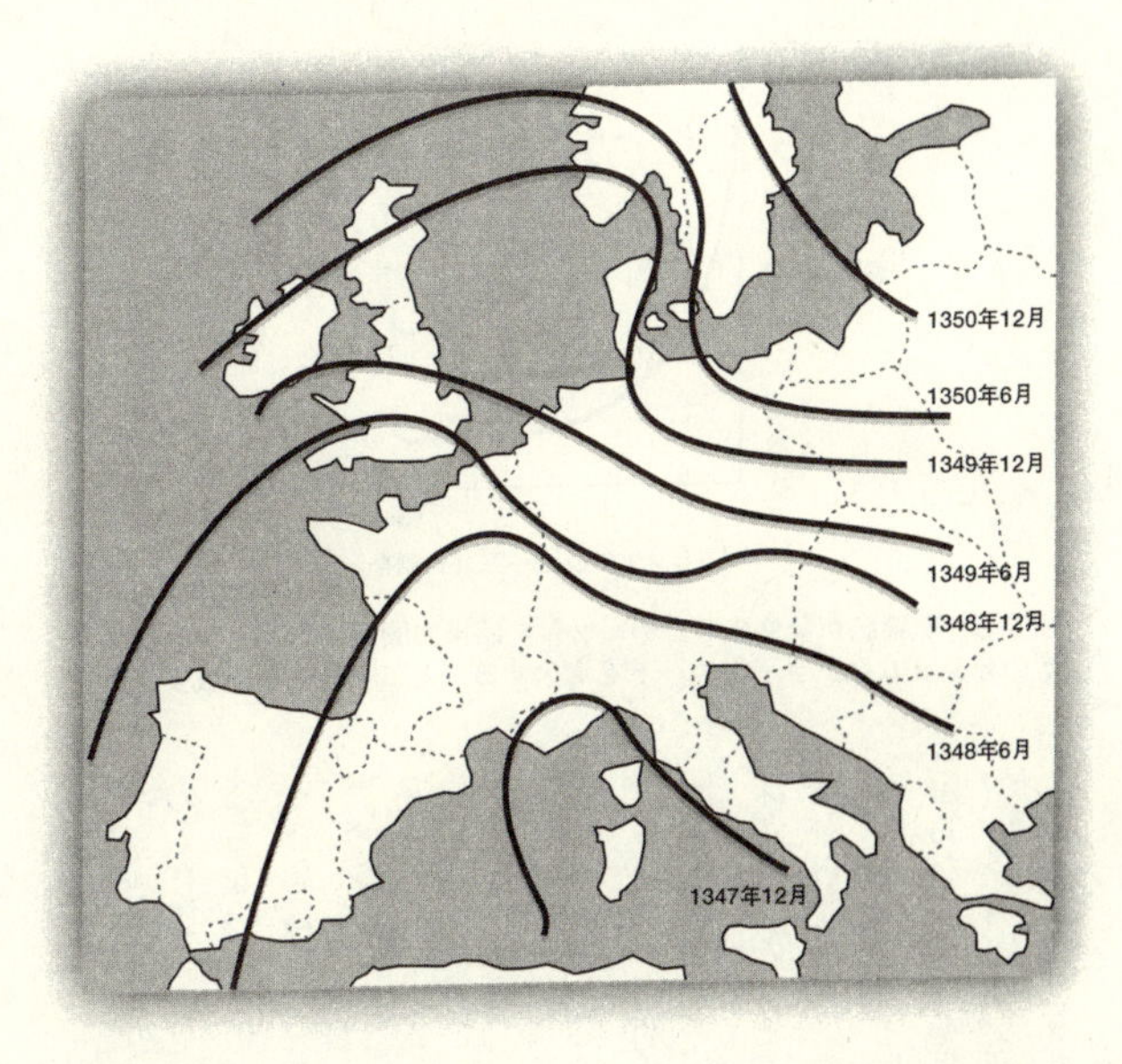

図6-8　1347年から1350年におけるヨーロッパでのペストの拡散状況進展図。

をみるために、図6-7の中ほどに水平線を引いて考えてみよう。二つの伝染曲線が直線と交わる点が、感染した人口の割合（図では、割合は二分の一になっているが、別の値でもよい）における感染力の値を表している。この値を感染力閾値（再生産率を伝染病の閾値の定義として使えないので、一定の人口割合を使う）と呼び、ネットワークにおけるランダム・ショートカットの割合とどのような関係にあるかを調べる。図6-9に示されて

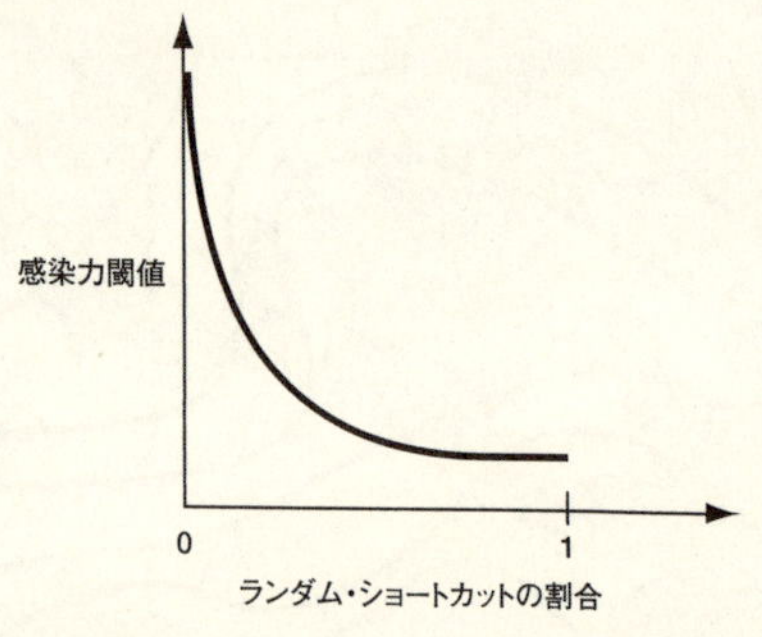

図 6-9　伝染病が発生するために必要な感染力閾値はネットワークに少数のランダムなショートカットを導入することにより劇的に減少する。

いるように、ランダム・ショートカットの割合がゼロの時には高い値であった感染力閾値——多くの人に感染させるためには感染力が強くなければならない——は、ショートカットの割合が増加すると急落する。重要なことは、ネットワークがまだランダムにはなっていないのにもかかわらず、完全にランダムなネットワークの時と同程度に最悪なシナリオになるということである。

この観察結果は、イギリスで流行した口蹄疫に見られるように、伝染病がなぜあのように早く広がるのかを説明するのに役立つ。口蹄疫は動物同士の直接接触、症状のでた動物からの排泄物の飛沫が風にのって、またはウイルスで汚染された土壌から間接的に広がっていくので、七〇〇年前のペストのときと同様に、初期の発生は単純に二次元的な広がりを見せると考えられるであろう。しかし、現代の交通網、家畜市場およびハイカーが靴底に汚染土壌を運ぶことなどが重なって、地理的な制約はみごとに打ち破られた。その結果、イギリスの牧羊畜産農場は、感染した動物(または人も)を昼夜を問わずして国内くまなく移動することのできる交通システムのネットワークにリンクされている。これらのリンクが、どのような意図であれ目的であれランダムであるために、ウイルスはいくつかのランダムリンクを見つけさえすれば新たな感染先を手中に収めることができる。ここでのポイントは、最初に口蹄疫感染が見つかった四三件の農場がお互いに隣接する農場ではなかったことにある。つまり、伝染病との初期の段階における戦いでは、同時に存在する複数の前線で戦うことを余儀なくされ、しかもそれら前線は日々追加されているということを意味している。

ランダム混合モデル〔図6-2参照〕は高度にクラスター化したネットワークでも容易に再生できることがわかった。これは世界にとってはよいニュースではない。伝染病が本当にスモールワールド・ネットワークで広がるならば、最悪なシナリオに直面し続けることになるからだ。さらに困ったことに、自らのネットワークについてほとんどの人が局地的な情報しか持ちえていないために、公衆衛生当局が個々人に対して、一見彼らとは無関係の脅威に思える緊迫さを理解させることは大変難しい。理解の有無で彼らの行動は変わる。エイズはこの問題についてのよい例である。HIV感染が初めて特定されてから一〇年以上が経過している。HIV感染は一般的には、極少数のまったく特別なコミュニティ――同性愛者、売春婦、ドラッグ常用者――でのことと考えられがちであった。したがって、もしXという人がこれら三つのカテゴリーに当てはまる誰かとセックスをしなければ、またXのセックスパートナーたちもそうしなければ、Xは安全であると考えられがちであった。しかし、「それは違う！」のである。アフリカ南部のほとんどの国がウイルスにより汚染されていたことから明らかなことは、性交のネットワークはスモールワールド・ネットワークであったということであり、遠い土地での危機的状況も、もっと深刻に受け止めるべきだということである。さらに特に厄介だったことは、人々のＨＩＶに対する認識の甘さのせいもあって、ＨＩＶが拡散の初期的段階の境界線を突破してしまったということである。

「グローバルに考え、ローカルに行動せよ（Think Globally, Act Locally.）」というフレーズほど、伝染病予防に適切なフレーズはない。前章での探索問題とは違って、伝染病はわれわれが全方向探索と呼んでいる行動をとる。したがって、ネットワークにおいて仮にＩとSとの間にショートパス（近道）が一本でも存在するならば、ＩもしくはSがそこにパスがあることを知っているかいないか、あるいはそのパスを見つけられるかどうかなどは問題ではないのである。伝染病が何らかのかたちで食い止められない限り、その伝染病はそのパスを見つけ出すであろう。なぜならば、その伝染病は手探りでネットワークのすべてのパスを探し回るからである。そして、前章に登場したグヌーテラのユーザーや、フォレスト先生の六年生のクラスとは異なり、自身の複製でネットワーク全体を過負荷の状態にする――これが伝染病がやらかすことである。これは、ＨＩＶ、エボラ出血熱、また西ナイル熱ウイルスも含めた、伝染性の疾病によりもたらされる危機に対するわれわれの認識の問題である。

　しかしながら、状況はすべてが悲観的なものばかりではない。前にも述べたように、伝染病の発生は通常は大流行には至らず、この点において、スモールワールド・ネットワークからわれわれには学べることがある。スモールワールド・ネットワークにおける伝染病の爆発的な流行の鍵はショートカット（近道）にある。伝染病は格子状ネットワークでは効果的には広がることはない。スモールワールド・ネットワークはランダムグラフの重要な特性を呈しているとはいえ、局所的にはクラスター度が高いという格子状グラフの特性も併せ持っている。したがって、局所的には、伝染病の流行は格子状ネットワークにおけるそれと非常に似ている。つまり、ＩのほとんどはすでにＩとなった者と相互作用し、これは伝染病がＳの集団に急激に広がることを阻止していることを表す。Ｉのクラスターがショートカットに到達したときにだけ――例えば、エボラの犠牲者が飛行機に乗ってしまった、あるいは、トラックにつまれたすべての家畜が口蹄疫に感染していたなど――、ランダムな混合という最悪のケースにつながるのである。ランダムグラフにおける伝染病とは異なり、スモールワールド・ネットワーク上での伝染病は、最初の低成長期を生き残らねばならない。そして、ショートカットの密度が低ければ低いほど、初期の低成長期間は長く続くことになる。

　したがって、伝染病予防のネットワーク志向戦略は、全体的に感染率を低下させるという試みのみから成立するものではなく、ショートカットのもとになりうるものに対しても重点を置くことである。興味深いことに、静脈注射による薬物常用者の間でのＨＩＶの蔓延を効果的に減少させた「針交換プログラム」は、グローバルとローカルの両方の特性を示している。汚染された注射針の流通を排除することはＨＩＶが広がることを助長するメカニズムの一つを除去し、結果として全体としての感染率を低下させたのである。しかし、これはある特定の感染媒体に関してのみ有効であった。汚染された注射針は友人間でのみ使い回されるだけではなく、まったくの他人が捨てられた針を拾って再利用するかもしれない。つまり、再利用された針は伝染病ネットワークにおけるランダムな結合のもとになる。二〇〇一年、イギリスでの口蹄疫に対して家畜輸送の禁止や国境閉鎖が長距離のショートカットの可能性を除去したように、汚染された注射針を除去することは伝染病が低成長期から抜け出すことを防ぎ、公衆衛生局に伝染病をコントロールするだけの時間を与えたのである。

ネットワークの構造に関して考察することで、ネットワーク志向のアプローチが欠如しているために明らかとなっていない伝染病に関連することを説明できるかもしれない。最近、スペインの物理学者ロムアールド・パストール＝サトラスとイタリアの物理学者アレッサンドロ・ヴェスピニャーニが、標準的ＳＩＲモデルが説明に手間取っていたコンピュータウイルスの特性に関してある見解を打ち出した。ウイルスに関するオンラインの報告書より得られたデータを研究した後、彼らは、ほとんどのウイルスは「野生状態」では長期間かつ低レベルという特徴的な条件の組み合わせで存在することを見出した。なぜ特徴的であるかというと、標準的SIRモデルによると、伝染病は大流行へと発展するか、あるいは急速に消滅への道をたどるかのどちらかしかないからである。言い換えれば、拡散するかしないかのどちらかである。しかし、複製率が図6-5に示した相転移の臨界点で示すようにちょうど1でない限り、どちらに傾くことなく行きつ戻りつするようなことは起こりえないのである。これとは対照的に、報告書に寿命が記録されている八一四のウイルスの大半は、急速に拡散することもまた消滅することもなかった。ウイルス発見後数日あるいは数週間のうちにウイルス撃退のソフトウエアが利用可能になるにもかかわらず、いくつかのウイルスは数年間もの間撲滅されずに生きながらえることがある。

パストール＝サトラスとヴェスピニャーニは、Eメールネットワークを通してウイルスが広がるという仮説を用いた説明を提示した。バラバシとアルバートのスケールフリーモデルをEメールネットワーク構造のモデルとして――（結論に達していないが）一年後にドイツの物理学者のチームの論文によりサポートされた仮説である――、二人の物理学者はスケールフリー・ネットワークにおける感染力閾値の振舞いは標準的SIRモデルにおけるそれの振舞いとは異なることを示した。その代わり、図6-10（次ページ）に示すように、感染者の割合が感染力の上昇に伴ってゼロから漸次的に増加する傾向をみせる。スケールフリーのEメールネットワークでは、ほとんどのノード（点）は少数のリンクしか持たない。それは、ほとんどの人が普通は少数の人にしかEメールを送らないことを示している。しかしEメールのユーザーのほんのわずかが一〇〇〇以上の登録数のある巨大な

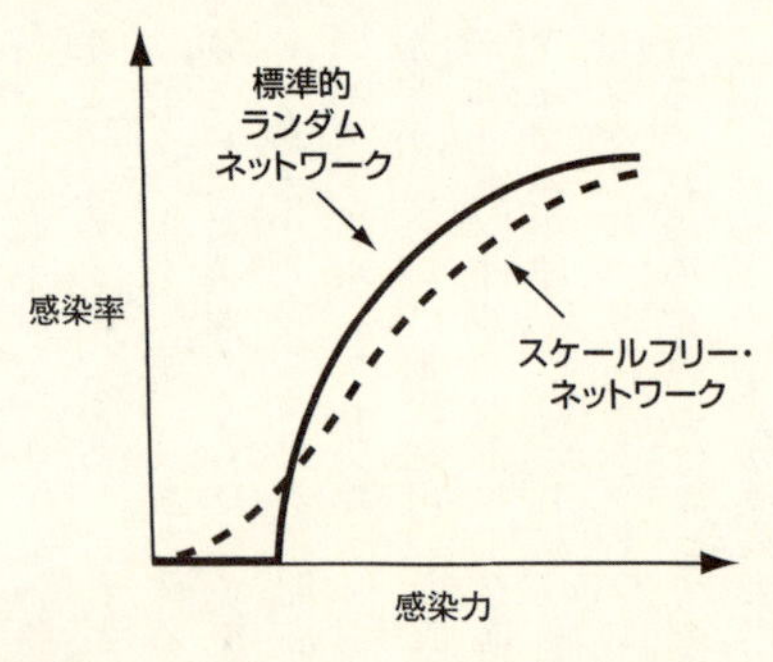

図 6-10　標準的ランダムネットワークとスケールフリー・ネットワークにおける感染曲線の比較図。スケールフリー・ネットワークでは大流行に突然つながるような臨界点は存在しない。

アドレス帳を所有し、ご苦労なことにそれをすべて維持しているのだ！　パストール＝サトラスとヴェスピニャーニの仮説はこのひと握りの少数派のことを語っていて、これによってウイルスが長期間生存することの説明が多少はつく――その中の一人のコンピュータがウイルスに感染するだけで、そのウイルスは無視できない程度で流通し続ける。

明らかに、ローカル・クラスタリングやスケールフリー分布のような実在するネットワークのもっとも単純な特性でさえ、伝染病の広がり方や、そしてさらに重要なことに、伝染病のコントロールの仕方などに重要な影響を及ぼす。したがって、伝染病モデルの研究は新しい科学であるネットワーク理論の重要な分野である。何百万人という人がＨＩＶに感染し、また、アフリカにおいてでさえもその感染率が二％以下から国民の三分の一までと幅があることを考えると、ネットワーク上での伝染病の拡散過程に関する理解が重要であると言っても決して言い過ぎではない。ほとんどの研究はまだこれからである。しかし、すでにネットワーク関連の論文にはいくつかの有望な方向性を示すものが現れてきている。また、SIRモデルを中心に[訳注1]、物理学者は独自にこの問題と格闘しはじめた。具体的には、パーコレーション理論のテクニックを伝染病の拡散に関する研究に取り入れたのである。

伝染病のパーコレーション・モデル

歴史的には、パーコレーション理論は第二次世界大戦にまでさかのぼる。ポール・フローリーと彼の共同研究者であるウォルター・ストックメイヤーがポリマーのゲル化を説明するためにこの理論を導入した。もしあなたがゆで卵をつくったことがあるならば、ポリマーのゲル化に関してはある意味で馴染みがあるはずだ。卵は熱せられると、白身のポリマーがリンクして一回につき一対ずつ結合する。そしてある臨界点で白身が突然変化し、相転移を起こす。これをゲル化といい、非常に多くのばらばらのポリマーが突然一つに結合し、密着したクラスターが卵全体に広がる。つまり、ゲル化する前の卵は液体であり、ゲル化した後は固体になる。パーコレーション理論の最初の成功はフローリーとストックメイヤーによるもので、なぜ相転移が徐々に起こるのではなく瞬時に起こるのかに関する説明であった。もともとは有機化学の問題に対する答えとして発展したものであったが、パーコレーション理論は森林火災の規模から、地下油田の分布や、合成物質の電気伝導率にいたるさまざまな問題に関して有効な手立てであることが示された。そして、最近では、伝染病の拡散に関する研究にも応用されるようになった。

一九九八年の終わり頃、サンタフェ研究所に着いてまもないわたしは、前年にストロガッツとおこなった伝染病の拡散に関する研究についてマークと話し始めた。シンプルなSIRモデルをベースとして、ストロガッツとわたしはランダム・ショートカットの密度に対する感染力閾値の従属性についてある結論を出すことができた。しかし、われわれはまだ、そのメカニズムに関しての、そしてネットワークの密度にランダム・ショートカットがどのように影響されるかに関してのはっきりとした理解を得ることはできていなかった。そこで、同様の問題を考える際には自然な方法であると思われたパーコレーション理論の基礎について独学で勉強し始めた。統計物理学のエキスパートであるマークはそのことに関する質問をするのにはうってつけの人物であった。思ったとおり、マークがひとたびこの問題に興味を持つと、結果がでてくるのにそう時間はかからなかった。

ある個々のもの（パーコレーションに関する用語ではサイト）がネットワークとしてつながった大きな集団を考え、そのネットワークの紐帯（ボンド）に沿って伝染病が拡散すると想定しよう。占有確率と呼ばれる確率でネットワークにおけるそれぞれのサイトの感染しやすさが決まっており、それぞれのボンド（結合）は感染力と同値の確率で開放しているとする。結果は図6-11に示したようになり、伝染病は起点からポンプにより送り出された仮想流体のように振舞う（より大きなネットワークにおいてもこのようになる）。

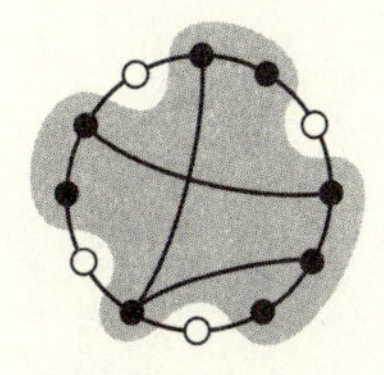
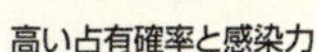

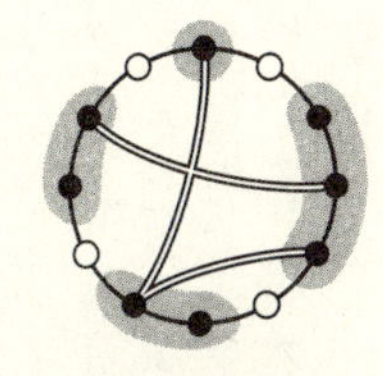

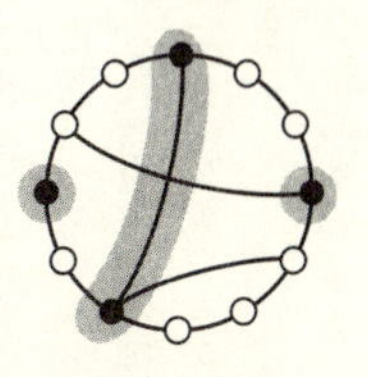

図6-11　ネットワーク上のパーコレーション。黒塗りの丸印（線）は占有されているサイト（ボンド）に対応する。中抜きの丸印（線）は占有されていないサイト（ボンド）に対応する。クラスターは影塗りで表されている。

起点から始めると、伝染病は常に開放ボンドへと流れ込み、IからSへと次々に広がり、開放ボンドが新たなSへアクセスできなくなるまで広がり続ける。ランダムに選ばれた起点からこのような方法でたどり着くことのできるサイトのグループをクラスターとよび、クラスターへの伝染病の浸入はそのクラスターに属するすべてのサイトが感染することを意味する。

図6-11（左）では、占有確率が高くかつ多くのボンドが開放されている。これは感染力が強い伝染病を意味し、ほとんどの人が感染しやすいことを意味する。この条件下では、大きなクラスターがネットワーク全般に広がり、つまり、ネットワークのランダムなサイトで伝染病が発生すると、結果的に広範な広がりとなりうることをあらわしている。ほかの二つの図は、感染力（中）または占有確率（右）が低く、これは伝染病がネットワークのどのようなサイトで発生したかにかかわらず、伝染病の拡散は小規模で局所的なものとなることを意味している。これらの極端な条件の間に

はさまざまなサイズのクラスターが同時に存在可能で、複雑な可能性に満ちた場合が存在し、このような場合においては、伝染病の拡散は起点が属するある特定のクラスターのサイズに依存する。パーコレーション理論の中心的問題は、クラスターのサイズの分布を明らかにすることと、それが問題とするさまざまなパラメータにどのように依存しているかを明らかにすることである。

物理学者の言葉では、伝染病が広がるかどうかは、パーコレーション・クラスターと呼ばれるネットワーク全般を貫く開放ボンドによって結合されたSのサイトの単一のクラスターの存在に依存する。パーコレーション・クラスターがなくても、伝染病は発生しうるが、それは小規模で局所的なものとなる。しかし、パーコレーション・クラスターのどこかで発生した伝染病は、死に絶えることなく、たとえそれが巨大なネットワークであろうともネットワーク全体に拡散してゆく。パーコレーション・クラスターが発生する点がフローリーとストックメイヤーのポリマーのゲル化に対応しているということになる。また、これはSIRモデルにおいて伝染病の複製率が1を超える感染力の値を与える感染力閾値に対応する。図6-12に示すように、閾値以下では、最大のクラスターでさえ全体と比べると無視できるほどそのサイズは小さい。しかし臨界点に到達すると、突如として劇的なパーコレーション・クラスターの出現を観察することができ、それを通して伝染病が拡散する。

消滅するまえに伝染病がネットワークの中で稼ぐ距離は、物理学者が相関長と呼ぶもの

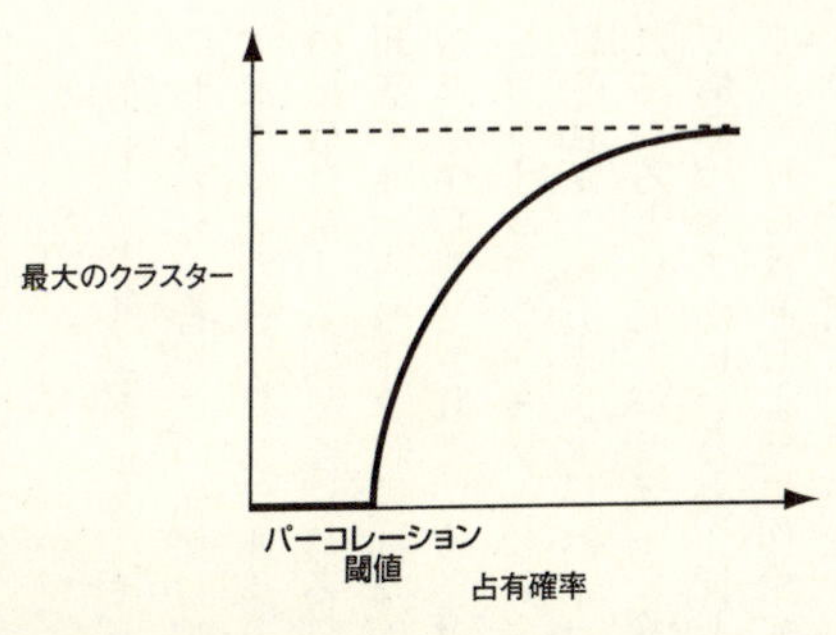

図6-12　感染しうる最大のクラスター。パーコレーション閾値（占有確率の閾値）を超えると、最大のクラスターがある割合でネットワーク全体を占拠するようになる。これは、そのネットワークにおいて伝染病が大流行する危険性をはらんでいるということを意味する。

に等しい。これは第2章において大域的な結合性について語ったときにも使用された用語である。第2章では、相関長の発散は、システムにおける局所的（ミクロ）な摂動が大域的（マクロ）なものへと発展する臨界状態に入ったことを意味した。伝染病の拡散のパーコレーション・モデルでもほぼ同様の結果が得られたということになる。パーコレーション転移では、相関長は事実上無限大になり、遠く離れたノードにでも伝染するということを意味する。スモールワールド・ネットワークに関してマークとわたしが明らかにしたことは、相関長がランダム・ショートカットにどのように依存しているかという点であった。マークとわたしはたとえランダム・ショートカットの割合が小さなものであっても、それが相関長を劇的に変化させうるということを示した。これは、ストロガッツとわたしが二年前に得た大雑把な結論と一致しているものであった。しかし、今回は、相関長が発散するという条件のもとで解くことにより、われわれはパーコレーション転移の値、したがって、さらには、感染力閾値を正確に決定することができたのである。

ネットワーク、ウイルス、そしてマイクロソフト

われわれが得たこの結果は前途有望なスタートを意味しており、いくつかの問題に関しては標準的なSIRモデルよりもパーコレーション理論を使ったアプローチの方が伝染病の拡散に関する知見を深めることができるということを示している。しかし、残念ながら、現実のネットワークに関するパーコレーションは難しい（未解決の）問題であり、さらなる進展が必要とされている。分析を実現可能なものにするために、例えば、ほとんどのパーコレーション・モデルでは、ネットワーク上のサイトはすべてSであると仮定しボンドに注目するか（ボンド・パーコレーションと呼ぶ）、あるいは、すべてのボンドは開放されていると仮定し、サイトに注目するか（サイト・パーコレーションと呼ぶ）のどちらかである。大まかにいうと、同じ方法が両種のパーコレーションに関して使え、多くの意味で、それらは同じように作用する。マークとわたしが、例えば、サイト・パーコレーションのほうを研究し、その後マークがサンタフェの物理学者クリス・ムーアとこの結果をボンド・パーコレーションに応用した。しかしながら、いくつかの意味において、サイト・パーコレーションとボンド・パーコレーションは明らかに異なっているので、時として伝

染病の拡散の可能性に関してまったく別の予測が生じることもある。

したがって、研究のレースの先陣を争う前に、注意深くどの方法――ボンド・パーコレーションかサイト・パーコレーションか――が伝染病拡散の本質を捉えているか考える必要がある。例えば、エボラ出血熱のようなウイルスの場合は、すべての人に対して感染する可能性があると仮定し、感染した人々がどの程度伝染を広げるかということに焦点を当てるほうがよいと考えられる。したがって、エボラ出血熱に関するパーコレーションの適切な定式化はボンド・パーコレーションということになる。しかし、メリッサのようなコンピュータウイルスの場合は、非常に多くのコンピュータに到達するであろうが（つまり、すべてのボンドは開放されているとみなすことができるが）、すべてのコンピュータが感染しやすいというわけではない。したがって、コンピュータウイルスのパーコレーション・モデルはサイト・パーコレーションということになる。メリッサの例をとると、メリッサはマイクロソフト・アウトルックというEメール・プログラムをとおしてのみ広がるが、すべての人がアウトルックを使っているわけではないから、ウイルスに感染する可能性のあるコンピュータは世界中で一定の割合しか存在しない。

マイクロソフトのユーザーにとっては不運なことであるが、多くのコンピュータがアウトルックを搭載し、それがもっとも大きな結合されたクラスターとなっている。実際に、もしそうではなかったら、メリッサやラブレター、アンナ・クルニコワといったウイルスの蔓延はグローバルには起こりえなかったであろう。ソフトウエアの普遍的な互換性はユーザーにはある種の恩恵を与えるものである。しかし、システムの攻撃されやすさという観点からみると、すべての人が同じソフトウエアを持つことは、すべての人が同じ弱さを持つということになる。そしてあらゆるソフトウエアには弱さがあり、大きくて複雑なマイクロソフトのOS（オペレーションシステム、ウィンドウズ）のようなシステムはとくに弱い。メリッサのようなウイルスがもしもっと頻繁に発生することがあるならば——そして、もしマイクロソフトのソフトウエアが攻撃に弱いという定評がついてしまうならば——世界中のどこかで新たなウイルスが発生するたびに、大企業であれ一個人であれ、他社のソフトウエアに切り替えることを考え始めるかもしれない。

では、マイクロソフトはどうすればよいのであろうか？　今さらいうまでもないが、ワームのようなウイルスからの攻撃に対してできる限り強い製品をつくり、また、もしウイルスが発生したならばウイルス撃退ソフトを早急につくることである。そうすることでウイルスがネットワークを占有する確率が減り、パーコレーション・クラスターを縮小、あるいは消し去ることを可能にするであろう。しかし、もし、ハッカーの標的となりやすいマイクロソフトのような巨大企業がその顧客と市場のシェアを守り続けたいのならば、もっと抜本的な解決策を考えるべきかもしれない。その一つは、単一の製品の生産から、別々に開発され完全には互換性がないような複数の製品に切り替えることである。

互換性や規模の経済にのっとった伝統的なソフトウェアビジネスの考え方からすると、計画的な非統合化生産ラインなどはばかげた話に聞こえるかもしれない。しかし、長期的な（そんなに長期ではないが）視野で考えてみると、画一化されていない製品の増加はウイルスに弱いコンピュータの数を減少させ、それがシステム全体のウイルスに対する脆弱性の劇的な減少をもたらすであろう。これはマイクロソフトの製品がウイルスの攻撃に対して弱いといっているわけではなく、少なくとも他社の製品よりもまだ大幅に強いわけではないということである。皮肉にも、司法省との独占禁止法に関する戦いにおいて、マイクロソフトは非統合化生産ラインを排除してしまった。あるとき、マイクロソフトは自身が最悪の敵であるということに気づくであろう。

さまざまな伝染病拡散のメカニズムに見られる微妙な差異は、一般的なパーコレーションの枠組みの違いとして言い換えることができ、そこから得られる結果も非常に異なるものになるかもしれない。このことは、伝染病問題に物理学の方法論を適応する際には注意の喚起が必要であることを示唆している。

次の章では、生物学的な感染に関する問題と、発明の普及などの社会的な感染に関する問題の違いを理解しようとする際に必要となってくる識別法をみてゆく。この識別法はわれわれが理解しようとしている現実世界の現象に重要な含蓄を与えてくれるものである。しかし、パーコレーション・モデルはネットワークに関連する問題にあまりにも自然に適用されたので、伝染病のネットワークの観点からの研究においてはひき続き重要な役割を果たすであろう。そして、マークとわたしがすぐに気が付いたように、パーコレーションはほかの理由からいってもやはり興味深い。ところが、また一歩先を行っていたのはバラバシとアルバートであった。

不具合と堅牢性(ロバストネス)

複雑なシステムがもつ多くの特性と同じで、グローバルな結合性はよいものともわるいものとも言いきることはできない。伝染病またはコンピュータウイルスについては、ネットワーク中にパーコレーション・クラスターが存在することは、大規模な感染の可能性を示唆している。しかし、データがあまり時間をかけずに受信者に届くことを保障してほしいインターネットのようなコミュニケーション・ネットワークを考えると、パーコレーション・クラスターは絶対に必要になる。インターネットや航空ネットワークなどのインフラを不具合や意図的な攻撃から守るという見方から考えると、ネットワークの結合の堅牢性(ロバストネス)はわれわれが手放したくないものである。この観点からすると、パーコレーション・モデルは非常に役に立つモデルである。

インターネットやワールドワイドウェブなどのような多くの現実のネットワークがスケールフリーであることを示した後、バラバシとアルバートはスケールフリー・ネットワークが従来の種類のネットワークより優位性を持ちえているかについての検討を始めた。スケールフリー・ネットワークでは次数の分布はベキ法則に従い、一方、一様にランダムなグラフにおいては、尖ったポワソン分布に従う。その違いは、スケールフリー・ネットワークにおいては、少数のノードが非常に多数のリンクを持ち、大多数のノードは少数のリンクしか持たないということであった。そこで、バラバシとアルバートは、個々のノードを徐々に減少させていったときに、一様ランダムネットワークとスケールフリー・ネットワークでは、どちらのほうが一つの繋がったネットワークとして存在しえるか、ということに関心を持った。

ネットワークの堅牢性を結合性の問題として考えることは、問題をサイト・パーコレーションに対応させることになる。しかし、この場合、占有確率は伝染病の拡散のときと反対の役割を果たす。マークやわたしが最初に興味を持ったのは占有された（感染しやすい）サイトの影響であったが、一方、バラバシとアルバートは占有されていないサイトについて考えた。ネットワークの言葉でいえば、機能しなくなったノードである。堅牢性の面から考えると、占有されていないサイトのネットワークの結合性に対する影響が少なければ、堅牢性が向上するということになる。バラバシとアルバートは、マークやわたしとは違う結合性についての見解を持っていた。われわれはパーコレーション・クラスターが存在するか否かについてのみ考えたが、一方、彼らは一つのクラスターから別のクラスターまでメッセージが届くのには正確に何ステップ必要かについて知ろうとした。どちらの定義も堅牢性を考えるうえでは普遍的に正しい方法ではないが、彼らの考えはインターネットのようなシステムには明らかに適切なものであった。インターネットでは、ホップ数[訳注2]の増加に伴い、サイトに到達するまでの時間と中断の可能性の両方が増加する。

バラバシとアルバートが最初に示したことは、ランダムに発生する不具合などに対して、スケールフリー・ネットワークはランダムネットワークよりもはるかに強いということであった。その理由は単純で、スケールフリー・ネットワークの特性はハブの特性によって決定される傾向があるからである。ハブの数自体は非常に小さいので、ランダムに発生する不具合が実際にハブに起きてしまう確率は小さい。例えば、ある地方の小さな空港が機能しなくなっても全体にはまったくといっていいほど影響を与えない。しかしこれとは対照的に、ランダムネットワークではリンクをもっともたくさん持っているノードはそれほど重要ではなく、また、持っているリンクの数が少ないノードも重要ではない。その結果、おそらくそれほど大きな影響はないにせよ、少なくともスケールフリー・ネットワークにおいてよりも影響があるということになる。バラバシとアルバートは、インターネットはスケールフリー・ネットワークであるという最新の証拠から、個々のルーターには終始不具合が発生するのにもかかわらず、どうしてインターネットがうまく機能するのかを説明するモデルを提案した。

彼らは堅牢性以外の面も指摘した。インターネットのようなネットワークでは、ルーターの不具合はランダムに発生するが、ときとして不具合は意図的な、つまりランダムではない、攻撃でも発生しうる。例えば、サービス妨害攻撃（複数のネットワーク上のノードから大量のアクセスなどを繰り返させることによってネットワークやサーバーの処理能力を極端に低下させる攻撃手法）では、リンクを多く持った、つまり高度に結合したノードをターゲットにする傾向がある。ほかの例でいえば、航空ネットワークからコミュニケーション・ネットワークに至るまで、ハッカーの主要なターゲットは明らかにハブである。バラバシとアルバートはもっとも高度に結合したネットワークのノードが最初にダウンしたときは、スケールフリー・ネットワークは一様ランダムネットワークよりも堅牢性が小さくなることを示した。皮肉にも、スケールフリー・ネットワークの攻撃されやすさは明らかにその堅牢性と同じ特性による。つまりスケールフリー・ネットワークでは、もっとも結合したノードは全体としてのネットワークの機能に重要な役割を果たす。したがって、彼らのメッセージはあいまいである。つまり、ネットワークの堅牢性は不具合の特定の性質に高く依存しており、ランダムに発生するシステムの不具合と意図的に引き起こされた不具合はまったく反対の結論を提供するというものであった。

どちらの不具合も考慮しなければならないが、重要性が高いものとして挙げられるのは、ハブの不具合に関してであろう。なぜならば、ハブの不具合は悪意に満ちた攻撃のみによって引き起こされるとは限らないからである。インフラとしてのネットワークはごく少数の高度に結合されたノードに依存しており、そのようなネットワークでは、平均的な不具合よりも深刻な事態は少数のノードにリンクが集中していること自体によって引き起こされるといえるからである。例えば、航空ネットワークでは、膨大な数の航空機がハブを通過することにより不具合が起こる可能性が増加する。ニューヨークの航空機利用者はこの現象に慣れっこになっている。クイーンズ区にあるラガーディア空港では離陸と着陸の飛行機の間隔があまりにも詰まっていて、たとえ些細な遅延でもそれが連続すれば何時間も待機させられるはめになる。実際二〇〇〇年において、アメリカ国内でもっとも遅れた一二九機の飛行機のうちラガーディア空港が起点となった飛行機は実に一二七機にのぼった。ラガーディアのようなハブ空港での遅延は国内線利用者にとってだけの問題ではない。主要ハブでのフライトが遅れると、それぞれの目的地までの到着も将棋倒しに遅れてゆく。したがって、ハブにフライトを集中させればさせるほど、遅延のでる可能性は増加し、それがシステム全体に影響を及ぼす可能性も増加していく。

したがって、現代の航空ネットワークがハブの存在に頼っていることは、時として遅延を拡大するおそれがある。しかし、解決策もありうる。ハブ空港の性能の向上に固執するのではなく、ハブ空港からより小さな空港に航空機をシフトすることである。このような調整をすれば、例えばアルバカーキとシラキュースの空港は、シカゴやセントルイスを経由することなく直接つながることができる。ハブ空港につながるリンクの数を減らすことにより、ネットワーク全体の効率性はそのまま維持しながら、遅延の発生の可能性を減らすことが可能になるかもしれない。そして、たとえハブ空港に不具合が発生したとしても、従来より少ないフライトにしか影響が及ばず、システム全体としてのダメージの減少につながる。

『ネイチャー』誌の表紙を飾った、ネットワークに対する攻撃と不具合に関するバラバシとアルバートの論文は、メディアの注目を少なからず集めた。われわれは再び、重大な問題を見逃したことに気づき、ストロガッツの学生ダンカン・キャラウェイの助けを借りて、遅れを取り戻すべく研究に打ち込んだ。実際に、ダンカンはバラバシのグループが取り組んだものよりも、もっと難しい問題を解決した。ランダムネットワークの結合性を研究するためにマークとストロガッツ、そしてわたしが開発した方法を使って、パーコレーション転移を、シミュレーションによってではなく計算によって正確に得たのである。彼はリンクとノードの不具合に関する問題もうまく解決した。そして、モデルを、スケールフリー・ネットワークだけに限定されないあらゆる次数分布のもとでのランダムネットワークに適用する方法を示した。これは素晴らしい仕事であり、この仕事からわれわれ四人はとてもよい論文を書くことができた。しかし、結局のところ、それは大きな違いを示しえなかった。われわれの発見はバラバシとアルバートのものと大体同じであり、われわれは彼らが最初に考えついたということを認めなければならない。

われわれにとって幸運なことに、パーコレーション・モデルを現実世界の問題に適用することは奥の深い仕事であり、したがって多くの興味深い問題が残されることになった。単に現実のネットワークがランダム・モデルやスケールフリーなどよりももっと複雑なだけではなく、自然のプロセス自体がしばしば標準的なパーコレーション理論の過程で説明されないのである。パーコレーション・モデルでは、例えば、すべてのノードが同じ感染しやすさを持つ可能性があるとみなす。しかし現実には、不均質こそが人間や多くの人間集団以外の重要な特性である。伝染病の拡散の問題に関しても、感染のしやすさやさせやすさには個人差がある。そして、行動や環境の要因が考慮されると、個人差は行動と環境の相関の存在によってより複雑化する。これは、例えば、性交により感染する疾病に関してもいえることであり、リスクを冒す人が同様にリスクを冒す人と出会う確率は明らかに高く、このような行動の特徴は社会的原因を有しているであろうが、明らかに疫学において重要なことである。

さらに、個々の置かれている状態はそれぞれの固有の特徴にだけ関係しているのではなく、全体の流れにも関連している。その好例としては、第1章で述べた送電網の一連の雪崩的現象(カスケード)のように連鎖的に発生した不具合によってもたらされた事故である。たとえノードに不具合の発生する確率をランダムに配置し、さらに、個々のノードの差異を考慮に入れても、本質的な何かを見逃している。つまり、偶発性である。一九九六年八月一〇日に起きた大停電の原因は、多くの独立した不具合によるものではなく、不具合が連鎖的に発生したことによるものであった。このような場合、状況はパーコレーション・モデルよりもモデル化が困難になるが、これは送電網のような工学システムにだけ起きうるものではない。おそらく、このような問題で一番興味深い問題は社会的及び経済的意思決定をおこなう局面に現れるのではないだろうか。次に考えるのは、この重要でミステリアスな問題についてである。

訳注

(1) パーコレーションは、もともと「浸透」の意で、社会科学においては「普及」の意でも用いられる。

（2） あるサイトに到達する前に経由したルーターの数。

第7章　意思決定と妄想と群集の狂気

快晴のサンタフェを出発し、霙混じりの雨が降るマサチューセッツ州ケンブリッジに向かいながら（到着したら、観測史上最大のハリケーン・フロイドが直撃していた）、わたしはニューマンとおこなった伝染病の蔓延に関する研究の成果を、金融市場における伝染効果にも適用できるのではないかと考え始めていた。時は一九九九年秋、ITバブルの熱狂がピークに達しようとしていた。ベンチャー・キャピタルは少しでももっともらしく見えるビジネス・プランにはことごとく金を出し、わたしの仮住まいであったMITのスローンスクールも、さっさと卒業して一発当てたいとウズウズしている学生らで一杯であった。あまりの起業熱の高まりに、MITの卒業生の伝統的な大口採用先であるメリルリンチは、学生がまったく面接に現れないため、年次募集を取り止めそうな勢いであった。

そんな興奮のさなか、金融経済学者で当時わたしの指導教官でもあったアンドリュー・ローから、チャールズ・マッケイによる『群集の過剰な妄想と狂気』*Extraordinary Popular Delusions and the Madness of Crowds* を一読するよう勧められた。タイトルが物語るように、この本は魔女裁判や十字軍といったさまざまな狂気的現象について書かれた書籍である。普段は理性的な、えてして教養ある人々が、後々理解に苦しむような行動をとってしまう。マッケイは、狂気の最大の味方は金だ、と言い切る。一年後、ITバブル崩壊を経て、かの（いまや失業者と化した）MBAたち、そして言わずと知れた多くの証券アナリストたちは、確かに異常な妄想に取り憑かれていたと誰もが思ったことだろう。

しかし、一九九〇年代終わりのIT神話に限らず、一九八〇年代のテキサスの貯蓄貸付組合（S&L）の破綻、一九八七年一〇月の株価大暴落（ブラックマンデー）、メキシコの通貨危機、日本を筆頭に韓国、タイ、インドネシアで起こったバブル経済を含め、ありもしない価値に対する幻想の蔓延は、ますます厳しく不安定になりつつある金融情勢において比較的最近生じるようになった現象だと思うかもしれない。確かに、証券取引の自動化、二四時間取引市場、国際資本移動の自由化以前には、いやもっと遡って電話や電報、大陸間鉄道ができるまでは、妄信が急速に蔓延することも、それを即金で後押しすることも、少なくとも大規模には不可能だったと考えるかもしれない。しかし、そうではなかった。マッケイの本は一八四一年に出版され、彼が取り上げた事例はそれから二世紀も前のことであった。

チューリップ経済

間もなくしてロー教授から聞いたことだが、金融危機は少なくともローマ帝国の時代からあったらしい。しかし、近代に入って最初のものとされるのは、マッケイが取り上げた興味深い事例の一つ、オランダの「チューリップ・バブル」と呼ばれるものである。バブルの最初の年となった一六三四年、トルコ原産のチューリップは西欧に伝わってからまだ日が浅かったとはいえ、当初から評判が高かった。総じて栽培や取り扱いが難しく、それがさらに人気を高める結果となり、チューリップの球根はアムステルダムの花卉市場ですでに高値が付けられていた。しかし、間もなくプロの投資家やブローカーが投機目的で入り込み、値を吊り上げた。一攫千金の夢に舞い上がり、海外投資家からの多額の資金流入にも後押しされ、一般市民までもがこの投機熱に巻き込まれ、事実上、通常の経済活動を放棄するほどであった。マッケイによれば、絶頂期では、希少品種「バイスロイ」の球根一個が「小麦二ラスト(三・六トン)、ライ麦四ラスト(七・二トン)、肥えた牛四頭、肥えた豚八頭、肥えた羊一二頭、ワイン大樽二個、ビール四トン、バター二トン、チーズ一〇〇〇ポンド(五〇〇キロ)、ベッド一式、洋服一着、銀杯一個」で取引されていた。とんでもないと思われるかもしれないが、かたや最高品種といわれる「センペル・アウグストゥス」は優にこの倍はしていた。わたしは話をでっちあげているのではない。

本来ほとんど価値のない商品に莫大な金が投資されるのを見たオランダ国民が、奇妙としか言いようのない行動を取り始めたのも決して驚くことではなかった。中には、家財をすべてなげうってたった一個か二個の高級品種の球根を買った人もいたほどだ。有形資産は相対的に価値が下がって購入しやすくなり、売買、貸し借りが一斉に活発になった。マッケイの言葉を借りれば、オランダはしばらくの間、さながら富の神プルートーの控えの間の相を呈した。当然、この状態が長く続くはずはない。所詮チューリップであり、いかに浮かれきったオランダ人でもいつまでもそれに気づかないはずがなかった。必然とも言える結末が訪れたのは一六三六年であった。ほんの数カ月前には目がくらむほど高かったチューリップの値段は一割以下に落ち込み、今度は怒り狂った民衆の間で、以前にも増して大騒動が繰り広げられた。人々は一気に膨らんだ負債をなんとか解消するため、身代わりを見つけようと奔走するが、無駄であった。

その数十年後、とは言えマッケイの本が出版される一世紀以上前だが、別の二つの大帝国、フランスとイギリスがほぼ同時期にバブル経済に見舞われていた。どちらもその発端や基本的経路だけでなく、それぞれの国民が陥った不条理さ加減においても、チューリップの大失態に酷似していた。今度の投機対象はイギリスの南洋株式会社とフランスのミシシッピ株式会社の株式であり、広大な未開拓地（イギリスの会社にとっては南洋、フランスの会社にとっては後にアメリカ合衆国となる新大陸の南部植民地）の開発は、膨大な投資収益が約束されていた。ちょうどチューリップのケースと同じように、投資家が群がって株価が膨らみ、さらなる投機、さらなる需要を生み、株価をさらに押し上げた。オランダ同様、イギリスもフランスも実物資産が次々と交換されて紙幣が溢れ、巨万の富への妄想が一般化し、株価のさらに不安定な上昇スパイラルが止めどなく続いた。そして、哀れなオランダ国民や、一九九〇年代末期のＩＴ投資家をはじめとする大勢の金の亡者たちと寸分違わず、バブルはやがて弾け、一時は幸せの絶頂にあった民衆の富と幻想は打ち砕かれた。

不安と私欲と合理性

では、なぜ人々は懲りないのだろうか。四〇〇年近くも経過した今、今度は弾けないだろうと信じ続け、最後に気づいた時には決まって手遅れなバブル経済とは一体どういうものか。それは皮肉にも、強欲と不安が人間に普遍的に存在するかぎり、ひとたび喚起されればどんなに考え尽くされた分析手法も過去の経験も太刀打ちできないものだ。私腹を肥やせると確信すればこそ、有能な弁護士がインターネットで雑貨を販売しようとする駆け出し企業に喜び勇んで手を貸すのである。分別あるオランダ国民が、アムステルダムのアパートと引き替えにチューリップの球根を手に入れたようにだ。そして、最後には無価値が待っているという奥深くに潜む疑念によって初めてパニックが起こり、あれほど多くのインターネット関連企業(もっと落ち着いた状況でなら存続に値すると認められたかもしれないものもあった)が突如として、しかもほとんど一斉に崩壊したのである。しかし、多くの皮肉めいた説明と同じく、これも大して役に立たない。これではわれわれは『恋はデジャブ』[訳注1]の経済バージョンを、本来のエンディング(最後にビル・マレーは改心する)が訪れないまま演じ続けなければならない。その皮肉とは、人間は決して変わることができないということであり、それが真実なのかもしれない。しかし皮肉を言っているだけでは、金融危機のメカニズムは実際にどう機能し、どんなタイプがあるのか、どんな制度を作れば人々が少なくとも内なる悪魔と共存できるのかはまったくわからない。

意思決定に関する標準的経済学における理論は、実のところまったく無力だ。標準的経済学では、人間は利己的であるが同時に合理的である。つまり、私欲は常に知性によって抑制され、不安は一切存在しない。その結果、かのアダム・スミスが唱えたとおり、合理的な個人は私利を追求することによって、見えざる手に導かれ、全体として利益を生む。ガバナンス（統制）、つまり政府のみならず、あらゆる種類の制度や規則、外部規則は、市場本来の機能を混乱させるだけである。スミスは国際貿易における政治経済について特に述べていたのだが、その論理はやがてあらゆる種類の市場に、本来ならば危機など起こるはずのない金融市場にまで適用されるようになった。

この楽観論の前提にあるのは、金融取引者が合理的で利益極大主義であるという基本的視点に立てば、バブルは市場を動揺させる投機家が引き起こさなければ起こるはずがなく、そもそも動揺させるような投機家など存在するはずがないというものである。それはなぜか。なぜなら、市場を動揺させる投機家は資産を本来の価値において売買するのではなく、価格トレンドに従って、上昇傾向にあれば買い、下降傾向なら売るからである。そのため、このような投機家は「トレンド・フォロワー」と呼ばれ、安値を付けていると判断した時にだけ資産を買う（そして高値の時にだけ売る）「バリュー投資家」とは対照的である。つまり、資産価格が何らかの理由で本来の価値よりも高く評価されると、トレンド・フォロワーは慌てて買いに走り、その資産の実際の価値よりも高い金額を支払う。そうすることにより、当然、価格をさらに引き上げ、その吊り上げた金額でこの資産を売ることによって利益を得ようとする。しかし、利潤を上乗せして売るトレンド・フォロワー一人一人に対して、その買い手となるトレンド・フォロワーが必要になり（バリュー投資家は見向きもしないため）、後者は前者より更に大きな過ちを犯すことになる。

この愚行の連鎖もいつかは断ち切られるときが来る。その時には価格が下落し、トレンド・フォロワーの中に損をする者が現れる。価格の下落幅が大きく、本来の価値を下回れば、バリュー投資家がまた買い始め、トレンド・フォロワーをエサに利益を得ることになる。トレンド・フォロワーがいくら利益を生もうと、それは他のトレンド・フォロワーの犠牲の上に成り立ち、したがって、トレンド・フォロワーは全体として常にバリュー投資家に対して損をすることになる。トレンド・フォロワーからバリュー投資家への最終的な富の移転は投機の基本特性であるため、合理的な人なら誰しもトレンド・フォロワーになりたいとは思わないはずである。したがって、市場価格は常にその資産の本来の価値を反映するはずである。金融用語で言えば、市場は常に効率的であるはずである。しかし、実際の人間が単純に愚かだったら？　この理論には、その反論に対する答えも用意されている。たとえ愚かだったとしても、全体として損をする傾向があるという単純な事実によっていずれ彼らを市場から追い出す力が働くというのである。それはダーウィンの唱えた自然淘汰のようなものである。バリュー投資家はトレンド・フォロワーから金を奪い続け、トレンド・フォロワーは破産して市場を去っていく。長い目で見れば、バリュー投資家だけが残り秩序が打ち勝つ。したがって、投機買いも資金超過取引もバブルも存在しない。

論の筋は通っているようだが、合理性がもたらす結論は金融市場を扱う上でパラドクスを有している。一方では正当に機能している市場における完全に合理的な投資家たちは、入手可能なすべての情報を駆使して、本来の価値を正しく反映する資産すべてについての価格の一致を見るはずである。単に価格自体の変動をもとに売買を決定する人はいないはずであり、それをしようとすればいずれ市場から追い出されるはずである。しかし、他方では、全員が合理的に行動すれば価格は常に価値に準じたものとなるはずで、そうなればバリュー投資家でさえも儲けを出すことはできない。その結果、バブルがない代わりに、取引自体も起こらない！　これは市場理論にとってはいささか問題のある結論である。取引がなければ市場はそもそも正当な価値に合わせて価格を調整する術がないからだ。

したがって、合理性のロジックは見方を変えれば、金融市場で現実に起こっていることとかけ離れており、これは歴史が示している。なるほど人間は利潤を最大化しようとしている。なるほど投機家はよく損をする。十分に長い目で見れば、投機家はたびたび莫大な利益を手にする人も含め、いずれはそのすべてを失う。カジノのギャンブラーのようにしばらく勝ち続ける人はいるが、結局真の勝利者はカジノ・ハウスだけである（だからこそ、カジノの数が増え続けているのだろう）。それでも、ギャンブルをやめないように、人は投機をやめない。

しかし、人間が、経済学でいう厳密な意味で完全に合理的でないにしても、まったく感情に振り回されてしまうわけでもない。もっとも理不尽な投機家でさえ見かけほど無謀ではない。そして残りのわれわれに至っては、大抵において、なるべくやり過ごそうとする。状況を見極めてできるだけトラブルを回避しようとする。このように見ると、それほど激しやすい種類の人間はいないし、実のところめったに問題は起こらない。実際、バブルやその崩壊は一斉に取りざたされるが、金融市場の動きは大抵驚くほど平穏で、政権交代やテロ攻撃などの外的刺激に直面しても、予想に反して過剰反応を示すことも少ない。つまり、金融市場の本当の謎とは、それが合理的か否かではなく、どちらでもあるということだ。もしくは、どちらでもない。いずれにしても、普通の人々が大勢集まればほとんどの場合は、分別ある行動を取るが、時として、気が狂ったように振る舞うことがあるようだ。そして金融市場は、通常は分別ある集団あるいは群衆、社会そのものが時として起こす常軌を逸した行動のほんの一つの現れに過ぎないのである。

「割り勘のジレンマ」と「共有地の悲劇」

金融危機の発生原因の研究を始める少し前に、わたしは興味のあった別のテーマについて調べていた。それは協調行動がどのようにして生まれたかについてであった。協調は人間行動のありふれた特質の一つであるために、人間と他の動物とを隔てる本質的な違いの一つであると(過って)考えられがちである。しかし、自発的な協調行動の起源には実はパラドクスが存在し、哲学者から生物学者に至る学者たちを何世代にもわたって悩ませているのである。その矛盾とは、一言で言えば、利己的な人間が他人の利益になるおこないをすることは、本質的に自己犠牲を伴うにもかかわらず、なぜ利他的に振る舞うのか、ということである。

ちょっとしたレストランへ大勢の友人たちと、割り勘の約束で食事に行ったとしよう。メニューには、値段が安めの簡素なパスタから、贅沢なフィレステーキまで、多彩な料理が載っている。もしそこにいる全員が値の張る品を注文したら、全体として高い食事になるから、あなたがパスタを注文すれば当然みんなのためになる。逆に、もしあなたがステーキをとりほかのみんながパスタで我慢したら、あなたは豪華な食事にほぼ半額でありつけることになる。さらに付け加えるなら、もしあなたがステーキを注文せずほかのみんなが注文したら、つまらないスパゲッティ一つに法外な金額を払わされることになる。注文する品を選びながらそれぞれが思い悩むのは、もちろん自分自身の満足と友人たちの福利のどちらを重視するか、という問題だ。

この「割り勘のジレンマ」のゲームは二人の物理学者、ナタリー・グランスとベルナルド・ヒューバーマンによって考案され、「社会的ジレンマ」の一例としてよく引用されている。社会的ジレンマは、「公共財ゲーム」としても知られているが、リサイクリング事業や公共交通機関といった集団の利益をテーマに取り扱う。集団の利益が成立するためには、集団の大多数が利己的な選択肢（バスに乗らずに自動車を使うなど）ではなく、公益に貢献する選択肢を選ぶ必要がある。社会的ジレンマに備わった本質的困難を理解するために、税制を取り上げてみよう。病院、道路、学校、消防署、警察署、十分に機能する市場、裁判所などの公共サービス、あるいは法律そのものの存在は（ほとんどの国家においては）税収に依存し、非効率的な政府には不満はあるものの、このような主要な公共サービスなくして、社会が長期にわたって存続しえたことはかつてない。このように、税金を納めることは明らかに国民にとって有益であり、逆に税金を払わないことなど考えられないことである。しかし、グランスとヒューバーマンが指摘するように、国民が自発的に税金を納める国は一つとして存在しない。

人間は、自分たちの（集団的）利益に明らかにつながることでさえおこなうとは限らないのであろうか。一九七〇年代に政治学者、ギャレット・ハーディンによって考案され、多大な影響力を及ぼした「共有地の悲劇」という論理によれば、答えは「そのとおり」である。前近代的なある村の中心に、広い共有地があったとしよう。村人はこの土地を主に羊や牛を放牧するために利用し、その家畜の毛を刈り、乳を搾り、食肉にして生計を維持し、利益を得ている。共有地には所有者も管理者もいないため誰でも自由に利用でき、放牧する羊や牛を増やしたことによって得られる利益はすべてその飼い主のものになる。つまり、誰もが羊や牛の数を増やし続ける動機を持ち、そうすることによって経費を増大させることなく個人の利益を増やし続けることができる。

この話の行く末は容易に想像がつくだろう。共有地の草はやがて食い尽くされ、家畜は一頭も育たなくなり、村人の生活も損なわれる。村人がせめて分別を持って行動してさえいれば、問題は起こらなかったはずだ。共有地は存続できたし、村人も永久的に生活を支えられたはずである。しかし、たとえどこかの村で偶然にも理想郷なる均衡を見出せたとしても、それは本質的には不安定なものである。みんなが進んで取るべき行動を取っていても、それぞれが利己的な村人は（すべての村人は利己的である）常に自分の家畜の数を増やしたいという動機を持っている。それを止める人も、文句を言う人もいない。支払うべき犠牲もなく、より豊かになる。共有地が消えてなくなるわけでもないし、この広大で肥沃な牧草地に羊をもう一頭放したところで誰も気づかないだろう。そうしない理由などありえない。

確かにその通りである。しかしそれが悲劇であり、シェークスピアばりの必然的な結末を導くのである。誰も常軌を逸していない。現に、与えられた状況を考えれば、彼らのようにしないことの方がおかしい（少なくとも非合理的だと言える）。いかにその先に災難が待ち受けていようと、当事者たちは崩壊に向かって突き進むしか術はなく、個々の私利私欲に否応なく引きずられ、集団的破滅を迎えるのである。そのタイトルが示すように、ハーディンの論理は世の中の残酷な一面を表しており、無視しえない現実世界の悲劇を彷彿とさせる。長引く無益な戦争、断ち切れない卑劣な慣習、取り返しのつかない環境破壊。できることなら一掃してしまいたいが、哀しくも、われわれ自身の意志がもたらした結果なのである。割り勘のジレンマ同様に、共有地の悲劇は、われわれ個人がそれぞれ心の中に私欲を持ち、自分だけの意思決定はコントロールできても、同時に他者の意思決定によってもたらされる結果も受け入れなければならないという避けられない難問なのである。

情報の雪崩的現象(カスケード)

しかし、すべてのジレンマが涙で終わるわけではない。文化的な流行が決まって無関心な人々の間にも浸透するのと同じように、社会規範や社会制度も時として一夜にして変わる。今日当たり前となったペットボトルや新聞紙などの日用品のリサイクルは比較的最近始まったことである。一世代も経ないうちに、西欧の工業化社会の多くは、かつて一握りの長髪の環境保護論者しか関心を示さなかった環境破壊の漠然とした脅威に対応した生活パターンに改めた。リサイクル行為は、社会的異端とも呼べる位置づけから、どのようにしてわれわれの自主的取り組みとして定着するに至ったのであろうか。相変わらず不便が伴うのに、なぜわれわれはそれに疑問を抱かなくなったのだろうか。

きっと、数えるほどの空き缶をときどきリサイクルするくらいは大した面倒でもなく、その程度ならこれまでの習慣をさほど大きく変える必要がなかったということかもしれない。しかし、個人の負担がこれよりはるかに大きくても社会が突然変わる場合もある。一九八九年、ライプツィヒの市民は一三週間にわたり毎週月曜日にデモ行進をおこなった。最初の週は数千人、次は数万人、そして数十万人が集まり、旧東ドイツ共産政権の圧制に対する抗議運動を繰り広げた。今ではあまり記憶されていないが、ライプツィヒのデモは歴史の重要な分岐点に位置づけられる事件であった。市民は東ドイツ共産党を転覆させただけでなく、そのわずか三週間後にベルリンの壁の崩壊、最終的にはドイツ統一を達成させた。それ以前にも日常的に蜂起はあったが、ライプツィヒのデモは利他的な協調行動が大衆の間で瞬時にして起こりうること、たとえその行動が投獄、肉体的危害、死の危険性といった極めて大きな潜在的犠牲を伴う場合にもありえることを示した。一九八九年の終わりには、ライプツィヒは東ドイツの中で「英雄の街（Heldenstadt）」として知られるまでになった。

では、なぜこのようなジレンマの解消が瞬時にそして劇的に可能となるのか。そして、この上なく確固たる現状が意外にも崩壊するならば、それまでどうやって維持できていたのか。最終的な崩壊に至る前にも同じくらい決定的な衝撃や騒音に絶え間なくさらされたはずなのに。これまでの多くの研究者同様、わたしも協調行動の発生要因やその前提条件の問題に興味を抱いていた。しかし、サンタフェの研究室で資料の山をかき分けながら、MITの周辺を気に入ったコーヒーショップを求めて歩きながら徐々にわかってきたことは、わたしがこれまでに調べてきた文化的な流行やバブル経済をはじめ、協調の突然の発生などの問題は、同じ問題の異なる現象であるということだった。

人間味のない経済学用語では、この問題を「情報のカスケード（雪崩的現象）」と呼んでいる。集団の中の個人は、原則的に一個人として振る舞うことをやめ、集団の中で足並みを揃えた集団として行動し始める。情報のカスケードは急激に起こることがある。ライプツィヒのデモは、勃発に至るまでたったの数週間だった。逆にゆっくりと起こることもある。新たな社会基準、人種平等、婦人参政権、同性愛の容認などは、普遍化されるまでに何世代も経なければならなかった例である。しかし、どんな情報のカスケードにも共通しているのは、一旦起これば、自己継続する点である。つまり、支持者が支持者を呼ぶのである。そのため、たとえ当初の衝撃が小さくても、巨大なシステムに浸透するだけの力を持つのである。

カスケードは、鮮烈で必然的性質を持ち合わせることが多いため、注目される出来事となって現れることが多い。そういった傾向があるせいで、カスケードはむしろめったには起こらないという事実が見失われがちである。東ドイツの国民には確かに統治者に不満を抱く理由は山ほどあったであろうが、それまでの三〇年の間、一貫して不満だったはずであり、その間にはただ一度（一九五三年）ニュースになる程度の民衆蜂起が起こっただけである。サッカーファンが暴動を起こす日や株式市場が崩壊する日もあるが、何も起こらない日も何日もある。そして、『ハリー・ポッター』や『ブレア・ウィッチ・プロジェクト』がどこからともなく一気に爆発し注目を集めるかたわら、数え切れない本、映画、作家、俳優がポップカルチャーという無個性のざわめきの中で、日の目を見ぬまま一生を終えるのである。このように、情報のカスケードを理解するには、小さな衝撃がどのようにして時折、システム全体を変え得るのかということだけでなく、なぜそれが大抵の場合そうはならないのかを探らなければならない。

情報のカスケードのさまざまな現象、つまり文化的流行、バブル経済、政治的革命などにおいて表層的にはかなり異なって見える点を超越して理解する必要がある。基本的な類似性に辿り着くには、それぞれの状況が持つ特異性を取り払い、互換性のない言葉遣いや相対する用語、意味不明な専門用語にあふれたイバラの道を辛抱強く進まなければならない。しかし、共通する糸口は存在し、数カ月をかけて問題を一つ一つ見据える作業を続けているうちに、まるでチャック・クロース[訳注2]の描いた点が、壁から一歩下がって見たときに初めて肖像画の像を結ぶように、わたしの頭の中でつながり、大まかな輪郭が浮かび上がってきた。とは言え、まだとらえどころのない像であり、さらに経済学、ゲーム理論、そして実験心理学の知恵を借りてすべてをつなぎ合わせる作業が必要だった。

情報の外部性——他人の意見に左右される

一九五〇年代、心理学者のソロモン・アッシュは、ほかでもないスタンリー・ミルグラムの先生であり、実に興味深い実験をおこなっている。八人のグループを作って、小さな映画館のような部屋に入れ、前面のスクリーンに図7-1のような長さの異なる縦線を並べたスライド一二枚を順番に映し出した。アッシュの助手たちはスライドを次々と映しながら、次のような簡単な質問をグループに投げかけた。「右側にある三本の線のうち、左側にある線にもっとも距離が近いのはどれか」。この質問は、わざと解答が明白であるように作られていた（図7-1では、答えは明らかにA）が、実は仕掛けがあり、一人の被験者以外は全員が同じ間違った答え（例えば、B）を言うように事前に指示されていたサ

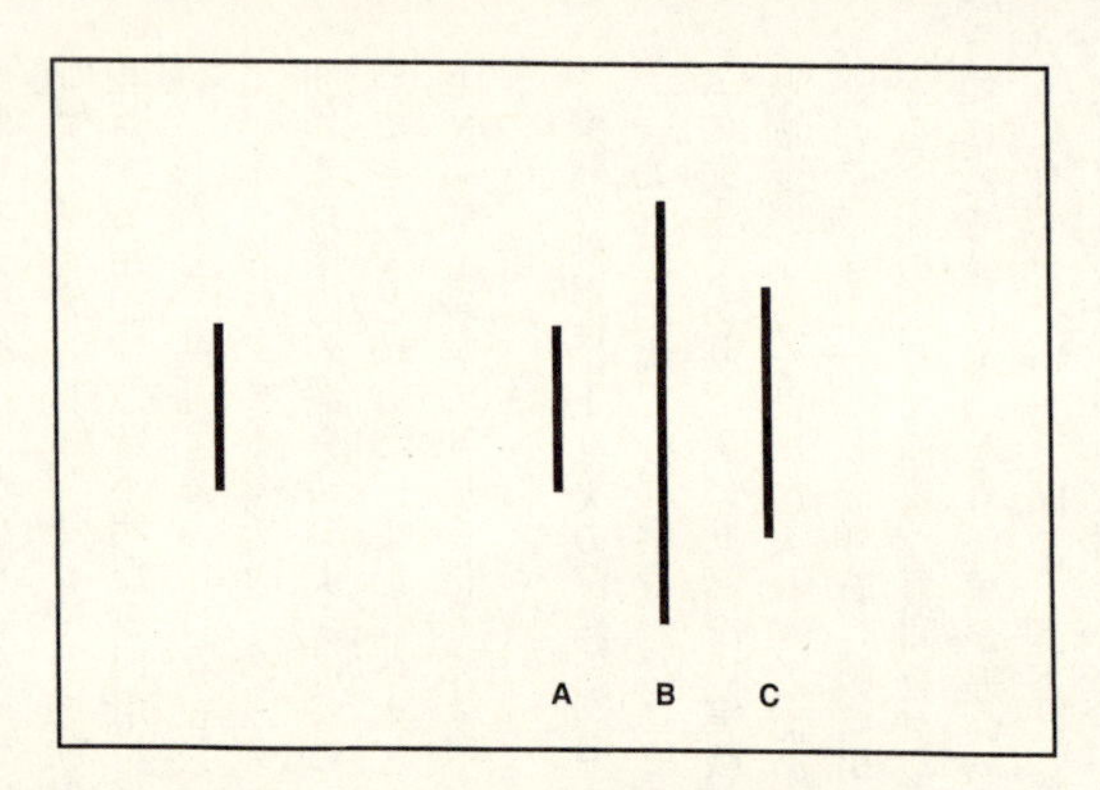

図7-1　ソロモン・アッシュが個人の意思決定に対する集団からの圧力の影響を調べるために行った実験において、質問に用いたスライドの図。被験者にこの図を見せ、「右側にある三本の線のうち、左側にある線と同じ長さのものはどれか」と質問した。答えは誰でもわかるように作ってある（この場合はA）が、質問された８人のうち、７人は間違った答え（例えばB）を答えるよう予め指示されている。

クラだったのである。

この仕掛けによって、哀れな被験者は信じられないくらい混乱した状況に置かれることになった。わたしもその状況をよく知っている。というのも、イェール大学で情報のカスケードに関する講義をおこなった際、聴講者の一人が（いまや経済学の著名な教授だが）、自分がプリンストン大学の学生だった頃、アッシュの被験者になったことがあると言い出したからだ。被験者は一方では自分の目で明らかにAがBよりもその線に近いことは見ているわけである。ただし、そこでは、自分と同じように分別も合理性も持ち合わせているはずの七人が、答えはBだと自信ありげに主張している。七人が七人とも間違っていることなどありえないのではないか。どうやら、被験者となった多くの人がそう考えたようである。全ケースのほぼ三分の一の被験者が、自分の判断を曲げて満場一致の意見に賛同した（わたしの聴講者の名誉にかけて言っておくが、彼は自分の信念を貫いた）。しかし、被験者の常識は闘わずして屈したわけではなかった。自分の確信を裏切るか、それとも同席者らの見ための確信を無視するかの選択を迫られた人々は、額に汗をかき動揺するなど目に見える苦悩の徴候が見られたとアッシュは報告している。

しかし、なぜそもそもわれわれの意見は、他人の意見にこうも左右されるのだろうか。繰り返すが、標準的経済学ではそうはならないと説明している。一般的な経済的意思決定モデルでは、個人が検討する個々の選択肢はそれぞれ利益または効用を生むと考えられ、それは部分的に個人の嗜好に依存している。したがって、同じ嗜好を持つ二人は同じものを好きになったり嫌いになったりするが、嗜好が多様であれば、人が嫌うようなものを好んだりする。それでも、ある人があるものをどれくらい欲しがるかは常に完璧にわかっているため、問題はその人がそれを獲得できるかどうかだけである。

ところで、市場がおこなうのは次のことである。市場は商品やサービスをちょうどそのときの需要にぴったり合致するように価格を設定し、それを欲しがる人に支払う意志（または能力）がある限り確実に買えるようにするのである。多数の人が同じものを欲しがった場合、価格は上昇し、その結果、中にはそれならばほかのもの（例えば持っているお金そのもの）の方がいいと考える人も出てくる。しかし、そしてここが重要なのだが、他人の欲求によってわれわれが何かを欲しくなることもならないこともなく、またわれわれにとってそのものの有用性が変わることもない。嗜好は影響されないままである。市場が決定するのは、その嗜好を満たすための値段だけである。戦略ゲームとなると、事はもっと複雑になる。プレイヤーは今度は他者の嗜好を考慮して自らの行動を計画しなければならない。つまり、わたしの選択する行動は、わたしが知っているあなたの欲しいものに影響されるかもしれない。けれども、わたしの欲しいものは変わらない。このような極端な論理の上に立つ世界では、友人に意見を求めても意味がない。なぜなら、あなたがすでに知っていること以外は聞き出せないからだ。友人の嗜好はあなたの嗜好に影響を与えないのである。

しかし、現実世界に戻れば、われわれが遭遇する問題の多くはあまりに複雑か不確実であるため、ベストな選択肢を判断するのは難しい。例えば、複雑な新規技術や人材を採用するかどうかを選択しなければならないときに、相対する選択肢に関する十分な情報を持ち合わせていないことがある。ほかにも、(株式市場のように)情報はふんだんにあるもののそれを効果的に処理できないことがある。例えば、あなたは見知らぬ街にいて、どこか食事ができる場所を求めて歩いているとしよう。そこに軒を並べ、似たような(そして同じく馴染みのない)メニュー、同等の値段、同じような店構えの二件のレストランを見つける。しかし、一件は繁盛し、もう一件は閑散としている。あなたはどちらに入るだろうか。人混みが苦手か、空いているレストランで客寄せしているウェイターに同情しない限り、これ以上の情報を得られなければ、あなたも、そして誰もが同じ行動を取るに違いない。つまり、混んでいる方を選ぶだろう。あれだけ大勢の人が間違っているはずがないのだから。

アッシュの発見は何かわれわれの弱点を露わにしているようにも見えるが、仲間の行動や助言に耳を傾けることは、少なくとも複雑で予測不可能な社会をある程度うまく渡っていくにはえてして信頼できる方策なのである。どの大学院へ進み、どの映画を観るかを選ぶときも、人は常に潜在的リスクを最小化しようとし、それがこの先のキャリア展望であれその晩の娯楽であれ、そのために他者の行動を観察し見習うのである。はっきりと多数派を避けることはあっても、完全に孤立した存在になる、あるいは単なるへそ曲がりとして振る舞うことはめったにない。むしろ、われわれは手本にしたいと願うモデルを心の中に抱いている。したがって、従来型の社会的主体とそれとは異なる社会的主体の違いは、後者の主体が他者に耳を傾けないのではなく、前者の主体とは異なる他者に耳を傾けているところにある。

つまり、アッシュが実験を通して発見したのは、根深い問題解決のメカニズムであり、それを理解するためには人間の合理性に対する経済学者の伝統的視点を若干修正する必要がある。要するに、純然たる経済的合理性は、人間の能力について幾分乱暴な前提を含んでいる。例えば、戦略的合理的主体は、自分の嗜好とすべての他者の嗜好を知り尽くしていることになっている。さらには、個々の主体は、ほかのすべての主体がそれを知ってい誰もが知っていることをその主体が知り……。誰もが知っていることをその主体が知り、そしてそれをほかの主体が知っていることをその主体が知り……。誰をも知り尽くしているという終わりなき回帰が達成されている場合、合理的主体は、自分以外も自分と同じように行動するという条件で、自分の期待効用を極大化する行動を取るのである。

もちろん、経済学者も人間がこれほど賢いとは考えていない。むしろ賢いかのように振る舞うはずである、と考えている。その一般的な理由は、前述の投機家の存在についての議論によく似ている。つまり、合理的期待に沿って行動しない人は、そうする人よりも損をする。だから、違う戦略を取ることが意図的かどうかにかかわらず、合理的に行動することを学習するのである。それは単純にその方がうまくいくことを目の当たりにするからである。すなわち、重要なのは合理的期待に由来する一連の行動だけであり、それはその均衡状態にシステムが必然的に収束するからである。人間行動に関する理想論の中では、これはいくらか洗練された響きがある。事実、純粋に審美的に見れば、新古典派経済学の多くはかなり美しい。しかし、投機家のケースで見たように、新古典派経済学が描く世界は、本物の世界とは似ても似つかないことが多いのである。

第4章の優先的選択（成長）モデルに関連して紹介したハーバート・サイモンは、一九五〇年代、合理的効用極大化論がいかに数学的に魅力的であっても結局は架空の理論であり、限られた範囲でしか人間の行動を説明していないと指摘した。人間が合理的に行動しないことが、常識的には言うまでもなく、経験的証拠により実証されているのだから、もっと理にかなった理論を作り上げても良いはずである。都合の良い数学的思考よりも直感を重視したサイモンは、人間は合理的に振る舞おうとするが人間の能力には認知限界と情報量不足に縛られた限界があると考えた。彼はそれを端的に、「限定合理性」と言い表した。

したがって、人間の意思決定に関するアッシュの観察は、限定された合理性の一つの現象として解釈するのがもっとも妥当であろう。われわれはどの行動を選択すべきかを迷い、一般に、自力で決定する能力を欠いているため、互いに目を配るよう条件付けられている。そこには、自分の知らないことを他人が知っているという前提がある。われわれは日常的にこのように振る舞い、それでそこそこうまくいくため、たとえ答えがわかりきっていても、反射的に他人の行動に相当の重きを置いている。

ある人の経済行動が取引以外のものに影響されることを、経済学では「外部性」という。一般に経済学者は、外部性を市場の法則に従わない不都合な相互作用であるかのように捉えている。しかし、アッシュの実験結果を真剣に受けとめ、さらに、駅で人の群れに付いていったり、携帯電話サービスを選んだりするときのような、日々の経験則を信じるならば、「意思決定の外部性」と呼べる効果をそこら中に見つけることができるだろう。そして、アッシュの実験などに見られるように、われわれが得られる情報量やその処理能力が持つ限界から生まれる外部性をわかりやすく、「情報の外部性」と呼ぶことにする。

強制的外部性――「沈黙のらせん」現象

アッシュの被験者の意見は、明らかに同席者の（ウソの）意見に惑わされたが、被験者の中には、本心では自分の考えは変わっていないのに同調を示さなければいけないと感じた人もいた。後にアッシュが示したように、このとき感じた、人に従わなければならないという圧力は錯覚ではなかった。現にパターンを変えて、一人だけが間違った答えを言うように指示した実験では、そのことを知らされていない多数派は現に彼を笑いものにした。したがって、「強制的外部性」は情報の外部性と同じような意思決定シナリオに現れる可能性が高く、区別がつきにくい場合もあるだろう。例えば一〇代の若者による集団非行を説明するのに、仲間に圧力をかけられた弱い立場の人間が自分の価値を仲間に認めさせようと、暴力や破壊活動をおこなうというシナリオが用いられる。しかし、ここでも情報が一役かっている。もし非行集団のリーダーになることが若者の経済的、社会的成功の象徴ならば、悪いとわかっている罪を犯すという犠牲を払ってでもその道を辿ろうとする決意は自然発生的であり、強制された結果ではないと見ても納得できるはずである。

他者が示した考えに呼応して自分の考えを変えるのは、意志の弱さや情報不足ばかりが原因ではない。一九六〇年代と一九七〇年代にかけて、西ドイツでは画期的な研究がおこなわれた。その中で政治学者エリザベート・ノエル＝ノイマンは、二度の国政選挙に先だって人々が交わした政治的会話で、自分を多数派だと思っている人が自分を少数派だと思っている人を抑えて、次第に声高に主張を強めていくという一貫したパターンが見られたことを示した。ここで注目すべきは、「自分を～と思っている」という表現である。ノエル＝ノイマンによると、二つの政党に対する支持は、国民個人の表明によれば、概して違いはなかった。違ったのは、多数意見、すなわちどちらの政党が優勢かという彼らの予測であった。ノエル＝ノイマンが「沈黙のらせん」と名付けたこの現象では、少数派はどんどん自分の意見を公にしなくなり、それによってますます少数派の立場が決定的なものとなり、さらに意見を述べづらくなった。

とは言え、投票は私的な行為だから、選挙前に勢力図がどう変わるかは大して重要ではないはずだ。しかし、そうではないことにノエル＝ノイマンは気づいた。彼女のもっとも驚くべき推察は、選挙当日、勝敗の最大の決め手となったのは、個人がどちらの政党を支持しているかではなく、どちらの政党が勝つと予想しているかであった。このように他者の考えに対する考えは、個人の意思決定に影響を及ぼし、それは投票ブースという私的な場所でも有効に働くようである（あるいは投票をおこなうか否かの決定にさえ影響する可能性もある）。アッシュの実験や犯罪の蔓延に関する推察と同じように、どのような力が沈黙のらせんを引き起こし投票者の最終的意思決定に影響を与えているのか、はっきりとはわからないが、おそらく強制的外部性と情報外部性の両方が働いているのだろう。そして、意思決定の外部性はさらに別の形で現れることもある。

市場外部性——商品の効用を決めるもの

一九七〇年代に始まったハイテク・ブームに刺激され、経済学者は、ユーザー数の増加につれてその価値が上がるという特性を持った商品に着目した。例えば、ファクスは、自動車やコピー機と違い、その有用性は相手もファクスを持っているかで決定的な差が出る。最新モデルを一番初めに買ったことを自慢したいのでなければ、人に先駆けてファクスを買う意味は一つもない。しかし、多くの人が買えば買うほどファクスは便利になり、やがて単なる技術的興味の対象から必需品に変わる。

ファクスのような商品が持つ効用の少なくともいくつかは、別の機器の存在に依存するため、購買の意思決定には外部性が見られる。しかし、ファクスの購買に伴う意思決定の外部性は、アッシュの実験にあった認知的または強制的外部性のどちらとも異なる。具体的にどのファクスを買うかという選択には、技術に詳しい友人のアドバイスに頼る（つまり情報の外部性を利用する）かもしれないが、ファクスをそもそも買うかどうかの意思決定は基本的に費用と効用にのみ基づく経済計算である。したがって、われわれはファクスのような商品については、商品の効用自体（コストも、技術が普及するに従って下がる傾向にある）はその商品が何台売れたかによって、つまり、市場の規模によって決まるという意味を表すために「市場外部性」という言葉を用いる（ちなみに、経済学では「ネットワーク外部性」という用語を使うが、ここでいうすべての意思決定の外部性はネットワークの影響を受けるため「市場外部性」と呼んだ方が明確である）。

市場外部性はしばしば経済学で言うところの「補完性」によって間接的に強化される。補完性は、二つの商品（またはサービス）が互いの単体での価値を高め合うことである。例えば、ソフトウェア・アプリケーションとオペレーティング・システム（OS）は、どちらか一方が欠ければ使い道がなくなるため補完的商品である。市場外部性は、特に補完性によって強化された場合、「収穫逓増」と呼ばれる正のフィードバック効果を生む力があり、それは第4章で取り上げたマタイ効果（「富める者はますます富み、貧する者はますます貧す」）に似ている。ある特定のOSを搭載したコンピュータが出荷されればされるほど、そのOSで機能するアプリケーションの需要が高まる。そして特定のOSに使えるアプリケーションの数が増えれば、それを動かすコンピュータの需要が高まる。これは実はパソコン市場がマイクロソフト・ウィンドウズに集約していったおおよその背景である。マイクロソフトはいち早くOS市場をリードし（IBMが採用した）、そして当然ほかのどのメーカーよりもOS互換性の高いソフトウエアを開発できたため、OSおよびアプリケーションの両市場で膨大なシェアを手中に収めることができた。反対に、アップルはOS市場で相対的にわずかなシェアしか持っていないために常に苦戦を強いられ、結果的に、マッキントッシュ・ユーザーは、ウィンドウズ・ユーザーのように豊富なアプリケーションから選択することができない。

同調外部性――集団的利益の認識

このように、意思決定の外部性は、現実世界における不確実性がわれわれに周囲から情報やアドバイスを求めるよう仕向ける（「情報外部性」）か、われわれが周囲の圧力に直に屈服する（強制的外部性）ことによって生じる。外部性は不確実性が存在しなくても生じる場合があるが、それは単純に意思決定の対象自体が利益を増大させるからである（「市場外部性」）。ところが、意思決定の外部性にはまだもう一つのタイプがあり、それは割り勘のジレンマや共有地の悲劇のような公共財ゲームの構造から導き出すことができる。

公共財ゲームが成立するのは、例えばプラスチックやガラスをリサイクルする、二重駐車をしない（ほんの一瞬でも）、コーヒー・メーカーが空になったらコーヒーを作っておく、などのように正しいおこないをすることが、個人の犠牲を伴うとはいえ集団としては利益となるときである。集団の立場に立てば、十分な数の人が正しいおこないをすればみんなの得になる。地球は資源不足にならず、道路は渋滞せず、コーヒーを切らすこともない。しかし、個人の立場からすると、自分以外のみんなが正しいおこないをしている場合、常に他人の努力に便乗したくなり、そうすれば自分は貢献せずに公共資源の恩恵を受けることができる。[訳注3] もっとひどいのは、誰も正しいおこないをしていない場合、自分だけがやるのはばかばかしいという考え方だ。自分は同じだけ苦労しても、誰の得にもならないのである。

ジレンマの要点は、意思決定を下しているのは個人であり集団ではないということだ。

そのため、社会的ジレンマに対処する戦略のほとんどは、集団にとって望ましい行動を個人が取るための利己的動機を個人に与えることを目的とする。政府は法制化という手段を行使し、公共心のある法律を制定し、法的権力を用いて国民に従わせる。一方、市場も自らジレンマを解決しようとするが、その方法はまったく異なる。すべてを私有財産に変え、所有者に財産を自由に取り引きさせることで、市場は（アダム・スミスが最初に指摘したように）個人の利己的行動を抑制することが可能になる。

しかし、すべてが政府によって効率的に統制されるわけでも、小分けされて簡単に取り引きできるわけでもない。また、われわれは必ずしもそれを望んでいるわけでもない。すべての国家を支配する力を持った世界政府が存在しないために、戦争を除いては、実効力のある国際協定などというものは存在しない（協力しない国家を刑務所に送ることはできない）。そして、多くの国際協定の対象が大気や海洋といった本質的に分割できない存在であるため、市場の力だけで個人対集団的利益の折り合いをつけることは往々にして不可能である。むしろ、国際協定は独立した主権国家間の協調によって合意され、維持されなければならず、それぞれが自国の論理や利益を話し合いの場に持ち込んでいる。例えば、過ちを犯した国家を貿易制裁などによって罰する場合でも、残りの国家が協力して、自国の利益のために制裁に違反するようなことをしないことが必要である。

実効力ある中央政府や十分に機能する市場なくして集団的協調を作りだし、維持することは難しいが、国際間だけでなくコミュニティ、企業、家庭レベルにおいても協調は起こり得るし、実際に起こっている。利己的な意思決定者の間に協調が生まれるための条件については まだ議論を必要とするが、過去二〇年にわたる一連の理論的、経験的研究によって、多くのことがわかってきた。すべての説明の中核には、二つの基本的な要件が存在する。第一に、個人は未来に関心を持たなければならない。第二に、自分の行動が他者の意思決定に影響を及ぼすと認識していなければならない。もしたった今からあなたがあなた自身や他人に何が起ころうとまったく気にしないと決めこむならば、利己的以外の振る舞い方をしようとする動機は生まれないであろう。未来を気にすることだけが、他者のために短期的な自己犠牲を払うことに意味を与えるのである。けれども、未来を気にかけるだけでは十分ではない。集団的利益を支えることが他者の参加を呼ぶことになると認識したときにのみ、未来はそうする利己的な動機を与えてくれるのだ。そして、あなたがどれだけ変化を起こせるか、そしてそれが十分かどうかを計る唯一の方法は、他者の行動に注意を向けることなのだ。もし十分な人数が参加しているようなら、あなたも参加する価値があると判断してよいだろう。そうでなければ、あなたは参加する価値などないと判断するであろう。要するに、協力するかどうかの意思決定は、われわれが「同調の外部性」と呼ぶものに決定的に依存するのである。

社会的意思決定の重視

情報不足を補うためにせよ、周囲の圧力に屈するにせよ、あるいは共通の利益を得ようとするにせよ、人間は絶えず、生まれながらに、そしてしばしば無意識のうちに互いに注意を払って、些細なものから人生を変えるようなものまでさまざまな意思決定をおこなっている。しかし、それはわれわれ人間が望んでいる姿では決してない。人は自らを一個人として、自分が重要だと思う事柄や人生をどう生きるかについて、自らの力で決断できる存在だと考えたがるものだ。特にアメリカでは、個人主義は極めて高い支持を得ており、それがわれわれの発想や社会制度にも反映されている。個人を自律的存在として認め、その意思決定を本人自身によるものと受けとめ、そして個人の成果は資質や才能の現れと見なしている。

これはなかなか良い筋書である。個人は利益を最大化する合理的主体としてモデル化できるという理論的に魅力的な概念だけでなく、各人が自分の行動に対して責任を持つという倫理的に魅力あるメッセージも示唆している。しかし、個人の責任ある行動を信用するのと、その行動についての説明が完結していると信じるのとでは違いがある。気づいているかどうかにかかわらず、われわれはまったく単独で人に影響されることなく意思決定することはまれにしかない。われわれは、自分の置かれている状況、独自の人生経験、文化によって条件づけられている。また、多分にメディア主導の情報の海でわれわれは泳ぎ続け影響されずにはいられない。われわれがどんな人間かを、あるいはわれわれの生活の背景を決定づける上で、これらのごくありふれた影響は、われわれがあらゆる意思決定のシナリオに持ち込む能力と嗜好を決定づけている。しかし、一旦シナリオに入り込むと、われわれは自らの経験や資質だけによって左右されるわけではない。ここに、情報、強制、市場、同調の外部性が決定的な影響をもたらす。そうなると、人間は根本的に社会的動物であるため、意思決定において社会的情報の影響を無視する、すなわち外部性の影響を無視することは、これからわれわれが取り扱う問題を正しく理解する際の妨げとなる。

最近、ボディ・ピアスがとくに一〇代の若者の間で流行しているという新聞記事を読んだ。インタビューされた挑発的な若者たちによれば、ピアスをしようと思ったのは、頭の固い両親を困らせるためでも、友達がやっているからでもなく、唯一、自分の満足のためであった。その中の一人の少女は、「自分がやりたかったから」と答えた。それはそうかもしれない。しかし、そんな調子のいい答えには、続けて質問したくなるだけだ。ではなぜやりたかったのですか、と。この記事の少女は、間違いなく自主的選択だと主張するだろう。自主独立はアメリカの若者の間で特に人気のある資質だからだ。しかし、この自主的な決定の時間的、地理的、社会的クラスタリング（固まり）はあまりにも顕著であり、それ以外の何ものでもないことを示している。むしろ、その流行は伝染病のように発生し、街や社会集団の枠を越えて、偶発的意思決定のカスケードとなって広がっていった。個々の意思決定をおこなった個人は自分の選択が強大なパターンに収まっていることに気づいていない。それでもパターンは存在している。それはわれわれの手の届かない高みにある現代の金融から地道な草の根運動まで、数え切れない社会現象に共通したパターンである。そのパターンを理解するには、個人の意思決定に伴うルールを、そしてそのプロセスにおいて、自律的に見える個々の選択がどのようにしてがんじがらめにつながり合うのかをさらに掘り下げる必要がある。

訳注

（1）一九九三年のハリウッド映画。ビル・マレー扮する自己中心的な主役に戒めとして同じ日が繰り返し巡ってくる。

（2）肖像写真をもとに巨大な顔を描いたアーティスト。

（3）フリーライダー問題、ただ乗りの問題ともよばれる。

第8章　閾値とカスケードと予測可能性

二〇〇〇年、わたしはワシントンで開かれた米国科学振興協会（AAAS）の会議でストロガッツに情報のカスケードについて話したのを覚えている。その会議では、ハリソン・ホワイトが社会的文脈について講義を行い、それがニューマンと「所属関係」ネットワーク・プロジェクトを始めるきっかけとなった。ストロガッツとわたしは、肌寒い日曜の朝、ワシントン動物園を歩き回り、猿が目覚めるのを待ちながら、カスケード問題で最も注目すべきテーマの一つは、外部からの度重なる衝撃に対してほとんどの場合システムが完全な安定性を維持しているという点に行き着いていた。しかし、事前にその原因がわかることはないが、時折そのような衝撃の一つが均衡を破りカスケードを引き起こすのである。

そして、カスケードの手がかりは個人がどのような行動を取り、何を買うかといった意思決定を行う際に、自分の過去、認識、そして偏見だけではなく、他者の影響を受けることだと考えられた。すなわち、外部性を有する意思決定のダイナミクスを理解することによってのみ、流行やバブル経済などの集合的行動を理解することができるのだ。問題の中核にまたしても潜んでいるのは、個人の影響を次から次へと伝えるどこにでもあるシグナルや相互作用のネットワークである。ストロガッツとは、ネットワークに広がる伝染性の存在についてはかなり研究しており、主にＨＩＶやエボラ出血熱などの伝染病や、コンピューターウイルスを頭に浮かべて話していた。わたしの博士課程の研究の一環で、スモールワールド・ネットワークにおける協調の発生や投票者モデル（ノエル＝ノイマンの沈黙のらせんに類似している）と呼ばれる特殊なケースについては多少の研究を行っていた。しかし、当時はこれらの問題を伝染性と関連づけて考えたことはなかった。

今や、ネットワークにおける伝染性の問題が、伝染病に関してもそうであったように、協調行動の発生やバブル経済の崩壊の問題の中核をなしているのは明らかだった。ただし、同じタイプの伝染ではなかった。この点は特に重要である。通常われわれが一般に社会的伝播の問題について語るとき、病気と同じ表現を用いる。つまり、感情は「うつる」と言い、犯罪は「蔓延」し、市場保護は経済の行き詰まりに対する「免疫」作りだと言う。メタファーとしては何ら間違ってはいない。辞書にも載っているし、しばしば言わんとすることを鮮明に表している。しかし、このメタファーは誤解を生む可能性がある。なぜなら、病気と同じ方法で考えが人から人へ伝わる、つまりすべての伝染が基本的に同じかのように思わせるが、そうではないからだ。意思決定の心理についてもう一度考えてみれば、それが理解できるはずである。

意思決定の閾値モデル

あなたがソロモン・アッシュの実験に被験者の一人として参加したとしよう。他の七名のうち何人かは正解Aを、そして残りの人はわざと間違った解答Bを答えるように指示されている。あなたはそれを知らされていないが、最初の段階ではその必要はない。なぜなら、あなたはスライドを見るや否や間違いなくAが答えだとわかるからだ。しかし、あなたが答える順番は他の人が答えた後であり、その間にあなたはひょっとしたら気が変わるかもしれない。では七人のうち六人がAを、つまり、あなたと同じ答えを選び、一人がBを選んだとしよう。その人は明らかに間抜けで、みんなの笑いものになる。当然あなたの気が変わるはずはない。もし二人がBを選んだとしても何も変わらないであろう。あなたが思った通りの答えはまだ多数意見だから自分を疑う理由はどこにもない。しかし、もし三人か四人がBを選んだら多少不安を覚え、「一体どうなっているんだろう？　こんな簡単な問題になぜ答えが二分されるのだろうか？」と悩み始めるだろう。何か見落としているのだろうか。あの絶対的自信はどこへ行ってしまったのか。もし自信喪失に陥りやすい性格なら、考えを改めるかもしれない。あるいは、本当に答えに自信があり、振り回されないかもしれない。では、五人、六人、それとも七人全員がBを選んだら？

あなたが崩れるのはどの時点か。どのタイミングで他のみんなにわかっていることが自分にはわからないのだ、と負けを認めるだろうか。最後までそうはならないかもしれない。自分の考えを一切変えない人もいる。しかし、ほんのわずかでも不安があれば、ほとんどの人の気は変わる。これがアッシュの実験が示したことである。そして、この実験結果を詳しく見てみると、さらに興味深いストーリーがある。アッシュは、部屋の中の人数を変えて実験を行い、被験者が多数意見に同意する傾向がその絶対数とはほとんど無関係であることを示した。ある特定の答えを出したのが三人だろうと八人だろうと、それが全員一致の意見である限りは関係なかった。アッシュが気づいた二つ目のポイントは、その一致にわずかでも亀裂が生じた場合、つまり多数派のメンバーのたった一人でも正解を答えるように指示され被験者と同意見になった場合は、被験者が自信を取り戻す場面が多く見られ、間違う割合が大幅に落ち込むというものであった。

アッシュの主な実験結果に見られるこうした変化は、社会的動物である人間が意思決定を行う際に互いに注意を払うという一般的な法則の特性を浮き彫りにしている。第一に、人はある特定の選択をした人の絶対数によってではなく、その相対数、つまり割合によってそれに従うかどうかを決めているということである。サンプルの大きさが無関係だと言うわけではない。意思決定を行う際にごく少数の意見しか求めない場合、大勢の人に相談するときよりも個々の意見は重みを増す。しかし、相談相手の数が決まり、選択肢（この場合AまたはB）が提示された後、あなたの意思決定の決め手となるのは、BよりもAを選ぶ人の相対的人数なのである。第二に、その特定の選択を行った人の割合にほんのわずかな変化があっただけでも、あなたの最終的な意思決定が大きく影響される場合がある。例えば、出所の定かでない噂を初めて耳にしたときは、それを信じようとは思わないかも

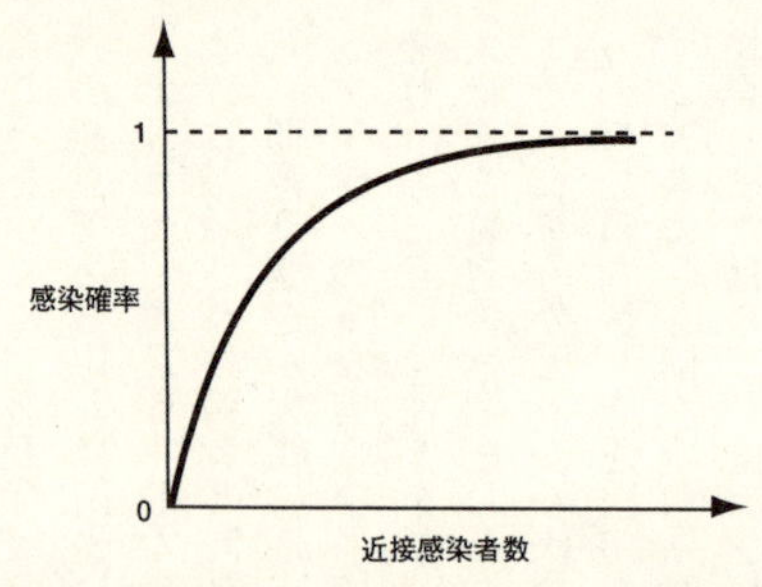

図 8-1　標準的な伝染病流行モデルにおける個人の感染確率。感染確率は、その個人に近接する者ですでに感染した者の数の関数になっている。

しれない。しかし、同じ噂が二つないし三つの情報源から伝わってきたら、ある時点を境に懐疑は（不承不承かもしれないが）受容へと傾く。再び「これだけの人が間違っているはずがない」という考えが頭をもたげるのだ。

　このように、意思決定はある特定の意見が伝染したように考えられるが、この場合の伝染のメカニズムは病気の感染とは大きく異なっている。病気の場合、ある一人の感染者と接触するとき、それ以前に感染に至らなかった接触が何度あったかにかかわらず、感染の確率は一定である。言い換えれば、病気の感染現象はそれぞれが互いに独立して起こる。性感染症を例に挙げると、感染者であるパートナーと性交渉をもち運良く感染しなかったとしても、次の性交渉でまた難を逃れる可能性は高くも低くもならない。毎回、単純にサイコロを振るのと同じように独立している。感染の累積確率を示したグラフが図8-1である。周囲の感染者の数が大きくなると横ばいになるが、数が小さいう

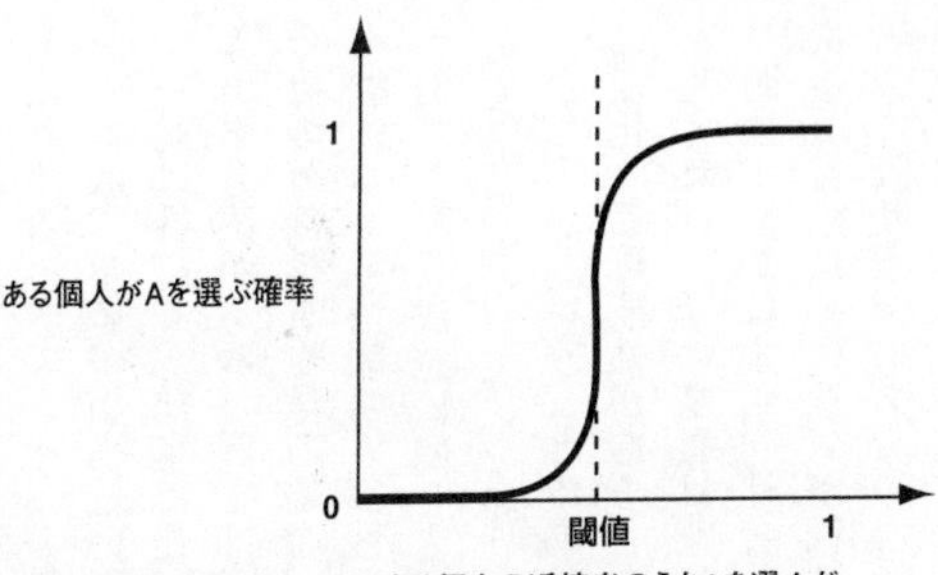

図8-2　社会的意思決定において、ある個人がAを選ぶ確率。この確率は実際にAを選んだ近接者の割合の関数になっている。閾値を超えると、Aを選ぶ確率が0に近い値から1に近い値に急激に上昇する。

ちは、接触が回を重ねるごとに、全体の感染の確率はおおよそ一定に増加する。

それとは対照的に、社会的伝播は偶発性の高いプロセスであり、ある人の意見のもつ影響力が他者の意見によって時に劇的に変化する。例えば、ある採用候補者に対する否定的意見は、それまでに複数の否定的意見が出されていたなら致命的効果をもたらすかもしれないが、その意見の後に多数の肯定的意見が続けば、無視されてしまうかも知れない。したがってこの社会的意思決定の法則を図式化すると図8-2のようになる。選択肢Aを選ぶ確率は、周囲のAを選ぶ人の割合の増加に対してははじめは非常にゆっくりと増加するが、いったん「閾値」を超えると急激に跳ね上がる。一つの選択肢から別の選択肢への急転換という特徴から、この種の意思決定ルールを「閾値ルール」と呼び、ある人の閾値はその人の影響されにくさを示す。[訳注1]アッシュの実験では、完全な全員一致に満たない場合は、被験者のエラーはほとんど起きなかったため、閾値は1に極めて近い。しかし、新しいコンピュータを選んだり、政党に投票したりするときのように、選択肢の良し悪しがはっきりしていない不確実性の高い場合においては、閾値が相当低い可能性がある。

上記以外にも、前章で述べたさまざまな意思決定の外部性に関連して、閾値ルールを導き出す方法がある。例えば、新しい技術を採り入れるかどうかの意思決定は、その技術が市場の外部性を受ける場合、閾値ルールで表すことができる。その外部性と、アッシュの実験における情報の外部性の由来が全く異なっていてもそれは問題にならない。ファクスの例での購買決定に関して言えば、(コスト以外に)重要なのは唯一、あなたの通信相手(あるいは通信したいと思っている相手)のある一定の割合の人々がファクスを持っているかどうかということである。さらに言えば、あなたがファクスを購入する確率は、急激に変化する可能性がある。あなたの通信相手のうちファクス所有者の割合があなたの閾値を超えれば、その購買は割に合うことになる。

閾値ルールはまた、社会的ジレンマにおける同調の外部性からも導き出すことができる。ある公益のために個人が犠牲を払って貢献することは、ほかに十分な人数が貢献している場合に限り意味のあることである。個人の閾値は、その人が将来的に得られるであろう利益に対して利己的に振る舞うことにより得られる短期的利益をどの程度重視するか、また自分がどれだけ影響力を持っていると思うかに密接に関わっている。他者の行動に影響されず、自分は一切の貢献をしないという極めて閾値の高い人や、常に貢献する極めて低い閾値を持つ人がいてもおかしくはない。重要なのは、その正体や要因が何であれ、誰しもにいくらかの閾値があるということだ。

だからこそ、意思決定の閾値モデルを理解することが大切なのである。閾値ルールは、ゲーム理論、収益逓増の数理、実験的観察などからも導き出せるが、その存在が確立されれば、どこから導き出されたかを気にする必要はなくなる。われわれが興味を持っているのは集合的意思決定であるため、意思決定ルール自体について知っておくべきことは、それが個人的意思決定の基本的特徴をいくつか備えている、ということだけである。次にわれわれが考えるべきことは、集団レベルにおける影響である。言い換えれば、自分が取るべき行動に関連したシグナルを誰もが探し求め、自身もシグナルを発している中、母集団全体としてはどんな意思決定に収束する傾向があるかということである。協調行動は生まれるだろうか、それとも現状が維持されるだろうか。購買のカスケードが起こり、価格が高騰し、不安定なバブルに移行するだろうか、それともまともな金銭感覚が保たれるだろうか。技術革新は成功するだろうか。閾値ルールをベースにした簡単なモデルはこうした質問に答えるために必要である。そして、閾値ルールがこれほど多くの社会的意思決定のシナリオの特徴を表しているのだから、そこから得られる集合的意思決定に関する知見は、細部の違いにほとんど関係なく応用できるはずである。

しかしながら、細部が問題になることもある。中でも、どのようなタイプの社会的伝播を考える際にも、人は違うという基本的事実を明らかにしておく必要がある。人間には、理由はどうあれ、人よりも利他的でまだ実現する見込みのない理想のために、大きな個人的犠牲を払うだけの意志を持った人がいる。例えば、ライプツィヒの行進者や天安門広場に集まった抗議者、キング牧師の支持者などがそうであり、自らの生命や自由を危険に晒してまでも体制と戦い、豊かな老後は滅多に望めないが、先駆者として重要な役割を担う人々がいる。その他の人間は、成功する見込みがあり、参加に伴う犠牲が少なくなったとわかってから、初めて共感し、貢献の意思を示す。さらに成功がほぼ確実で、取り残されるのを恐れるがゆえに参加するタイプの人もいる。

意思決定の観点から見て同じように重要なのは、ある問題に関して持っている情報や能力には一般に個人差があるため、影響されやすさの程度は人によって違うことである。また、情報量の多さとは無関係に、信念の強さにも個人差がある。ある人は生まれながらのイノベーターであり、アイディアや既存の製品の新たな用途などを絶えず考え出している。またある人は、それほど創造力はなく、常に最新のグッズやトレンドを探し求め、人より早く投資することで利益を得たり、単に友人に自慢したりしようとする。またある人は、慣れ親しんだ物事から離れようとせず、自分を取り巻く世界がどれだけ変化しようと一向に気に掛けない。一方、われわれのほとんどは彼らの中間に位置し、日々の生活に追われて、

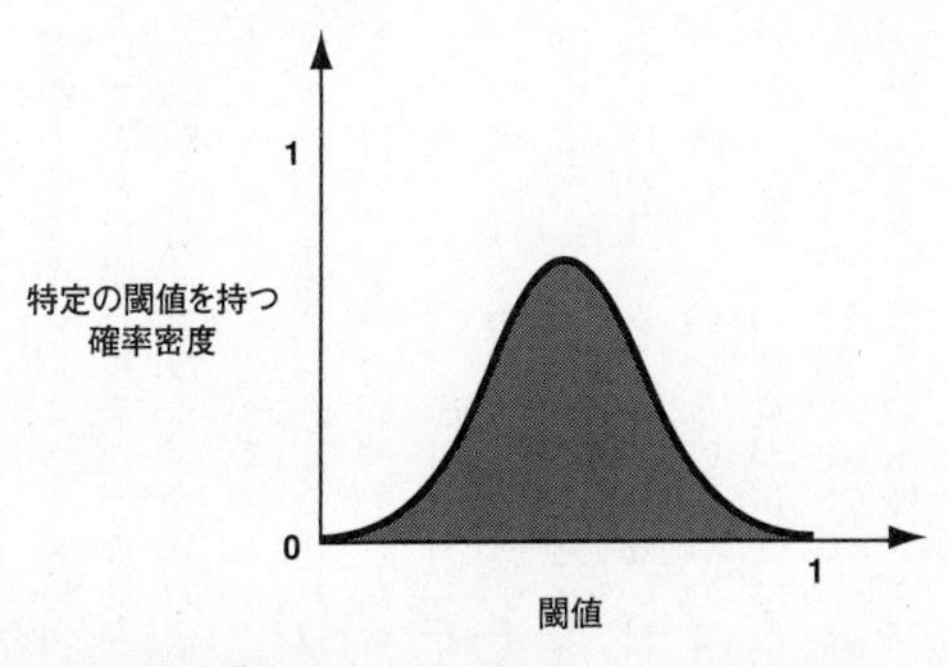

図 8-3　閾値の確率密度分布。個人の性格のバラツキを表している。

発明したりその情報を集めたりする暇もないが、慌てて飛びついて笑われるリスクが最小限に達したら時流に乗ろうと考えている。

性格や嗜好の個人差は現実には複雑なものだが、閾値モデルでは比較的わかりやすく表現することができる。一般的に個々のものを同一と見なす物理学（経済学も）のほとんどのモデルと違い、われわれが考えているネットワークの中の個人は異なる閾値をもっており、「閾値分布」（その一例が図8-3）は集団全体におけるバラツキの指標と解釈できる。このようなバラツキは「本質的差異」とも呼ぶことができ、情報のカスケードの伝播にとって重要であり、時にその効果に驚かされることもある。例えば、集団内の個人の閾値に大きなバラツキが見られる場合は、新しいアイディアや商品がヒットする可能性が増大する傾向がある。

もう一つ重要な差異がある。互いに注意を払うことが意思決定に大きく関係するとすれば、何人の人に注意を払うかということは重要なことである。わたしが服を買いに行くときは、いつもと言っていいほど女性に同行をお願いする。ファッションに関してはお目付役がいないと意思決定を前にパニックに陥り、逃げ出したくなるからだ。理想を言えば、何人か連れだっていきたいところだ。なぜならば、そうすることによってわたしのイメージが格段に上がるからだけでなく、意見の信頼性も高まると考えられるからだ。しかし、一人の女性の友人を説得するのがやっとで、通常は一人の意見に頼ることになる。そのため、わたしは付き添いを慎重に選ばなければならない。わたし自身、ファッション・センスにはからっきし自信がないため、その女性の意見は絶対的である。彼女次第でわたしの身につけるものは決まるのだ。それ以外の状況では、例えば、ある映画を観にいくか、そのレストランに食べに行くか、新しいノートパソコンを買うか、ある応募者を採用するかどうかなどを決めるうえで、複数の意見を求めることもある。それは、その意思決定が自分にとってどれだけ意味があるか、あるいはどれくらいの時間的猶予があるかによる。しかし、常に意見が多いほどいいというものではない。意思決定の際に、多くの意見を聞けば聞くほど、ひとつひとつの意見から受ける影響は小さくなり、ある一つの優れたアドバイスがあっても、その効力は弱くなってしまう。

世論調査や製品の市場シェアなどの統計は、基本的には友人から得られる情報と同種のものだが、より大きな母集団の平均として見ることができる。フォードでは、同社の「エクスプローラー」は「全米販売台数ナンバーワンのＳＵＶ（スポーツ・ユーティリティ・

ヴィークル)」と謳い、そこにはこれだけたくさんの人が気に入っているのだからあなたも気に入るはずだ、というメッセージが込められている。株価も同じである。市場全体でその株を買いたい人が増えるほど株価は上がる。一見して、このような大域的な情報の方が大きなサンプル数をもとにしていることから、単に友達に聞くよりも信頼性が高いという印象を受ける。

しかし、われわれは、友人、知人、あるいは同僚など身近な人々の意見や行動にさまざまなかたちで影響される傾向がある。例えば、マッキントッシュかその他のノートパソコンのどちらを買おうか迷っているときに、いくら市場全体でPCの売上げがマッキントッシュをはるかに上回っていようと、あなたの同僚や取引先がみなマック・ユーザーならば何ら関係はない。現に、アップルの最近の広告キャンペーンは、会計士(つまり、ダサくて退屈で、パーティで敬遠される人)ならPCを使いなさい、でもアート、デザイン、ファッションの業界人(つまり、最先端を行くオシャレな人気者)ならマックがふさわしいとほのめかしている。要するに、友達がくれる情報はあなたに関係するものであるから、どんな大域的な情報よりも重要であるといいたいのだ。したがって、相談する相手が少なすぎるのはあまりよいことではないかもしれない。なぜならば、間違った選択をする危険性が高くなるからだ。しかし、逆に多すぎるのも良くない。適切な情報が雑音にかき消されてしまうからだ。

さらに、社会的情報のネットワークが重要なのは個人の意思決定を手助けするからだけではなく、一カ所で普及したものを別の所へ波及させるからである。このような波及効果がカスケードのダイナミクスに必要不可欠であることから、社会ネットワークは小さなことが大域的に広まるための中心的存在である。スリーコム社がパーム・パイロットの一号機を発売したときには、熱狂的な技術マニアだけが購入した。シリコン・バレーやその周辺地域（カリフォルニア州北部のベイ・エリア）の技術畑の人々を中心とした小さなグループにとっては、この最先端の製品を買うのに人の勧めなど必要はなかった。彼らには製品の革新性しか眼中になく、他の人がどう思おうと、とにかく買わずにはいられなかった。しかし、真のハイテク好きや流行の先端を行く人というのはそれほど多くはない。その希少性のあまり、彼らの力だけでは新商品をヒットさせることはできない。しかし、その小さな世界で大ブレークし、その世界とつながっている別の小さな世界に飛び火したら、それらの小さな世界の総力で商品をより大きな世界へと押し出し、その結果カスケードが起こるかもしれない。しかし、その時それらの世界はどのようにつながっているのであろうか。

社会ネットワークにおけるカスケード

それがわたしが最初に取り組んだ問題だった。わたしが最終的に知りたいと思っていたのは社会ネットワークが持つ特徴、例えば、グループやコミュニティの存在や、その橋渡しをする個人の特性などのうち、どれによって初めは小さかった影響が大域的な動きへと広がっていくのかということであった。例えば、革命や流行を起こすにはどうやってその種を蒔けばいいのか。ネットワークにはアキレス腱となるような構造上の弱点はあるのか。急所をうまく突いたら、その小さな衝撃が伝染病のように伝播し、個々の意思決定がその次の意思決定の条件を生み出すようなことになるのか？　そして、もしそうなら、このような知識を駆使してカスケードの確率を高めることはできるのか。あるいは逆に、カスケードを防ぐこともできるのか。同じ論拠を送電網のような工業システムに当てはめ、一九九六年八月に起こった連鎖的不具合の発生の確率を減らすことはできるのか。建物の防火材のように、ファイアウォールをネットワークに挿入することはできるのか。

これらは質問としては申し分なかったが、問題を深く掘り下げるうちに、答えがそう簡単には出てこないことがわかってきた。社会的伝播は、実は、生物学的伝播よりもさらに難解なものであった。なぜなら閾値モデルでは、ある人の行動が別の人の行動に与える影響は、後者が他にどんな影響にさらされているかに大きく関わっているからである。すでに指摘したように、伝染病の流行ではこのような効果を気にする必要がない。なぜなら、個々の感染事象は互いに独立して起こっていると考えられるからである。しかし、社会的伝播の場合、大きな違いを生じる。

例えばブランチ・ダビディアン[訳注2]のようなカルト宗派をはじめとする孤立した集団が、一般には受け入れがたい信仰や信念を保持していられるのは、彼らが絶えず互いに強化しあい、誰も外部の世界と接触しないよう互いが抑制しあっているからである。しかし、そのため、彼らの考えが帰属集団の外へ出ていくようなことは少ない。その対極にいるのが、同時に複数の異なる集団の成員となっている個人であり、彼らは異なるタイプの人々に自分の考えを伝え、幅広い情報にアクセスすることができる。彼らは単一の世界観に支配される可能性は低いが、往々にして自分の考えを理解してもらう努力をしなければならず、それを助けてくれる人も少ない。このように、ある概念が浸透するには、伝染病が流行する場合とは異なり、集団内の結束と集団間のつながりとの間のトレード・オフが必要なのである。

わたしがコーネル大学の学生時代に知ったイサカの意外な事実の一つに、市が推奨している「イサカ・アワーズ」という代替通貨(地域通貨)がある。その通貨は、市の中心部の多くの店舗などでの支払いに利用できる。実に奇妙なことに、このシステムは一〇年以上も安定的に運用されてきたが、同時にかなりローカルな域に留まっており、丘を上ったコーネル大学周辺地域でさえ流通していない。わたしは一九九七年にイサカを離れ、初めて(博士号取得後、コロンビア大学の研究員として)ニューヨークに移ったが、その頃シティ・バンクとチェース・マンハッタンが同じく、代替通貨(電子キャッシュ・カード)をマンハッタンのアッパー・ウェスト・サイドに導入しようとしていたのを覚えている。しかし、アメリカの大手二銀による力の入ったプロモーションも空しく、紙幣を超えるはずのこの代替通貨は人気を得ず完全な失敗に終わってしまった。

この二つの事例には数多くの相違点がある。そのうち本節のテーマに関連しているのは、イサカでは売り手と買い手が密接につながり、自己充足的なネットワークが成立しているが、一方、アッパー・ウエスト・サイドでは、ニューヨークの他の地区と一体化しているため、個人が現金とは違う単なる地域通貨を利用するメリットがなかったという点である。しかし、もしこのキャッシュ・カードがアッパー・ウエスト・サイドで支持されていたら、イサカ・アワーズと違い、そのイノベーションが失敗したのとまったく同じ理由で、広まってもおかしくはなかった。ここでも、イノベーションの成功にはローカルな強化とグローバルなつながりとの間のトレード・オフが必要であった。そしてこの必要性があることによって、社会的伝播は、結合性だけが問題となる生物学的伝播よりも、著しく難解なのである。

成果の上がらない試行錯誤を経て、わたしが行き着いた結論は、閾値モデルはすでに単純ではあったが、さらに単純化しなければ、カスケードが人間関係のネットワークを通じて伝播するという観点からグループ構造の複雑性を解明することはできない、ということであった。そこで、まず集団構造をまったく内包しないネットワークに取り組むことにした。ランダムグラフである。ランダムグラフは、現実の社会ネットワークのモデルとしては適切ではないが、それでもスタート・ラインにはなる。ランダムグラフで終わらずに、踏み台として利用する限りよしとしよう、と自分に言い聞かせた。その先に、もっと現実的なネットワークのモデルを見つければよいことである。これから見ていくように、ランダムグラフを使っても、事態はかなり複雑化していったが、それでも意外なほど一般性をもった推察に結びつくことがわかる。

閾値モデルの技術的な側面が若干抽象的であるため、一九六〇年代に社会学者、エベレット・ロジャースが用いた「イノベーションの普及」という用語を使うと理解しやすい。「イノベーション」という言葉はしばしば技術革新を想起させるが、この概念は考え方や行為についても用いることができる。つまり、イノベーションには革命的思想や代々継承される新しい社会規範のような深刻なものから、卑近なスクーターやワンシーズン限りのファッション・アイテムのようなものまである。また、その中間に位置する医薬品、製造技術、マネジメント理論、電子機器など、事実上どんなものも含まれる。同様に「イノベーター」は、新製品の開発者だけでなく新しいアイディアの提唱者や、さらに一般化すれば、それまで静止状態にあったシステムを揺るがすほんの小さな摂動の生みの親のことである。そして、「アーリー・アダプター（早期採用者）」は、しばしば新製品や新サービスにすぐに飛びつき他者にもそれらを勧める者を指すが、伝道者や革命家の支持者もそうである。アーリー・アダプターは、簡単に言えば、前述のシリコン・バレーのハイテク・マニアのように、外からの刺激に真っ先に影響される集団の構成員のことである。

ロジャースの用語は喚起力に富むが、まだ曖昧さを残している。例えば、新しいアイディアを採用した個人がもともとその素質を持っていた（閾値が低い）のか、あるいは非常に強い外的影響を受けた（たまたま周囲にすでに採用した人が多かった）のかはわからない。どちらの要因もアーリー・アダプターの説明になってはいるが、当の個人について非常に異なる示唆を含んでいる。誰もが認めるように、「イノベーター」や「アーリー・アダプター」といった用語には主観的解釈が含まれることが多く、その時々の目的に沿うよう用いられる。しかし、ここでは数学的枠組みを扱うため厳密に定義したいと思う。われわれが前進するためにはそうすることが必要なのである。

したがって、ここからは「イノベーター」という用語は「イノベーション・サイクル」の初期にランダムに活性化されたノード（点）のことを指す。イノベーション・サイクルが始まったときには、どのノードも不活性（オフ）の状態にあるとする。イノベーションは一つ以上のノード（最初の種となる）をランダムに選んで活性化させる（オン状態に切り替る）ことが発端となる。そのノードがわれわれのイノベーターである。このとき「アーリー・アダプター」は、活性状態にある近隣のイノベーターの影響によって不活性から活性状態に切り替わったノードと定義する。われわれが知りたいのは、ネットワークのカスケードに対する感受性（感染しやすさ）であるため、厳密な意味でアーリー・アダプターであるこれらのノードのことを「脆弱である（感染リスクが高い）」と言う。なぜなら、これらのノードは、帰属するネットワークの近隣からの最小限の影響によっても活性化されうるからである。一方、残りの全ノードは「安定」している（とは言え、後でわかるように、これらの安定ノードも条件が揃えば活性化される）。したがって、ノードは閾値が低い（つまり、変化性向がある）か、あるいは近隣のノードの数が非常に少ないためそこから受ける影響が極めて大きいという理由により脆弱になりうる。

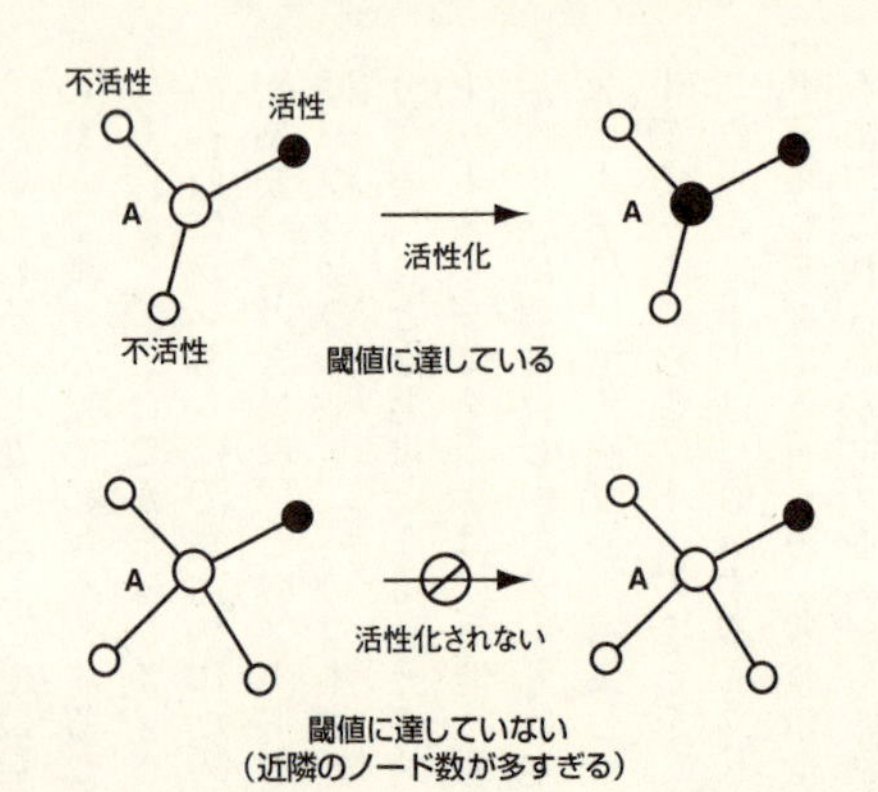

図8-4　ある与えられた閾値のときに、ノードは次数が上限臨界次数以下である場合に限り、近隣のノード1個によっても活性化される。上限臨界次数は閾値に対応する。ここでは、ノードAの閾値は3分の1であり、したがって上限臨界次数は3である。上の図において、Aの近隣のノード数は3であるため活性化する。しかし下の図では、近隣のノード数は4であるため不活性状態を保つ。

実は、アーリー・アダプターの閾値は、近隣のノード数が少なければ事実上どんな値にもなりうる。意外な特性のように思われるかもしれないが、これはこの問題に対するわれわれのアプローチ全体に関わるため理解しておく必要がある。アーリー・アダプターを閾値によって判断するかわりに、第4章で扱ったように、近隣のノード数を表す次数に着目してみよう。例えば、図8-4で、ノードAの閾値が三分の一だとする。上段の図のように、Aには三個の近隣のノードがあり、そのうちの一個が活性状態にある。この一個の活性ノードがAの近隣ノードの三分の一を構成するため、Aは閾値に達し活性化される。その結果、Aはアーリー・アダプターとして行動する。逆に、下段の図ではAの閾値は変わらないが、近隣のノードが三個から四個に増えており、この場合四分の一に過ぎないためAは活性化されない。このように、三分の一という閾値は、その次数によってAがアーリー・アダプターになるには低かったり高かったりする。別の見方をすれば、閾値が三分の一ということは、Aの「上限臨界次数」は三であり、上限臨界次数は、一個の任意の近隣のノードによって活性化しうるあるノードが持てる最大の近隣ノード数と定義される。Aの閾値が低くなるほど上限臨界次数は高くなり（四）、逆に閾値が高くなると上限臨界次数は低くなる。重要なのは、いかなる閾値に対しても、常にそれに対応する上限臨界次数を設定できることである。上限臨界次数よりも多くの近傍を持つノードは、一個の近隣のノードからの影響に対しては安定しており、そうではないノードは脆弱であるといえる。したがって、次数のバラツキ（前述の推察のとおり、人によって友人の数や相談相手の数には差がある）は、個人の安定性、ひいてはカスケードのダイナミクスの中核をなしているのである。

大域的なカスケードが起こる条件

この枠組みを用いれば、情報のカスケードが意思決定者の集団に起こるかどうかが厳密に特定できる。個々人からなるネットワークにおいて、各個人には内在する閾値と、注意を向けるべき近接者がいる。イノベーション・サイクルの始めには、ネットワークのどこかで一つのイノベーションが起こるが、そのサイクルが終わるには次の二つのうちどちらかが起こる必要がある。それは、イノベーションが消滅するか、あるいは情報のカスケードに発展するかである。

しかし、イノベーションがどの程度広まればカスケードになりうるのだろうか。この質問に答える鍵は、実はすでに取り扱ってきたことの中にある。それは、パーコレーション（浸透）の概念である。前述の通り、われわれは伝染病が流行する条件を、つながり合った単一のクラスター（パーコレーション・クラスター）の存在と定義した。パーコレーション・クラスターはネットワークの規模に関係なく、ネットワークのある一定の割合を占める。パーコレーション・クラスターが社会的伝播の文脈において発生すると、システムは「大域的なカスケード」にかかりやすい。小規模のカスケードは始終起こっている。実は、どんな摂動も一定規模のカスケードを引き起こす。それが孤独なイノベーター自身である場合もある。しかし、真に自己永続的に成長し、その結果システム全体を変貌させるのは、大域的なカスケードだけである。したがって、われわれが単に伝染病の発生だけでなくその流行に対しても関心を持っていたように、次にわれわれが追求したいのは大域的なカスケードが起こる条件である。

しかし、伝染病の流行ではどのノードも感染クラスターの一員になる確率を同じだけ持っているが、今回は脆弱と安定の二種類のノードを別々に考えなければならない。まず、イノベーションが不活性状態だった集団に生まれたときに何が起こるかを想像してみよう。

最初のイノベーターが少なくとも一人のアーリー・アダプターとつながっている場合にのみイノベーションが拡散することはわかっている。集団の中にアーリー・アダプターが多ければ多いほど、そのイノベーションが広がる可能性が高いことも明らかだ。つまり、イノベーションが着地したアーリー・アダプターのつながり合ったクラスターが大きいほど、イノベーションはより遠くへ広がる。イノベーションが襲った脆弱なクラスター（つまり、イノベーターが属するクラスター）がネットワーク全体に浸透（パーコレート）した場合、イノベーションは大域的なカスケードを引き起こす。したがって、ネットワークが「脆弱なパーコレーション・クラスター」を内包している場合大域的なカスケードが起こり、一方、内包していなければ起こらず、その場合は集団のごくわずかな部分のみを活性化した後必然的に消滅してしまう。

したがって、あるシステムに首尾よくカスケードが起こるかどうかを判断する問題は、脆弱なパーコレーション・クラスターが存在するか否かを示すという問題に還元される。実のところ、われわれはたった今、大いなる前進を果たしたのである。もともとは動的な現象（初期の小さな摂動から最終の状態に至るまでにすべてのカスケードがたどる経路）を静的なパーコレーション・モデル（脆弱なクラスターの規模）に変換することにより、当初の疑問の本質を失うことなく大幅に単純化したのである。しかし、それでもまだ難しい問題であることに変わりはない。過去三〇年間、さまざまなパーコレーション・モデルに関する数多くの進歩がみられた。しかし、いまだに完全に一般化された解は存在しない。

現に、パーコレーション理論はそのほとんどすべてが物理学において発達し、物理学で応用される際には通常格子状ネットワークが使用されるため、社会ネットワークのような複雑なネットワークにおけるパーコレーションについてはほとんど知られていないのである。

ここで本領を発揮するのが、極めて単純な構造をもつランダムグラフである。実際、カスケードを理解するのにランダムグラフを使う必要があると感じたのはこの時点であった。またこの頃、ニューマンとストロガッツとわたしとで、ランダムネットワークの結合特性（第4章参照）を算出するための数式化に取り組んでいた。この手法は後にダンカン・キャラウェイの力を借りて修正し、ネットワークの堅牢性（第6章参照）という文脈でパーコレーションを研究するために利用された。運良く同じ手法が脆弱なパーコレーション・クラスターを見つけるのにほぼそのままのかたちで適用できることがわかった。が、一風変わったパーコレーションを相手にしている今、完全にそのまま適用できるというわけにはいかなかった。図8-4が示すように、数多くの近接者を持つノードは、近隣の一個のノードからの影響に対して安定な傾向にあり、そのような安定ノードは本質的に脆弱なクラスターの一員にはなり得ない。したがって、脆弱なクラスターはネットワークにおいて最もつながりの多いノードなしに効果的に浸透する必要がある。当然、標準的なパーコレーションからのこの逸脱は、結果に大きな影響を及ぼすのである。

この手法の数学的な詳細は非常に混みいっているが、その主な結果は、図8-5の「相図」とよばれる図によって比較的容易に理解できる。横軸は閾値の平均値、つまり新しい

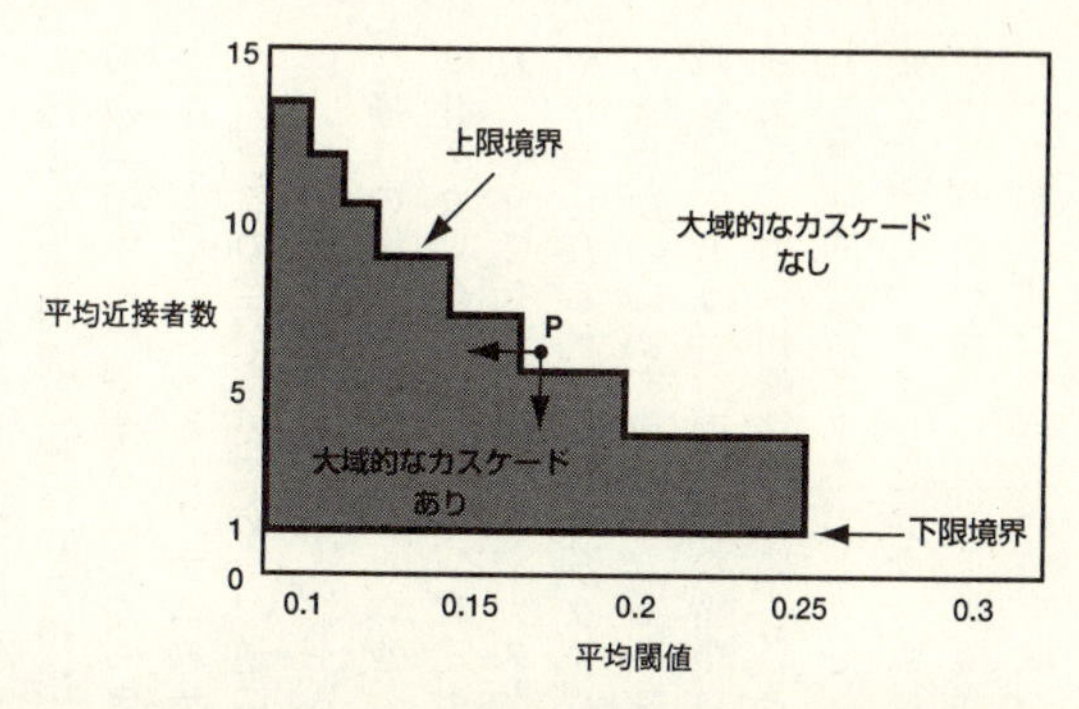

図 8-5　カスケード・モデルの相図。図中の任意の点は縦軸（平均近接者数）と横軸（平均閾値）により表されたパラメータのある組み合わせを与える。大域的なカスケードは、太線の内側（カスケードの窓）で起こることはあるが、外側では起こらない。カスケードの窓の境界線は、相転移に対応している。点 P は、大域的なカスケードが起こりえないシステムのある状態を表しており、イノベーション本来の魅力を増すことにより平均閾値を下げる（左向きの矢印）か、ネットワークの密度を小さくすることにより平均近接者数をさげる（下向きの矢印）かのいずれかによって、大域的なカスケードを誘発することが可能である。

アイディアに対する個人の典型的な抵抗レベル、そして、縦軸は個々人が注意を払うネットワークの近接者の平均数（次数）を表す。相図は、このモデルの枠組みによって表すことのできるすべてのシステムを含んでいる。グラフ上のすべての点は、それぞれ特定のタイプのシステムを表し、特定のネットワークの密度と集団の平均閾値の関係を表している。平均閾値が低いほど、集団は変化する性向を持ち、そのため、カスケードは図の右側に比べ左側（閾値が低い）でより頻繁に起こると予測できる。そして、実際にその通りのことが起こっている。しかし、カスケードが伝播するために必要なネットワークの存在がその関係性を複雑にしている。

図8-5が相図と呼ばれる理由は、存在しうるすべてのシステムの領域を黒の太線が二つの「相」に分割することからきている。太線の内側の影のついた領域は、大域的なカスケードが起こりうるシステムの一つの相を表している。しかし、必ずしも起こるわけではない。この点が重要である。逆に太線の外側では、大域的なカスケードは決して起こらない。つまり、「カスケードの窓」の明確な境界が示す通り、カスケードが禁じられるには三通りの場合がある。第一の点は明らかだ。すべてのノードの閾値が高すぎる場合、誰も変化しないので、システムはそれがどうつながっているかにかかわらず、安定性を維持する。そうでない場合でも、システムはネットワーク自身によって次の二つの場合において禁じられる。それは、システムが十分につながっていない場合と、（そしてこれが驚くべき点なのだが）密につながりすぎている場合である。

相図のもう一つの重要な特徴は、カスケードの窓のどの境界においても、その付近では、システムは「相転移」を経ることである。これはほとんどのパーコレーションに見られる標準的特徴である。しかし、このタイプのパーコレーションに関してわれわれが第6章で考察したタイプと異なる点は、カスケードの窓が二つの境界、つまりネットワークが密につながり合っている上限境界と、あまりつながり合っていない下限境界を持っていることである。この特徴一つを取っても、カスケードは伝染病の流行とは異なる。後者では、つながりが増すと常に病気は広まりやすくなる（病気の流行を相図で表すと、下限境界は変わらないが、上限境界は存在しないはずである）。しかし、その違いはもっと顕著なものである。この後見るように、二つの境界付近でそれぞれ起こる相転移は根本的に違うものであり、これらの相転移の性質を調べることにより、どのようなカスケードがどの程度の規模で、そして、どの程度頻繁に起こるのかを予測することができる。

社会的伝播の特徴

カスケードの窓の下限境界では、ネットワークはあまりつながっていないが、第6章で取り上げた生物学的感染モデルに現れたのと非常によく似た相転移が見られる。それを説明すると、近接者を平均して一つしか持たないノードは、必ずと言っていいほど上限臨界次数を下回り、そのため、閾値に関係なく新たな影響に対して脆弱さを示す。しかし、ネットワークがあまりにもつながり合っていないために、その影響が遠くまで広がることは決してない。その結果、イノベーションは初めのうちは広がる傾向にあるが、常に自分の生まれた小さなクラスター内に留まる。脆弱なパーコレーション・クラスターが現れるのは、ネットワークが十分密につながり合っている場合だけである。しかし、この領域のほとんどのノードはまだ脆弱なため、脆弱なパーコレーション・クラスターは第2章や第6章でも取り上げたランダムグラフの巨大連結成分と実際には全く同じものである。

すなわち、下限境界では、社会的伝播は生物学的伝播と概ね同じである。それは前者が伝染病と同じ相転移をたどるからである。したがって、特定の条件下でこの二種類の伝播が一致するのは、二つのモデルの相違が結果に影響しないという意味では、結局のところもっともなことである。意思決定者のバラツキよりも、むしろネットワークの結合性がカスケードの発生を妨げる基本的な障害だという同じ理由によって、あまりつながっていないネットワークの中では、つながりを多く持つ個人が社会的伝播を広めるうえで不釣り合いに効果的であることも同じく事実である。この二つ目の推察は、標準的な「イノベーションの普及」の様相を反映している。それは、オピニオン・リーダーや中心的位置にある主体が新しいアイディア、慣行、あるいは技術のもっとも強力な推進者であるというものである。

その例として、作家でありジャーナリストでもあるマルコム・グラッドウェルは、著書『ティッピング・ポイント——いかにして小さな変化が大きな変化を生み出すか』*The Tipping Point*〔邦訳『急に売れ始めるにはワケがある』、SB文庫〕の中で、社会的伝播において、つながりを多く持つ個人が果たす役割について強調し、「ティッピング・ポイント」という言葉を大域的なカスケードの概念とほぼ同じ意味で用いている。グラッドウェルのアイディアの普及についての考えは、社会的伝播が病気の感染と何ら変わりのない仕組みで起きるという前提に立っているが、彼の推察は概して閾値モデルと一致している。ただし、意思決定者のネットワークがあまりつながっていないことが条件である。グラッドウェルの言う「コネクター」は超人的な数の名刺ファイルを持っているだけでなく、数多くの社会的集団間の橋渡しをする社会的に並はずれた希少な人種のことである。大半の人が数人の友人しか持たない、あるいは意思決定の際にわずかな人たちにしか相談しない世の中では、めったに存在しないコネクターが確かに多大な影響を与える位置にいるように思える。

しかし、ネットワークが密につながり過ぎている場合も、カスケードの発生は阻害されることがある。前述の通り、意思決定の前に多くの相手の行動や意見を考慮するほど、その中の一人から受ける影響は小さくなる。したがって、誰もが大勢の人に注意を払っている状況において、単独で行動している一人のイノベーターは誰も活性化することができない。社会的伝播が生物学的伝播と一線を画すのはこの特徴によってである。後者では、感染の可能性を有する個人が一人の感染者から受ける一回の接触の影響は、その個人が他にどれだけ接触を持ったかにかかわらず一定である。前述の通り、社会的伝播では、「感染した」（活性化された）近接者対「感染していない」（不活性状態の）近接者の相対数が問題なのである。したがって、密につながったネットワークが表面上はあらゆる種類の影響を伝播するように見えたとしても、必ずしも社会的影響のカスケードを促進するわけではないのだ。そのようなネットワークでは、すべての個人が局所的には安定しているため、そもそもカスケードが始まるはずがないからだ。

つまり、十分にはつながっていないネットワークは、カスケードが一つの脆弱なクラスターから別のそれへと飛び火する術がないため、大域的なカスケードを禁じる。一方、密につながりすぎているネットワークもまたカスケードを禁じるが、それは別の理由からである。密なネットワークはある種の均衡状態にあり、どのノードも他の影響を抑制し、自分自身も抑制されている。このように、前述のわれわれの推察はこの段階に来て厳密化できる。つまり、社会的伝播においては、局所的な安定性と大域的な結合性との間に、図8-5のカスケードの窓によって特定されたトレード・オフが成立するときにのみ、システムは大域的なカスケードを発生させるのである。

溝（キャズム）を越える——イノベーションの成功条件

しかし、社会的伝播にはもう一つ驚くべきことが待ち構えていた。カスケードの窓のすぐ上の領域では、脆弱なノードはちょうどネットワーク内に脆弱なパーコレーション・クラスターができるだけの密度になっている。この不安定な状態では、システムはどこをとってもほとんどの場合は局所的には安定しているが、唯一脆弱なクラスターの周囲はそうではなくなる。そして窓のちょうど内側では、ネットワーク全体における脆弱なクラスターの占める割合が小さいために、イノベーションが浸透する可能性は低い。したがって、カスケードが起こることは非常にまれで、大抵の場合システムは局所的にだけでなく大域的にも安定的に振る舞う。しかし、ごくまれにランダムなイノベーションが脆弱なクラスターに浸透し、カスケードを引き起こす場合がある。ここまでは、大域的なカスケードがほとんど起こらない下限境界の状況と大して変わらない。しかし、カスケードが起こり始めると、二つのシナリオは急速に別々の進路をたどり始める。

前述のように、下限境界ではカスケードは脆弱なクラスターに伝播し、それを占領し終わると行き場を失う。そのため、カスケードはネットワーク全体の比較的小さな割合しか占めない。しかし、上限境界ではネットワークがあまりにも密につながり合っているため、アーリー・アダプターの脆弱なクラスターは残りのネットワーク（ロジャースが呼ぶところの「アーリー・マジョリティ」と「レイト・マジョリティ」）に密接に統合されている。この大きな集団は個々のイノベーターに対してはまだ安定しているが、脆弱なクラスター全体が活性化されると、最初は安定していたこれらのノードが複数のアーリー・アダプターにさらされる。そしてこの活性化の影響の存在により安定性の高いノードも閾値を十分に超えるため、これらのノードも活性化し始めるのである。

この事態が起こることを、ビジネス・コンサルタントであり作家でもあるジェフリー・ムーアは「溝（キャズム）を越える」とよび、これは、イノベーションが成功する（前述のパーム・パイロットの例のように）ために必要な条件、つまりアーリー・アダプターからなる最初のコミュニティがより大きな集団へ成長することを意味する。下限境界ではこのような越えるべき溝は存在しない。異なる規模のアーリー・アダプターのクラスターが存在するだけである。イノベーターがアーリー・アダプターに遭遇するだけでなく、アーリー・アダプターがその集団的影響をアーリー・マジョリティとレイト・マジョリティに対して及ぼせる状態にあることが重要なのは、上限境界においてのみである。そして、閾値モデルにおいては、溝を越えるのはまさに劇的な進展である。なぜなら、脆弱なクラスターを巻き込むことに成功したカスケードは必ずネットワーク全体に広がり、全面的なカスケードを引き起こすからである。物理学的に言えば、上限境界における相転移は「不連続相転移」である。なぜなら、ここでのカスケードは、ゼロ（カスケードが全くない状態）から瞬時にシステム全体へと飛躍するからである。

したがって、カスケードの窓の上限境界で起こるカスケードは、下限境界のものよりもさらにまれで、規模も大きく、その結果、質的に異なる予測不可能性を持っている。上限境界に近いネットワークで起こるイノベーションのほとんどは、個々のノードの局所的な安定性に抑えられ、遠くへ広がるはるか前に消滅する。この状況はほぼ永続的で、これを見る限りではシステムは実に安定していると思わされる。しかし、最初は何の変哲もなかった一つの摂動がネットワーク全体を支配することがあるのである。しかも、そのようなカスケードを引き起こすイノベーターがなにか特別である必要もない。脆弱なクラスターをつなぎ合わせるうえでコネクターが重要な役割を果たしている下限境界とは違って、上限境界での結合性は問題ではない。つまり、平均的な近接者数を持つ個人も、大勢の人が注意を向ける人とほとんど同程度にカスケードを引き起こす可能性を持っている。カスケードの伝播が結合性よりも局所的な安定性による場合には、単に密につながり合っていることよりも、影響されやすい個人とつながっていることの方が重要なのである。

カスケードの窓のこのような特徴は、イノベーションの普及についていくつかの意外な点を表している。最も驚くべき点は、カスケードが成功するための条件として、イノベーションの、あるいは、イノベーターの具体的な質はわれわれが考えるほど重要ではないということである。少なくともカスケード・モデルの文脈においては、大域的なカスケードを引き起こす摂動とそれ以外の摂動を区別するものは何もない。むしろ、カスケードは最初のイノベーターがつながっている脆弱なクラスターの結合性によって生み出されている。カスケードの成否を決定づけるうえで問題なのは、脆弱なパーコレーション・クラスターが存在する場合でさえ、それはシステムの全域的な特性であり、ネットワーク全体に複雑に織り込まれたとらえどころのないものだということである。特定の個人が脆弱な近接者を一人以上持っているだけでなく、それらもまた一人以上の脆弱な近接者を持ち、そのまた近接者も同様に持つかどうかに関わっているのである。したがって、たとえ潜在的アーリー・アダプターを識別できても、ネットワークを調べなければ、彼ら全員がつながっているかどうかはわからないのである。

だからといって、質や価格、宣伝などの要因は重要ではない、と言っているわけではない。集団における個人の閾値を変えることによって、イノベーションの成否は影響を受ける。重要なことは、閾値だけでは十分ではないのと同様に、質、価格、宣伝だけでも決定はできないということである。図8-5のカスケードの窓の上部と右側の領域（例えば、点P）で、平均閾値を下げる（左向きの矢印）かネットワークの結合性を小さくする（下向きの矢印）かによって、システムを全域的なカスケードに導くように変えることができる。言い換えれば、ネットワークの構造は、イノベーション自体の魅力と同程度に大きな影響をイノベーションの成否に与えうるということなのである。また、カスケードの窓の内部においても、イノベーションの運命の大部分はランダムなチャンスにかかっている。パーコレーション・クラスターに当たれば成功するが、当たらなければ成功しない。アイディアや商品の固有の質、あるいはその宣伝方法のあり方がその後の結果を決めると考えがちだが、このモデルから、同じ結果に見合う素質を持ちながら、わずかな注目しか得られなかった数多くの努力があることがわかる。『ハリー・ポッター』、キックボード、『ブレア・ウィッチ・プロジェクト』などのイノベーションは、ちょうどいい脆弱なクラスターに当たり、他のものはそうならなかった。そして、物事はすべてにおいてそれが終わってからでないと何がどうなっていたかを誰も知ることはできないものだ。

非線形の歴史観

物事の結果は、他者の意思決定や行動にリアルタイムに反応している個々人間の相互作用という点からしか正しく理解できないという見方は、われわれがふだん慣れ親しんでいる因果関係の見方とは別の見方を提供する。元来、あるものやある人が成功した場合、その成功の度合いはそのものが持つ優秀さとか意義といった尺度ではかられると考えられている。成功した芸術家は創造における天才であり、成功したリーダーには先見の明があり、ヒット商品はちょうど顧客が探し求めていたものだったというわけだ。しかし、成功とは事後にのみ語られるものである。つまり、われわれが一般に持っている結果主義の世界観は、成功をそれがたまたま備えていた資質に帰そうとするものである。しかし、それが特別な資質だと必ずしも事前に認識されていたわけではない。

全く同じものが全く同じ性質を持っていながら、大失敗する可能性もあったと考えることはほとんどない。また、失敗に終わった数え切れないほどのイノベーションを想い、状況が少しでも違っていれば成功したかも知れないのにと嘆いたりすることもない。言い換えれば、歴史は、起こったかもしれないが結局は起こらなかったことを無視する傾向がある。起こらなかったことより、実際に起こったことの方が明らかにわれわれの現状に関係している。しかし、われわれには、実際の結果は他にいくつもあった可能性よりも何らかの理由で好ましかったのだと考えるもう一つの傾向があり、この認識によって恣意性を秩序と誤って解釈する可能性がある。したがって、科学的見地に立てば、将来何が起こるかを理解したければ、何が起こったかだけでなく、何が起こりえたかを考えることが重要なのである。

歴史の中で偶然やそのときの状況が重要な役割を果たすというのは決して新しい見方ではないが、情報のカスケードの概念はもっと衝撃的なあることを示唆している。それは、インプットとアウトプットは比例関係でも、ましてやその関係が一通りに決まっているわけでもないということだ。もし一〇億人が同じ宗教を信じていたら、われわれはきっと神のお告げがあったに違いない、と思うだろう。そうでなければ、一〇億人もの人が信じるはずがない。ある芸術作品が並はずれて有名になったら、それは本当に並はずれて優れているに違いない。そうでなければ、みんなが口々に噂するはずがない。国民が何か偉大なことを達成しようとするリーダーのもとに結集したら、そのリーダーは真に偉大なはずだ。そうでなければ、そのリーダーに従うはずがない。このように、現実には偉大さ（や霊感や名声）は常に事後になって語られるにもかかわらず、何か大きな変化が起こると、そのもとになった性質のものが前々からそこにあったかのようにわれわれは認識するのである。

しかし、ある特定の事態がどんな結果を生み出すかが事前にわかることはまれである。それは、偉大さ（例えば天才）を見抜くことが難しいとか見誤りやすいからだけでなく、偉大さはそもそも固有の性質などではまったくないからだ。偉大さは、むしろ、多数の個人によってもたらされたコンセンサスであり、個人が独自に判断したり互いの意見を考慮したりした結果なのである。人間は単純に他人が信じているという理由で信じ、他人が噂しているから噂し、他人が結集しているから結集するのだ。このような偶発的意思決定が情報のカスケードの本質を形成しており、これが最初の原因と最終的な結果との関係をとことん不明瞭なものにするのである。

心理的には、この見方は受け入れ難いかもしれない。どんな革命にもリーダーが必要なように、どんな時代にも象徴は必要だ。しかし、最終的な結果を導きだすに至った影響力をイノベーターの手柄とする傾向は、彼らの実際の影響を社会的なうねりに変化させたメカニズムの存在を無視している。株式市場も同じだが、歴史の上で何か大きな出来事があると、その前に何が起こったかを知ろうとし、発見したものが比較的マイナーなものであったとしても、そこに非常に大きな意味を持たせようとする。政治思想学の権威、アイザイア・バーリンによれば、トルストイが歴史の記録、特に戦史に対して抱いていた嫌悪感は、戦争の渦中、誰一人として、特に指揮官は状況を何も把握しておらず、勝敗の均衡はリーダー・シップや戦略ではなく運を支点に傾く、という自身の洞察から生じていた。しかし、戦況が落ち着き、勝者が明らかになると、すべての栄光を手にするのは（偶然にも）勝利を獲得した指揮官一人なのだ。

この観点からすると、トルストイはきっと一九世紀初頭の戦争と同じくらい二〇世紀末期の科学にも不満を抱くに違いない。J・クレイグ・ベンター率いるセレーラ社と、フランシス・コリンズとエリック・ランダーを責任者とする公的機関との間のヒトゲノムをめぐる解読競争が引き分けに終わってからも、ベンター、コリンズ、ランダーはその偉業が誰の手柄になるかで言い争っている。実際は誰もそれにふさわしくない。ゲノムプロジェクトは、何百人、場合によっては何千人もの科学者の地道なコラボレーションであり、彼らがいなければ言い競われている手柄さえ発生しえなかった。建築の世界でも状況はほぼ同じである。フランク・ロイド・ライト、エーロ・サーリネン、フランク・ゲーリーはみなその素晴らしい設計によって崇拝されているが、彼らの図面を実際に立体化した才能溢れる技術者チームや大勢の建設労働者がいなければ、一つとして創造できなかったはずだ。そのような功績は直接的には認識しにくいため、歴史上の事業や時期をまとめて一人の人、または一つの役割、つまり象徴に代表させるというだけである。したがって、象徴化は理にかなった認知デバイスである（そして、公正を期すために言えば、われわれの象徴の多くは本当に目を見張る才能溢れる人々である）が、個人と対比して集団的行動の発生について理解しようとするとき、われわれの直感を歪めてしまうこともある。

もっと身近な例を挙げよう。一九九九年初め、一九歳のショーン・ファニングはノースイースタン大学の学生だった頃、友人のためにインターネットからMP3の音楽ファイルをダウンロードできるプログラムを考案した。彼らがナップスターと名付けたそのプログラムは一夜にして評判となった。一〇〇〇万人のユーザーの支持とレコード業界全体の怒りを買ったファニングは、世界規模の商業的、法的、そして倫理的大混乱の中に投げこまれた。少なくともしばらくの間、ファニングは世界の中心にいた。担ぎ上げられたりけなされたりし、ビジネス紙で取り上げられ、雑誌の表紙を飾ったりした。最終的にその音楽配信サービスは有料化を義務づけられたが、そうなる前にナップスター（現在はほぼ消滅したが）とファニングは、出版業界の世界的大手ベルテルスマン社と契約することに成功した。大学生の小僧にしては大手柄だったが、本当は一体誰のおかげなのか？

ファニングが開発したソフトウエアは良くできていた。それは間違いない。しかし、その莫大な影響は、天才的なそのプログラム自体によるのでも、ファニングの野望（彼は単に一人の友人を助けようとしていただけだった）によるのでもない。むしろ、ナップスターの影響の大きさは、それがちょうど自分が探し求めていたものだと気づいた大勢の人たちが使い始めた結果である。ファニングは、自分の前例のない発明に対してこれだけの需要があることを予想していなかった。予想できるはずはない。おそらくナップスターの何百万人ものユーザーも、インターネットから無料で音楽をダウンロードしたいなどとは、その可能性が突如として出現するまで思わなかったはずだ。ファニングにはなおさらわかるわけがない。実は、彼にはわかる必要などなかった。彼は自分のアイディアを送り出しさえすればよかったのだ。それが彼の手を離れると、何人かが興味を示し、使い始め、それによってまた何人かが聞き知って使い始める。ナップスターを使う人が増えれば増えるほど入手できる楽曲が増え、さらに魅力的になって、さらに多くの人の目に止まるようになった。

もしファニングとその友人数人以外に誰もナップスターを使い始めなかったら、もしあまりいい曲が揃っていなかったら、もしくはいい曲を揃えている人を十分知らなかったら、ナップスターは日の目を見ることはなかったかもしれない。ナップスターが成功するには、完全にとまでは言わないが、実際そうであった通りでなければならなかった。もしダウンロードが有料だったら、使い方がわかりにくかったら、需要がほとんどないもの（微分方程式を解くとか、ポーランド語をイタリア語に訳すとか）だったら、大ヒットしなかっただろう。閾値モデルに関して言えば、ナップスターが普及するための閾値は低くなければならない。しかし、ある意味で、とは言っても大きな意味だが、ナップスターの成功はその固有の形態や起源とはほとんど無関係であった。そして、発明者であるファニングが注目を一手に受けたにもかかわらず、ナップスターを単なる思いつきから一つの現象に仕立て上げたエネルギーの源はユーザーであった。

大衆に力を

イノベーターや革命家、言い換えれば、良心、イデオロギー、創作力、熱意をもって行動する人は、大域的なカスケードの本質的構成員であり、シード（種）またはトリガー（引き金）としてカスケードを誘発する。しかし――そしてこれがカスケードを理解しにくくしているのだが――シードだけでは不十分なのである。現に、カスケードの成否に関する限り、変化の種は、生物学的シード同様、ありふれている。地面に落ちるシードにはその木にどんな花が咲くかといった青写真が備わっているため、本質的に最終的な結果に対する責任を担っている。しかし、その具現化は、シードが着地した土壌の育成能力にほぼ全面的に依存している。樹木が自分の種をふんだんに拡散するには理由がある。何個かに一つの割合でしか種は実を結ぶまでに成長しないのは、その一つが固有の特別な性質を有しているからではなく、適した場所に着地したからである。社会的シードについても同じである。イノベーターや運動家は常に存在し、常に新しいことを始め、自分のイメージどおりに世界を作り替えようとしている。彼らの成功が予測しにくいのは、それぞれの固有のビジョンや個々の人格よりも、多くの場合、その刺激がどんな相互作用の真ん中に落ちるかによるからである。

一般論がえてしてそうであるように、この主張がいつも正しいわけではない。個人は時に極めて大きな成果を生み、その影響力が完全に保証されているように見えることがある。一九〇五年にアインシュタインの特殊相対性理論に関する最初の論文が発表されると、それまでの三〇〇年間の科学的秩序は覆され、その瞬間からアインシュタインの偉大さは揺るがぬものとなった。デカルトは解析幾何学により、ニュートンは万有引力により、同じく独力で同時代の科学的世界観に革命を起こした。言い換えれば、重要な成果は同じく重要な原因を包含していることがある。しかし、そのようなブレークスルーが起こるのは極めてまれであり、社会や科学における変化のほとんどは一人の天才の偉大な認知的飛躍によってもたらされるのではない。山で雪崩を起こそうと思ったら、原子爆弾を落とすという手もあるが、その必要はない。普通、雪崩とはそうやって起こるものではない。むしろ、一人のスキーヤーがたまたま運悪く、ある山のある場所にあるタイミングで入り込んでしまったために引き起こされるのであり、結果として起こる雪崩の大きさに比べれば原因は実にささいなことである。

このことは文化的流行、技術革新、政治革命、連鎖的危機、株式市場の崩壊そのほかの集合的狂気、マニア、大衆行動でも同じようである。コツは、刺激そのものではなく、その刺激が起きたネットワークの構造に注目することである。これに関しては、まだまだやるべきことがたくさんある。前述のように、ランダムネットワークは現実のネットワークの適切なモデルではない。そのため、グループ構造、個人の社会的アイデンティティ、マスメディア効果などを加味して、最も単純なカスケード・モデルをより現実的なネットワークに一般化する作業が現在進行中である。また、閾値ルールは社会的意思決定の極めて理想化された表現であり、さまざまな現実問題に適用するにはまだ手直しが必要である。しかし、現時点でもいくつかの一般的な考察は可能である。

おそらくカスケード・モデルの最も驚くべき特性は、事前には識別できない最初の条件がもたらす結果が、ネットワーク構造いかんで劇的に変わりうることである。したがって本来の質（ここでは閾値と解釈できる）による成否の予測には信頼性がなく、偉大な成功は、必ずしも偉大な質の保証によるのではないということになる。大成功を収めたイノベーションと絶望的とも呼べる大失敗の違いは、イノベーションの導入とは何の関係もない人々の間の相互作用のダイナミクスを通じてもっぱら生じる可能性がある。質が無関係だと言いたいわけではない。質も、人格や宣伝法も関係はする。しかし、個人が自分の判断だけでなく、他者の判断に基づいて意思決定を行う世界では、質だけでは不十分なのである。

堅牢かつ脆弱な複雑系

ネットワーク化されたシステムにおける大域的なカスケードについての理解は、予測可能性に対して重要な意味合いを持つが、同時に、第6章で取り上げたネットワークの堅牢性の問題に関しても示唆を与えてくれる。そして、この文脈では、社会的伝播について特に考える必要はない。相互依存する多数の部分が複雑に相互作用するという特徴を持つシステム、例えば送電網や大きな組織は、どんなに予防策を講じても突然の大きな事故や障害に見舞われることがある。イェール大学の社会学者、チャールズ・ペローは、炉心溶融したスリーマイル島原発事故やチャレンジャー号の爆発などの一連の組織的惨事について研究したが、そのような出来事を「ノーマル・アクシデント（普通の事故）」と呼んでいる。彼の説によると、事故は、例外的なエラーや言い訳できない無知によってよりも、日常的な過失がいくつも積み重なり、普段は円滑に物事を動かすルーチン（型どおりの行動）、報告手順、対応などが予測のつかないマイナスの反応を起こすことによって発生するのだ。いかに例外的なものに見えようとも、そのような事故は普通の行動の不測の結果として理解されるべきである。つまり、このような事故は普通であるばかりでなく、必然なのである。

著書『ノーマル・アクシデント――ハイ・リスク・テクノロジーとともに生きる』*Normal Accidents: Living with High-Risk Technologies* に概説されたペローの見解は、若干悲観的印象を与えるかもしれないが、それはカスケード・モデルが本質的に持っている慢性的予測不可能性の特徴に似ている。われわれは、閾値ルールを社会的意思決定の特性から導き出したが、閾値は他の文脈からも導くことができる。ネットワーク内のあるノードの状態が、その近隣のノードの状態に依存する二つの選択肢によって、つまり「すでに感染している」（活性・機能中）、あるいは「感染の可能性がある」（不活性・機能停止）の選択として表される場合は常に、問題となるのは基本的には伝染に関することである。そして、伝染が近接者同士の状態に依存する場合は、一つの影響の効果（例えば故障）が他方によって悪化または緩和されるという意味で、閾値ルールの問題が頭をもたげる。したがって、カスケード・モデルは社会的意思決定だけではなく、送電網を含む組織的なネットワークのカスケードに適用できる。その結果、一見安定して見えるシステムが突然非常に大きなカスケードに見舞われるというカスケード・モデルの基本的な特徴は、堅牢に見える複雑系に内在する脆弱性に関する理論としても解釈できる。

数年前、カリフォルニア工科大学の数学者、ジョン・ドイルと、カリフォルニア大学サンタバーバラ校の物理学者、ジーン・カールソンは、「HOT（高度に最適化された許容）」（Highly Optimized Tolerance）と名付けた理論を提唱し、森林火災や停電などの多様な現象の規模の分布を説明した。彼らの出した結論の中で最も衝撃的だったのは、現実世界の複雑系は一様に堅牢かつ脆弱だということである。複雑系は一般的にさまざまな形態の衝撃に耐えられる。なぜなら、そのように設計されているか、そのように進化してきたからだ。それができない場合、システムが修正されるか、あるいは存在できなくなる。しかし、前述のカスケード・モデルのように、すべての複雑系には弱点があり、その急所を押さえられれば、どんなに苦心して作った砂上の楼閣も破壊することができる。こうした弱点が一つでも現れたら、普通なら急いで直しに行き何らかの方法でシステムの堅牢性を向上させる（自然淘汰も自ら弱点に対処している）。しかし、ドイルとカールソンが示しているように、システムの根本的な弱点性が取り除かれるわけではない。別のタイミングで別のタイプの障害が起こるまでの一時的な放免にすぎないのである。

航空機は、堅牢だが弱点もあることを表す一つの好例である。一般に飛行機事故が起きたりすると、主要な航空機に設計ミスが見つかることがある。すると、その特定の問題の根源が追求される。世界中の同じ機種がチェックされ、問題が再発しないよう必要に応じて修正を施す。これは概して効果的な手順であり、墜落事故につながる欠陥の再発が比較的まれなことからも実証されている。それでも飛行機事故を完全に防止することはできない。それは、世界最良の整備手順といえども、まだその存在すら気づかれていない欠陥を未然に除去することまで保証はできないからである。

しかし、航空機は、エンロンやKマートのような巨大組織に比べればまだ子供だましである。両社は、二〇〇一年一二月から二〇〇二年一月にかけての一カ月の間に、前触れもなく破産を宣言した。このように現実世界においては、いくら慎重に計画を建てても、高度な科学を駆使しても、時折起こる惨事を防ぐことはできないことがある。では、諦めるほかないのか？　もちろん、そんなことはない。ペロー、ドイル、カールソンも、事態がそれほどお手上げな状態だとは言っていない。むしろ、堅牢性に関する豊かな発想が必要とされているのだ。システムをなるべく障害を回避すべく設計しなければいけないだけではなく、われわれがいかに努力したところで障害は起こることを受け入れなければならないこと、そして真に堅牢なシステムとは、大惨事に見舞われても存続できるものであることである。次の章では、複雑な組織が持つ二重機能（一方では障害を防ぎ、他方ではそれに対して備える）としてこの堅牢性の概念を説明しよう。

訳注

（1）このモデルに関してはアメリカの社会学者、マーク・グラノヴェッターの閾値モデル（一九八三）が有名である。

（2）一九九三年、テキサス州でＦＢＩと銃撃戦を交わした後に集団焼身自殺した。

第9章　イノベーションと適応と回復

一九九九年一月、サンタフェ研究所で博士号取得後の研究を行っていた頃、わたしは大学のビジネスネットワーク、つまり大学の運営を経済的にバックアップしていた企業の代表者たちを相手にある講演を行った。そこにはコロンビア大学の法学部教授、チャック・セーブルも出席していて、それまで一度か二度会ったことはあったが、議論好きと噂されていることとくらいしか知らなかった。わたしはそれまでにスモールワールドに関する講演を何度もやってきたので、いつもどおり熱弁を振るいながらも、誰も居眠りしないことを一心に願っていた。そんな状況だったので、終わって片づけをしている最中にチャックが慌てて近づいてきて、忙しく手招きしながら「話をしよう」と言ってきた時は非常に驚いた。わたしがチャックの研究について知っていることと言えば、近代工業とビジネスプロセスの進化に関することと程度だったが、それだけでもうわたしとは無関係だった。さらに言えば、わたしには彼の話が一言も理解できなかった。しかし、後になってわかったことだが、チャックは素晴らしく興味をそそる研究者であり、彼の話し方は熱心で、ハーバード出身らしくインテリで、難解な語彙と論理、そして抽象的な結論に満ちていた。チャックの考えを聞いていると、まるでホースからワインを飲まされているようであった。モノはいいのだが溺れてしまう。

そういう数分間が続き涙目になってきたわたしは、その場を逃れようと執筆中だった本の原稿を彼に手渡し、これで彼と会うこともないだろう、と高をくくった。しかし、わたしはチャックをまだ理解していなかったようだ。数日後、電話が鳴った。彼であった。そして今度は本当に興奮していた。あの原稿を（機内で）すべて読み切っただけでなく、あの時の直感は正しかった、年内にも二人でプロジェクトをやろう、という確信を露わにした。わたしは、そのときも彼の話が理解できなかったが、その熱意に押されて承諾した。

しかし、八月に入って彼がサンタフェに姿を現すと、わたしはパニックに陥った。丸々一カ月もたいして知りもしない相手と、内容も把握していないプロジェクトをやってのけられるのだろうか。すべてを不運なミスとしてなかったものにしようと考えていた矢先、チャックが語ってくれた一つのストーリーに、わたしはそれ以来すっかり魅了されてしまったのだ。

トヨタ＝アイシン危機

一九八〇年代、日本の自動車産業は世界中の羨望の的だった。カンバン方式[訳注1]、コンカレント・エンジニアリング（相互に依存する部品を順番にではなく同時並列的に設計を行うこと）、相互モニタリングなどの生産プロセスを身につけたトヨタやホンダなどの日本企業は、贅肉をそぎ落とした現代企業像の模範となった。特にトヨタは、「残忍なまでの効率化と創造的柔軟性が幸せに同居している輝かしい例」とマネジメントの専門家に評価された。世界随一の技術を詰め込んだ自動車を何車種も、ヨーロッパの競合各社がたじろぐほどの価格で量産し、年々トヨタはデトロイト（アメリカの自動車工業都市）をまるで三〇〇キロのゴリラがエアロビクスをしているかのように威圧していった。

トヨタの自動車やトラックを生み出しているこの巨大メーカーが実は一社ではないことは意外なことかもしれない。実際には、およそ二〇〇の会社がトヨタに電子部品からシートカバーまですべての部品を供給するという共通の目的のもとに集結し、「トヨタ生産方式」として知られるシステムの下に統合された企業グループなのである。トヨタ生産方式は、同じような製造、設計プロトコルの集合体で、日本のメーカー（今日ではアメリカ企業も）のほとんどが採用しているものであり、その意味では決して特殊なものではない。独特なのは、それを実現するトヨタグループ各社の宗教的とも言える熱意である。グループ会社は、トヨタのビジネスを巡って競合する企業同士でさえ、自社の利益に反すると思われるほど協力関係にある。定期的に人事の往来があり、知的財産を共有し、自社の時間と資源を使って互いを援助し、そのための正式な契約も詳細な記録も要しない。多くの点で、各社は企業というよりも、母親に認められようと必死になる兄弟のように振る舞い、その母親はというと、子供たちの成績だけでなく、少なくともみなが仲良くやっていくようにいつも目を配っている。

これは家族を営むには良い方法かもしれないが、車を作るのによい方法なのかどうかは明らかではない。それでも一九八〇年代を皮切りに、アメリカの自動車メーカーから、マイクロプロセッサ、ソフトウエア、コンピュータのメーカーまでもが、日本の生産方式や慣習を採り入れ始めた。産業という産業が日本発信のトレンドに押し流され、リエンジニアリング、トータルクォリティマネジメント、カンバン方式が月代わりに取り上げられた。この激変の結果、一九九〇年代のアメリカ企業は、一九二〇年代にヘンリー・フォードやGMのアルフレッド・スローンらが導入し、それ以来企業形態の範例となった垂直統合型の階層構造とは似ても似つかぬものとなった。しかし、どんなに変わろうと努力しても、アメリカ自動車業界の巨人たちは日本企業のパフォーマンスには今一歩追いついていなかった。そして数年前、トヨタは大きな危機に見舞われ、その一部始終に世界中の自動車産業は一斉に目を見張った。トヨタの革新的な生産方式が遂に同社を恐るべきトラブルに落とし込んだと思いきや、それが同じくらい速いスピードで同社を救い出したのだ。

トヨタグループの中でもひときわ重要で信頼の厚い企業にアイシン精機がある。もともとはトヨタの一事業部だったが、一九四九年に独立し、ブレーキ部品の製造に専念した。特にアイシンは、リアブレーキの圧力をコントロールすることで横滑りを防止し、トヨタの全車種に搭載されているPバルブと呼ばれる一連の装置を生産している。Pバルブはタバコ一箱ほどの大きさでそれほど複雑なものではないが、安全性に極めて重要な役割を果たすため精密に製造される必要があり、カスタム設計されたドリルやゲージを使って極めて特化した施設で生産されている。アイシンはその非の打ち所のないパフォーマンスにより、一九九七年にはトヨタにPバルブを供給する唯一のサプライヤーとなった。そして効率化を図るため、Pバルブのすべての生産ラインを刈谷第一工場に集結し、その頃一日に三万二五〇〇個のPバルブを生産していた。カンバン方式がうまく機能したため、トヨタはPバルブの自社在庫を二日分しか保有していなかった。すなわち、刈谷工場の生産は、トヨタのサプライチェーンにおいて不可欠な要素であった。刈谷工場が止まればPバルブの供給が止まり、Pバルブがなければブレーキはなく、ブレーキがなければ自動車はない。

そんな折、一九九七年二月一日土曜日の早朝、火災が発生し刈谷工場が焼失した。一瞬の出来事であった。その日の午前九時には、Pバルブやクラッチ、タンデムマスターシリンダー、そしてアイシンが製造や品質管理に使っていたほとんどの特殊用途ツールの生産ラインが失われた。たった五時間のうちに、アイシンのPバルブ生産能力はほとんどゼロに落ち、建て直しに何カ月も要することとなった。何カ月も！　当時、トヨタは三〇ほどある生産ラインで一日に一万五〇〇〇台の自動車を世に送り出していた。だが、二月五日水曜日にはすべての生産が停止し、トヨタの工場だけでなく、部品を供給していた多くの企業の工場や労働者も待機状態に入った。中京工業地帯の巨大工場群は静かに佇んでいたが、無敵のトヨタグループも同じであった。それはまるで置き所の悪かった小石につまずき打撃を受けた巨人のようだった。間違いなく第一級の大惨事であり、その二年前に起きた阪神大震災でさえ見劣りするほどだった。

しかし、この後に起こったことは、その惨事に劣らぬほど劇的であった。二〇〇を超える企業による驚くべき協調対応によって、そしてアイシンやトヨタの監督をほとんど受けることなく、一〇〇種類以上のPバルブの生産が火災の三日後に再開した。二月六日木曜日にはトヨタの二つの工場がすでに操業を再開し、危機が起こってから一週間強の翌月曜日には、一万四〇〇〇台近くまで自動車の生産が回復した。それから一週間後には、惨事が起こる前の日産台数に戻っていた。それでも、火災による二月次の総売上損失額は、通産省(当時)の推定によると日本の全輸送産業の一二分の一であった。

数カ月、いや数週間の閉鎖がこれほどの甚大な被害をもたらすことなど想像もつかないだろう。単純に自社の生産を回復させるためにしろ、トヨタとの将来のビジネスに配慮するためにしろ、グループのどの企業にも協力するのに十分な動機は確かにありはした。しかし、西口敏宏とアレクサンドル・ボーデがこの回復過程に関する研究報告で指摘するように、強い動機だけでは十分ではない。トヨタグループのどの企業をとっても、いくら手助けしたいと思ったところで、その能力がなければできない。急遽Pバルブの生産者になった六二社のほとんどが、また間接的サプライヤーとなった一五〇社以上が、それまでバルブを作った経験も、火災で失われた特殊ツールの入手法も持ち合わせていなかった。回復努力に携わった一社、ブラザー工業はミシンメーカーで、自動車部品を作ったことは一度もなかった! そのため、興味深いのはなぜではなく、どうやってそれほど劇的に再建できたのかである。

完全に消火し終わる前から、アイシンの技術者は被害状況の調査と具体的な対応策の策定に取りかかっていた。彼らは、今自分たちに差し迫っている不運を回避するために一刻も早くしなければならない修復作業は、一企業としての自分たちの能力を大きく越え、直下のサプライヤーの能力も越えている、と即座に判断した。もっと広範囲な努力を要し、それは自分たちの直接的なコントロールではできないと思った。当日の昼近く、アイシンは緊急対策本部を設置し、遭難信号を発し、問題を可能な限り広範囲にわたって明らさまにし、助けを求めた。そして、サイレンを合図に滑走路に集まった戦闘機のように、トヨタグループ各社はその呼びかけに応じた。

しかし、手をさしのべるにしても、このシナリオに限っては容易ではなかった。回復に参加した企業はPバルブの生産に必要なツールや知識を欠いていたため、とっさに新たな製造手順を検討し、設計上、生産上の問題を同時に解決せざるを得なかった。さらに悪いことに、アイシンのノウハウは独自のプロセスに立脚していたため、技術的障害を乗り越えるのにほとんど役に立たなかった。そして遂に危機のドタバタの中、アイシンは極めて連絡が取れにくい状態となった。何千本もの電話回線を追加しても、質問、提案、解決策、新たな問題などあまりに多くの情報が行き交い、しばしば相手がつかまらなかったため、援軍はほとんど自分の裁量に任される形となった。

しかし、ここに日頃の訓練が功を奏しはじめる。トヨタ生産方式を何年も積み重ねてきた経験から、各社は問題への対処の仕方や解決方法に対する共通認識を持っていた。彼らにとって、デザインや設計の同時進行は日常茶飯事であり、アイシンもそれがわかっていたため、自社の要件は必要最小限にとどめ、サプライヤー予備軍の進行手順にできるだけ自由度を残していた。もっと重要なのは、この特殊な状況は初めての経験だったが、協力するという概念はそうではなかった。回復努力に関わったほとんどの企業は、それまでにアイシンともお互いに人材や技術情報を交換したことがあり、すでに構築されていた人脈、情報源、社会的絆を活用することができた。互いを理解し信頼し合う関係がスピーディな情報（失敗談を含め）の流れだけでなく、原料の確約や流通をも容易にしたのだ。

中には、自社の生産の優先度を完全に調整し直して回復努力に加わった会社もあり、そのために他の仕事を中断したり、技術難易度の低い仕事をさらに下請けに外注したりもした。中には、ドリルやゲージを世界中の国から、店頭から、そしてアメリカから買い集めた企業もあったが、その混乱の代償は頭になかった。結果として、トヨタグループ各社は二つの回復作業を同時にやってのけた。まず、一つの大きな障害のストレスを一社から数百社へ分散し、一社が受けるダメージを最小限化した。二つ目は、これらの企業の経営資源を役割ごとに複数の独自形態に再組織化し、品質の揃ったPバルブが生産できるようにした。このすべてをさらなる障害を招くことなく、中央の指示がほとんどない状態で、正式な契約を全くと言っていいほど交わさずに行った。しかもたったの三日間で。

西口やボーデのような研究者のおかげで、アイシン危機のいきさつとその後に関する然るべき記録ができた。だから、それがどう解決され、トヨタグループ企業の何がそれを可能にしたのかがある程度わかるわけだ。しかし、送電システムが故障した過程がわかっても、そもそもなぜシステムがカスケードに対して無防備だったのかを説明できなかったように、また社会的流行の変遷をたどってもなぜ集団全体が一斉に他のモノではなく、ある特定のモノを選ぶようになるのかが明らかにならないように、その説明だけでは、システムがどのようにそれほど巨大な衝撃を乗り越えることができたのかは明らかではない。

送電網の事例のように、巨大システムの中で一つの連結成分に不具合が発生すると、その影響は大域にまで波及し、その結果広範囲にわたる破滅的障害となる。しかし、アイシンのケースは、システムがやられたのと同じくらい素早く、しかもほとんど中央の統制なしで回復した点が異なっている。それは喩えてみれば、送電システムを停止させたあの一九九六年八月と同じ連鎖的故障が起きた後、管理者たちが状況を把握できずに手をこまねいている数時間のうちに、自然に立ち直ったかのようだ。そのような「セルフヒーリング」システムは技術者にとっては未来の話だが、組織の世界ではすでに構築されているわけである。では、われわれはアイシン危機から、壊滅的故障を経験してもなお立ち直れるシステムのデザインについて、何を学ぶことができるのか。さらに広げて、トヨタグループから、現代の産業組織のアーキテクチャについて何を学ぶことができるのか。言い換えれば、企業のパフォーマンス、つまり経営資源配分、革新、適用、日常的・抜本的問題解決を行う能力は、その組織のアーキテクチャにどう関係しているのか。

産業組織論は、産業革命の経済的・社会的激変の中で誕生した歴史あるテーマである。そして、アダム・スミスが記念碑的著書『国富論』で取り扱っているテーマでもある。スミスは特に、「分業」について取り上げているが、それはもともと製造工場の労働者の観察から推論した原則であった。集団タスクがより専門的なサブタスクに細分化された時に、一定してパフォーマンスの向上が見られたのである。スミスが分業論を説明するのに用いた例は、こともあろうに、ピンの生産であった。たいした仕事ではないように思えるかもしれないが、ピンを作る過程には二〇以上の独立した工程がある。ワイヤーを伸ばし、針先を削り、頭を平らにし、ワイヤーを切る、などである。スミスが執筆していた一八世紀末期のころでは、熟練した職人でさえ、独りで作業をしている限り、一日に一握りほどのピンしか作れなかった。しかし、一〇人のチームの中で役割分担がされ、各人が特殊な道具を使って一つないし二つの工程しか行わない場合、その何千倍もの量を生産することができることをスミスは知った。

複雑なタスクの専門化された要素をそれぞれ担う労働者からなるチームが、同じタスクを同じ人数でそれぞれがまったく自己完結的に行うよりも、はるかに多く生産できるのは、人間の学習がもたらす成果なのである。やればやるほどうまくなる、というのは非常に一般的な法則だ。そして、タスクが少ないほど個々のタスクを繰り返し行うことができる。つまり、生産工程の中の一つの工程だけを行う場合、他のすべての工程もやらなければならないときよりも、効率的に行えるということである。各労働者が一つのタスクを効率的に行うことを覚えることによって得る利益を「分業の利益」という。複雑なプロセスを構成する要素を多数の個人に割り当て、並行して作業を行えば、分業の利益は何倍にも膨らむのである。

分業の利益の法則によれば、個人の仕事は専門化すればするほど良い。例えば、自動車の生産におけるサブタスクは当然、車の主要なコンポーネント、つまりボディ、エンジン、トランスミッション、インテリアなどの生産である。しかし、これらのコンポーネント自体も複雑なタスクであるため、さらに細分化された層が必要となる。エンジンを例に取ると、エンジンブロック、燃料供給システム、冷却システム、電気系統に分けられ、さらに複雑なタスク全体が初歩的なステップに分割されるまで細分化される。そして、各ステップにおいて分業の利益が生まれるため、効率化により得られる全体的利得は莫大なものになる。

スミスは自分の発見した分業の利益に非常に大きな意味を見出し、分業は文明化社会の根源的で固有の特徴であると提唱した。分業のない社会では、それぞれの家庭は、食料、衣服、住居など生活に必要なすべてのものを自給しなければならない。そのような世界では、生命を存続させること自体が仕事であり、世代が替わっても基本的に前の世代と同じステップからスタートしなければならない。学校、政府、軍隊は存在することができず、製造、建設、交通、サービスなどの各産業も存在し得ない。しかし、分業論はスミスの産業組織像の中核を成していたが、専門化されたサブタスクを一つの複雑な総体としてまとめるメカニズムについては明記しなかった。スミスは『国富論』の中でこの点には言及せず、分業は「市場の範囲」によって制限されるとだけ述べている。この主張の意味するところは、潜在的な顧客が多ければ多いほど、企業が生産設備や専門機械の設計や製造、そして従業員の雇用などに投入する資源は拡大し、その結果、規模の経済による利益を得ることができるということである。しかしこの説明では、なぜ生産責任を持つ主体が企業という形式を取らなければならないのか、なぜ独立したコントラクター（契約者）や臨時労働者やコンサルタントではいけないのかは明らかではない。

また、企業の存在は認めるとしても、一九世紀から二〇世紀初頭の工業化のイメージである階層的権力構造を企業が採用しなければならないという結論は、分業の考えからは必ずしも引き出せない。タスクを専門化したサブコンポーネントに、階層状にどんどん細分化する方が効率的であるからといって、それだけで企業が同じ様式で組織化されなければいけないことにはならない。しかしながら、産業革命後の多くの企業が現にこの通りに組織化されたため、階層構造が産業組織、ひいては、企業の内部アーキテクチャの理想的形態として、前世紀の大半において経済的コンセンサスとなったのである。

（非常に）長い話を手短にまとめると、産業組織について最も一般的に同意されている経済理論では、世界は基本的に階層組織と市場に二分される。それによると、企業は現実世界の市場が一連の不完全性を持っているから存在している。ノーベル経済学賞を受賞したロナルド・コースはこの不完全性を取引費用と呼んでいる。もし誰もが誰とでも市場において契約を見出し、締結し、履行できれば（例えば、誰もが独立したコントラクターになれれば）、市場の力の膨大な柔軟性によって企業の必要性は完全に排除される。しかし、現実世界においては、すでにいくつかの文脈で見てきた通り、情報の発見には費用がかかり、情報の処理は容易ではない。さらに、二者間のどんな合意も、そのときは良く思えても、先の状況や不測の事態といった不確実性の影響を受ける。ある時点で両者が合意した契約が、ある時突然どちらかにとって不利に思えた場合、その人は契約を解消するかもしれず、そうなると相手は損失を被る場合がある。曖昧さと不測の状況がどんな明確な意志をも曇らせてしまう世界では、契約の履行には困難と高い費用が伴う。

すなわち、コースの説によれば、企業は市場取引に関わるすべての費用を取り除くために存在し、それらをたった一つの雇用契約に取って替えるというものである。言い換えれば、企業の中では市場機能は停止し、従業員の能力、資源、時間は厳格な権力構造を通して調整される。コース自身はこの厳格な権力構造がどういうものなのかには言及しなかったが、その後に続いた経済理論はそれが階層構造であるという考えで一致していた。一方、市場は企業間で機能し続け、企業と市場の間の境界線は、企業内の特定の機能を果たすための調整費用と外部契約を成立させるための取引費用との間のトレードオフである。もし二社間の関係があまりに特殊化し、一方が他方を実質的に操ることができる立場になった場合、その問題は買収か合併によって解決されるとしている。このように、企業は垂直統合プロセスによって成長する。つまり、ある階層組織が別の階層組織に吸収され、大きな垂直統合型階層組織が生まれる。逆に、企業は、内部のある機能が高くつきすぎると判断した場合、階層構造内のその部門を分離して、専門化した子会社を作るか、全く排除してその機能を別の企業に外注する。どのような場合においても、企業は階層組織であり続け(その規模と数のみ変化する)、市場は企業間で機能する。

これは実に鮮やかな理論であり、もっともらしい響きをもっているため、経済的企業概念として半世紀以上にわたって優勢であった。しかし、一九八四年、経済学者と政治学者である二人のMIT教授によって書かれた画期的な本が、産業組織の本質と経済成長の展望との間に絡まり合う矛盾について最初の警鐘を鳴らした。この本のタイトルは『第二の産業分水嶺』*The Second Industrial Divide* であり、著者の一人である政治学者は、チャールズ・F・セーブル、つまりこの一五年後、サンタフェでわたしに話しかけてきたチャック・セーブルその人であった。

産業分水嶺

経済学者の視点から見て、チャック・セーブルと彼の共著者マイケル・ピオリが指摘した点で最も議論を呼ぶのは、おそらく企業理論が基本的に事後的に構築されたことだろう。経済学者が企業理論を展開し始めたのは、大規模な工業化の結果、垂直統合モデルとそれに付随する規模の経済が実質的に定着した後のことである。そして、その結果ある特定のタイプの企業、つまり垂直統合された大規模な階層組織だけを、あたかもそれ以外の産業組織が存在し得ないかのように、説明しようとした。しかし、一九世紀の終わりの近代的な企業モデルが最初にでき始めた頃を振り返り、ピオリとセーブルは階層構造が産業組織の唯一の成功した形態ではなかったこと、そしてその後の優位が必ずしも普遍的な経済原理に基づいたものではなかったことを示した。

もちろん、垂直統合は優勢な産業組織に偶然なったわけではない。さまざまな理由から、当時は理にかなっていた。しかし、ピオリとセーブルは、組織形態は一つには経済的、また一つには社会的、政治的、歴史的な問題の解決策として生まれると主張した。経済的意思決定の非経済的従属性の顕著な現れは、技術発展の経路選択においてである。技術の歴史には時に、ピオリらが「分水嶺」と呼ぶ分岐点が現れ、一般的な問題に対して競合する解決策の間で意思決定がなされる。そして一旦意思決定が行われ、それが成功するとその解決策は一様に今日的および歴史的思考として定着するため、他に選択肢が存在していたことが忘れ去られてしまうのである。

ピオリとセーブルは、そのような「産業分水嶺」の最初の例は、産業革命そのものだと説いている。産業革命の間に、巨大工場、極めて特化された生産ライン、総じて未熟な労働者を含む垂直統合モデルは、それまで優勢だった汎用的な道具や機械を使う熟練工による手工業システムに取って代わり、後者はほとんど排除された。それから一世紀近く、産業組織は階層構造モデルに従った。そして、科学者が特定のパラダイムに集中するように、産経済学者、ビジネスリーダー、政策策定者は単純に、それ以外の組織形態は考えられないと思いこんだ。分業、産業組織、垂直統合はすべて互換性のある概念だと見なした。

しかし、一九七〇年代末期、世界は変わり始めていた。世界中の工業国は戦後急速に成長し、国内のマーケットだけではほぼ行き着くところまで来ており、さらなる成長には生産、貿易ともに大規模なグローバル化が必要であった。同じ頃、半ば同じ理由で一九四四年のブレトン・ウッズ体制の固定相場制が崩壊し始め、多くの国の戦後復興戦略が恩恵を受けていた貿易保護政策に亀裂が入り始めていた。国際経済におけるこれらの構造的変化に拍車をかけたのは、一連の経済的、政治的危機である。立て続けに起こった石油危機、一九七九年のイラン革命、そしてアメリカとヨーロッパで同時進行していた失業とインフレの問題は、終わりなき繁栄という工業化社会の未来展望を侵食していった。この一〇年の間に世界は不透明さ、不確かさを増し、経営者たちは生き残るために従来の経済的見識の枠外で物事を考え始めなければならなくなった。注意深い者にとっては戦後の繁栄が終わったことは明らかだったが、古い経済秩序そのものが覆され、世界が第二の産業分水嶺に突入していたことに誰も気づいてはいないようだった。

『第二の産業分水嶺』はしたがって、部分的には経済学版裸の王様であり、また部分的には別の視点を描き出そうという試みであった。ピオリとセーブルの指摘によれば、手工業は完全に失われたわけではなく、北イタリアの産業地帯をはじめ、フランス、スイス、イギリスなどでも部分的にではあるが継続されている。その理由は、その地域特有の歴史、伝統的な家族単位の生産システムに存在していた社会ネットワーク、その特殊技能の地理的集中などである。しかし、手工業が生き残った原因は、それ自体の価値にもある。それは、動きが早く予測不可能な織物産業などの世界において、垂直統合型の規模の経済を凌ぐものである。

だが、手工業システム自体の存続よりもはるかに重要なことは、ピオリとセーブルが柔軟な専門化と呼んだその基本的特徴を、筋金入りの規模の経済型産業を含め、数多くの企業が時間をかけて採用していったことである。例えばアメリカの鉄鋼産業は、過去三〇年間かけて、従来の溶鉱炉から小型で柔軟性の高いミニミルへの移行を果たした。柔軟な専門化は、垂直統合型の階層組織に対するアンチテーゼであり、規模の経済ではなく、範囲の経済を発揮する。莫大な資本を特化した生産設備に投下して、限られた製品を安く速く生産するかわりに、柔軟な専門化は、汎用性のある機械や熟練労働者に依存して多品目少量生産することを目指す。

分業の利益は、前述のように、限られた幅のタスクを何度も繰り返すことによって生まれるが、この繰り返しには、タスクが変わらないことが条件となる。したがって、環境の変化がゆっくりと起こり、同じような商品がたくさんの消費者に受け、競合する選択肢の幅が限られている場合、規模の経済は最適である。しかし、二十世紀末期以降、急激にグローバル化した世界で、企業は、一方では見通しの不確かな政治と経済、また一方ではますます多様化する消費者の嗜好に身動きがとれなくなり、範囲の経済は決定的な優位性を得た。言い換えれば、不確実性、曖昧さ、そして急速な変化には、規模よりも柔軟性と適応性が有効である。そして、セーブルとピオリが初めてこの事実を指摘してから二〇年の間に、ビジネスの世界はますます曖昧さを増していった。

最近わたしはセーブルに、その本が出版されてからほぼ二〇年経った今、その説についてどう思っているのか尋ねてみた。彼とピオリの説は正しいと証明されたのだろうか。その答えはイエスでもあり、ノーでもある。伝統的な垂直統合型の階層構造に対し、いわゆる新組織形態はいまや疑いの余地もなく絶対的に優勢である（保守的な経済誌の場合は除く）、という意味ではイエスである。そして、この転換の理由が、過去数十年間のグローバルビジネスの環境における不確実性と変化の急激な増加にあったと一般に認められているという点でもまたイエスである。これは紡績、鉄鋼、自動車、小売などの旧経済市場だけでなく、バイオテクノロジーやコンピュータなどの新経済産業についても言える。しかし、特にこの一〇年の間、セーブルは自分たちの提案した柔軟な専門化という解決策には重大な欠陥があると考えていたようだった。

ビジネス環境の曖昧さ

柔軟な専門化の根底に流れている考え方を大まかに説明すると、現代企業に求められているタスクは、それが自動車の製作であれ、春用のカタログ向けの新しい生地づくりであれ、次世代のコンピュータのOSの開発であれ、大きな予測不可能性と急速な変化の影響を受けやすいということである。このような状況の下で、企業は莫大な資本を特化した生産設備に投下するよりも、範囲の経済のアプローチを採用し、多品目少量生産に対応すべく、熟練労働者の特殊技能を繰り返し素早く再編できる柔軟なチーム組織を育成するようになる。これはきわめて当たり前のように聞こえると思うが、実際そうである。しかし、これは別の種類の奥深い曖昧さを隠し持っている。企業は外部市場から具体的にどちらのタスク〔の完結〕が求められているかに関する不確実性に直面するだけではなく、どのようなタスクをいかにして具体的に完結させるのか、そしてその完結の目途となる基準が何なのかについても確信を持てないのである。

この謎の根底にあり、企業論のほとんどすべてに潜在するのが、たとえ複雑なタスクの達成が多くの専門的労働者の同時進行による協調的な努力を要する分権的プロセスであっても、そのプロセスの設計が上から課せられているという意味では中央集権的であるという仮定である。『第二の産業分水嶺』以来、ここ何年かの間にセーブルが気づいたことは、この仮定が都合の良い作り話だということだ。現実には、企業が新たな重要プロジェクトに着手するとき、そこに携わる人々はどのように遂行すればよいのか本当はわかってはいない。ソフトウエアや自動車などの動きの速い産業では、生産が始まる段階で最終デザインが決まっているのはまれであり、性能の基準設定をプロジェクトの進行中に行う。さらに、全体計画における役割分担が事前にきちんと決まっている人もいない。むしろ、各人は自分が何を求められているのか大体の見当をつけて行動し始め、その見当を他の〔同様の）問題解決者との相互作用によって修正していく。言い換えれば、現代のビジネスプロセスの真の曖昧さは、環境が生産プロセスの継続的再設計を強いるだけでなく、設計そのものがイノベーションや問題解決と並行して、生産のタスクと同時進行的に分権的方法で遂行すべきタスクであるというところにある。

環境の曖昧さが低い、つまり変化がゆっくりと起こり未来が予測可能なとき、このタスクの曖昧さは抑制され、設計および学習のプロセスと生産のプロセスは別々に遂行され完了する。変化が十分にゆっくりと起こる世界では、最も複雑なタスクに携わる個人も、十分な時間をかけて学習を修了し、所定の生産タスクに移行する。その結果、企業を構成する個人間の分業は、タスクそのものの階層的分割、つまり企業の持続的な階層構造に類似したものになる。

しかし、環境が変化の速度を上げ、競争的なパフォーマンスが必要になってくると、複雑なタスクはそれに対応して再分割されなければならず、入手可能な人的資本もそれに応じて再配置されなければならない。そして、全能なる監督者がいないため、再分割の問題は、生産タスクを遂行しなければならない個人その人が解決しなければならない。その結果、成功している企業に見られるのは、問題解決行動と問題解決者間で次々と変化する相互作用の絶え間ないループである。どの問題解決者もある特定の問題の解決に関連した情報を持っているが、単独で行動できるほどわかっている人はいない。また、誰一人、誰が何を知っているかを明確に知る人はいない。つまり、問題解決とは、経営資源の然るべき組み合わせを決める（これが柔軟な専門化である）だけでなく、そもそも経営資源を探し、見つけ出すことなのである。

このプロセスは厳密な科学的手法とは異なるアプローチを必要とするが、不可能というわけではない。例えば、ホンダの製造工場では比較的日常的な製造上の問題でさえも速やかに臨時チームが招集され解決に当たる。しかも、メンバーは問題が最初に発見された特定エリアだけでなく、必要に応じて工場中から集められ、そこには一般工員、エンジニア、マネージャーが含まれる。その理由は、直接的で単純に見える問題でも、根が深い場合があり、解決に驚くほど幅広い組織的な知識を要する場合があるからだ。例えば、生産ラインの最終検査段階で単純な塗装不良が発見された場合、それはバルブの不具合が原因かもしれないが、その原因はある吹き付け機が継続して酷使されたために機能しなくなったのかもしれない。そのまた原因が別の吹き付け機の故障、その原因がその機械のコンピュータ制御メカニズムの問題、その原因がソフトウエアの設定ミス、その原因が働きすぎのシステム管理者、そしてその管理者はマネージャーたちのEメールの設定を手伝うのに時間を取られすぎている等々、ということなのかもしれない。個人がここまで把握するのは無理だが、チームメンバーが十分に多様なバックグラウンドを持っていれば、かなり複雑な因果連鎖も素早く発見できることをホンダやトヨタのような企業は気づいている。

日常的な問題解決行動は、より一層曖昧になっているビジネス環境に対応しようとする現代企業を決定づける特徴以上の意味を持っているようにセーブルには思えた。つまり、トヨタグループのような産業組織の複雑な構造と、アイシン危機のような大事故から回復する同社の能力の両方を理解することが不可欠であった。しかし、形式的な企業論は変わりゆく現象に追いついていなかった。経済学者は分析に基づいて綿密なモデルを作るのに必死だったが、現代の産業組織に固有の曖昧さを認識することも、それを理論に取り込むことも避けてきた。そのため、経済理論は市場と階層組織の二分説から抜け出せず、問題解決と障害を事実上すべて無視している。その間、社会学者やビジネスアナリストは、適応性や堅牢性という考えに慣れ親しんできた。しかし、彼らも、市場と階層組織の見た目の最適性に取って代わる説得力のある理論を提示できるモデルに真剣に取り組むことができないでいた。セーブルから見て、何か別のアプローチが必要なことは明らかだった。

第三の方法

わたしが会った頃には、チャック・セーブルは、曖昧さと問題解決が企業行動の中核にあることだけでなく、そのための数学的枠組みがあればその仕組みも理解できるはずだと確信していた。彼は一度わたしに、「答えは大体わかっているし、数学者だったら簡単に書いてみせるんだが、そうではないんでね」と言ったことがある。これがサンタフェのあの日の彼の興奮をすべて物語っている。わたしがスモールワールド・ネットワークについて話したその一時間のうちに、彼はストロガッツとわたしが開発したモデルが、自分が重要だと考えていたいくつかの特徴を捉えていると感じたらしい。企業の中では、ちょうど社会ネットワークと同じように、個人は誰とつながるべきかの意思決定を行い、その意思決定はネットワークに対する個人の局所的な認識に基づいているにもかかわらず、大域的な結果をもたらしうる。セーブルは特に、ランダムなつなぎ直し、つまり、密接に結ばれ合ったチーム（クラスター）に属する個人が問題解決のために組織の中でかつては交流のなかった別の部門とつながり（ランダム・ショートカット）、その結果、企業全体としての能力が向上する（経路の短縮）、という劇的な効果に引かれていた。二つの問題の類似点は驚くほどで、われわれは、わずかな差を解明するのに一カ月もあれば十分だと考えていた。しかし、数週間が数カ月に延び、数カ月が数年に延びると、とうとうわれわれはこの違いが重要で、予想していたよりも捉えどころのない問題であると結論づけた。

やがて、われわれは助けが必要だと判断した。それはわたしがちょうどコロンビア大学社会学部に入ることが決まってニューヨークに戻ったばかりの頃で、サンタフェとボストンでの二年間の逗留の後だった。幸運にも、わたしの友人のピーター・ドッズという名の数学者（第5章で少し登場した）もニューヨークへ移るところだった。わたしとドッズが同じ頃に同じ場所にいるということがそもそもスモールワールドの現れに違いなかった。オーストラリア人であるドッズはわたしより一年後にアメリカに移住したが、それはMITの他でもないスティーブン・ストロガッツの下で数学を研究するためだった。運悪く、ストロガッツはその翌週、コーネル大学での新しい仕事に就くため、MITを離れるところだった。確かにわたしがストロガッツと一緒に研究を始めた頃、「オーストラリア人がもう一人ＭＩＴへやって来たが、ちょうど自分がいなくなるところだったので、そう伝えたら非常に残念がられた」と話していたことがあった。けれども、それから彼の名をまた聞くことになるとは二人とも思ってもみなかった。

二年後、オーストラリア出身の友人たちと感謝祭のディナーを楽しんでいたとき、わたしが始めたばかりのスモールワールドの研究がふと話題になった。そこにはわたしと同じコーネル大学の学生の一人がハーバードから訪ねてきていた。わたしの話にしばらく耳を傾けた後、彼は自分の友人ピーターがこういった話にとても興味を持つに違いなく、そこでスティーブ何とかという教授の下で研究するためＭＩＴに行ったが、その教授はコーネルへ移ってしまったらしい、と言った。「その人ならわたしの指導教官だ」とわたしは言ったが、二年以上経って、今度はサンタフェ研究所で同じことが起こった。ある日、研究室の同僚で、優秀な物理学者であり、イギリスから移住してきたジェフリー・ウェストが、あなたの同郷者をＭＩＴから、博士号取得後の研究者として採用するつもりだ、と言った。「ああそう……その人の名前はもしかしてドッズでは？」とわたしは尋ねた。もちろんそうだった。わたしはそこで初めてドッズと対面した。彼は結局その仕事には就かず、ＭＩＴに残って彼の博士号の指導教官、ダン・ロスマン（驚くなかれ、彼はストロガッツの友人だった）の下で研究を続けることにした。しかし、ロスマンもドッズのすぐ後にサンタフェを訪れ、それでわたしもロスマンに会ったのだが、それがきっかけでわたしは数カ月後ＭＩＴで講演を行い、そこでアンディー・ローに会い、そのおかげでＭＩＴの仕事を得て、最終的にドッズと交流を持つようになったのだった。一年後、二人ともコロンビア大学の職にたどり着き、互いに数週間も隔てずニューヨークに越して来た。

共通の興味、経歴、友人を通じて互いの軌道に引かれ合った結果、数年後に一緒に仕事をすることになるのは当然の成り行きのように思え、それだからわたしはドッズに、わたしとセーブルとの研究テーマについて話した。河川ネットワークの分岐構造について学位論文を書いたドッズは、ネットワークの数理に精通していた。しかし当時の彼の研究テーマは地球科学と生物学だったため、彼にとっては未知の社会学や経済学の世界に足を踏み入れることに若干躊躇していた。しかし、セーブルと会って問題の大きさを理解するようになり、好奇心に負けてすぐ仲間に入ってくれた。進展を見るまでに時間はかかったが、進めるうちに、われわれが研究していると思っていた特定の問題、つまり企業における曖昧さと問題解決の役割と、より一般的な問題、つまり予測できない不具合やユーザーの需要に対して継続的に機能し続けなければならないインターネットのようなネットワークシステムにおける堅牢性の問題との間に何らかのつながりを見出し始めた。

曖昧さに対処する

やがてわれわれ三人が気づいたことは、曖昧さの問題は……それが曖昧だということだった。一体、曖昧さをどうやって厳密に定義できるのか。そもそもその性質こそがこの問題に取り組まなければならない理由なのに、捕えようとしてもすぐ指の間をすり抜けてしまう。それでもわれわれは捕らえなければならなかった。そうしなければ、どんな組織形態が曖昧さの問題に対処できるのかを明らかにできないからだ。そうして行き着いた策は、曖昧さを間接的に捉える、つまりその起源ではなく効果に着目することだった。曖昧な環境における複雑な問題を解決しようとするとき、個人は自分たちのさまざまなタスク間の関連事柄に関する限られた知識と、将来に対する不確実性とを、同じ組織内の他の問題解決者との情報交換、つまり知識、アドバイス、専門能力、資源の交換によって補っている。言い換えれば、曖昧さが存在することによって、一方が他方に関係のある情報や資源を有しているという意味において、互いに関連するタスクを担う個人間のコミュニケーションが必要となる。そして環境が急速に変化しているときは問題もまた同じように変わっており、密なコミュニケーションが継続的に欠かせなくなる。

したがって、環境の慢性的な曖昧さに取り組む問題は、分散型コミュニケーションの問題と類似している。分散型コミュニケーションを円滑にすることが苦手な企業は問題解決も苦手であり、ひいては不確実性や変化への対応も苦手である。そこでわれわれが考えた戦略は、組織を情報処理者のネットワークとして捉えることであり、その際のネットワークの役割は、膨大な情報量を効率よく個々の処理者に過剰な負荷をかけずに処理することである。表面的には、この問題は始めの頃にぶつかった問題によく似ている。病気や文化規範の流行について考える場合も、離れたターゲットを探す場合も、障害が発生した後に結合性を維持する場合も、ネットワーク問題の多くはつながり合ったシステムにおける情報の伝達性に集約される。

しかし、組織のネットワークとこれまでに説明したネットワークモデルとの決定的な違いは、組織は本質的に階層性を持っていることである。垂直統合型の階層組織という伝統的な企業像は不完全かもしれないが、だからといって参考にならないわけではない。この後に見るように、階層組織は曖昧さや障害への対応には向かないが、統制にはもってこいの構造である。そして統制は常に企業や官僚機構の核心である。個人は複数の上司に、あるいは時と場合により異なる上司に報告することもあるが、最も自由放任的なニューエコノミー企業でさえ、社員は誰しもが上司を持っている。

階層組織は企業内の組織ばかりではない。トヨタの生産グループから経済全体の構造に至るまで、大規模な産業組織の多くは、階層組織という概念に基づいている。多くの物理的ネットワークでさえ階層組織の原理で設計されている（しかし、この後に見るように、通常は単純な階層組織ではない）。例えば、インターネットは大規模なハブをバックボーンに構成され、そこに階層を下るにつれて小さなプロバイダが幾重にもつながり、最後に末端の個人ユーザーがぶらさがっている。航空路線もこれに酷似している。われわれが階層一辺倒の企業像から逃れたくても、階層組織は近代企業に固有のものではなく、重要なものなのである。これまでのネットワーク・モデルの大半は、階層組織を全く考慮に入れていないか、逆に階層組織以外のすべてを排除していることから、われわれはまたしても事実上未知の領域に迷い込んでいた。

組織のネットワークが、われわれのこれまで取り上げてきた種類のネットワークと異なるもう一つの特徴は、個人がこなす仕事量に限りがあるということである。この制約条件は、現代の組織が行うべき生産タスクと情報処理タスク双方に対して重要な意味合いを持っている。生産の視点から見れば、効率性を高めるために組織は労働者の非生産活動を制限しなければならない。それに対する一つの考え方は、ネットワーク上でつながっているためには時間とエネルギーという費用がかかるということである。個人が持てる時間やエネルギーは有限であるため、個人が仕事上で積極的に維持する人間関係が多いほど、個人の実質的な生産的労働は少なくなる。階層組織が経済学でもてはやされている理由は、この生産効率性という観点にある。垂直統合によって階層を加えれば加えるほど、純粋な階層ネットワークは、各個人がそれぞれ決まった人数（経済学ではこの制約を「統制範囲」と呼ぶ）以上の直属の部下を監督しなくても、非常に大きな組織に成長することができる。

しかし、問題解決型組織内の個人は、部下を監督するだけでなく、自らの行動をも調整しなければならない。この（なるほど単純な）世界観によれば、真のマネージャーは、産業の伝統的な生産志向的立場に立つと、実際は何もしていないことになる。わたしは、かつてボストンとニューヨークを結ぶデルタ・シャトル（短距離の定期便）の機内で、重役やコンサルタントたちが携帯電話で相当重要らしい会議を躍起になって設定しているのを聞きながら、よくこのことを考えていた。緊迫した様子の隣人にはさまれながら、「この人たちは、一体何を生産しているのか」と考えた。もし一つの会議から別の会議へせわしなく移動するだけだとしたら、その人は組織の生産性にどのような貢献をもたらしているのだろうか。情報処理の観点に立てば、マネージャーの主要なタスクは生産ではなく調整であり、生産をタスクとする個人間の情報ポンプの役割を果たしている。この視点から見れば、会議は単に組織内部門間の情報交換の制度化された手段であり、よそから見て（ときに出席者にとっても）時間の無駄に思える年次会議、タスクフォース、委員会も同様である。しかし、情報ポンプを含むあらゆるポンプの容量には限界がある。いくら有能で精力的であっても、マネージャーは限られた数の会議にしか出席できず、限られた航空会社のマイレージしか貯められず、限られた情報しか処理できない。

したがって、堅牢な情報処理ネットワークは、生産の負荷の分配だけではなく、情報の負荷の再分配を可能な限り均等に行うネットワークでもあり、それによって障害による損害を受けずに処理できる情報量を最大化する。一方、階層組織は非常に分配効率の高いネットワークだが、再分配効率は極めて低い。すべての行動が正式な指揮系統によって監視、調整、承認されなければならない組織を想像してみてほしい。そのような厳密な階層組織は理論的には存在し、軍隊がおそらく最も代表的な例であろう。しかし、実際は、そこにわずかでも曖昧さが入り込めば、情報や指示に対する要求が止めどなく行き交い、指揮系統はその処理需要によって瞬時に飽和状態になる。これを理解するために、図9-1において階層構造からランダムに選んだソース・ノード（S）が、別のターゲット・ノード（T）に情報やヘルプの要請といったメッセージを送るとする。純粋な階層構造ではその

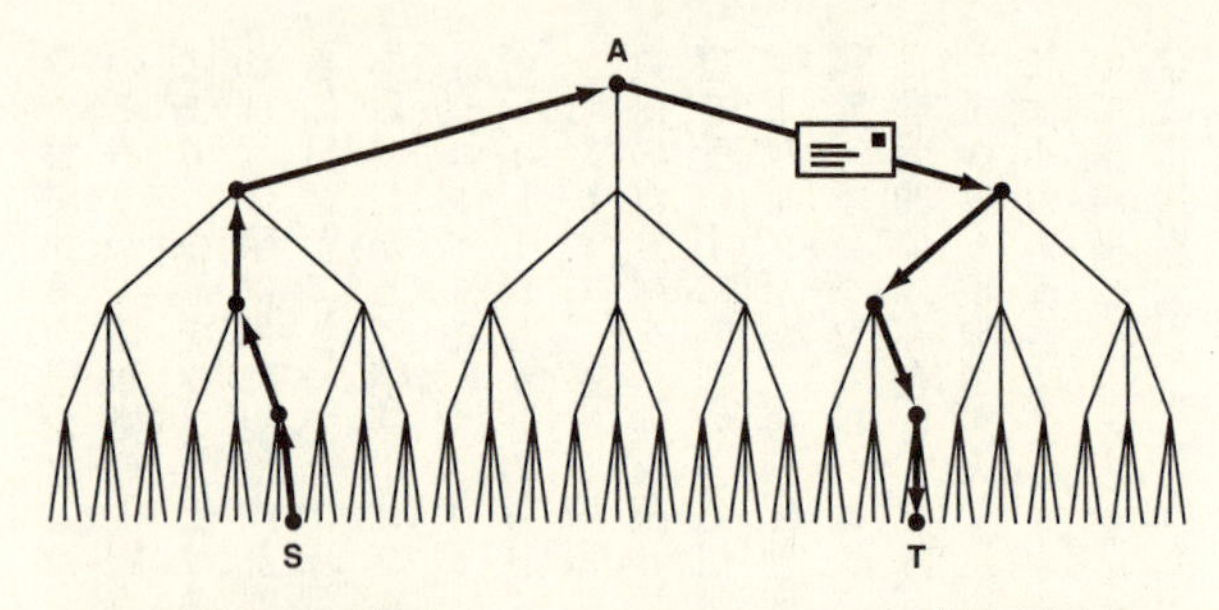

図9-1　純粋な階層組織では、ノード間のメッセージが指揮系統を通して処理されなければならず、そのため、上位にあるノードは下位の多数のノードの間で受け渡しされるすべての情報を処理しなければならない。図中のAはS（ソース・ノード）とT（ターゲット・ノード）の最近共通祖先である。

要請は指揮系統を最近共通祖先（A）に到達するまで上り、そこからターゲットへ下りていく。伝達がうまくいくかは、その系統に属する個々のノードがそれぞれの情報処理責務を遂行するかどうかによるが、個々のノードの負荷は均一ではない。図9-1が示す通り、あるノードが指揮系統の上位に上がれば上がるほど、より多くのソース・ノードとターゲット・ノードの組み合わせがそのノードを通してメッセージをやり取りするため、情報処理の負荷は大きくなる。純粋な階層組織が曖昧な環境に置かれると、情報処理の負荷が不均等に分配されるため、何らかの対応を図らない限り階層組織は崩壊する。

インターネットのような物理的情報処理ネットワークの場合は、階層構造の上位に行くほど負荷が増加しても、該当するサーバーやルーターの処理能力を高めることによって（完全にではないが）対処することができる。例えば、インターネットのバックボーンルーターは、ユーザーのコンピュータとユーザーが契約しているローカルのインターネットサービスプロバイダ（ISP）との間、あるいはISPとバックボーンとの間の処理能力よりもはるかに大きい。その理由も、図9-1から読み取ることができる。つまり、何百万人ものユーザーがバックボーンを介してメッセージを送ろうとしているが、あるユーザーのISP（図9-1で、SのISPは、Sのすぐ上の階層にある）を共有するユーザーはそれよりもはるかに少ない。しかし組織内ネットワークでは、仕事が増えたからといって、単純に人の脳の大きさや回転スピードを増すことはできない。もちろん、他者より一生懸命または効率的に働く人はいるが、コンピュータとは異なり、人間はスケーラブル（拡張可能）ではないのだ。そのため、問題解決行動の頻度が増加した、あるいは組織の規模が拡大した場合は、それに伴う指揮系統へのプレッシャーを上記以外の方法で緩和しなければならない。

すぐ思いつくアプローチは、ネットワーク上に近道となるバイパスを設けて過剰負荷となったノードを回避し過密を解消することである。しかし、新たなリンクを作り維持することは、個人から生産の時間を奪うことになる。つまり、過密化も新たなリンクも費用がかかる。この二種類の費用のバランスを図る最も効率的な方法は何か。ストロガッツとわたしは、スモールワールドの研究において、ショートカットを一つ追加すると、互いに離れた多数のノード間の経路が同時に短縮し、同時に中間階層における過密も効果的に減少することに気づいた。ランダム・ショートカットはノード間の平均距離を劇的に縮め、世

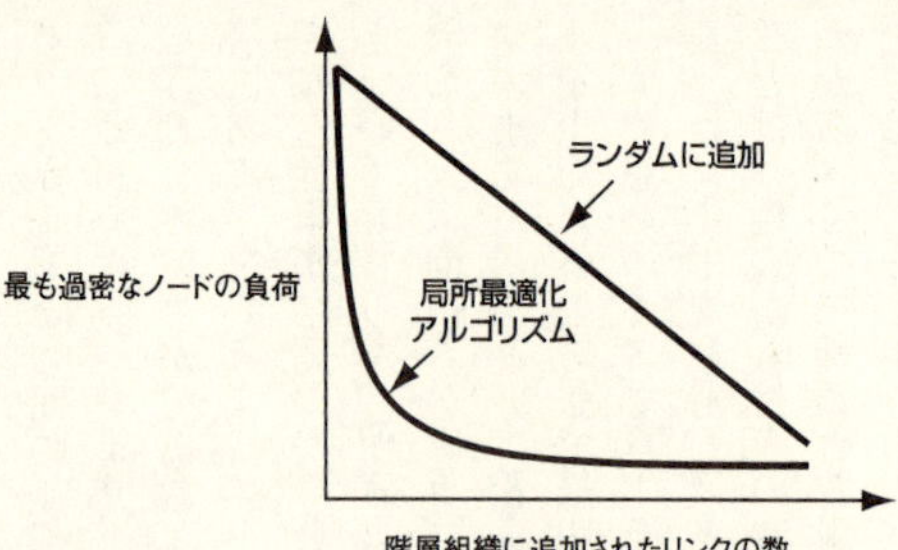

図 9-2　階層組織にバイパスリンクを追加すると、最も過密なノードの負荷を低減させるが、その効果はリンクの追加方法によって大きく異なる。ランダムに追加された場合（上の線）は、十分な低減が見られるまで多数のリンクを必要とする。しかし、図 9-3 で示される方法でリンクを追加すると、わずかなリンクで大きな効果が見られる。

界を小さくすることから、過密を緩和するには有効な方法のように思える。しかし、この純粋なランダムアプローチには二つの大きな問題がある。第一に、階層組織を特徴づけている階級の配列を考慮していない。そして第二に、個々のショートカットの導入が多くのノード間の距離を短縮すると考えるということは、これらのショートカットのデータ伝達能力には限界がないことを仮定している。しかし、すでに強調してきたように、組織における個人の能力には限界があるため、一つのリンクが全体の過密を緩和するにも同様に限界がある。図9-2の直線が示すように、リンクをランダムに追加しても最も過密なノードの負荷はゆっくりとしか減少せず、障害を防止するのにそれほど役には立たない。世界が小さいからといって、必ずしも効率的あるいは堅牢であるということにはならないのだ。

マルチスケール・ネットワーク

リンクを均一かつランダムに追加することが情報過密化を緩和する良い方法ではないとなると、ほかに何が考えられるのか。これは一般的に難しい問題であり、局所的に許容量を抑えることと大域的な（システム全体の）パフォーマンスとのバランスを図ることが求められている。幸運にも、階層組織の階層という性質によって、図9-3に示すように単純な局所的戦略が生まれ、驚くほど最適解に近い効果をもたらす。このモデルにおける情報処理は、ノードがネットワークの近接者にメッセージを伝えることで生まれるため、任意のノードが最も多くのメッセージを交換する二人を直接リンクさせることで、そのノードの負荷は可能な最大量だけ低減される。この局所的戦略が大域的な過密に対しても最適に近い形で機能するかどうかは、はっきりとはわかっていない。結局、メッセージが取り除かれるわけではなく、経路が変更されただけであるため、システムの別の箇所で過密を増加させるのではないかと思われるかもしれない。しかし、この戦略では常に最も過密なノードの負荷を低減することを選ぶため、そして（図9-3が示すように）そのリンクによってつながったノードはいずれにしろそのメッセージを取り扱うことになっているため、結果的にどの個人の負荷も増やすことなく、常に全体の過密を緩和するようにはたらく。

図9-2の曲線が示すように、リンクを追加する単純で局所的なアルゴリズムは、純粋なランダムアプローチよりもはるかに幅広い環境条件下で情報の過密を効果的に緩和する

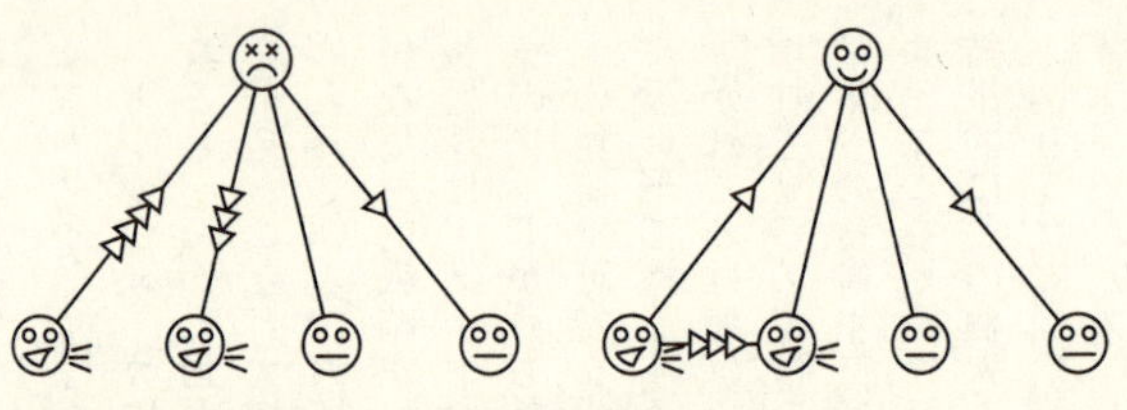

図 9-3　局所最適化アルゴリズム。最も過密なノードは、そのノードが最も多くのメッセージ（矢印で表示）を交換する二人をリンクさせることで迂回される。

ように見える。だが、その過程でどのようなネットワーク構造を生み出すかは、必要とされている問題解決のタイプに大きく依存する。同じチームのメンバー間、または同じＩＳＰの登録者間でメッセージの受け渡しを要するような局所的な問題解決の場合、チーム形成に応じる過程を通じて効果的に過密化を緩和できる。部下を細かく管理しようとする管理者は、グループがトラブルに対処しているときなどは、自分が忙しくなりすぎると感じているはずだ。その解決策は、管理者なしでチームメンバー同士が協力し合うことだが、局所的には図9-3に近い。一方、このような局所的な変化の結果生じる大域的な像は図9-4のようになり、ここでは「ローカル・チーム」（共通の上司をもつ同僚）が階層組織のそれぞれのレベルで独立して形成されている。

一方、メッセージの伝達がもっぱら距離の離れた（例えば、企業内の別の部署の）個人との間で起こる場合、情報処理の負荷の大半は階層構造の上位に移動する。図9-5（三八〇ページ）が示すように、結果的にネットワークは（およそ）二種類の層に分けられる。密につながり合うコア（本部やＣ

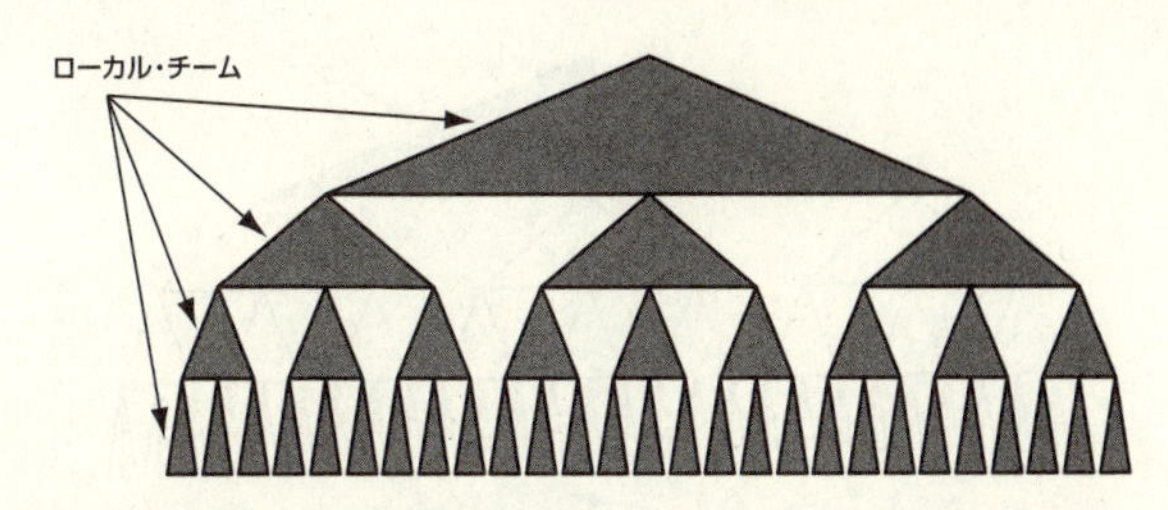

図 9-4　メッセージの伝達が純粋に局所的に行われている場合、最適なネットワーク構造は階層組織の全てのレベルにおけるローカル・チームによって構成されている。

PUに相当する）と、末端のノードによって構成される階層の周縁である。コアは、膨大な量の要求に対応しなければならない状況では、階層が二つ以上のレベルに及ぶ可能性があり、横だけでなく縦の結びつきも必要になる。コアの中では、外部の圧力に屈しないよう互いを支え合わなければならないため、階層性は事実上消滅する。このシナリオでは、情報管理者の別の層がモデルに現れる。デルタ・シャトルに乗っていた重役たちに似ているが、情報管理者は、彼らのすべての時間を生産志向の従業員からの情報要求の処理に費やしている。メッセージを正確に伝達することが彼らの基本責務であるため、互いに密につながっていなければならない（だから会議ばかりなのだ）。

このコア＝周縁構造は、人間の組織にしてはあまりに極端すぎる構造かもしれないが、航空路線と郵便制度のように分配と再分配のネットワークが混ざったような構造に近い特徴を持つ。航空路線と郵便制度のどちらのシステムも、密につながり合ったコアによって構成され、

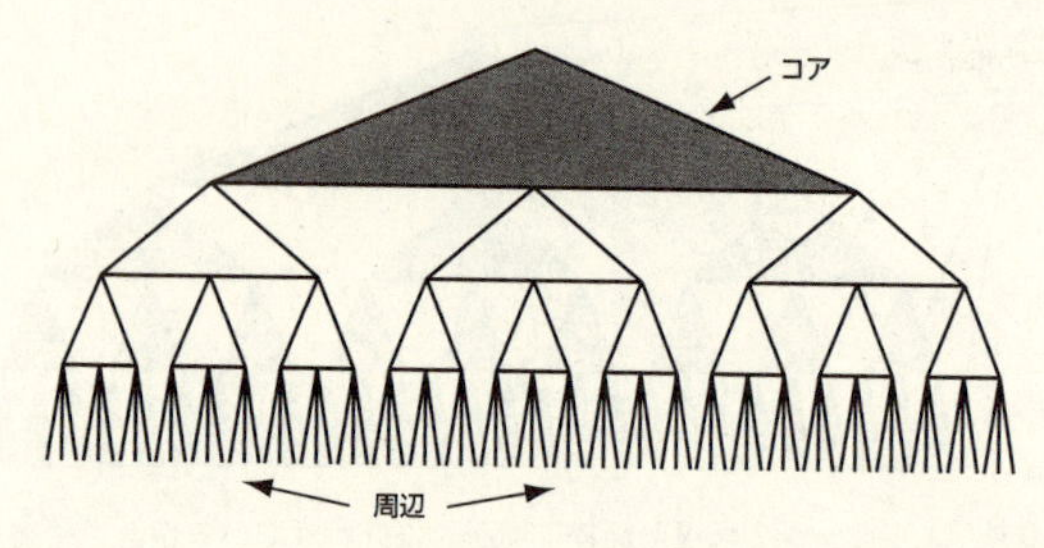

図 9-5　メッセージの伝達が純粋に大域的に行われている場合、階層組織の上層部に情報の過密化が集中し、情報管理者によって構成される緊密につながり合った「コア」と、専門化された生産労働者が構成する純粋な階層構造の「周縁」が生じる。

その中で乗客と手紙がそれぞれ再分配され、また、そこからツリーのような分配システムが延びている。例えば、アメリカの航空路線では、ハブからハブへはほぼすべてダイレクトに飛ぶことができる。つまり、ハブはネットワークのコアである。そして個々のハブは自分の局所的なネットワークを持ち、第二級、第三級の空港に乗客を分配する、あるいはそれらから集客を受け入れている。アメリカの郵便システムも部分的には分配システムであり、多数の小さな出先（私書箱や小さな郵便局など）から郵便物を収集し、住宅や企業へ分配している。同時に、部分的には再分配システムでもある。しかし、再分配機能は分配機能とは大きく異なり、基本的に大きな郵便局などの間で発生する。

これほど顕著ではないが、同じコア＝周縁構造はインターネットの構造にも見ることができる。インターネットは比較的密につながり合ったバックボーンによって構成され、その中で個々のルーターは他荷はバックボーンに集中する。ローカルユーザーとは対照的に、遠く離れたユーザー間で行われるため、情報再分配の負ーネットとの類似性があることは理解できる。データ交換の大半は、同一ISPに属するド）のレベルに達する。航空路線ほど明確ではないが、コア＝周縁モデルと現実のインタサービスプロバイダがぶらさがり、個人ユーザー（枝分かれした木の末端である葉のノーの多数のルーターとつながり、そこから多数のツリー構造に枝分かれし、順にローカルの

しかし、現代のビジネス組織や公的組織は、純粋なローカルまたはグローバルな場合においてよりも、もっと複雑な曖昧さを経験している。さらに、ネットワーク内のノードはルーターやオフィスではなく人間であるため、分配対再分配のような単純な区別は適用しにくい。そのため、過密緩和のアルゴリズムが重要になってくるのである。問題解決、ひいては組織内のあらゆるスケール〔レベル〕でコミュニケーションを一斉に行わせるものは、曖昧さそのものにあるように思える。通常、動きの速い複雑な環境において、個人が遂行する問題解決行動の大半は局所的なレベル、つまり直近の同僚チームの中で起こる。しかし、非日常的な問題も定期的に発生し、前述のホンダの例からわかるように、その解決には関連情報や資源を求めてはるか遠くまで探しに行かなければならない。同じ部署の別のチームに当たる程度で済む場合もある。しかし、トヨタグループの一件で見たように、ときにはもっと遠くへ、部署や事業部や企業さえも越えて探し求めなければならないこともあり、そのような広範な探索は頻発はしないであろうが、ゼロになることもない。

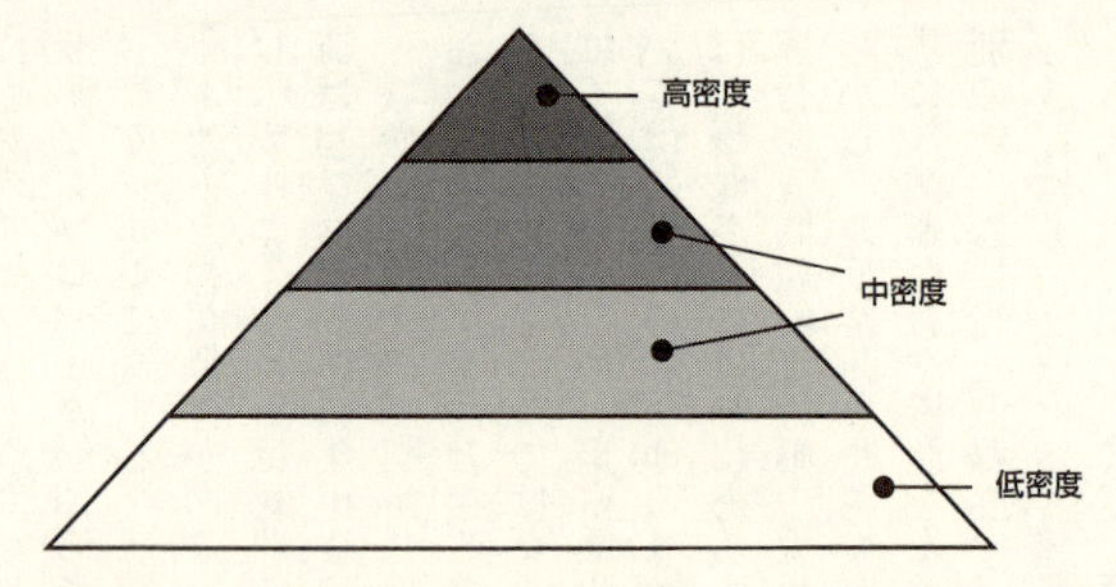

図9-6　メッセージの伝達が全スケール（レベル）で行われている場合、マルチスケール・ネットワークの存在が必要になる。影の濃淡は、階層組織の深さが増すにつれ、リンクの密度が低下することを表している。

基本的にわれわれの結果が示しているのは、組織が一度にさまざまなレベルで情報処理を行わなければならないとき、ネットワークはやはり複数のスケールでつながっていなければならないということである。二人の個人が互いの生産性に関連する情報を持っている可能性は階層構造における距離に応じて減少するが、検討しなければならない場合の数は増加する。社会ネットワークと同様に、大きな組織ではあなたに近い人よりも遠い人の方がはるかに多い。その結果、第5章で取り上げたジョン・クラインバーグの推察と同じように、階層組織のさまざまなレベルで大量の情報が流れているのである。したがって、バイパスは、局所的なチームのレベル（図9-4）だけにおいてではなく、また大域的な組織のレベル（図9-5）においてだけでもなく、すべてのレベルで必要なのである。しかし、階層組織は本質的に情報処理を上層に集中させるため、伝達されるメッセージの分配と、その結果できるバイパスリンクの分配は同じではない。

これを直感的に表したのが、図9-6である。最上層に密につながり合った一つのコアがあるのではなく、階層組織全体に延びたリンクがある。しかし、図9-4の純粋なローカル・チームと違い、真に曖昧な環境で機能するよう設計された組織には、複数の異なるレベルにチームがなければならない。下位の階層では、個人は主にメッセージを処理するのではなく、創出している。そのため、比較的少ない数のバイパスリンクしか必要ではない。一方、離れたノード間で伝達されるメッセージは、階層組織の上層で処理されなければならないため、管理者は直近の同僚だけでなく、垂直の相互作用も必要である。その結果、図9-4のチームや図9-5のコアほど密につながってはいないが、自らの情報処理の負荷を一つのレベルに集中させるのではなく、複数のスケールにわたって分配できる、「メタチーム」と呼ばれるグループが発生する。

このマルチスケール・コネクティビティ（多次元レベル結合性）により、マネージャーと労働者の区別が曖昧になる。階層組織における階級の高さに応じて情報の処理行動が増加する傾向は（純粋な生産性の犠牲のもとに）維持されるが、情報が組織のすべてのレベルで処理されているときは、誰もがある程度は情報を管理している。役割区分がこのように細分化される理由は、真に曖昧な環境では自分が何をどうやるべきなのかがはっきりとはわからないため、問題解決行動が生産行動と切り離せなくなるからだ。つまり、誰もがその両方をいくらかずつ効果的に行わなければならないのである。

大惨事からの回復

曖昧さと同じく、組織的障害もさまざまな形態や規模で生じる。人が病気になったり、工場が焼失したり、コンピュータシステムがダウンしたり、大勢の従業員が解雇されなければならない場合もある。惨事は外部から来ることも、内部から発生することもある。アイシンの惨事のように両方の場合もある。火災は自然発生的だったが、事の重大さは、アイシンがブレーキバルブを独占的に生産していたことと、トヨタのカンバン方式によって膨らんだ。しかし、原因のいかんにかかわらず、あらゆる惨事に共通していることは、かつては機能していた完全なシステムが部分的に不能になることである。通常、故障した箇所は、長期的には、修理または交換、もしくはその機能を他の複数のユニットに分散することなどで補完されなければならない。しかし、ペースの速いビジネスの世界や、送電網、インターネットのような物理的ネットワークの多くでは、長期的なスパンで乗り越えていけばよいというものではない。システムはまず今を乗り越えなければならないのだ。

トヨタ＝アイシン危機もそうであったが、どんな障害の後にも、問題解決と情報共有の必要性は劇的に増加する。そして、重要な資源が失われたとき、組織が所有できる最も重要な資産は、残された資源への容易なアクセスである。つまり、ネットワークに関して言えば、短期的に惨事を乗り越える鍵は、ネットワークが今以上の不具合を起こさずに結合性を維持することである。問題をこのような枠組みで捉えると、われわれにとって馴染み深い領域になるかもしれない。システムの堅牢性をネットワークの結合性の面から考えることは、インターネットのようなネットワークの堅牢性を研究するためにバラバシとアルバートが導入し、ダンカン・キャラウェイがその後修正したアプローチである。だからその限りにおいては、馴染み深い。しかし、これらの研究結果はランダムネットワークを前提にしたもので、われわれが扱うのはもはやランダムネットワークではない。

ご想像の通り、障害が発生したときの階層組織のパフォーマンスはよいものではない。階層組織が過密化に由来する障害（過度に中央集権的なため）に対して脆弱であるのと同じ理由で、もし階層組織のトップノードに不具合が発生したら、ネットワークの大部分は孤立してしまう。ここで、あらゆるレベルにおける結合性が本領を発揮する。マルチスケール・ネットワークでは、ネットワークから切り離されることによりネットワーク機能を停止させるような致命的なノードは存在しないからだ。そして、そのネットワークが、チームのレベルにおいてだけではなく大きなスケールにおいても分権的であるように設計されているため、大きな障害が発生してもまるで一つのチームがそっくり機能しなくなったかのような大きな影響は発生しない。基本的に、マルチスケール・ネットワークからどんな規模のかたまりを取り除いても、ネットワークそのものはつながりを維持するため、直接的には破壊されなかったすべての資源へのアクセスが可能である。

したがって、マルチスケール・コネクティビティは、不確実な環境において、企業の業務遂行に必要不可欠な二つの目的に応える。問題解決に伴う情報の過密化を組織内の複数のレベルに分配することにより、障害が発生する危険性を最小化する。そして、同時に、障害が起こった際の影響を最小化する。したがって、マルチスケール・ネットワークは第8章の終わりに述べた条件を満たしている。すなわち、真の堅牢性は障害を避けることだけでなく、損失の広がりを最小限に食い止めつつ障害を乗り越えることである。マルチスケール・ネットワークが堅牢性のこの一石二鳥的な性質を持つことから、これを超堅牢〔超ロバスト〕と呼ぶ。

超堅牢性という概念は、あまりにできすぎていて本当とは思われないかもしれないが、実際、完全に理にかなっている。この概念は、日常的問題解決能力と非日常的問題解決能力が密接につながっていることが鍵となって展開されたものである。日常的な曖昧さ、つまり明日の運命が不確実だということは、日常的問題解決を動機づける。そして、日常的問題解決は、致命的なノードにおける情報の過密化を生むことによって、局所的な過密を緩和するためのバイパスリンクづくりを促進する。そして、情報が組織のすべてのスケールで再分配されているとき、バイパスもすべてのスケールで作られる。マルチスケール・リンクができると、大きな障害が発生したときでさえも、それがネットワークのつながりを維持するというもう一つの特性を持つ。したがって、その結果得られる外部からの衝撃に対する弾力性は、個々が日常から培ってきた局所的な機能の予期せぬ産物なのである。

したがって、大惨事からの回復のための問題解決行動は、企業が日々直面しなければならない日常的な問題解決よりもドラマチックだが、根本的には変わりはないのである。要するに、超堅牢性は曖昧さに対処しているだけなのである。曖昧さは平凡なときもあれば、トヨタ＝アイシン危機のときのように極端なときもある。しかし、どのケースにおいても、個人は即座に解決しなければならない馴染みのない問題に直面している。一つの問題に効果のある一般的な対処法はえてして他の問題にも効果的である。つまり、イノベーション、エラーの訂正、大惨事からの回復はすべて基本的には、曖昧さへの同じ対応のバリエーションなのである。

このように見ると、トヨタグループの思いがけない回復は、計画的なものではないにせよ、思いがけないものでもなかったのである。突然想像もしていなかった事態に遭遇して、それを解決できるとはおそらく本人たちも思っていなかっただろう。それでも、劇的に変わった現実に対処するしか選択肢がなかったため、とにかく解決し、組織的能力を集団で発揮し、初めてその力に気づいたのだ。しかし、彼らは現にその力を持っていた。その力は単に要求を受けて現れたわけではなかった。トヨタグループは大きな危機を前にして素晴らしく立ち振る舞ったが、彼らはスーパーマンではなかった。むしろその危機は、日常的な問題に対する決まりきった対応が単に増大しただけだったのである。

結局のところ、曖昧さはまだ曖昧なままだが、今ではそれを定義し理解することができる。一方で、環境の慢性的な曖昧さは企業の多くの問題の根源にある。熟知しているはずの日常業務を繰り返し混乱させたり、既存の解決策を陳腐化させたりする。他方では、問題解決そのものを日常的行為にし、差し障りなく大量の情報を処理できるアーキテクチャの構築を組織に促すなど、日常の曖昧さは企業のよい味方でもある。日常的な曖昧さに対処することによって、企業は不測の事態に際して自らを救う能力を開発する。日常的な問題解決は、組織内の各個人への情報処理負荷の均等化を図り、さらに例外的な問題が解決できる状況を作り出す。

日常の曖昧さへの企業の対応が超堅牢性を生み出す具体的な*メカニズム*は、まだ解けないパズルであるが、第5章で取り上げたネットワークの探索能力の特性と根深い類似性を持っているようだ。われわれが理解している範囲では、そのメカニズムは次のようなものである。統制の問題を解決するために、企業は階層組織の原則にしたがって自らを設計しようとする。しかし、曖昧な環境においては、問題解決行動に付随する情報の過密化は、個人、特に階層の上位にいる人々に過剰な負荷をもたらす。これに対する個人のローカルな対応は、部下が指図にしたがって探索を行い、自らの力で問題を解決するよう仕向けることである。

指令書や情報源が入手できないとき、部下たちは関連情報を見つけるために社内（場合によっては社外）の非公式の人脈に頼る。そして、第5章で述べたように、この社会的探索の戦略は効果的である。つまり、情報収集者は自分たちのやり方がどのように、または、なぜうまくいったのかはっきり気づいていなくても、成功することがある。階層組織の機能も構造もいまや変容した。生産成績だけを評価する代わりに、上層部は今ではそのような探索成績も評価するため、個人は関連する情報（潜在能力）を見つけ出す能力だけでなく、その動機も持っている。その結果、企業の内部構造は、繰り返し行われる探索を通して形成され強化される新しいリンクによって、純然たる階層組織ではなくなる。

この過程の均衡状態が、マルチスケール・ネットワークである。それはネットワークが複数のスケール〔レベル〕にまたがってつながっているときにのみ、個人の過密化、ひいては新しいつながりを作る圧力が緩和されるという単純な理由による。そして、第5章で見たように、複数のスケールにおけるリンクの存在がネットワークの探索能力を高めるため、マルチスケールの状態は自己増幅される。大惨事が起こると、ネットワークの探索能力と過密緩和の特性が思いがけなく現れるが、それは慢性的に曖昧な環境における日常的問題に対する局所的な対応の自然な結果なのである。

したがって、探索能力と堅牢性は微妙な関係にある。それは、われわれの社会学的動機に基づくネットワークにおける分散型探索の説明と、ジョン・クラインバーグの説明との中間的ケースとして現れている。クラインバーグの解決策は、技術者が基板をゼロから設計するかのごとく完全に設計されて
いるのに対し、現実の組織はローカルな意思決定と個々の探索の結果として進化している。しかし、純粋な社会ネットワークとは違って、組織は完全に自然発生的に進化するものではない。実のところ、階層組織は企業の内部組織のために設計された解決策の証なのである。曖昧さに対しては不十分な解決策だが、これまで見てきたように、さまざまな状況下で機能するよう修正できるものである。

このように、現代の企業は階層組織に本質的に内在する動機を非公式な社会ネットワー

クに課すことによって、非公式な社会ネットワークに潜在する分散型探索能力を利用する。われわれはこの問題をまだ完全には理解していないが、複雑な問題を解決できる組織をつくるための戦略は、中央集権的に設計された問題解決ツールやデータベースの構築を個々人に強制するのではなく、むしろ、彼らの社会ネットワークを自分で探索させることによって、曖昧さに対応できるよう訓練することであろう。このアプローチの大きな利点は、個々人がどのように社会的探索を行うかを理解すれば、組織のアーキテクチャそのものを厳密に規定しなくても、堅牢な組織を作れる効果的な手続きを設計できるようになるところにある。

訳注

(1) 必要なものを、必要なときに、必要な量だけ造ること。

第10章　始まりの終わり

全長三五キロ、幅八キロ弱のマンハッタン島。地球全体から見れば、ほんの小さな点かもしれないが、北大西洋に注ぎ込むハドソン川河口の宝石である。近づいて見れば、大騒ぎの行楽地のようにごった返している。一五〇万人が居住し、毎日何百万人もの人が訪れる街は、一世紀以上前からゴッサム（衆愚の街）と呼ばれ、大都会の中の大都会であり、眠ることはない。

しかし、科学的視点に立てばマンハッタンは謎に包まれている。数百万の人々の私的、商業的活動は、日々恐ろしく多くのものを消費する。食料、水、電気、ガス、そしてプラスチック包装から鋼鉄の梁、イタリアンファッションまであらゆるものを。また、ゴミ、リサイクル品、下水、排水など膨大な量の廃棄物を排出する。全体であまりに多くの熱量を放出するため、自らの微気候をつくるほどである。なのに、この都市自身が持続するために必要なものを都市内部で生産することはほとんどなく、自身の廃棄ニーズを満たすこともできない。マンハッタンの飲料水は北へ二時間ほどドライブしたところにあるキャッツキル山脈から直接引いている。電力ははるか中西部で作られている。そして食料は、全米からトラックで、世界中から海を渡って運ばれてくる。一方、ゴミは何十年もの間、はしけを使って、スタッテン島の近くフレッシュキルズ埋め立て処分場へ運ばれている。この処分場は宇宙から見えるただ二つの人造物のうちの一つである（もう一つは中国の万里の長城）。

マンハッタンを理解する一つの方法は、フローの束と見なすことである。人々、資源、金、パワーの渦。そして、これらのフローが止まれば、それが一時的であれ、養分に対する飢餓により、あるいは自らの排泄物に窒息してこの都市は死にはじめる。食料雑貨店は数日間分の在庫しか持てず、レストランはそれよりも少ない。もしゴミが一度でも回収されなければ、道路に山積みにされる。そして、一九七七年の悲惨な停電の後、もし電力が数時間以上断たれたら一体どうなっていたのか、誰も想像すらつかない。ニューヨーカーは自信過剰で有名であり、どんな試練のときでもなんとかなるという空気をつくる。しかし、彼らは都市の暮らしを快適にするシステムの虜である。地下鉄から自転車便まで、蛇口の水からエレベータを動かす電気まで、毎日、巨大で複雑なインフラストラクチャの堅牢なパフォーマンスに依存している。このインフラなくしては、生活の些末なこと、食べる、飲む、通勤する、などは耐えられないほど面倒なものになる。

もしこのインフラが、部分的にでも機能停止に陥ったらどうなるのか。機能しなくなることがあるのか。そうならないように注意する立場にいるのは誰か。言い換えれば、誰に責任があるのか。複雑なシステムにつきもののように、この質問にも決定的な答えはないが、短絡的に答えるならば、誰でもない。実際には、誰かが責任を持つような、単一のインフラなどというものは存在しない。むしろ存在するのは、重なり合うネットワーク、組織、システム、統治機構、私と公の混ざり合い、経済、政治、社会である。人々をマンハッタンに運び込み、運び出し、中を移動させるビジネスだけでも、少なくとも四社の鉄道業者、地下鉄網、一〇以上のバス会社、数千のタクシーが分担している。一方、港湾管理委員会により管理される橋やトンネル、何千マイルもの一般道や高速道路によって、毎日実質何百万台もの自家用車が島に入ったり、島から出たりしている。食料や郵便物はさらに分散化され、何百もの配送サービスが合わせて何千台ものトラック、バン、自転車を動かしてマンハッタンの通りを一日二四時間、週七日間、往き来している。

この信じられないほど複雑で、不思議な、不可能なシステムを調整する単一の存在はなく、これを理解している存在もない。それでも毎日、帰りがけに午前二時にデリに寄れば、ベン&ジェリーズの好きなフレーバーのアイスクリームはいつもそこにある。システムは、マンハッタンの住人が当たり前に思っている紛れもない事実だが、本当は機能していること自体奇跡なのだ。そして、そんな考えが心の平穏を乱したことはないだろうが、実際には乱すこともあるはずである。前章から一つ学んだことがあるとすれば、それは複雑につながったシステムが困難に直面したとき途方もなく強い堅牢性だけでなく、衝撃的なほどの脆弱性を露呈する可能性があることだ。そして、このように巨大な大都市、かつ何百万の人々の生活に欠かせない世界の超大国の経済の中心地であるマンハッタンの、その潜在のだろうか。

的弱点を考えてみることは無駄な憶測ではない。さて、マンハッタンはどれくらい堅牢な

9・11同時多発テロ

二〇〇一年九月一一日火曜日のアメリカの同時多発テロは、われわれにさまざまなことを教えている。その最悪の日の出来事は、社会的、経済的、政治的意味を含めて、すでに余すところなく分析されている。しかし、本書の文脈の中でもう一度この悲劇を捉え直す理由がある。それは、われわれが遭遇してきた多くの矛盾を表しているからだ。つながったシステムが堅牢なときと脆弱なときとがあるのはどういうわけか。また、遠くに思える出来事が思ったより近い可能性があるのはなぜか。近くで起こっていることから隔離される可能性があるのはなぜか。そして、いかに日常を通して非日常の準備ができるか。九月一一日のテロ攻撃は、ある意味で、本当の惨事だけがあばきだす現代生活の複雑なアーキテクチャの隠れたつながりを明るみに出した。そしてこの観点から、われわれはまだ学ぶべき点がある。

純粋にインフラ的観点に立てば、攻撃は実際にはもっとひどくもなりえた。核爆発や生物兵器の使用とは異なり、攻撃された場所は比較的限定されており、どちらかといえば街の中心部からはずれていた。例えば、交通機関で世界貿易センタービルだったところを通っていたものは、タイムズスクエアやグランドセントラルターミナルよりもはるかに少な

い。それでも、ビルの崩壊は物理的に巨大な衝撃を生み出し、道路を埋めつくし、地下鉄のトンネルを潰し、都市の主要通信設備であるウェストストリート一四〇番地のベライゾン本部ビルを破壊した。これらのダメージは修復に何年もかかり、その直接費用だけでも何十億ドルと推定されている。

しかし、その火曜日、物理的なダメージと同じくらい影響を受けたのは、それが重大な組織的危機を招いたことだ。ニューヨーク市長の緊急指令室は、二棟の世界貿易センタービルの倒壊とともに破壊され、午前一〇時には近くの警察指令室は電話回線、携帯電話、Eメール、ポケベルサービスすべてを失った。まったく予期せぬ大惨事に直面し、信頼できる情報がほとんどないに等しく、引き続き攻撃される脅威が不気味に広がり、市は二つの大きな作戦、救助と安全の確保を同時に進行させなければならなかった。緊急事態が起こって一時間も経たないうちに、緊急事態を統制するためにデザインされたはずのインフラが混乱に陥った。

しかし、市はなんとかやってのけた。その状況下で信じられないほど秩序だった対応で、市長室、警察、消防署、港湾管理委員会、州および連邦のさまざまな緊急機関、何十もの病院、何百ものビジネス、そして何千もの建設労働者やボランティアがマンハッタン南部を二四時間も経たないうちに戦場から復興の地に変えた。その間、市の残りの地域ではすべてが通常どおりに行われ、薄気味悪いほどであった。電気は通り、電車は走り、コロンビアではブロードウェイのレストランでしゃれたランチが食べられた。その日の島は封鎖体制が敷かれていたにもかかわらず、直接の壊滅地帯以外の人々はほとんど全員がその日の夜、家にたどり着き、翌日には生活必需品の配達やゴミの収集がほぼ通常どおりに行われた。警察は市内をパトロールし、消防署は、通常一年間に全米で失う人数の倍を一時間のうちに失ってしまったにもかかわらず、すべての呼び出しに対応した。その夜、仲間たちはいつものように混雑したバーで大統領のテレビ演説に聴き入り、翌日、市のほとんどは活動を再開していた。日常生活がそれほどまでに根づいていたため、多くのニューヨーカーはテロにそれほど影響されていないことに罪悪感を覚えているようだった。

金曜日には島の南端に張られていた非常線が一四番街からキャナル・ストリートに引き上げられ、九月一七日（月）には、ダウンタウンのほとんどのエリアでビジネスが回復した。証券取引さえも、金融業が人材および資材の両面で多大な損失をまともに食らったにもかかわらず、再開した。マンハッタン、ブルックリン、ニュージャージー、コネチカット中の個人宅、共有オフィス、間借り事務所で、証券会社は先を競って必死に建て直しを図ろうとして、バックアップサーバーからデータを救出し、失った同僚の悲劇を受け入れながらも乗り越えようと奮闘した。

モルガン・スタンレー一社で、サウスタワーに三五〇〇人が働いていた。驚異的なことに犠牲者は一人も出なかったが、それでも数日のうちに何千人もの人を再配置せざるをえなかった。その間、何人が生存していたのかさえ掴むことができなかったからだ。他の多くの企業も、大小にかかわらず、似たような気力を殺がれるような仕事に直面していた。

例えば、メリルリンチ社は道を隔てたワールド・ファイナンシャル・センターに入っており、事務所を失うことはなかったが、ビルに戻れるまでの六カ月以上もの間数千人の従業員を別の場所へ配置しなければならなかった。全部で一〇万人以上が、その月曜日、他の場所へ仕事に行かなければならなかった。たとえ特にそのような使命を持った軍隊にでさえ、通知から一週間たらずでこの規模の配置がえを行うことは計り知れないほど難しいだろう。しかし、世界の終焉と思われた日からたった六日後、月曜の朝九時半には、ニューヨーク証券取引所の開始ベルが再び鳴った。

トヨタ＝アイシン危機と同じように、回復努力に関わったすべての企業や政府機関には、そうするための強い、経済的、社会的、政治的動機があった。しかし、第9章で指摘したように、どんなに強力な動機でも、短期的に効果的な対応を生み出すには十分ではない。そこにはそのための能力も必要なのだ。そして、トヨタグループのときと同様、大惨事から回復する能力は、意識的にデザインされていたはずがない。実際、そうデザインされていたものに関して言えば、例えば、市長の緊急司令室は少なくとも意図されていたほどには機能しなかった。しかも、危機の渦中で、当事者には知るべきことをすべて把握する時間もなかった。したがって、あれだけ速く回復できるようにさせたものがシステムの何だったのかはわからないが、何らかのものが事前にあったはずであり、基本的に他の目的のために進化していたにちがいない。

九月一一日のテロから数カ月後、カンター・フィッツジェラルド社に勤務する女性から驚くべき話を聞いた。同社は債券ブローカーで、ノースタワーの倒壊によりおよそ一〇〇〇人の従業員のうち七〇〇人以上を失った。彼らが経験した底知れぬ痛手にもかかわらず（痛手のために、といった方が妥当かもしれない）、残った従業員は翌日には会社を生き延びさせようと決意した。その決意は、彼らが乗り越えなければならない気力を殺ぐようなハードルによってさらに信じがたいものとなった。第一に、株式（発行）市場と違い、確定利付き債券市場は閉鎖されていなかった。したがって、カンター・フィッツジェラルドが生き残るためには、四八時間以内に操業を再開しなければならなかった。第二に、彼らが慎重に立てた緊急時対策の結果、すべてのコンピュータやデータシステムのリモートバックアップが必要とされたが、予期しなかったことが起きてしまっていた。パスワードを知っていた社員が一人残らず亡くなっていたのである。もし誰もパスワードがわからなければ、データは存在しないもの、少なくとも二日間という時間枠ではそう見なさざるを得なかった。

彼らが取った行動はこうだった。みなが集まり、同僚について知っていること、彼らがやったこと、行ったところ、彼らの間に起こったことすべてを思い起こした。そうしてパスワードを当てることができたのだ。これは信じがたい話かもしれないが、実話である。そして、これは特に劇的に、前章のある点を表している。大惨事からの回復は、出来事に限定して計画できるものでも、大惨事の最中に中央が調整できるものでもない。ちょうど市長のオフィスのように、その前の例のアイシンのように、真の大惨事では、中央はシステムの中で最初に麻痺する部分である。したがって、システムの存続は、カンター・フィッツジェラルドのように、すべてのスケールにわたって組織をつなぎ合わせる、事前に存在していた結びつきやルーチン〔日ごろの業務〕に分配されたネットワークに依存する。

つまり、ニューヨークのダウンタウンの堅牢性について本当に驚くべきことは、人々、企業、機関が同様に用いた生存と回復のメカニズムがまったく驚くべきものではなかったということだ。あれほどエレクトロニクスを駆使した市長の緊急司令システムが結局機能せず、通信の手段は警察の無線やパトロールカーの運ぶ紙切れに移った。明確な指示がない中で、救急医療師、建設労働者、非番の消防士、ボランティアが姿を現し、事前に考えられたデザインに沿ってではなく、現場での方針に沿って具体化した業務に即座に取り組んでいった。そして散り散りになったカンター・フィッツジェラルドの生存者は、互いの家を訪ね歩くことで互いを見つけ出していった。彼らは自分ができる唯一のことをした。つまり、ルーチンに従いながらも、劇的に変貌した状況にできるだけ対応するようにした。場合によっては、この戦略が悲惨な結果を招いた。自らのルーチンに従った消防士たちは、急いで階段を駆け上り命を落とした。しかし、ほとんどのケースでは驚くほどうまくいった。「普通のヒーロー」という呼び名が九月一一日以降、何カ月間も繰り返し使われた。しかし、組織的観点からすれば、回復の努力からわれわれが学ぶべきことは、奇跡をもたらしたのはルーチンであったということだ。

しかし六カ月後、同じシステムの脆弱な側面が、保険やヘルスケアから運輸、娯楽、観光、建設、金融などのすべての産業において露呈した。マンハッタン南端部のレストランが数日間から数週間やむなく営業停止した直後閉店に追い込まれ、ブロードウェイのいくつかのショーも観客数の低下によって公演中止となった。一カ月のうちに、金融業界では何千もの従業員が解雇され、残りの従業員のほとんどは年次ボーナスをカットされ、結果的に収入は実質七五%にまで落ち込んだ。金融セクターは、ニューヨークの働き口の二%しか占めていないが、市の財政収入の二割近くを生むため、これだけの規模のカットは島全体に影響を及ぼす力があり、小売や家賃だけでなく、道路の清掃や地下鉄の安全対策、公園の整備などに使われる公的歳入にも影響した。

ニューヨーク市当局にとってさらに悪いことには、数多くの金融会社がマンハッタン南部にオフィスを構えていた主な理由は、基本的に他のたくさんの企業がすでにそこに社を構えていたからであるが、過去一〇年ほどの間に、金融取引はますます電子化され、物理的に近接している必要性はますますなくなり、立ち去る企業が出始めていたことである。貿易センターがなくなり、多くの企業が同時に移転を迫られている中で、その流れが強まるかもしれない。そうなれば、ニューヨークが依存する金融業界に付随する歳入の多くは他地域へ移ってしまうかもしれず、一九七〇年代に逆戻りして財政は悪化する。誰もこの暗いシナリオが現実のものとなる確率をまだ知らないし、もっと楽観的な見方も数多く示されている。ここで予測を立てたいのではなく、予測することが困難なほど、街はつながっているということを強調したいのである。

もちろん、そのつながりはニューヨークの内側にとどまるわけではない。テロ攻撃の影響は国レベルでも感じられた。ミッドウェイ航空（本社はノースカロライナ）は攻撃の翌日破産宣言をし、その週の終わりには、全米の航空会社が厳しい資金難を明らかにした。やがて一〇万人以上の航空会社の従業員が解雇された。国の経済はすでに不景気の瀬戸際で、もし投資家が国内投資を引き上げ、消費者がそれを補わなければ、今にも崩壊しそうに見えた。経済がわずかに回復し、これ以上悲観的な展望の可能性のない今でも、被害はまだ深刻である。クリスマス商戦が振るわず、国内の小売大手Kマートは民事再生法の適用を申請し、回収できない負債の山を残し、それがさらに債権者の破産の引き金になるかもしれない。

どう結論づけたらよいのだろう。テロ攻撃の被害は最初に思ったよりも大きかったのだろうか、それとも小さかったのだろうか。システムは頑健に対応したのか、それとも隠れた不安定性が露呈したのか。数週間後の『ニューヨークタイムズ』紙に載った経済学者、ポール・クルーグマンの記事は、攻撃がすでに弱体化したアメリカ経済に与えた影響についての彼の考えを述べていた。いつものように、クルーグマンの議論は明快で非の打ち所がなく論理的で、説得力があった。しかし、実質彼が述べたのはアメリカ経済が回復し、予測可能な将来が好調になる理由はいくつかある、ということだけだった。そして、さらにもっともらしい同様の理由で、アメリカ経済が長期的な破滅的景気後退へのスパイラルをたどる可能性があるとも指摘した。彼は、何が起こるか自分にはわからないとは言いたくなかったのであり（そして彼の巧みな言い抜けによって、結果がどうであれ正しい予測を立てることができた）、しかし彼は明らかに何もわかっていなかった。クルーグマンは世界屈指の経済学者であり、とくに実際の経済現象を説明するのは得意であった。だから、もしクルーグマンや彼のプリンストン大学の仲間が、複雑な経済システムというものは大きな衝撃にどう対応するかについてわからなければ、誰にもわからないと言っても過言ではない。

クルーグマンにわからなくて、ネットワークの科学が教えてくれることは何か。正直な答えは、残念ながら、まだあまりないということだ。五〇年間もの研究の歴史があるにもかかわらず、ネットワークの科学はまだ巣立ったばかりであることを認識すべきである。構造工学に喩えるなら、まだ力学の法則、つまり固体の曲がる、伸びる、壊れる、を司る基礎方程式を研究しているところだ。技術者が使えるような応用知識――表、手引き、コンピュータデザインパッケージ、綿密な検査済みの基本ルール――が、せいぜい見えはじめたくらいである。しかし、ネットワークの科学ができることは、身近な問題に新しい考え方を提供することであり、その方法はすでに驚くべき洞察をもたらしている。

結合の時代への教訓

第一に、ネットワークの科学は、距離が人をだますものであることを教えてくれた。ほとんど共通点のない地球の両側にいる二人が、短いネットワークのチェーンで、わずか

「六次の隔たり」でつながっているという説は、何世代にもわたり人々を魅了してきた。第3章で見たように、その説明は、大きな広がりをもった社会的つながりの存在、そしてその中のわずかなつながりが世界全体の結合性に大きな影響を与えるという事実に由来していた。次に第5章で見たように、これらの長距離のリンクの起源は、社会的アイデンティティの多次元的性質にある。つまり、われわれは自身と同じような人々と交わるが、共通点は千差万別である。そして、われわれは自身の友人が誰なのかだけではなく、彼らがどんな人間であるかを知っているために、非常に大きなネットワークでもわずかなリンクで渡り歩いていける。

しかし、みなが六次の隔たりでつながっているのが本当だとしても、それが何だというのか。六次の隔たりはそもそもどれくらいの距離なのか。仕事を探す、情報を探す、あるいはパーティに招待されることなどを考えれば、友達の友達より遠い人はとにもかくにも他人である。したがって、情報源を引き出すとか、あるいは影響を及ぼすとかといった場合は、二次を越えてしまえば、千次と変わらない。つながっているかもしれないが、だからと言って、関係が生まれるわけでも、われわれ個人の生活が属する小さなクラスターを越えてまで接触をはかろうとする気が必ず起きるわけでもない。結局、われわれにはそれぞれ背負うべき重荷があり、遠く離れた大勢のことまで考えていては頭がおかしくなる。

しかし、その遠く離れた大勢がふと門前に現れることがある。一九九七年、タイのバーツが米ドル連動制から変動相場制に移行したとき、タイでは不動産危機が起こり、それが金融機関の崩壊を招いた。数カ月のうちに、財政難は他のアジアの虎諸国、すなわちインドネシア、マレーシア、韓国に広がり、それまで活気づいていた経済の収縮を招き、消費財、特に石油の価格のグローバルな下落を引き起こした。その間、資本主義経済への衝撃的な移行の激痛の中、石油の輸出に依存していたロシアにとって、突然の石油価格の下落は大幅な損失を招いた。ロシアの財政危機が続いて起こり、政府は公的債務の不履行をやむなくされた。それはかつての超大国が起こすべきではない事態だった。世界の公債市場に衝撃が走り、投資家は米政府以外の国債をすべて手放した。

ちょうどこれに先立ち、しかも世界的にはあまり知られていないことだが、コネチカット州グリニッチにあるヘッジファンド、ロングターム・キャピタルマネジメント（LTCM）は、同社がミスプライシングと考えていたさまざまな債券に関して大きな賭けに出ていた。しかし、数カ月の間に何十億ドルもの損失を被った。LTCMが資産を整理すれば市場が崩壊することを懸念し、ニューヨーク連邦準備銀行の会長は国内大手投資銀行が構成するコンソーシアムによる救済処置を講じ、大混乱を事前に阻止した。前年にアジア一帯を襲った大波は食い止められ、ロングアイランド湾岸にはさざ波が打ち寄せるだけであった。

アメリカは一九九七年のアジア通貨危機をおおむね逃れたが、その後どうなるのかは誰にも分からなかった。そして、中東の宗教的、政治的混乱がニューヨークやワシントン上空の脅威となって現れた今も、この先どうなるのかわかっていない。六次の隔たりしか持たない世界においては、想像するより速く物事は巡り、自身に返ってくる。何かが遠くの彼方にあるように思えても、言語の違いにより理解できなくても、それが無関係だとは言えない。病気の流行、金融危機、政治的革命、社会運動、危険な思想などにかけては、われわれは短いチェーンでつながれ、互いに影響し合っている。あなたが知っているか、気に掛けているかに関わらず、影響は受けるのだ。これを見落とすことは、結合の時代の最初の重大な教訓を見落とすことになる。われわれにはそれぞれの重荷があり、好むと好まざるとにかかわらず、互いの重荷を背負わなければならない。

第二に、ネットワークの科学から得られる洞察は、つながり合ったシステムでは、因果は複雑にそしてしばしば誤解を招くかたちで絡み合っているということである。小さな摂動が大きな意味を持つこともあれば（第8章参照）、大きな衝撃が吸収されて驚くほど小さな被害しかもたらさないこともある（第9章参照）。この点は非常に重要である。なぜならほとんどの場合、われわれは物事の重要性を事後的に振り返ることによってしか判断できず、振り返ったときには誰でも色々なことに気づくものであるからだ。『ハリー・ポッター』の一作目が世界的現象となった後、誰しもが素晴らしい児童小説と我先に褒めそやし、これに続いて出版された本も即座にベストセラーになった。このシリーズは成功すべくして成功したのであろうが、忘れがちなのは、ブルームズベリー（当時は、小さな独立系の出版社）が採用する前に、数社の出版社が著者J・K・ローリングの原稿をボツにしていることだ。彼女の作品の質がそれほど明らかだったら、なぜ児童図書出版の専門家らにはわからなかったのだろうか。それなら、世界中の編集者の引き出しに眠っているボツの原稿はどうなるのだろう。一九五七年、ジャック・ケルアックの『路上』は一夜にしてアメリカ文学の名著となった。しかし、感銘を受けた読者の中でも、その本がもう少しで日の目を見ないところであったということを知る人はほとんどいない。ケルアックは、バイキング社が出版に同意する六年も前に原稿を完成させていた。もしケルアックが途中で刊行を諦めていたらどうなっていたか。たいていの作家なら諦めてしまうところだ。その結果、世界はどれだけの名著を失ってしまったのだろうか。

これとは逆に、もしトヨタグループがアイシン危機への対処法を見出せなかったら？そのシナリオは十分に考えられる。大企業も倒産する。エンロン、Kマートは最近に見るほんの二例に過ぎない。そしてあの事故がトヨタのビジネスに与えた混乱は、同社をたやすく倒産に追い込めるほどの潜在力を有していた。それはどれほどの影響力だったか。もし世界が愛すべきトヨタ車を突然奪われたら、アイシンの惨劇は何カ月間も新聞の見出しを飾ったであろう。そしてトヨタだけではなく、約二〇〇社の下請け業者の運命をも決定づけることにより、すでに低迷していた日本経済に深刻な打撃をもたらしていたかもしれない。もしそうなっていたら、ここ一〇年で最大の話題の一つになっていたであろう。しかし、現実には業界の一部の専門家しかアイシン危機を知る人はいない。世界経済への影響が極めて限られていたため、歴史的な事件にはならなかった。しかし、結果はたやすく別のものになっていたかもしれないのだ。同じことが（理由はまったく違うが）第6章で取り上げたバージニア州レストンのサルの間で流行したエボラ出血熱についてもいえる。もしウイルスがザイール・エボラだったら？　アメリカはその首都のお膝元で、国家の公衆衛生に大混乱をきたしていたかもしれない。しかし、われわれがそれを知りえたのはひとえに、リチャード・プレストンによる興味深い本のおかげである（そして彼が優れた編集者を見つけたおかげだ！）。

したがって、歴史を知っても、それは予測不能な未来を知る信頼できる手がかりにはならない。ただ他に選択肢がないから、とりあえずそれに頼っている。しかし、実は別の選択肢があるかもしれないのだ。特定の結果を予測するためにではなく、それが現れるメカニズムを理解するためにである。それに、理解することで十分なときもある。例えば、ダーウィンの自然淘汰説から現に何も予測はできない。それでも、われわれが見ている世界を知るため、そして世界におけるわれわれの位置について賢い意思決定を（したいと思えば）するための絶大な力になっている。同じように、ネットワークの新しい科学が、つながったシステムの構造とさまざまな種類の影響が構造の中を伝播する方法との双方を理解する助けとなることを望んでいる。

すでにわれわれは、送電網、企業、経済全体などのつながったシステムが、個々に独立した存在よりもあるときは不安定で、またあるときは堅牢であることを知っている。もし二人の個人が短いチェーンでつながっていたら、どちらかに影響を及ぼすことは、互いにまったく気づいていなくても、他方にも影響する可能性があるということである。この影響がダメージを与えるものなら、それぞれは、孤立しているときよりも不安定である。逆に、二人が同じチェーンを通して互いを見つけることができれば、あるいは、二人が他の個々人と相互に補強し合うことのできる関係の網に埋め込まれたら、それぞれが独りでいるよりも大きな嵐を乗り切ることができる。ネットワークは資源を共有し、負荷を分配することもあるが、病気や事故の拡大を助長することもある。良くも悪くもあるのだ。つながったシステムが厳密にどのようにつながっているのかを特定することにより、そして、現実のネットワーク構造とシステムの振舞い(伝染病、流行、組織的堅牢性)との間の関係を明らかにすることで、ネットワークの科学はわれわれの世界に対する理解を助けてくれるのである。

そしてまた、ネットワークの科学は、それが本当に新しい科学であること、つまり、伝統的な科学の試みの一部に属するものではなく、知的境界を横断し、多くの分野を一斉に引き寄せるものである。本書で見てきたように、物理学者の数学はかつて探検されたことのない領域に新たな道を切り開く。ランダムな成長、パーコレーション理論、相転移、そして普遍性は物理学の糧であり、これらはネットワークの科学に新しい魅力的な問題をもたらしてくれた。しかし、社会学、経済学、そして生物学のガイドなしでは、物理学者の作る道はどこにも行き着くことはない。社会ネットワークは格子状ではなく、すべてがスケールフリーになるわけでもない。ある種のパーコレーションがある問題の解決に役立つことはあるが、それが別の問題においてもうまくいくとは限らない。階層構造に基づいて作られるネットワークもあれば、そうではないものもある。ある面ではシステムの振舞いはそのシステム固有の特性に無関係であるが、それが問題となる場合もある。どんな複雑なシステムにも、その振舞いを理解するのに役立つ多くの単純なモデルがある。要は、正しいものを選ぶことである。そして、そのためには現実問題のエッセンスについて——何かを知るために——注意深く考えることが求められる。

この点をもう少し述べると、すべてがスモールワールド・ネットワークかスケールフリー・ネットワークだとするのは、真実を過剰に単純化するだけでなく、同じ一連の性質がすべての問題に当てはまるとの誤解を招く。もし結合の時代を真に理解しようとするならば、異なるクラスのネットワークシステムにおいてそれぞれに応じたネットワークの特性を探求しなければならないことを認識する必要がある。あるときは、ネットワークにショートパスがあるかどうか、あるいはあるノードが極端に多くのリンクを持っているかどうかを知るだけで十分な場合もある。しかしそうでない場合、個人がショートパスを発見できるかどうかが問題となる。ショートパスでつながっていることに加え、個人が局所的なクラスターに組み込まれているか、あるいはそうではないかが重要であるかもしれない。個々のアイデンティティの存在がネットワークの特性を理解するのに不可欠な場合もあれば、そうでない場合もある。よくつながっていることはある状況においては非常に役に立つことかもしれないが、別の状況ではさほど重要ではないこともある。むしろ、非生産的で不具合を招いたり、自然発生的な不具合を悪化させたりすることもある。生物分類学で見られるような、有益なネットワークが、多くの異なるシステムを統合したりそれらを識別したりすることに役立つこともある。

したがって、ネットワークの科学を創るためには、あらゆる専門分野間の大きな協力が必要とされ、その際に、物理学者の数学的センス、社会学者の洞察力、起業家の経験を集約させなければならない。途方もない大仕事であり、正直なところ、ときに絶望的になることもある。相当な努力にもかかわらずわずかなことしかわからないようなとき、結合の時代はとにかく複雑すぎて、どんなシステマチックな科学的方法を用いても理解することはできないのだと、言ってしまいたくなる。われわれの最善の努力にもかかわらず、最終的にはその不可解で手に負えない人生ゲームをただ単に観察するだけの役割に甘んじなければならないかもしれない。しかし、諦めるのはまだ早い。

科学の最も胸躍る側面は、まだ答えの分からない問題を発見するところにあるのかもしれない。その意味では、科学をするということは根本的に楽観的な行為である。科学者は世界が理解可能であると絶えず信じているだけではなく、究極の限界に囚われることもない。いかなる問題も、それがいかに困難であろうとも、その先にはさらなる困難が待ち受けており、いかなる理解のレベルも完璧ではない。ある病気の治療法が発見されると、別の病気が現れる。発明には意図されてはいなかった結果がもたらされる。そしてすべての成功した理論は単にわれわれの説明のレベルを高めるだけだ。あるときは、科学者はシシュフォスになったような気にさせられる。大きな石を山のてっぺんまで運ぶのだが、翌日必ずまた石は麓に戻っているため終わりがない。しかし、シシュフォスはやり続けた。科学も同じである。絶望的に思えるときでさえもわれわれは奮闘し続ける。なぜなら人間の野望の多くと同じように、奮闘の中においてのみ自身の真の力量を測ることができるからだ。

結合の時代の謎がしばしば理解不能に見えるからといって、それが実際にそうであるとは限らない。コペルニクス、ガリレオ、ケプラー、ニュートン以前には、天体の動きは神のみぞ知るものであると考えられていた。ライト兄弟がキティホークで初の飛行機を飛ばす以前は、人間は飛ぶつもりなどなかった。そして、ウォレン・ハーディングという登山家が約一〇〇〇メートルにも及ぶ世界最大級の花崗岩の一枚岩、エル・キャピタン〔アメリカのヨセミテ国立公園〕を登る前は、誰も登れるはずがないと考えていた。不可能とよばれるものがある。それに立ち向かう者がいる。多くの場合挑戦は失敗に終わる。そして、だからこそ、不可能とよばれる。しかし、時折、それを乗り越える者が現れ、だからこそわれわれは次なるレベルへと上がれるのだ。

科学は、英雄を輩出するような領域ではない。科学者の日々の仕事には輝かしいことなどほとんどない。正直言って、いわゆるテレビ向きではない。しかし、科学者は日々不可能に立ち向かい、未知なるものの理解のために悪戦苦闘を重ねている。ネットワークの科学はそんな無数の戦いのうちのほんの一握りにしか過ぎない。しかし、科学界で広く、急速に注目され始めているテーマである。最初に一石を投じたラパポートやエルデシュたちから五〇年余りの歳月を経て、戦況はようやくわれわれに優位に傾き始めた。しかし、ウィンストン・チャーチルが一九四二年のエル・アラメインの戦いの後に語ったように、「これは終わりではない。終わりの始まりでもない。これは、始まりの終わりなのである」。

第11章　世界はより狭く――結合の時代のもう一年

わずか一歳の本に新しい章を書き足すのは異様なことかもしれないが、ネットワークの世界において、時の流れは早いのである。この十二カ月の間に、科学においても現実世界においても、われわれがどのようにつながっているかを思い起こさせる出来事がたくさん起こった。実際、二〇〇三年は結合の時代の申し子のような年だった。その一端をここで紹介しよう。

二〇〇二年一一月に中国南部の広東省から始まったSARS（サーズ）ウイルスの感染は、香港で最初の大流行を引き起こしたあと、シンガポール、台湾、ベトナム、さらにはカナダへと、国境を幾度も越えて広がった。高い感染性――ウイルスは空気中の飛沫とともに移動し、モノ（やその表面）への接触を通して人体内に取り込まれる――と、驚くべき致死性（感染した人のおよそ一〇％が死亡した）のため、SARSは当初グローバルな流行の兆しを示していた。それは、一九一八年に二千万人以上の死者を出したインフルエンザ〔スペインかぜ〕の世界的流行を多くの人々に想起させるものだった。幸運にもWHO（世界保健機関）が即座に大規模な警告を発し、感染の確認された国々が（時にはしぶしぶ）協力したことで、感染者は全世界でおよそ八千人に抑えられ、死亡者も八百人を超えずに済んだ。しかし、事態がもっと悪くなる可能性は十分にあった。流行病の発生はたった一人の感染者から始まるものだし、感染者を隔離するという手をどんなに早く打ったとしても、その網から数人逃れるだけでＳＡＲＳ関連の死者は数千人に——ひょっとしたら数百万人に——膨れ上がったかもしれないからだ。それに、これから北半球が冬になれば、大流行が再び起きる危険は今なお残っている。[訳注1]

さらに、ＳＡＲＳ騒動が落ち着いてからわずか一、二カ月後には、コンピュータの世界でもウイルスが流行した。ブラスター（Blaster）とソービッグ（SoBig）というワームに何百万という世界中のマシンが感染し、数日にわたって世界のインターネット通信を渋滞させたのだ。個々のユーザが受けるダメージは大したことがないものの、二度と治らないという点、そしてネットワークを輻輳させるという点は従来のウイルスと変わらない。けれども、コンピュータ・セキュリティの専門家たちが最善を尽くしても、たまに起こる大流行を防ぐことはできないことを改めて思い知らされた。ある推計によると、ソービッグ・ウイルスの最盛期には、インターネット通信のなんと四分の三がこのウイルスで占められていたという。こうした大流行の被害を受けるのは、主としてウィンドウズ——もっともメジャーなマイクロソフト社のＯＳ——のユーザである。だから、もしそのようなウイルスがあっという間に広がり、なおかつ実際に被害を与えるような場合には、マイクロソフト社のソフトウェアが持つ商売上の大きな強みが——つまりは互換性に非常に優れているということだ――、一転して弱点に見えてくるかもしれない。そしてそうなれば、コンピュータウイルスは真の経済力として、個人消費者の好みを形成するだけでなく、世界のソフトウェア市場における現在の寡占構造をばらばらに破壊してしまうかもしれない。

コンピュータウイルスの世界にブラスターとソービッグが殿堂入りを果たしたのと時を同じくして、史上最大級の停電に襲われた。それは、一九九六年八月にアメリカ合衆国西部を襲ったカスケードによる停電と不気味なほどによく似ていた。オハイオ州のいくつかの設備で軽度の故障が連続して起こると、その地域における電力需要のパターンが思わぬ干渉を受け、大量の送電が突然生じ、保護装置の付いた発電機がいくつも止まった。こうして予期せぬ事態が続いた結果、電力需要の変化や発電機の停止がさらに増えていったのだ。故障に端を発したカスケードは、最終的にアメリカ合衆国北東部とカナダの数州に広がり、何百もの発電所が停止し、ニューヨーク市全体を含む何百万人もの消費者に、最大二四時間にわたって電気が届かなくなった。しかし、この時も被害は軽微で済んだ。経済的ダメージは比較的小さかったし、犠牲者もごく少数だったからだ。そして市民同士の争いもほとんど起きなかった。とはいえ、事態が悪化する確率はやはりゼロではなかったし、原因の分からない災害が起こる可能性や予期せぬことが再び起こる可能性に直面したとき、われわれの誰もが自分の状況を甘受してしまうのは非常に困ったことである。もしそれがテロによるものでなければ、確かに心配無用のようにも思える。しかし、われわれの生活を支えるコンピュータ・ネットワーク、公衆衛生、電気や水といった基本的なインフラは高度に相互結合したシステムであり、さまざまなタイプの機能停止が起こり得る。その中で、人為的な妨害によるものはごく一部しかない。偶発的なアクシデントでさえ大規模でひどい機能停止に至る可能性があることを考えれば、そうしたシステムのことを可能な限り包括的に理解する以外に道はないのだ。

その一方、多くの人にとって二〇〇三年は、あらゆる点で従来とは全く違うネットワーク世界が到来を告げた年だった。フレンドスター（Friendster）というオンラインのデート・サービスは、利用者の友人を加入させるという新しいメンバーの増強戦略が功を奏して大人気となった。しかも一旦加入すれば、自分自身のことだけでなく自分の友人（とその友人のプロフィール）も画面に表示されるようになっていた。このアイディアは、友人の友人を追跡することによって潜在的な相手を見つけるというものであり、キーワード検索をかけるよりも、われわれが伝統的にやってきた方法に近い。また、ある人の友人であるという情報は、その友人が自分自身について語るより多くのことを私に教えてくれるかもしれない。フレンドスターが他のオンラインの競合サービスよりも優れたデート・サービスであるかどうかは、まだはっきりとはわからないが、フレンドスターに加入しようという人々の意気込み、そして大いに楽しもうという熱意は、論じるまでもなく明らかだ。架空の友人をでっちあげて互いに褒め合ったりする。掲示板に参加したり、周到な戦略のもとに「友人」を増やしたりもする。そしてなんと、その「友人」のプロフィールをイーベイ（eBay）のオークションにかけることまで行われている！　こうした行動が何のためになるのかわからないし、あと一年も経てば、フレンドスターはビジネスになり損ねた奇抜なドット・コムの一例となってしまうのかもわからない。ともあれフレンドスターは、自分が誰とどのようにつながっているかに多くの人々が強い関心を持っていることを明らかにしたのだ。

二〇〇三年は、アメリカ大統領選のキャンペーンがインターネット上で初めて行われた年でもあった。バーモント州の前州知事ハワード・ディーンは、「ミートアップ」（meetup.com）というサイトから生まれた運動の影響力を、自分のキャンペーン戦略で大いに活用している。ミートアップはオフラインでの出会い（つまりそれは、血の通った出会いである）を求める人々のために、オンラインの環境を提供するものである。サービス開始以来、非常に多くの人々がミートアップに加入し、何百とある関心別グループに参加している。たとえば魔女の集会、スペイン語の練習、ラッセル・クロウのファンクラブなどがあり、利用者は世界各国の数百の都市にまたがっている。そんな中で、ある時誰かが（誰かはわからないが）ハワード・ディーンについて語る「集会（ミートアップ）」を開催しようと思いついた。するとどういうわけか、そのアイディアに火がついて数千人の支持者を集め、そのうちディーンのキャンペーン本体の注意を惹くまでになったのだ。この時まで、彼のキャンペーンは民主党の他の有名候補者たちの後れを取っていたが、まもなくディーンは時の人となり、（やはりインターネットを使った）印象的な資金調達の努力によって人々を驚かせ、昂揚するパフォーマンスと草の根のアピールのおかげでマスコミに大きく取り上げられた。フレンドスターと同様、ディーンとミートアップが「奇抜さ」という要素を超克できるのかは見当がつかない。現在の一般大衆の関心を、目に見える結果へ変えることができるかも不透明である。しかしもしそれが可能なら、そしてもし、インターネットを拠り所にした草の根キャンペーンがうまくいくことを証明できたなら（二つの大きな「たられば」だ）、ミートアップのような人間の組織法は、アメリカの政治状況を根本的に変えてしまうかもしれない。それは資本集約的なメディア・キャンペーンの対抗馬になるものだし、それによって政治への金の影響を減らすことができるからだ。たとえ今回失敗に終わったとしても、今日まで思いがけぬヒットを飛ばしている以上は、このようなアイディアを少なくとも真剣に考える価値はあるだろう。

二〇〇三年に設立された社会ネットワーク関係の会社は他にも数多くある。それらは主として、いくつもの企業のメールサーバのログを漁り、よりよいセールス先を開拓しようというものだ。その理論はこうである。あなたの会社の誰かが、潜在的な顧客となる企業の誰かを知っていれば、ログからの推薦は少なくとも最初の会話が順調に始まるのに役立つかもしれない。しかし、時事問題に社会ネットワークが与える影響は近年さらに広がっている。それは、ビジネス界でそうした問題が評判になることから推測される規模をはるかに凌いでいる。見えないところでネットワークが一役買った例に、ヒラリー・クリントンの伝記の大成功がある。総じて出版事情の悪い年に出版されたとか、非常に評価が低いとか、新しい情報が全くないとか色々あるにせよ、そんなことは何も重要ではなかった。

さながらハリー・ポッターが出たときのように（この年に第五巻が出た）、人々は行列を作って本を買い、その結果彼女は、出版社から事前に支払われた八〇〇万ドルよりさらに多くの印税を稼いだのだ。これは出版社の予想をはるかに超えていた。なぜこんなことになったのだろうか？　そう、人々は、友人が読んでいるのと同じ本を読みたがるのだ。なぜなら、そういう本は話のネタにもなるし、友達の気に入った本なら自分も気に入るに違いないと思うから。その判断の正否はどうでもいい。本がバカ売れするかどうかは（映画でもＴＶシリーズでも有名人でも同じことだが）、本そのものの出来の良し悪しなんかより、誰が先に読んだかによって大きく左右されるのだ。要はネットワークだ、バカらしい！

結局、ネットワークの科学に何が起こったのか？　実際に、本当にたくさんのことが起こり、そのペースは着実に加速している。二〇〇三年の半ばまでに――スティーブン・ストロガッツと私が、スモールワールドに関する論文を『ネイチャー』誌に初めて発表してから約五年になる――、関連する論文が数百本も発表された。そのうち昨年発表されたものは優に一〇〇本を超え、ここ二カ月でもおよそ五〇本が発表されている。今のところ熱い注目を浴びている分野とはいえ、これだけ出版物の量が多いのは驚くべきことだし――一日一本のペースに近づいている――、物理学、数学、生物学、計算機科学、社会学、経済学といった広範な領域から論文が発表されていることは、われわれが「ネットワークの科学」と呼ぶものが、単なる一時的な流行以上のものであることを示している。

この本の登場人物にとっても、二〇〇三年は変化に富んだ年である。ミルグラムのスモールワールド仮説を検証するために電子メールを利用した実験を行ったことは第5章で簡単に紹介したが、その結果がついに公表された。新しいバージョンの実験も現在始まろうとしている。[訳注2] チャック・セーブル、ピーター・ドッズと私は、第9章で議論したプロジェクトの結果に基づいて、組織の堅牢性に関わる最初の論文を発表した。本書の数章に登場するマーク・ニューマンは、最近数年間に発表された技術的な結果の多くをまとめた記念碑的なレビュー論文を発表した。ジョン・クラインバーグ（第5章でスモールワールド検索問題の文脈で登場した）は、デーヴィッド・ケンプとエヴァ・タルドスという共同研究者とともに、本書の第7章、第8章のテーマである情報カスケードの増幅に関わる新たな研究を発表した。これらの論文は「読書案内」に挙げておいたが、どの論文も、これからのネットワークの科学を新しい方向に牽引し続けていくはずだ。

他にも、多くの興味深い方向性がわれわれによって、また、世界の多くの研究者によって模索されている。しかし、この章は近年の研究のまとめや本書の内容をアップデートしようというものではない。むしろ私がこの章で強調したかったのは、（たった一年だけであっても）時が経つにつれて、ネットワークの科学が世界のさまざまな出来事との関連をさらに明らかにしたこと、そしてだからこそ、本書に書かれたアイディアに取り組み、とことん理解することがなおさら重要であるということなのだ。

訳注

(1) 二〇〇三年冬の大流行はなかった。

(2) 原文では実験サイトのURL(http://smallworld.columbia.edu)が載っているが、二〇一六年三月現在は閉鎖されている。

訳者あとがき

ワッツとの出会い

私（辻）がダンカン・ワッツを最初に実際に目にしたのは、一九九九年一月一四日（木）、留学先のカリフォルニア大学アーバイン校でのコロキウムだった。そのコロキウムは、共訳者の友知氏が所属していた数理行動科学研究所 Institute for Mathematical Behavioral Sciences と、私が所属していた社会ネットワーク・プログラム Graduate Program in Social Network Analysis の共催だったが、教員の重複は多くても両コースが一つのコロキウムを共催するということは少なく、「何かがある」と直観させるものだった。

私は当時、博士論文（ディサテーション）の執筆中で、論文執筆中の半年間、一日半の周期で生活サイクルが動いており、前の一日半と次の一日半を分けるのが、オフィスのソファでの一時間ないし二時間程度の睡眠だった。半年でデータ分析と論文執筆をやると心に決めたものだから、ともかく寸暇を惜しんで勉強していたのだ。指導教授がやっていたセミナーには強制的に出させられていたが、それ以外は、常にコーヒーを片手に、黙々と論文を書いていたのだった。当時、コロキウムは、ほぼ毎週のように開かれていたが、私は、時間がなくてほとんど参加しなかった。しかし、このコロキウムは、わざわざ共催されるほどなのだから、ともかく行ってみなければと思ったのだった。

午後四時、SSPA2112教室というコロキウム用の部屋で、一人のスノビッシュで挫折を知らなさそうな男が紹介された。この本を訳すまでは、彼の国籍は知らなかったが、(あまりちゃんとは覚えてはいないのだが)オーストラリア訛りも気にならなかったし、東海岸からやってきた(もちろん、彼の当時の所属は、サンタフェ研究所であり、むしろ西よりではあるのだが)、スマートな男という印象だった。

彼のコロキウムのタイトルは、「スモールワールド・ネットワークの集合的ダイナミクス」Collective Dynamics of "Small World" Networksだった。コロキウムに参加しようと思った理由の一つは、もちろんこのタイトルにもあった。そのタイトルが、私の過去の苦い経験を思い起こさせたのだ。私自身は、その当時まで、まともにスモールワールドの研究をしたことはなかった。一度、一九九四か九五年ごろに、指導教授のダグラス・ホワイトのセミナーに参加していた社会ネットワーク・プログラムの院生たちとともに、ミルグラムの実験を改良した実験をやろうとしたのだが、話がまとまらずに計画は流れてしまった。つまり、挫折の経験だけが残っていたのだ。しかし、その話し合いの中で、ミルグラムの実験にはいろいろな問題があることが指摘され、どうすれば、それらの問題点を改善できるかを議論していた。もはや全ての論点を覚えているわけではなかったが、そのうちの一つが、当時の私に決定的に引っかかっていた。それは、ミルグラムの実験のターゲットが、すでにいくつかの手がかりとなる属性が与えられているということだった。たとえば、その人の名前だけではなく、その人がどこに住んでいる人物か、また、その人の性別や職業は何かといった事柄が、情報として与えられていたわけである。だから、人々がターゲットに近づこうとするには、そういった手がかりとなる情報を活用しつつターゲットに到達しようとするのではないだろうか。だとすれば、ミルグラムの実験の結果が示す重要なことは、しばしば解釈されているように、「任意の」二人が、たった六ステップでつながるのは驚きだということではなく、手がかり情報を与えた「特定の」他者へならば、六ステップもあれば、意外にたやすく絞り込みができるのかもしれないということだった。しかし、我々の思考は、「かもしれない」というところで止まってしまっていた。我々の関心は、本当に何も手がかりのない他者をターゲットにすれば、本当に六ステップで他者とつながるのだろうか、ということだった。これをめぐっていろいろと検証するための方法論が話し合われたが、突破口が見いだせなかったのだ。

さて、ワッツの話が始まった。彼の話は、その半年ほど前に『ネイチャー』誌に掲載されたストロガッツとの共著論文にあるモデル、本書で言えばベータモデルの紹介に近い内容のものだった。私はそれまで、その論文については一切知らず、これが本当に最初だった。彼が、マッキントッシュのコンピュータでシミュレーションを走らせながら、手がかりのない他者同士でも距離が近いということを、たった三つほどのパラメータしかない簡単なモデルで見事に示したことは、私に非常に大きな衝撃を与えた。「ついに、この男がスモールワールド問題を解決した！　この男が、スモールワールド問題のケプラーになったのだ！」と。そして、修士論文を書いていた頃に読んだことのある科学哲学者ハンソンの著書『科学的発見のパターン』にある一節が頭をよぎった。「ケプラーが遂に〔火星の〕楕円軌道を発見したとき、創造的思想家としての彼の仕事は事実上終わったのである。そのあとでは、数学者なら誰でも、そこからティコ〔ブラーエ〕のデータ表にのっている以上にはるかに豊富な結果を演繹することができたはずである。ケプラーの着想を採用し、それを他の惑星にも試みてみることには何の才能もいらなかった」というものだ。この男は、若くして偉業を成し遂げたのだ。

話が終わると、矢継ぎ早に質問が浴びせられた。反応は三つに分かれていたように記憶している。一つは、そのモデルの意義を汲み取って称賛する者、もう一つは、できるだけ冷静に論旨を理解しようとする者、最後に、理由はともあれ強い拒否反応を示す者だった。私には、拒否反応を示す人たちは、ややオーバー・リアクションだと思えた。「してやられた！」という思いが嫉妬に変わったような反応とでも言えばよいだろうか。あるいは、ワッツ自身が本書で書いているように、物理学者がやってきて、崇高なフィールドを荒らされた憤りとでも言うのだろうか。しかし、この際、独断で言い切ってしまおう。やはり彼の理論は、スモールワールド理論にとって、ブレークスルーだったのだ。おそらく一九七三年のグラノヴェッターの「弱い紐帯の強さ」に勝るとも劣らない成果だと思う。私自身は、すでに『ネイチャー』論文は社会ネットワーク分野における古典と呼んでもよいと思うが、それに抵抗する人たちも、あと五年もすれば、その歴史的な意義を認めざるをえなくなっているだろう。

さて、ここで、もう一人の共訳者である友知氏のワッツとの出会いも紹介しておこう。実は、彼は、あろうことか、ワッツのコロキウムに参加していない。しかし、それは、仕方ないことかもしれない。彼は、渡米して半年くらいの大学院のフレッシュマンであり、まだ基礎的な事柄を勉強しながら、将来の道を模索中だった。スモールワールドという、社会ネットワークの領域においても、当時はやや特殊な分野にまで、まだ関心がなかったのかもしれない。しかし、彼の名誉のために付け加えれば、彼は、明らかに私よりがんばって勉強していた。彼は、夜遅くまで自分のオフィスで数理経済学などの勉強をしていた覚えがある。そして、実際に私よりも短期間で学位を取得した。

友知氏とワッツとの出会いは、本書の前作であるプリンストン大学出版から一九九九年に出ている『スモールワールド』*Small Worlds* だったようだ。彼は、一九九九年の秋、つまり、この本が出てほどなく、これを指導教授のジョン・ボイドから紹介されたらしい。この本が、彼にとって、まさに、ワッツの理論の魅力に、また、社会ネットワークの魅力にはまるきっかけとなった書物なのだ。

やがて友知氏は、実際にワッツを直に見る機会を得る。それは、二〇〇二年春に、カリフォルニア州のアローヘッド湖畔で行われたエージェント・ベースト・モデリングの国際会議に参加したときだった。彼は、このとき、ネットワーク上でのゲームに関する進化ゲーム理論の分野に属する論文を発表するために出席したのだが、その学会にたまたまワッツも発表のために来ていたのだった。このときとばかりに、彼はワッツの発表する会場に話を聞きに行ったそうだ。ちなみに、日本の数理社会学では、現在、進化ゲーム論が隆盛を誇っている。社会ネットワークは、どちらかというと、それよりは推進者のネットワークが脆弱な感じがする。しかし、おそらく、ここ数年の間に、世界中で、ネットワーク上の行動の進化とか、行動の進化に伴うネットワークの進化といったトピックが、次第にメジャーな位置を占めるようになるに違いない。私の見る限り、友知氏が両者を含めた研究をすでに始めているのは、明らかに留学によって培われた先見性の現れと思える。さて、友知氏がワッツを見た感想は、私の第一印象と似ている。彼は、ワッツを見て、負けん気が強そうで、そのくらいのガッツがなければ、外国人の若造が、一流のアメリカン・ドリームを実現することはできないだろうなと思ったそうだ。そのころ、ワッツは、三〇歳ちょっとという若さですでにコロンビア大学という一流の研究大学に腰を落ち着けようとしていた。実際に、その勢いは、ますます盛んになっていたのだ。

私もその後二〇〇二年八月のアメリカ社会学会で再び彼の発表を聞いているが、自信に満ちあふれ、凡人を寄せつけないようなオーラがあった。ちょっと嫌みを言わせてもらうと、本書には、多くの訳書にはある「日本語版への序文」がないのにお気づきだろうか。我々は、二度三度と彼に日本語版への序文を書いてもらうように依頼したが、躱(かわ)されたり梨の礫だったりで、結局書いてもらえなかった。ややフォローして言えば、彼は、後ろは振り返らない孤高のランナーなのだろう。

しかし、九八年の圧倒的なブレークスルーであった『ネイチャー』の論文と比べれば、本書を読む限り、その後の彼は、バラバシらとの学問的な競合関係のために、ややどろどろした学問の世界の洗礼を浴びつつあるように思える。正直なところ、本書では、ベータモデル以降の章でも、彼は、強気に勝ち誇ったように書くけれども、その裏では、実際には競合関係のために右往左往しているのではないかと想像できるところが見られる。バラバシを初めとするスケールフリー・ネットワークの発見は、確かに近年の社会ネットワーク理論におけるもう一つの大きな発見であり、端から見れば、それとうまく付き合っていく方がよいように思える。また第6章以降は実践編として読めると思うが、その内容自体は平板で、社会学者としての彼は、数学者・物理学者としての彼よりも凡庸に思える。各分野の教科書レベルの理解と時事問題の列挙というスタイルは、やや辟易してしまう。やはり第5章までの方が生き生きとしているように思われる。

社会ネットワーク理論の歴史と概要

さて、この節では、本書で初めて社会ネットワークの理論に触れたという人のために、その概要をおおざっぱに解説したい。もっと広く深く学びたい人は、次に挙げるような文献が入手可能なので、手にとってみてほしい。本当は、英語の文献を紹介したいのだが、ここでは、日本語のものに限ることにしたい。

1　安田雪著『ネットワーク分析──何が行為を決定するか』（新曜社、一九九七）
入手可能な本の中で、一般の読者に最も分かりやすいと思われる本。この本には、スモールワールドに関する記述はほとんどない。しかし、いわゆる伝統的な社会ネットワーク分析の考え方が、手際よく紹介されている。

2　安田雪著『実践ネットワーク分析──関係を解く理論と技法』（新曜社、二〇〇一）
1の本が、ネットワーク分析で用いられる概念を分かりやすく解説した本であるとすれば、この本は、実際にいろいろなネットワークの指標値を計算してみるといった、やや実践向きの本である。しかし、紹介されている内容は、やや古めかしい。中途半端な印象はぬぐえない。

3　金光淳著『社会ネットワーク分析の基礎──社会的関係資本論にむけて』（勁草書房、二〇〇三）
純粋にネットワーク分析の解説書としてみれば、現在入手可能な日本語の本の中で一番詳細に書けている。p^*（ピー・スター）など高度な技法の紹介もされていて、研究者向き。ただ、この本の理論的な側面、例えば、各技法に対する主観的評価などは、偏っている部分もある。また、副題については、いわゆるネットワーク分析の観点から見た社会関係資本論であり、それはそれでかまわないのだが、これが全てではないという点にも注意したい。

さて、（古典的）社会ネットワークに関する理論について語るとき、いくつかの語り方、切り方ができると思う。本書は、学術的な内容ではあるものの、一般書でもあるから、ここでは、右にあげた文献が丁寧に展開するようなやり方ではなくて、私の思う社会ネットワーク理論について述べることにしたい。

まず、ネットワーク理論の基本的な思想は、構造主義、もう少し限定すると、関係論的構造主義である。本書を読まれてその考え方に慣れた方も多いと思われるが、人間は、タダの点（ノード）にすぎない。ここであえて「タダの」という言葉を付けたのは、その点が、そもそも何某かの他の点にはない特別な性質を備えているとは考えないということを強調するためだ。これは、心理学や主意主義的な学問とは鮮明に袂を分かつ考え方であると言ってよい。では、人間の個性や、個々人の異なる考え方や行動はどのように説明するのか？　そこでネットワーク構造が持ち出される。例えば、本書では、社会的アイデンティティについて第4章・第5章で言及されている。ここでの基本的な考え方は、個人のアイデンティティというものが、実は、自分自身の主観的な自己概念によるのではなく、他者との関係性において形成されてくると考えるわけだ。

アイデンティティが他者との関係性によって形成されることの端的な例が、アジア諸国で大ブレークした韓国ドラマ「冬のソナタ」に見られるので、それを例に説明してみよう。主人公の女性チョン・ユジンは、高校生のときに恋人のカン・ジュンサンを交通事故で失うが、十年後、カン・ジュンサンとそっくりな男性、イ・ミニョンと出会う。主人公の男性イ・ミニョンは、ある時、実は自分が十年前に死んだはずのカン・ジュンサンであり、彼が交通事故で記憶を失い、イ・ミニョンとしての記憶を植え付けられた存在であることを知る。しかし、彼は、記憶を取り戻してその事実に気づいたわけではなかった。イ・ミニョンとしての自分が知っている他者との関係性（母親との関係や、自分が子どものときに溺れているのを助けてくれた人との関係）が、カン・ジュンサンとそれらの他者との関係と同一であることから、自分がカン・ジュンサンであると考えないとつじつまが合わないことに気づいただけだった（第十一〜十二話）。しかし、彼は、カン・ジュンサンとしての記憶を失っていたために、十年前の彼の友人達からカン・ジュンサンとの関係性を聞き出そうとする。混乱した彼は、その行動を「ミニョンさんらしくない」と責められ、「ミニョンらしいって何ですか？　僕は誰です？」というセリフを口にする。普通、このようなアイデンティティの危機は経験することはないが、よく考えてみれば、われわれの「自分はこういう人間だ、こういう性格だ」という感覚は、他者との関係性によって形成されていることが分かるだろう。（外見や本来の名前は）カン・ジュンサンでありながら（記憶や内面の多くの部分は）カン・ジュンサンではない。それは、ひとえに、カン・ジュンサンと十年前の仲間との関係と、イ・ミニョンとその仲間との関係が、隔絶していて別物であり、カン・ジュンサンとイ・ミニョンが一つの連続した人格を持つ人物であるという感覚が、カン・ジュンサン本人にも、周囲の人たちにも持てないというところにあるのだ。このことは、ドラマの説明によく用いられる人物相関図が、冬のソナタには「高校生編」と「社会人編」の二つが用意されていることからも分かる。彼は、再度の事故によって、自分がカン・ジュンサンであることと、イ・ミニョンとして惹かれ合っていたチョン・ユジンとは、十年前にも恋人関係であったことを思い出したが、その他の仲間との関係はなかなか思い出せなかった。その間、彼は、十年前の仲間たちからも受け入れてもらえず、自分でもアイデンティティに不安を感じざるを得なかった。そして、ユジンや仲間との思い出を取り戻すべく、思い出の地を旅する（第十五話）。この例が示しているのは、まさに、アイデンティティというものが、自分自身だけではなく他者との関係によって社会的に構成されていることを如実に表しているものと考えられる。カン・ジュンサンは、周囲の仲間にカン・ジュンサンとして認めてもらえない限り、そして、自分自身も仲間との関係が思い出せない限り、正真正銘のカン・ジュンサンにはなれないのだ。そして、カン・ジュンサンの記憶が次第に戻ってくるにつれ、カン・ジュンサンと恋のライバル関係にあり、一時はチョン・ユジンと婚約をしていたキム・サンヒョクは、チョン・ユジンから手を引くことになるのだ。つまり、ようやくカン・ジュンサンの十年前の記憶が戻ってきたら、十年前の関係の構造に戻ったのだ。それは、単にカン・ジュンサンのアイデンティティのみが取り戻されただけでなく、周囲の人々の社会的アイデンティティも、十年前の状態にリセットされたということだ。この時点で、人物相関図は「社会人編」から「高校生編」へと戻ることになる。話をまとめよう。以上の社会的アイデンティティの例によって示したかったことは、関係論的構造主義の考え方についてである。それは、まさに、人間関係のネットワークによって、個人の思考や行動は影響を受けるということに他ならないのだ。

次に、多くの人が持つであろう社会ネットワークというもののイメージについて述べたい。私自身よく尋ねられるので、多くの読者にとってもそうではないかと想像するのだが、社会ネットワークとは、インターネットとか、コンピュータ・ネットワークみたいなものか、というものだ。大まかに言えば、インターネットを構成する端末・ルータ・回線などのハードウェアからなるネットワークは、ネットワークではあっても社会ネットワークではない。もちろん、そのようなシステムが、資本を投入されて社会的に整備されたものだという意味では、社会的なものではある。しかし、ここで「社会的」なのは、それらのハードウェアを使う人間なのだ。インターネットでつながった人々の関係について、そのコミュニケーションの特徴を探ったりするのは、社会ネットワークの研究であると言える。コンピュータ・ネットワークについても同様だ。だから、例えば、第1章にある送電網のネットワークは、明らかに社会ネットワークではない。

また、インターネットやコンピュータ・ネットワーク上のバーチャルな人間関係を扱う研究だけが、社会ネットワークの研究ではない。例えば、学校や職場での友人関係や助言の授受といったリアルな関係は、伝統的な社会ネットワークの研究材料である。

さて、ここで、いくつか研究者向きに提案したい。最近、コンピュータを媒介としたコミュニケーション（CMC）の研究が流行っている。しかし、多くの場合、そのようなバーチャルな空間での人間関係のみを取り上げて論じてもあまり意味がないということだ。もちろん、インターネットの研究で得られた何らかの結論を、きちんとした理論構築の手続もふまずに一般化することなどできはしない。言いたいことは何か。まず、バーチャルな空間での人間関係は、リアルな人間関係と比較してはじめて、その特異性が分かるだろうということだ。またその場合、バーチャルな空間における思考や行動が、リアルな空間でのものと異なるとしたら、単にバーチャルな空間とリアルな空間に違いがあると述べるだけではなくて、その思考や行動の差をもたらすのは、バーチャルな空間とリアルな空間におけるどのような点が違っているのかを理論的実証的に検討してみた方が、さらによい研究となるはずだ。空間における違いは、必ずしもネットワークの特性の違いによるものだという結論にはならないかもしれないが、なるかもしれない。そういう結論が導かれた（あるいは、明確に否定された）研究が、ネットワーク研究として価値のある研究ということになる。おそらく多くの側面でインターネットという空間は、リアルな空間とは違うのだろう。したがって、インターネットでの人間関係を分析して得られた結論が、そのままリアルな人間関係に適用できるとは考えない方がよい。その意味で、インターネットでの人間関係を分析して得られた結論が、リアルな社会における示唆を与えるかどうかさえも一概には言えないと思った方がよいだろう。バーチャルな世界とリアルな世界での現象やそれを説明するための個別の理論が、もっと大きな部分でどのように統合されるのかという視点を持つ必要があるだろう。

ワッツ以降の大規模ネットワーク研究と将来の展望

九八年のワッツとストロガッツの論文以降、社会ネットワークの研究の中にも大きな変化が現れている。従来の閉じた小集団に関する研究から、より大きな社会全体におけるネットワークの研究が盛んになってきたからだ。本書や、本書に先立って翻訳されたバラバシの『新ネットワーク思考』などのスモールワールド・ネットワーク研究は、その一例である。また、研究者だけでなく、一般の人々も、大規模ネットワークに関する関心を高めている。例えば、次々と新種が出回るコンピュータウイルスは、人々に自分が誰（どの組織）から知られているのかについての意識を高めている。また、本書にも記述のあるエボラ出血熱や、二〇〇三年冬のＳＡＲＳ（重症急性呼吸器症候群）の流行、二〇〇四年冬の鳥インフルエンザの騒動に見られるように、世界という巨大でしかもリアルな空間を震撼させる疫病も、相次いで話題に上っている。この場合は、知人でなくても、ふだん通勤電車の中で接する他者といった、個人的なつながりを意識さえできない赤の他人との（場合によっては、野鳥などの動物たちも含めて）つながりの重要性を意識させることになった。いつ自分も何らかのルートで感染するのではないかという危機感がそれである。

これらは、いずれもスモールワールド・ネットワークと関係している。それは、本書を読まれた方はすでにお分かりのことだと思う。例えば、ＳＡＲＳの場合は、直接的な被害者が人間だったこともあり、大きな関心を呼んだ。新聞をはじめとするマスメディアは、感染経路の追跡に強い関心を示していた。例えば、中国からカナダへウイルスを運んだ人物がいるとされた。また、中国で最初に感染した人は、ハクビシンから感染したのではないかと言われた。空港では検疫が行われ、水際作戦が繰り広げられた。欧米人はアジアへの渡航をいやがり、私がオーガナイズしていた国際会議も一年間延期となった。日本を含めてアジア諸国を震撼させた鳥インフルエンザの場合には、渡り鳥やカラスなどの野鳥が感染すると、それがきっかけとなってニワトリ等の家畜に感染し、それが鶏舎全体に感染するというルートだったと考えられているようだ。しかし、どれほど最大限の努力が払われたとしても、おそらくその感染ルートを完全に解明することなどできやしない。おおまかに、あのカラスの集団の一部が感染したとか、せいぜいそのレベルで終わってしまうはずである。具体的にどの特定のカラスがどの特定のカラスにウイルスを伝達したかなど分かるはずがないのだ。答えは簡単である。何万羽といるカラスを全数調査することは不可能であり、また、非常に小さな確率で感染するような場合に、感染して死んだカラスが発見されたとしても、そのカラスが、どこから感染し、(もしかすると死ぬ前に)どの別のカラスにウイルスを伝えたかを特定することはできないからだ。せいぜい、そのカラスから採取されたウイルスと、別の死んだカラスから採取されたウイルスの遺伝子の配列がほぼ同じだからということで、その二羽は直接あるいは間接に感染ルートを共有していたということが分かる程度なのだ。どんな専門家が出てきても、きっとそれ以上のことを言えやしない。本書を読まれた方は、そのくらいの想像はつくようになったのではあるまいか。SARSの場合も鳥インフルエンザの場合も、対応法は同じであった。ニワトリの場合は鶏舎全体のニワトリの処分、人間の場合は病棟への隔離であった。読者の中には、あまりにひどい人権（鳥権？）を無視した措置だと思った人もいるかもしれない。しかし、本書を読まれたらその理由も納得できるだろう。つまり、誰から誰に感染するのか分からないランダム事象である以上、疑わしき集団は、処分や隔離というやり方で扱わざるをえないのだ。さもなければ、僅かに見過ごされた人や鳥が感染していれば、そこからランダムに選ばれた他者へと飛び火したウイルスが、社会全体に広がり、最悪の場合、その社会全体が死滅するような事態になることも想像できるからだ。私個人としては、人権の擁護は重要なことではあると思うが、公共の福祉という点に鑑みれば、あのような処置はやむなしというのも理解できる。恐竜が絶滅した原因としては諸説あるが、マイナーではあるが、細菌説やウイルス説というのもバカにできないと思えてくる。どこかで伝染を食い止めないと、非常に小さな確率でも、その恐竜の通常の行動範囲の外に伝染する可能性があるならば、種全体が絶滅するというのもあながち机上の空論とバカにすることもできないのだ。

さて、このままでは、ワッツの仕事を手放しに礼賛することになってしまう。しかし、ここで、バラバシのスケールフリー・ネットワークを含めた大規模ネットワークに関する研究の不満な点をいくつか指摘したい。読み手それぞれにとって批判はいろいろとあるだろうが、社会ネットワーク分析の専門家としての私から見た問題点を述べたい。

もっともクリティカルであると私が考える点は、ワッツ自身も述べているように、彼のモデルは、物理学におけるモデルのように、実際にある現象から得られた理論を、別の、一見すると全く種類の異なる現象にでも応用可能にしようという、いわゆる一般化あるいはグランド・セオリーへの試みの一つとして提案されていることである（ただし第六章以降では、文脈への言及など、トーンダウンする）。しかし、それは、「はい、そうですか」とそのまま受け入れてしまってよいものだろうかと、社会科学者として私は疑問を感じるのだ。つまり、一般的にあらゆる現象に対して応用可能なモデルというのは、つまるところ、人間がいかなる種類の社会関係を持っていようとも、その種類にかかわらず応用可能な一般モデルがあると想定することになる。はたして、そんなものがありえるのか？　少しやっかみも込めて言えば、そんな理論ができれば、社会科学者は無用の長物と化す。社会科学者は、何をしてきたのか。彼らは、意味世界を生きる人間について研究してきたのだ。意味を一切捨象して残る一般的なつながり、あるいは、逆に、あらゆる意味においても普遍的にある一般的なつながりなどというものがあるのだろうか。また、あるとしても、ワッツのモデルが、そのようなモデルであると言えるだろうか。ワッツのモデルの一般性については、反例を示せばそうではないということが示せる。例えば、ベータモデルの場合、ネガティブな意味の関係を扱おうとすると、ワッツのモデルはおそらく成り立たない。一例を挙げよう。相手のことを「嫌う」という社会関係の場合、嫌いなもの同士のクラスターを考えても、それが集団としての「まとまり（凝集性）」を意味することはない。

（「嫌う」という関係は、「好き」の反対と考えて、ノードの間にポジティブな関係ができない状態と考えれば、その意味では整合的に見えるかもしれないが、いずれにしても、「嫌う」という関係が強くなることは、集団の凝集性を高めることに到底つながらない。）もちろん、情報を伝えるという意味では、嫌いな相手に対しても（うっかりと、あるいは、意図的に）情報を伝えることはあるかもしれない。また、ポジティブな関係が増える場合でも、それが必ずしも集団の凝集性を含意しない場合もある。例えば、いわゆる三角関係がそうである。その場合、その三者間だけでなく、その周囲を含めて、凝集性が保たれる保証はない。今、二人の男性が一人の女性をめぐって三角関係になっているとすると、女性という一人の不可分の資源をめぐって、男性が争うという構図になる。「冬のソナタ」はまさにこの構図であった。社会人になっていたチョン・ユジンは、幼なじみのキム・サンヒョクと婚約しており、二人の共通の友人達にも祝福されていた（第三話）。しかし、ユジンは、昔の恋人にそっくりなイ・ミニョンに出会い、ミニョンとの愛を選んだのだが、それにともなってユジンの周りの友人達との関係はぎくしゃくし始めるのだった。決してユジンはサンヒョクを嫌いになったわけではないし、むしろどちらかといえば、なお好きという感情を持っているだろう。その意味では、「好き」という関係が一つ増えたわけだ。それにもかかわらず、それによって、彼らの周囲の凝集性は、むしろ破壊されたのだ。そのようなダイナミズムもあるということである。この例からも分かるように、ネガティブな関係の場合はもとより、たとえポジティブな関係であっても、他の要因が干渉することにより、容易にモデルは一般性を失いうるのだ。このように言うと、そもそもネガティブな関係を持ち出すのはおかしいし、ポジティブな関係の場合も、勝手に別の要因を絡めるからいけないのだと反論があるかもしれない。しかし、それに答えて言えば、そのような純粋な一般理論が適用できる場面がどれくらいあるのかということは、無視できない話ではあるまいか。適用範囲が非常に「限定的な」一般理論というのは、本当に一般理論と呼べるものなのだろうか。つまり、私の言いたいことはこういうことだ。あらゆる社会関係について扱いうるモデルが存在するかどうかは、さしあたっては知らない。しかし、少なくとも、ワッツのモデルは、おそらく一般的なモデルなどと言えるものではないということだ。

しかし、ワッツのモデルが一般的でないことは悪いことではない。きちんと適用範囲を限定すればよいのだ。すなわち、彼のベータモデルは、情報を伝えあう（その意味で、たぶん仲が悪くはないし、情報を伝えたり、彼らの関係をそのように維持することによって、何らかの問題が発生しないような）知人関係に限定されるのだ。つまり、彼のモデルは、ほかでもないスモールワールド現象を説明するためのモデルであり、大規模ネットワーク一般について語りうるモデルではないのだ。もちろん、スモールワールド・ネットワークのモデルが適用できる場所というのは、他にもあるだろう。本書にもあるように、伝染病やコンピュータウイルスの話には適用できそうだ。しかし、適用例をいくつもあげることはできても、それは一般性を保証するものではない。では、何なのか？　我々は、特定の関係についての大規模ネットワークのモデルをもっと真剣に模索してもよいということだ。ワッツは、まさにその先鞭をつけてくれたのだ。彼は、大規模ネットワークのモデルの作り方の作法を教えてくれた。この貢献は絶大である。それがまさに、彼とストロガッツとの論文が、ネイチャー誌に取り上げられ、それがネットワーク分析におけるブレークスルーだと見なされるゆえんである。私も、すでにそのような研究に取りかかっている。その一例が、都市と村落におけるネットワークの特徴を信頼関係から見直してみるという試みだ（『理論と方法』〔二〇〇三〕に所収の共著論文）。この論文では、信頼関係についてすでに知られている知見を大規模な社会に適用してみようとしている。その結果、社会の規模が比較的小さい村落の人づきあいと、比較的大きい都市の人づきあいの違いが明らかになった。それによると、村落におけるつきあい方は、どこでもそう変わりなく、いわゆる村落的になるのだが、都市におけるつきあい方は、アメリカの都市に見られるような、いわゆる都市的と言われるつきあい方になる場合と、そうではなくて村落的なつきあい方になる場合があることが示された。そして、調査データをもとに、日本の都市でのつきあい方は、むしろ村落的ではないかという解釈を示した。おそらく、そのようなスタイルの研究は今後も行われるだろう。現在、ゲーム論や進化ゲーム論に着想を得た理論が、広く見られるように、近い将来、ワッツのスモールワールド・ネットワークモデルをさまざまな社会関係に応用するやり方が広まって定着することになるかもしれない。わたしは、そのような研究を進めていきたいし、また、本書の読者にも呼びかけたい。このようにして、さまざまな知見が蓄積されたとき、本当の意味での一般的な大規模ネットワークモデルというものが（あるとすれば）、どのような姿をしているのかが次第に見えてくるのかもしれない。今はまだ、個別の理論を蓄積すべき時だろう。

さて、最後に、訳者二人から、本訳書の編集者、赤羽秀治氏に感謝の意を述べたい。赤羽さんから私（辻）に翻訳のお話をいただいたのは、本書がまだゲラ刷りの段階であり、私が異動を控えた二〇〇三年の冬の日であった。バラバシの翻訳はその少し前にも出ていたが、ようやく社会ネットワーク分析のようなマイナーな領域に関心をもってくれる出版社が出てきたことを素直に喜んだ——だが、赤羽氏は、「面白そうなのだがよくわけのわからない本」だと思われていたようである。しかし、私にとっては、他でもない、憧れのワッツの新著である。翻訳は厳しい仕事だと当時の上司である東京大学の池田謙一先生から聞かされたが、生涯これ一度と思いお引き受けすることにした——実際に、翻訳の仕事はしんどかった。たぶん、もうこれ以上、私はどの出版社からの翻訳依頼を受けることはないだろうと思う。そして、幸運なことに、ちょうど留学から帰国したばかりで意気軒昂な友知氏に共訳者になってもらうことになった。翻訳作業は思いの外難航した——専門書の訳にはそんなに手間取らないと思っていたが、この本は見事な（ある意味ひどい）散文であり、こういうのが一番たちが悪いのである——が、二〇〇四年の春に何とか完了。しかし、その後も、出版社側で「こんな硬くて係り受けの分からない訳では出せない」というようなやり取りがなされたものと思われ、ゲラが上がってきた段階では、文章は大幅に読みやすくなっていたのだった。赤羽氏をはじめ、阪急コミュニケーションズ社のみなさまには、実質的にたいへんなご苦労をおかけしたのだと思う。素直に編集者・出版社の偉業を讃えるとともに、感謝を申し上げる次第である。本訳書が紆余曲折を経て成ったのは、優れた編集者が（凡庸な）訳者を見つけたためである（四〇五ページ参照）。

辻　竜平

文庫版訳者あとがき

二〇〇四年に阪急コミュニケーションズから本書の最初の翻訳（旧訳書）が出版されてから一二年が経過し、このたびこの文庫版が出版されることになった。これは、単なる旧訳書の廉価版ではない。まず、旧訳書と本文庫版との違いについて説明しておこう。《増補改訂版》と銘打たれているとおり、文庫版にはいくつかの内容が追加掲載されている。一つは、二〇〇三年の原著出版から一年後に出版されたペーパーバック版（二〇〇四年）に追加された「第11章」が掲載されていることである。また、旧訳書では諸事情から割愛したが要望が高かった「参考文献」と「索引」が掲載されていることである。さらに、旧訳書にあった誤訳を修正したり、より日本語として分かりやすい表現に改めたりした。この作業のため、ちくま学芸文庫の海老原勇氏には大いにお世話になった。この場を借りて感謝申し上げたい。

次に、本文庫版が出版される二〇一六年までの旧訳書の出版事情について記しておきたい。二〇〇四年に旧訳書の初版が出版されてから、二〇〇六年三月の第五刷まで、およそ八千部が刊行された。この数はおそらく、バラバシの『新ネットワーク思考』と双璧で、その後のネットワーク科学に関わる類書と比べてもずっと多いのではないかと思われる。辻は、旧訳書の「あとがき」で、すでに本書の中心部である『ネイチャー』誌に掲載されたベータモデルについて、当時においても「古典」となっていると述べた。現時点で再度評価するとしても、その評価に変わりはないし、また、これだけの関心を惹くこととなった旧訳書も「古典」としての地位を確立したと言えるだろう。今回こうしてちくま学芸文庫から《増補改訂版》が出版できることとなったのも、本書の古典的価値が評価された一つの証と言えるだろう。

ではここで、旧訳書の出版から文庫版の出版までの間に起こった展開について、まとめておくことにしよう。二〇〇〇年代最初の数年にかけては、ワッツとストロガッツのスモールワールド・ネットワーク理論とバラバシのスケールフリー・ネットワーク理論が論陣を張っていた。その後、スモールワールドとスケールフリーに限らない他の複雑ネットワークのバリエーションが追究されたり、物理学、情報科学、生物学、社会学など広範囲にわたる研究領域で、当該領域で扱うさまざまなネットワークがどのような構造をしているのかが検討されたりした。このような展開は、日本において出版された増田直紀・今野紀雄による二冊の書籍の内容の変化からも読み取れる。『複雑ネットワークの科学』（二〇〇五）では、ワッツらとバラバシらの両陣営の理論が並行して紹介されている。それが『複雑ネットワーク』（二〇一〇）になると、ワッツらやバラバシらの手によるものではない多様な内容が紹介されるようになっているのである。また、いつしかこういったネットワークを扱う科学を「ネットワーク科学」と総称することも定着してきた。さらに、関連する別の展開も見逃せない。それは「ビッグデータ」を扱うさまざまな技術の大きな発展である。スモールワールド・ネットワークにせよスケールフリー・ネットワークにせよ、そのネットワーク構造を解明するためには多くの点と線からなる非常に大きなネットワークを対象とする必要が生じた。ビッグデータを扱う技術の発展は、ネットワーク科学の発展に大いに寄与したことは間違いない。

日本においては、このような流れに沿うように二つの主だった研究グループが形成された。一つは、「情報処理学会」傘下の「ネットワーク生態学研究会」（二〇〇五年設立）であり、もう一つは、「日本ソフトウェア科学会」傘下の「ネットワークが創発する知能研究会」（二〇〇四年設立）である。われわれ訳者も、前者に友知がスタッフとして、後者に辻がプログラム委員として参画している。前者では、「ネットワークを流れる媒体や構成要素の違いに囚われず、そのトポロジカルな性質と通信効率や頑健性などとの関係を議論することや、さらに社会システムとしての望ましい未来を探ること」を主旨としている。一方、後者では、「ネットワークダイナミクスに着目し、その特徴や構造発生のしくみを解き明かすとともに、スモールワールドなど様々なネットワークの特徴を積極的に工学的に利用するための方法論を確立すること」を主旨としている。これらの研究会は共通のメンバーを含みながらも活発な活動を続けており、それぞれが一〇回を超えるシンポジウムや研究会を持ち続けている。

このような急激に展開するネットワーク科学に対して、足下から見つめ直す動きもあった。一つは二〇〇七年三月に「ネットワーク生態学研究会」の第三回シンポジウムの際に行われたパネルディスカッション「スモールワールド実験の再考」であった。これは、訳者の友知が発案したもので、ミルグラムのスモールワールド実験が提起した問題や、実験自体に含まれている問題点について整理し、人間のネットワーク構造やナビゲーション問題について数理社会学者・情報工学者の視点から議論を行うことを主旨としていた。友知は、クラインフェルドが提起した問題（第5章参照）を含めて、検討すべき問題群を整理した。辻もパネラーとして参加し、クラスタリング係数や最短距離やスケールフリー性によって矮小化されたスモールワールド問題を見直す必要があることや、それぞれの問題にとって適切なモデリングを試みることを提案した。また、同じ月の数理社会学会大会では、辻が企画したシンポジウム「スモールワールド研究の社会学的再検討」も行われた。ここでは、社会学を専門としない研究者たちが作る社会に関するネットワークモデルが、社会学的に無意味なモデルになることがあることを例示して、無意味なモデルになってしまう要因と対策について考察・提案した。二〇一〇年頃までには、ネットワーク科学の一過性の熱風邪のような状態は沈静化して、社会学者はもとより情報科学の研究者たちも、社会ネットワーク分析やネットワーク科学に深く関心を寄せる核となる人々が残ってきた。二〇一一年九月には、社会学から社会ネットワーク分析についてアプローチするメンバーが多い「数理社会学会」と「ネットワークが創発する知能研究会」との合同大会が行われたが、その際に企画されたシンポジウム「人間の行動モデル再考」では、数理社会学と情報科学・工学の研究者たちが、社会ネットワーク分析やネットワーク科学という範囲を超えて、より広範な「人間の行動」についてどのようなモデリングを目指すべきかについて、話題提供者とフロアの間で活発な議論が行われた。議論がかみ合わないところもあったが、そういうところも含めてお互いに、どのようなモデリングを目指すべきか、どのようなモデリングがそれぞれの領域で進められており評価されているのかを知り、考える機会となった。

さて、ここで最近の日本特有の動きについても述べておきたい。それは、二〇一一年三月の東日本大震災を契機とするものである。社会ネットワーク分析や社会ネットワーク論、社会関係資本論などに関心を持っている社会科学の研究者たちは、現地に赴いて行政とともに、また地域コミュニティとともに復旧・復興計画を練っている。また、ネットワーク科学やインターネットの人間関係の構造などに関心を持っている情報科学の研究者たちは、やはり現地に赴いてインターネット(特に二〇〇〇年代半ばから興隆してきたソーシャル・ネットワーキング・サービス(SNS))を利用した地域情報システムを構築したり、今後の防災のための新たな情報システムを構築したりしてきている。このような活動には、多かれ少なかれ社会ネットワーク分析や、ネットワーク科学の知見が活かされている。

このように、一九九八年にワッツとストロガッツが起こしたブレークスルーは、二〇〇〇年代前半の理論的基盤を整備する状態、二〇〇〇年代後半の反省を伴う発展期を経て、現在ではさまざまな場面で応用されたり、現実のシステムとして実装されたりする段階に入ってきているように思われる。いずれ、ネットワーク科学は陳腐化した技術になってしまうのかもしれない。しかしそれは、ネットワーク科学が不要になったということではなく、普遍性を持っていることを示すことになるだろう。

二〇一六年八月

辻 竜平

索　引

ア　行

カ　行

サ　行

タ　行

ナ 行

ハ 行

マ 行

ヤ 行

ラ 行

ワ 行

読書案内

この「読書案内」は，ネットワークの科学に対する理解を深めたい人や，独自に研究を始めたい人，または単純に本書で触れたトピックについてもっと詳しく知りたいという人のための手引きとなるよう用意したものである．各文献には以下に示す基準に従って難易度を示し，章や節ごとに文献をまとめて特定のトピックに関する資料を素早く探せるようにした．アルファベット順に文献を網羅した「参考文献」はこの後に置いてあるが，「読書案内」は決して網羅的ではなくて，実際，乏しいリストしか挙げられないトピックが多くなってしまった．私の不明のためにリストから除外される羽目になったすべての著者にお詫びを申しあげる．そういう不手際はあるけれども，初学者にとってはこれを手引きにすることで，新しいネットワーク科学に関する重要著作をすばやく見つけることができるだろう．そして，ここからもっとたくさんのことを学べるはずだ．

難易度
●初心者（この本と同程度かもっと易しい）
■中級（多少の努力と数学の基礎知識が必要）
◆上級（学部レベルの数学の知識が必要）
◆◆専門的（大学院レベルの数学の知識が必要）

第1章　結合の時代

1996年8月10日にWSCC（西部地域システム調整評議会）の送電網に起きた連続的故障の直接的原因と結果については，以下に記述されている．

● WSCC Operations Committee, *Western Systems Coordinating Council Disturbance Report*, August 10, 1996 (October 18, 1996).

近年アメリカで生じた主な送電障害についてまとめたレビューで，8月10日の連続的故障についてもさらに詳しく解明している．

● Hauer, J. F., and Dagle, J. E. *White Paper on Review of Recent Reliability Issues and System Events*. Consortium for Electric Reliability

Technology Solutions. U.S. Department of Energy (1999).
送電ネットワークの連続的故障問題について書かれた学理的論文.
■ Kosterev, D. N., Taylor, C. W., and Mittelstadt, W. A. Model validation for the August 10, 1996 WSCC system outage. *IEEE Transactions on Power Systems*, 14 (3), 967-979 (1999).
◆ Sachtjen, M. L., Carreras, B. A., and Lynch, V. E. Disturbances in a power transmission system. *Physical Review E*, 61 (5), 4877-4882 (2000).
◆◆ Asavathiratham, C. *The influence model: A tractable representation for the dynamics of networked Markov chains* (Ph. D. dissertation, Department of Electrical Engineering and Computer science, MIT, 2000).

複雑なシステムを考える

複合的（社会的）システムで創発する行動について，本格的に取り組んだ初期の研究が以下である（ただし著者は「創発」(emergence) という言い方はしていない）.
● Schelling, T. C. *Micromotives and Macrobehavior* (Norton, New York, 1978).
創発の基本的概念について概説したフィリップ・アンダーソンの古典的論文.
■ Anderson, P. W. More is different. *Science*, 177, 393-396 (1972).
「複合型」「一般的な適応型システム」「特定の出現」等の題材に関するとても読みやすい入門書.
● Gell-Mann, M. *The Quark and the Jaguar: Adventures in the Simple and the Complex* (W. H. Freeman, New York, 1994). 〔マレイ・ゲルマン（野本陽代訳）『クォークとジャガー：たゆみなく進化する複雑系』，草思社，1997.〕
● Holland, J. H. *Hidden Order: How Adaptation Builds Complexity* (Perseus, Cambridge, MA, 1996).
● Waldrop, M. M. *Complexity: The Emerging Science at the Edge of Order and Chaos* (Touchstone, New York, 1992). 〔M. ミッチェル・ワールドロップ（田中三彦・遠山峻征訳）『複雑系：科学革命の震源地・サンタフェ研究所の天才たち』，新潮文庫，2000.〕

専門的な文献は以下.

◆ Casti, J. L. *Reality Rules I & II: Picturing the World in Mathematics: The Fundamentals, the Frontier* (Wiley-Interscience, New York, 1997).

新たなネットワークの科学

数学的グラフ理論の優れた入門書(オイラーの定理を詳しく説明している).

■ West, D. B. *Introduction to Graph Theory* (Prentice-Hall, Upper Saddle River, NJ, 1996).

定理よりもアルゴリズムや応用に焦点をあてたアプローチで書かれた教科書は以下.

■ Lynch, N. A. *Distributed Algorithms* (Morgan Kauffman, San Francisco, 1997).

■ Ahuja, R. K., Magnanti, T. L., and Orlin, J. B. *Network Flows: Theory, Algorithms, and Applications* (Prentice-Hall, Englewood Cliffs, NJ, 1993).

◆◆ Nagurney, A. *Network Economics: A Variational Inequality Approach* (Kluwer Academic, Boston, 1993).

同期はなぜ起こるのか

二つの振動子について学ぶ最適な方法は,スティーブン・ストロガッツが最近出した著書から学ぶことである.

● Strogatz, S. H. *Sync: The Emerging Science of Spontaneous Order* (Hyperion, Los Angeles, 2003).〔スティーブン・ストロガッツ(蔵本由紀監修)『SYNC:なぜ自然はシンクロしたがるのか』,ハヤカワ文庫, 2014.〕

ストロガッツは蔵本モデルについての研究(およびその関連研究)に関する二つの短い記事も書いている.

● Strogatz, S. H. Norbert Wiener's brain waves. In Levin, S. A. (ed.), *Frontiers in Mathematical Biology, Lecture Notes in Biomathematics, 100* (Springer, New York, 1994), pp. 122-138.

● Strogatz, S. H., and Stewart, I. Coupled oscillators and biological synchronization. *Scientific American*, 269 (6), 102-109 (1993).

人があまり歩かない道

二つの振動子の同調に関するウィンフリーの独創的な論文は，近年の文献の先駆けとなったものである．私にとってもこの論文が出発点になっていた．

◆ Winfree, A. T. Biological rhythms and the behavior of populations of coupled oscillators. *Journal of Theoretical Biology*, 16, 15-42（1967）.

ウィンフリーからもっと多くを学びたいと思う人にとって大変おもしろい（ただし挑戦的なところもある）文献が以下である．

◆ Winfree, A. T. *The Geometry of Biological Time*（Springer, Berlin, 1990）.

スモールワールド問題

ミルグラムの研究について語る人なら誰もが引用する有名な *Psychology Today* 論文は以下．

● Milgram, S. The small world problem. *Psychology Today*, 2, 60-67（1967）.

しかしながら，ミルグラムがその2年後に彼の卒業生であるジェフリー・トラヴァースとともに出版した論文は，さらに参考になる．*Psychology Today* 論文よりもかなり詳細に書かれており，あまり楽しいものではないが，一層明確である．

● Travers, J., and Milgram, S. An experimental study of the small world problem. *Sociometry*, 32（4）, 425-443（1969）.

スモールワールド問題についての最初の研究はマンフレード・コッヘンとイシエル・デ・ソラ・ポールによるものであり，彼らはミルグラムが実験を行ったおよそ10年前にその研究結果を報告書として世に送り出していた．実はそもそもミルグラムの研究に刺激を与えたのはこの報告書であった．そして最初の発端から約20年後，ついにミルグラムの研究は *Social Network* 誌の第1巻に巻頭論文として掲載されたのである．

■ Pool, I. de Sola, and Kochen, M. Contacts and influence. *Social Networks*, 1（1）, 1-51（1978）.

コッヘンとプールによるオリジナル論文も含めたその後の多くの理論的，実証的論文は，マンフレッド・コッヘンによって編集された総集本で読むことができる．

■ Kochen, M.（ed.）. *The Small World*（Ablex, Norwood, NJ, 1989）.

後に映画にもなり，「私に近い6人の他人」という言葉を大衆文化に流行させたジョン・グアーレによる演劇．

● Guare, J. *Six Degrees of Separation: A Play* (Vintage Books, New York, 1990).

第2章 「新しい」科学の起源

ランダムグラフの理論

ランダムグラフ理論は臆病者には太刀打ちできない．結論から言うと，「入手しやすい」と言える書籍はまず無いが，重要な書籍をいくつかここに紹介しておく．エルデシュとレーニーがランダムグラフの進化と関連性について得た最初の結論は，以下の一連の論文に書かれている（いずれも標準的な図書館では簡単に入手できない）．

◆◆ Erdős, P., and Renyi, A. On random graphs. *Publicationes Mathematicae*, 6, 290-297 (1959).

◆◆ Erdős, P., and Renyi, A. On the evolution of random graphs. *Publications of the Mathematical Institute of the Hungarian Academy of Sciences*, 5, 17-61 (1960).

◆◆ Erdős, P., and Renyi, A. On the strength and connectedness of a random graph. *Acta Mathematica Scientia Hungary*, 12, 261-267 (1961).

エルデシュとレーニー以降の発展について，最も重要な部分がまとめられている標準的教本．

◆◆ Bollobas, B. *Random Graphs*, 2d ed. (Academic, New York, 2001).

上記の本よりも若干読みやすいもの（その分網羅的ではない）．

◆ Alon, N., and Spencer, J. H. *The Probabilistic Method* (Wiley-Interscience, New York, 1992).

社会ネットワーク

社会ネットワークの分析に関する標準的教本．

■ Wasserman, S., and Faust, K. *Social Network Analysis: Methods and Applications* (Cambridge University Press, Cambridge, 1994).

以下の二つは上記よりも短く，網羅的ではないが読みやすい．

■ Degenne, A., and Forse, M. *Introducing Social Networks* (Sage, London, 1999).

■ Scott, A. *Social Network Analysis*, 2nd ed.（Sage, London, 2000）.
そして，優れた古典的論文をいくつか紹介しておく（この分野における主要な概念を論じたもの）.

■ Boorman, S. A., and White, H. C. Social structure from multiple networks. II. Role structures. *American Journal of Sociology*, 81（6）, 1384-1446（1976）.

■ Burt, R. S. *Structural Holes; The Social Structure of Competition*（Harvard University Press, Cambridge, MA, 1992）.〔ロナルド・S.バート（安田雪訳）『競争の社会的構造：構造的空隙の理論』，新曜社，2006.〕

■ Davis, J. A. Structural balance, mechanical solidarity, and interpersonal relations. *American Journal of Sociology*, 68（4）, 444-462（1963）.

■ Freeman, L. C. A set of measures of centrality based on betweenness. *Sociometry*, 40, 35-41（1977）.

■ Granovetter, M. S. The strength of weak ties. The *American Journal of Sociology*, 78, 1360-1380（1973）.

■ Harary, F. Graph theoretic methods in the management sciences. *Management Science*, 5, 387-403（1959）.

◆◆ Holland, P. W., and Leinhardt, S. An exponential family of probability distributions for directed graphs. *Journal of the American Statistical Association*, 76, 33-65（1981）.

■ Lorrain, F., and White, H. C. Structural equivalence of individuals in social networks. *Journal of Mathematical Sociology*, 1, 49-80（1971）.

◆◆ Pattison, P. *Algebraic Models for Social Networks*（Cambridge University Press, Cambridge, 1993）.

■ White, H. C., Boorman, S. A., and Breiger, R. L. Social structure from multiple networks. I. Blockmodels of roles and positions. *American Journal of Sociology*, 81（4）, 730-780（1976）.

ダイナミクスの重要性

ネットワークやダイナミクスの分野はあまりにも新しいため，その分野に関連する教本が無い．初めに読むべきは以下の本だろう．40 編ほどの論文を集めたもので，編者による序文が付いている．

◆◆ Newman, M. E. J., Barabási, A.-L., and Watts, D. J. *The Structure and Dynamics of Networks* (Princeton University Press, Princeton, NJ, 2003).

非線形力学への素晴らしい入門書.

■ Strogatz, S. H. *Nonlinear Dynamics and Chaos: With Applications to Physics, Biology, Chemistry, and Engineering* (Addison-Wesley, Reading, MA, 1994).〔Steven H. Strogatz (田中久陽・中尾裕也・千葉逸人訳)『非線形ダイナミクスとカオス：数学的基礎から物理・生物・化学・工学への応用まで』, 丸善出版, 2015.〕

非線形力学とネットワークとの関連性についての論考.

■ Strogatz, S. H. Exploring complex networks. *Nature*, 410, 268-276 (2001).

社会的影響の代理的役割として中心に位置することの限界について指摘している論文.

■ Mizruchi, M. S., and Potts, B. B. Centrality and power revisited: actor success in group decision making. *Social Networks*, 20, 353-387 (1998).

ビル・ゲイツとのつながりについて, ジョン・クラインバーグを例に出している記事.

● Wildavsky, B. Small world, isn't it? *U.S. News and World Report*, April 1, 2002, p. 68.

脱中心化された行動の例としてオトポールを紹介している記事.

● Cohen, R. Who really brought down Milosevic? *New York Times Magazine*, November 26, 2000, p. 43.

ランダムさからの旅立ち

アナトール・ラパポートは10年以上にわたり, ランダム-バイアスト・ネット理論を展開する論文を続けて発表した. その主要概念は次の二つの論文に記されている.

◆ Solomonoff, R., and Rapoport, A. Connectivity of random nets. *Bulletin of Mathematical Biophysics*, 13, 107-117 (1951).

◆ Rapoport, A. A contribution to the theory of random and biased nets. *Bulletin of Mathematical Biophysics*, 19, 257-271 (1957).

ランダム-バイアスト・ネットワークのアプローチの概要は以下に記さ

れている.

◆ Rapoport, A. Mathematical models of social interaction. In Luce, R. D., Bush, R. R., and Galanter, E. (eds.), *Handbook of Mathematical Psychology*, Vol. 2 (Wiley, New York 1963), pp. 493-579.

ラパポートが自分の人生と研究を振り返った本.

● Rapoport, A. *Certainties and Doubts: A Philosophy of Life* (Black Rose Press, Montreal, 2000).

物理学者たちの登場

臨界現象の理論に関する代表的教本.

◆ Stanley, H. E. *Introduction to Phase Transitions and Critical Phenomena* (Oxford University Press, Oxford, 1971). 〔H. E. スタンリー(松野孝一郎訳)『相転移と臨界現象』, 東京図書, 1987.〕

より現代的なバージョン.

◆ Sornette, D. *Critical Phenomena in Natural Sciences* (Springer, Berlin, 2000).

スピンシステムと相転移についての詳細な議論.

◆ Palmer, R. Broken ergodicity. In Stein, D. L. (ed.), *Lectures in the Sciences of Complexity*, vol. I, Santa Fe Institute Studies in the Sciences of Complexity (Addison-Wesley, Reading, MA, 1989), pp. 301-354.

実際にこの分野の研究をしたい人には次の本が役立つだろう.

◆ Newman, M. E. J., and Berkema, G. T. *Monte Carlo Methods for Statistical Physics* (Clarendon Press, Oxford, 1999).

単純なコンピュータモデルを用いて, 非線形力学と臨界現象の主要概念について解説している教本. 内容豊富だがとても読みやすい.

■ Flake, G. W. *The Computational Beauty of Nature: Computer Explorations of Fractals, Chaos, Complex Systems, and Adaptation* (MIT Press, Cambridge, MA, 1998).

第3章 スモールワールド現象

私とスティーブン・ストロガッツとの最初の共同研究は私の博士論文としてまとめられ, 後に出版された.

■ Watts, D. J. *Small Worlds: The Dynamics of Networks between Or-*

der and Randomness (Princeton University Press, NJ, 1999).〔ダンカン・ワッツ(栗原聡・佐藤進也・福田健介訳)『スモールワールド:ネットワークの構造とダイナミクス』, 東京電機大学出版局, 2006.〕

友人たちの小さな力をかりて

社会学者による解釈表現としての主体(エージェンシー)についての論考.

● Emirbayer, M., and Mische, A. What is agency? *American Journal of Sociloligy*, 103 (4), 962-1023 (1998).

このトピックに関連する計算をおこなうために使用されたコンピュータ・アルゴリズムはかなり標準的なもので, アルゴリズムに関する優れた教科書ならどの本からでも学べる. 良い例として以下の二つを挙げておく.

■ Aho, A. V., Hopcroft, J. E., and Ullman, J. D. *Data Structures and Algorithms* (Addison-Wesley, Reading, MA, 1983).〔A. V. エイホ, J. E. ホップクロフト, J. D. ウルマン(大野義夫訳)『データ構造とアルゴリズム』, 培風館, 1987.〕

■ Ahuja, R. K., Magnanti, T. L., and Orlin, J. B. *Network Flows: Theory, Algorithms, and Applications* (Prentice-Hall, Englewood Cliffs, NJ, 1993).

ドーム都市住民からソラリア人まで

スティーブンとの議論にインスピレーションを与えたアシモフの「ロボット」シリーズから二冊.

● Asimov, I. *The Caves of Steel* (Doubleday, Garden City, NY, 1954).〔アイザック・アシモフ(福島正実訳)『鋼鉄都市』, ハヤカワ文庫, 1979.〕

● Asimov, I. *The Naked Sun* (Doubleday, Garden City, NY, 1957).〔アイザック・アシモフ(小尾芙佐訳)『はだかの太陽(新訳版)』, ハヤカワ文庫, 2015.〕

スモールワールド現象とは

アルファモデルの由来やスモールワールド・ネットワークの結果検証に

ついては以下に書かれている．

■ Watts, D. J. Networks, Dynamics and the small-world phenomenon. *American Journal of Sociology*, 105 (2), 493-527 (1999).

より単純だが似ているモデルについて，後におこなわれた研究．

◆ Jin, E. M., Girvan, M., and Newman, M. E. J. The structure of growing networks. *Physical Review E*, 64, 046132 (2001).

できるだけ単純に

スモールワールド・ネットワークに関するベータモデルと経験的結果についての最初の出版．

■ Watts, D. J., and Strogatz, S. H. Collective dynamics of 'small-world' networks. *Nature*, 393, 440-442 (1998).

続いてベータモデルの研究とより単純な関連モデルについて．

◆ Barthelemy, M., and Amaral, L. A. N. Small-world networks: Evidence for a crossover picture. *Physical Review Letters*, 82, 3180-3183 (1999).

◆◆ Monasson, R. Diffusion, localization and dispersion relations on 'small-world' lattices. *European Physical Journal B*, 12 (4), 555-567 (1999).

◆ Newman, M. E. J., and Watts, D. J. Scaling and percolation in the small-world network model. *Physical Review E*, 60, 7332-7342 (1991).

◆ Newman, M. E. J., and Watts, D. J. Renormalization group analysis of the small-world network model. *Physics Letters A*, 263, 341-346 (1991).

◆ Newman, M. E. J., Moore, C., and Watts, D. J. Mean-field solution of the small-world network model. *Physical Review Letters*, 84, 3201-3204 (2000).

この分野に関する初期の研究．

◆ Newman, M. E. J. Models of the small world. *Journal of Statistical Physics*, 101, 819-841 (2000).

現実世界の実例から

スモールワールド・ネットワークの理論的特性に加え，研究者達は多様

な実証的事例を検証している．そのいくつかの例を以下に挙げる．

■ Adamic, L. A. The small world wrb. In *Lecture Notes in Computer Science*, 1696, *Proceedings of the European Conference on Digital Libraries*（*ECDL*）*'99 Conference*（Springer, Berlin, 1999）, pp. 443-454.

● Davis, G. F., Yoo, M., and Baker, W. E. *The small world of corporate elite*（working paper, University of Michigan Business School, 2002）.

■ Ferreri Cancho, R., Janssen, C., and Solé, R. V. Topology of technology graphs: Small world patterns in electronic circuits. *Physical Review E*, 64, 046119（2001）.

● Kogut, B., and Walker, G. The small world of Germany and the durability of national networks. *American Sociological Review*, 66（3）, 317-335（2001）.

■ Sporns, O., Tononi, G., and Edelman, G. M. Theoretical neuroanatomy: Relating anatomical and functional connectivity in graphs and cortical connection matrices. *Cerebral Cortex*, 10, 127-141（2000）.

■ Wagner, A., and Fell, D. The small world inside large metabolic networks. *Proceedings of the Royal Society of London, Series* B, 268, 1803-1810（2001）.

第4章　スモールワールドを超えて

スケールフリー・ネットワーク

スケールフリー・ネットワークの進化と重要性に焦点をあてた，ネットワーク科学についての非常に理解しやすい研究報告書．

● Barabási, A. L. *Linked: The New Science of Networks*（Perseus Press, Cambridge, MA, 2002）.〔アルバート＝ラズロ・バラバシ（青木薫訳）『新ネットワーク思考：世界のしくみを読み解く』, NHK出版, 2002.〕

その他，非ポワソン分布（ベキ法則分布を含む）のランダムネットワークについてのより数学的な処理法については以下に記されている．

◆◆ Aiello, W., Chung, F., and Lu, L. A random graph model for massive graphs. In *Proceedings of the 32nd Annual ACM Symposium on the Theory of Computing*（Association for Computing Machinery, New York, 2000）, pp. 171-180.

◆◆ Molloy, M., and Reed, B. The size of the giant component of a random graph with a given degree sequence. *Combinatorics, Probability, and Computing*, 7, 295–305 (1998).

◆◆ Newman, M. E. J., Strogatz, S. H., and Watts, D. J. Random graphs with arbitrary degree distributions and their applications. *Physical Review E*, 64, 026118 (2001).

金持ちはより金持ちに

スケールフリー・ネットワークの概念を紹介し，優先的成長モデルの提案をしたラズロ・バラバシとレカ・アルバートによる論文．

■ Barabási, A., and Albert, R. Emergence of scaling in random networks. *Science*, 286, 509–512 (1999).

バラバシとアルバートの最初の論文以来，スケールフリー・ネットワークについてたくさんの論文が書かれた．その参考文献や関連する研究結果の多くは以下に要約されている．

◆ Albert, R., and Barabási, A. L. Statistical mechanics of complex networks. *Review of Modern Physics*, 74, 47–97 (2002).

奇妙なことに，スケールフリー・ネットワークの最初の発見はラズロ・バラバシとレカ・アルバートの論文の30年以上も前である．ネットワークがベキ法則分布を持つことの経験的観察はデレク・デ・ソーラ・プライスにより初めて発表された．

■ Price, D. J. de Solla. Networks of scientific papers. *Science*, 149, 510–515 (1965).

その11年後にプライスは，バラバシとアルバートのものと本質的に同じ数理モデルを提唱した．スケールフリー・ネットワークの概念がこれだけ評判になったことを考えると，なぜその時に誰もそれを話題にしなかったのだろうと不思議に思うかもしれない．おそらくその題名（と機関誌）が関係しているのかもしれない．

■ Price, D. J. de Solla. A general theory of bibliometrics and other cumulative advantage processes. *Journal of the American Society for Information Science*, 27, 292–306 (1976).

史実に基づく記録を見ていくと，ジップの法則が最初に提唱されたのは以下である．

■ Zipf, G. K. *Human Behavior and the Principle of Least Effort* (Addi-

son-Wesley, Cambridge, MA, 1949).

そしてハーバート・サイモンが最初に優先的ランダム成長の概念をベキ法則分布の説明としてジップの法則のように提唱した．

◆Simon, H. A. On a class of skew distribution functions. *Biometrika*, 42, 425-440 (1955).

その論説は20年後，大変重要で意義のある，後に続く研究や関連研究とともに再版された．

◆Ijiri, Y., and Simon, H. A. *Skew Distributions and the Sizes of Business Firms* (Elsevier/North-Holland, New York, 1977).

最終的に，科学的威信という環境におけるマタイ効果の概念についてはロバート・K. メトロンにより紹介された．

●Merton, R. K. The Matthew effect in science. *Science*, 159, 56-63 (1968).

金持ちになるのは難しい

スケールフリー・ネットワークが普及したことを裏付ける経験的証拠はあらゆる場所に見出される（反証もたまにある）．興味深い論文をいくつか紹介しよう．

■Amaral, L. A. N., Scala, A., Barthelemy, M., and Stanley, H. E. Classes of behavior of small-world networks. *Proceedings of the National Academy of Sciences*, 97, 11149-11152 (2000).

■Adamic, L. A., and Huberman, B. A. Power-law distribution of the World Wide Web. *Science*, 287, 2115a (2000).

■Barabási, A. L., Albert, R., Jeong, H., and Bianconi, G. Power-law distribution of the World Wide Web. *Science*, 287, 2115b (2000).

■Faloutsos, M., Faloutsos, P., and Faloutsos, C. On power-law relationships of the Internet topology. *Computer communication Review*, 29, 251-262 (1999).

■Liljeros, F., Edling, C. R., Amaral, L. A. N., Stanley, H. E., and Aberg, Y. The web of human sexual contacts. *Nature*, 411, 907-908 (2001).

◆Rapoport, A. Mathematical models of social interaction. In Luce, R. D., Bush, R. R., and Galanter, E. (eds.), *Handbook of Mathematical Psychology*, Vol. 2 (Wiley, New York, 1963), pp. 493-579.

◆Redner, S. How popular is your paper? An empirical study of the ci-

tation distribution. *Europhysics Journal B*, 4, 131-134 (1998).

集団構造の再導入

我々が所属関係ネットワークを研究するきっかけとなったハリソンの論文は以下.

● White, H. C. What is the center of the small world? (paper presented at American Association for the Advancement of Science annmal symposium, Washington, D. C., February 17-22, 2000).

社会ネットワーク構造にとって「集団」概念が重要であることを論じた古典的参考文献を二つ.

■ Nadel, F. S. *Theory of Social Structure* (Free Press, Glencoe, IL, 1957). 〔S. F. ネーデル（斎藤吉雄訳）『社会構造の理論：役割理論の展開』，恒星社厚生閣，1978.〕

■ Breiger, R. L. The duality of persons and groups. *Social Forces*, 53, 181-190 (1974).

所属関係ネットワーク

所属関係ネットワークについての優れた基本文献.

■ Wasserman, S., and Faust, K. *Social Network Analysis: Methods and Applications* (Cambridge University Press, Cambridge, 1994).

取締役と科学者のケースのネットワーク

企業取締役会の連結に関するジェリー・デーヴィスの研究.

● Davis, G. F. The significance of board interlocks for corporate governance. *Corporate Governance*, 4 (3), 154-159 (1996).

● Davis, G. F., and Greve, H. R. Corporate elite networks and governance changes in the 1980s. *American Journal of Sociology*, 103 (1), 1-37 (1997).

科学者の共同研究ネットワークに関する，マーク・ニューマンによる参考資料.

■ Newman, M. E. J. The structure of scientific collaboration networks. *Proceedings of the National Academy of Sciences*, 98, 404-409 (2001).

詳細は以下（ただし若干ハード）.

■ Newman, M. E. J. Scientific collaboration networks: I. Network con-

struction and fundamental results. *Physical Review E*, 64, 016131 (2001).

■ Newman, M. E. J. Scientific collaboration networks: II. Shortest paths, weighted networks, and centrality. *Physical Review E*, 64, 016132 (2001).

困難な問題に直面して

所属関係ネットワークの分析に使用される数学的道具について.

◆◆ Newman, M. E. J., Strogatz, S. H., and Watts, D. J. Random graphs with arbitrary degree distributions and their applications. *Physical Review E*, 64, 026118 (2001).

若干読みやすいバージョン.

◆ Newman, M. E. J., Watts, D. J., and Strogatz, S. H. Random graph models of social networks. *Proceedings of the National Academy of Sciences*, 99, 2566-2572 (2002).

第5章　ネットワークの探索

ミルグラムの魅惑的なキャリア全てにわたる彼の研究概論.

● Milgram, S. *The Individual in a Social World: Essays and Experiments*, 2nd ed. (McGraw-Hill, New York, 1992).

彼の服従実験について詳細に解説したもの.

● Milgram, S. *Obedience to Authority: An Experimental View* (Harper & Row, New York, 1974).〔スタンレー・ミルグラム（山形浩生訳）『服従の心理』, 河出文庫, 2012.〕

ミルグラムは何を示したのか

スモールワールド問題の歴史的かつ経験的有効性を調査した, ジュディス・クラインフェルドの論文.

● Kleinfeld, J. S. The small world problem. *Society*, 39 (2), 61-66 (2002).

最初の実験をさらに追究した最も重要な研究は, ミルグラムが指揮し, 彼の学生であるチャールズ・コルテと行ったもので, その中で彼らはロサンゼルスの白人集団を, ニューヨークの白人ターゲットおよび黒人ターゲットと関連付ける試みをしている.

● Korte, C., and Milgram, S. Acquaintance networks between racial groups-application of the small world method. *Journal of Personality and Social Psychology*, 15 (2), 101 (1970).

六次は多いか少ないか

エルデシュ数の問題について広範な研究をしているのは数学者のジェリー・グロスマンである．彼の研究をまとめた初期のサマリーは以下．

■ Grossman, J. W., and Ion, P. D. F. On a portion of the well-known collaboration graph. *Congressus Numerantium*, 108, 129-131 (1995).

エルデシュ数についての最近の研究．

■ Batagelj, V., and Mrvar, A. Some analyses of Eldős collaboration graph. *Social Networks*, 22 (2), 173-186 (2000).

スモールワールド・ネットワークによって，問題の解決が簡単になるどころか難しくなる場合がある実例は以下でも紹介されている．

◆ Walsh, T. Search in a small world. In *Proceedings of the 16th International Joint Conference on Artificial Intelligence* (Morgan Kaufmann, San Francisco 1999), pp. 1172-1177.

スモールワールドの探索問題

スモールワールドの探索問題を指摘し，解決したジョン・クラインバーグの草分け的論文は長いものと短いものの２バージョンある．

◆ Kleinberg, J. The small-world phenomenon: An algorithmic perspective. In *Proceedings of the 32nd Annual ACM Symposium on Theory of Computing* (Association of Computing Machinery, New York, 2000), pp. 163-170.

■ Kleinberg, J. Navigation in a small world. *Nature*, 406, 845 (2000).

クラインバークはのちにネットワークにおける情報の拡散を研究するため，計算機科学者たちが「ゴシップ・プロトコル」と呼ぶ媒体を経由し，似たようなアプローチをおこなった．

◆ Kleinberg, J. Small-world phenomena and the dynamics of information. In Dietterich, T. G., Becker, S., and Ghahramani, Z. (eds.), *Advances in Neural Information Processing Systems* (*NIPS*), 14 (MIT Press, Cambridge, MA, 2002).

社会学からの反撃

社会的アイデンティティと社会的距離の概念をスモールネットワーク探索の問題と合併させた論文．私がマーク・ニューマン，ピーター・ドッズと共同でおこなった研究である．

■ Watts, D. J., Dodds, P. S., and Newman, M. E. J. Identity and search in social networks. *Science*, 296, 1302-1305（2002）.

我々が立てた理論的予想のいくつかを裏付けた，いわゆるリバース・スモールワールド実験に関する所見．

■ Killworth, P. D., and Bernard, H. R. The reverse small world experiment. *Social Networks*, 1, 159-192（1978）Bernard, H. R., Killworth, P. D., Evans, M. J., McCarty, C., and Shelly, G. A. Studying social relations cross-culturally. *Ethnology*, 27（2）, 155-179（1988）.

ピア・トゥ・ピア・ネットワークの探索

グヌーテラのようなピア・トゥ・ピア・ネットワークが直面する問題について．

■ Ritter, J. P. Why Gnutella can't scale. No, really（2001）.（オンラインで閲覧可能：http://www.darkridge.com/~jpr5/doc/gnutella.html）

グヌーテラが明らかに持っているスケールフリーの特性を利用した二つの調査用アルゴリズムは以下に記されている．

◆ Adamic, L. A., Lukose, R. M., Puniyani., A. R., and Huberman, B. A. Search in power-law networks. *Physical Review E*, 64, 046135（2001）.

◆ Kim, B. J., Yoon, C. N., Han, S. K., and Jeong, H. Path finding strategies in scale-free networks. *Physical Review E*, 65, 027103（2002）.

また，多国籍コンサルティング企業という状況下で簡単に検索が可能な分散型データーベースに関する問題についての議論は以下．

● Mannville, B. Complex adaptive knowledge management: A case study from McKinsey and Company. In Clippinger, J. H.（ed.）*The Biology of Business: Decoding the Natural Laws of the Enterprise*（Jossey-Bass, San Francisco, 1999）, chapter 5.

その他，具体的にワールド・ワイド・ウェブでの情報収集目的のために推奨されるアプローチについては以下．

■ Brin, S., and Page, L. The anatomy of a large-scale hypertextual web

search engine. *Computer Networks*, 30, 107-117 (1998).
◆ Gibson, D., Kleinberg, J., and Raghavan, P. Inferring Web communities from link topology. In *Proceedings of the 9th ACM Conference on Hypertext and Hypermedia* (Association for Computing Machinery, New York 1998), pp. 225-234.
◆ Kleinburg, J. Authoritative sources in a hyperlinked environment. *Journal of the ACM*, 46, 604-632 (1999).
■ Lawrence, S., and Giles, C. L. Accessibility of information on the web. *Nature*, 400, 107-109 (1999).

第6章　伝染病と不具合

ホット・ゾーンのウイルス

バージニア州レストンにおけるエボラ出血熱の大発生とエボラ出血熱の歴史の概要についてはリチャード・プレストンの本に書かれている.

● Preston, R. *The Hot Zone* (Random House, New York, 1994).〔リチャード・プレストン（高見浩訳）『ホットゾーン』, 飛鳥新社, 2014.〕

さらなるエボラ出血熱についての事実は以下.

● Harden, B. Dr. Matthew's passion. *New York Times Magazine*, February 18, 2001. pp. 24-62.

インターネット上のウイルス

クレア・スワイヤが送ったEメールのアカウントはニューヨークタイムズの記事より抜粋した.

● Lyall, S. Return to sender, please. *New York Times*, December 24, 2000, *Week in Review*, p. 2.

コンピュータウイルスとして登録されたすべてのプログラム, およびそれらウイルスの歴史については,

https://www.virusbulletin.com/

に掲載されている. 最初に発見された日時, 感染したコンピュータの台数, 最初のウイルス対策ソフトの発売の情報などが書かれている. ウイルスアラートなどのインターネット関連セキュリティ情報は, ピッツバーグのカーネギーメロン大学のソフトウェア・エンジニアリング研究所に拠点を置く「CERT」により出版・管理されている.

http://www.cert.org/

インターネット時代における疫学とコンピュータウイルスの関係についての議論は次に掲載されている.

◆ Kephart, J. O., White, S. R., and Chess, D. M. Computer viruses and epidemiology. *IEEE Spectrum*, 30 (5), 20-26 (1993).

■ Keiphart, J. O., Sorkin, G. B., Chess, D. M., and White, S. R. Fighting computer viruses. *Scientific American*, 277 (5), 56-61 (1997).

伝染病の数理

現代数理疫学の基礎となったカーマックとマッケンドリックの古典的論文.

◆◆ Kermack, W. O., and McKendrick, A. G. A contribution to the mathematical theory of epidemics. *Proceedings of the Royal Society of London, Series A*, 115, 700-721 (1927).

◆◆ Kermack, W. O., and McKendrick, A. G. Contributions to the mathematical theory of epidemics. II. The problem of endemicity. *Proceedings of the Royal Society of London, Series A*, 138, 55-83 (1932).

◆◆ Kermack, W. O., and McKendrick, A. G. Contributions to the mathematical theory of epidemics. III. Further studies of the problem of endemicity. *Proceedings of the Royal Society of London, Series A*, 141, 94-122 (1933).

SIR モデルを詳しく論じた数理疫学のスタンダードな教本.

◆ Bailey, N. T. J. *The Mathematical Theory of Infectious Diseases and Its Applications* (Hafner Press, New York, 1975).

その他おすすめの参考文献は以下.

◆ Bartholomew, D. J. *Stochastic Models for Social Processes* (Wiley, New York, 1967).

◆ Anderson, R. M., and May, R. M. *Infectious Diseases of Humans* (Oxford University Press, Oxford, 1991).

◆ Murray, J. D. *Mathematical Biology*, 2nd ed. (Springer, Heidellberg, 1993).

ネットワーク上の伝染病拡散を論じている, 短くも素晴らしい論文.

◆◆ Ball, F., Mollison, D., and Scalia-Tomba, G. Epidemics with two levels of mixing. *Annals of Applied Probability*, 7 (1), 46-89 (1997).

■ Hess, G. Disease in metapopulation models: Implications for conservation. *Ecology*, 77, 1617-1632（1996）.

■ Kareiva, P. Population dynamics in spatially complex environments: Theory and data. *Philisophical Transactions of the Royal Society of London, Series B*, 330, 175-190（1990）.

◆ Kretschmar, M., and Morris, M. Measures of concurrency in networks and the spread of infectious disease. *Mathematical Biosciences*, 133, 165-195（1996）.

■ Longini, I. M., Jr. A mathematical model for predicting the geographic spread of new infectious agents. *Mathematical Biosciences*, 90, 367-383（1988）.

◆ Sattenspiel, L., and Simon, C. P. The spread and persistence of infectious diseases in structured populations. *Mathematical Biosciences*, 90, 341-366（1988）.

スモールワールドにおける伝染病

スモールワールド・ネットワーク上での伝染病の拡散に関する初期の研究の中で，最も記述が詳細なのは以下の本の第6章である．

■ Watts, D. J. *Small Worlds: The Dynamics of Networks between Order and Randomness*（Princeton University Press, Princeton, NJ, 1999）.

ネットワーク上での伝染病によって引き起こされるさまざまな二次的現象については次の論文に発表されている．

◆ Boots, M., and A. Sasaki. “Small worlds” and the evolution of virulence: Infection occurs locally and at a distance. *Proceedings of the Royal Society of London, Series B*, 266, 1933-1038（1999）.

◆ Kuperman, M., and Abramson, G. Small world effect in an epidemiological model. *Physical Review Letters*, 86, 2909-2912（2001）.

口蹄疫についての素晴らしい研究と，政策決定に役立つ数理モデルの良い事例は以下．

■ Ferguson, N. M., Donnelly, C. A., and Anderson, R. M. The foot-and-mouth epidemic in Great Britain: Pattern of spread and impact of interventions. *Science*, 292, 1155-1160（2001）.

■ Ferguson, N. M., Donnelly, C. A., and Anderson, R. M. Transmission

intensity and impact of control policies on the foot and mouth epidemic in Great Britain. *Nature*, 413, 542–548 (2001).

■ Keeling, M. J., Woolhouse, M. E. J., Shaw, D. J., Matthews, L., Chase-Topping, M., Haydon, D. T., Cornell, S. J., Kappey, J., Wilesmith, J., and Grenfell, B. T. Dynamics of the 2001 UK foot and mouth epidemic: Stochastic dispersal in a heterogeneous landscape. *Science*, 294, 813–817 (2001).

スケールフリー・ネットワーク上に拡散している伝染病は必ずしも流行の引き金にならないという発見は以下に報告されている.

◆ Pastor-Satorras, R., and Vespignani, A. Epidemic spreading in scale-free networks. *Physical Review Letters*, 86, 3200–3203 (2001).

パストール－サトラスとヴェスピニャーニはスケールフリー・ネットワーク上の伝染病拡大についての研究を続けた. 彼らの発見は以下に要約されている.

◆ Pastor-Satorras, R., and Vespignani, A. Epidemics and immunization in scale-free networks. In Bornholdt, S., and Schuster, H. G. (eds.), *Handbook of Graphs and Networks: From the Genome to the Internet* (Wiley-VCH, Berlin, 2002).

彼らのスケールフリー・Eメールネットワークの仮定に対する経験的な裏付けは以下に報告されている.

◆ Ebel, H., Mielsch, L. I., and Bornholdt, S. Scale-free topology of e-mail networks. *Physical Review E*, 66, 035103 (2002).

伝染病のパーコレーション・モデル

パーコレーションについての最も良い入門書は以下(つい笑ってしまう箇所もある).

◆ Stauffer, D., and Aharony, A. *Introduction to Percolation Theory* (Taylor and Francis, London, 1992).〔D. スタウファー, A. アハロニー(小田垣孝訳)『パーコレーションの基本原理』, 吉岡書店, 2001.〕

スモールネットワーク上の感染病拡大に対するサイト・パーコレーションのアプローチについて, 私とマーク・ニューマンがおこなった研究の詳細は以下に記されている.

◆ Newman, M. E. J., and Watts, D. J. Scaling and percolation in the small-world network model. *Physical Review E*, 60, 7332–7342

(1999).

ネットワーク，ウイルス，そしてマイクロソフト

マーク・ニューマンとクリス・ムーアによるサイト・パーコレーション，ボンド・パーコレーションの研究は次に記述されている．

◆ Moore, C., and Newman, M. E. J. Epidemics and percolation in small-world networks. *Physical Review E*, 61, 5678-5682 (2000).

◆◆ Moore, C., and Newman, M. E. J. Exact solution of site and bond percolation on small-world networks. *Physical Review E*, 62, 7059-7064 (2000).

不具合と堅牢性（ロバストネス）

ネットワークの堅牢性を数値化して示すためにパーコレーションの概念を使った最初の論文.

■ Albert, R., Jeong, H., and Barabási, A. L. Attack and error tolerance of complex networks. *Nature*, 460, 378-382 (2000).

その後まもなくして，堅牢性を非常に詳細に調査した論文が立て続けに発表された．

◆ Callaway, D. S., Newman, M. E. J., Strogatz, S. H., and Watts, D. J. Network robustness and fragility: Percolation on random graphs. *Physical Review Letters*, 85, 5468-5471 (2000).

◆ Cohen, R., Erez, K., ben-Avraham, D., and Havlin, S. Resilience of the Internet to random breakdowns. *Physical Reviews Letters*, 85, 4626-4628 (2000).

◆ Cohen, R., Erez, K., ben-Avraham, D., and Havlin, S. Breakdown of the Internet under intentional attack. *Physical Review Letters*, 86, 3682-3685 (2001).

第７章　意思決定と妄想と群集の狂気

チューリップ経済

経済バブルやその他の熱狂的現象に関するチャールズ・マッケイの古典的著書は何度も繰り返し再版されている．比較的最近のものが次である．

● Mackay, C. *Extraordinary Popular Delusions and the Madness of Crowds* (Harmony Books, New York, 1980). 〔チャールズ・マッケイ

（塩野未佳・宮口尚子訳）『狂気とバブル：なぜ人は集団になると愚行に走るのか』，パンローリング，2004.〕

同じテーマについて最近発表された論文は以下．

● Kindleberger, C. P. *Manias, Panics, and Crashes: A History of Financial Crises*, 4th ed.（Wiley, New York, 2000）.

● Shiller, R. J. *Irrational Exuberance*（Princeton University Press, Princeton, NJ, 2000）.

不安と私欲と合理性

合理的に最適化されたエージェントに関するアダム・スミスの議論は以下．「見えざる手」への言及もある．

● Smith, A. *The Wealth of Nations*, Vol. 1, Book 4（University of Chicago Press, Chicago, 1976）, chapter 2, p. 477.〔アダム・スミス（山岡洋一訳）『国富論：国の豊かさの本質と原因についての研究（上・下）』，日本経済新聞出版社，2007.〕

「効率的な市場」という仮定が孕むパラドクスを論じた本．

● Chancellor, E. *Devil Take the Hindmost: A History of Financial Speculation*（Farrar, Straus and Giroux, New York, 1999）.〔エドワード・チャンセラー（山岡洋一訳）『バブルの歴史：チューリップ恐慌からインターネット投機へ』，日経BP社，2000.〕

そして，投資家と金融市場の動きの両方がより現実味を帯びたビジョンを構築し，ダイナミクスが極めて重要な要素であるとする近年の研究が以下である．

◆ Farmer, J. D. Market force, ecology, and evolution. *Industrial and Corporate Change*, forthcoming（2002）.

◆ Farmer, J. D., and Joshi, S. The price dynamics of common trading strategies. *Journal of Economic Behavior and Organization*, 49（2）, 149-171（2002）.

■ Farmer, J. D., and Lo, A. Frontiers of finance: Evolution and efficient markets. *Proceedings of the National Academy of Sciences*, 96, 9991-9992（1999）.

「割り勘のジレンマ」と「共有地の悲劇」

ナタリー・グランスとベルナルド・ヒューバーマンによる，「割り勘の

ジレンマ」とそれを解決するための条件について述べている専門的論文.

◆ Glance, N. S., and Huberman, B. A. The outbreak of cooperation. *Journal of Mathematical Sociology*, 17 (4), 281-302 (1993).

同じ結論でも次の論文はわかりやすく書かれている.

● Glance, N. S., and Huberman, B. A. The dynamics of social dilemmas. *Scientific American*, 270 (3), 76-81 (1994).

協調性の進化についての文献は膨大にあり，いくつかの専門分野にまたがる――進化生物学，経済，政治学，そして特に社会学である．代表的なリストを挙げることすら不可能ではあるが，いくつかの重要な文献は以下の通り.

■ Axelrod, R. *The Evolution of Cooperation* (Basic Books, New York, 1984).〔R. アクセルロッド（松田裕之訳）『つきあい方の科学：バクテリアから国際関係まで』，ミネルヴァ書房，1998.〕

■ Axelrod, R., and Dion, D. The further evolution of cooperation. *Science*, 242, 1385-1390 (1988).

◆ Boorman, S. A., and Levitt, P. R. *The Genetics of Altruism* (Academic Press, New York, 1980).

■ Boyd, R. S., and Richerson, P. J. The evolution of reciprocity in sizable groups. *Journal of Theoretical Biology*, 132, 337-356 (1988).

■ Hardin, G. The tragedy of the commons. *Science*, 162, 1243-1248 (1968).

■ Huberman, B. A., and Lukose, R. M. Social dilemmas and Internet congestion. *Science*, 277, 535-537 (1997).

■ Nowak, M. A., and May, R. M. Evolutionary games and spatial chaos. *Nature*, 359, 826-829 (1992).

■ Olson, M. *The Logic of Collective Action: Public Goods and the Theory of Groups* (Harvard University Press, Cambridge, MA, 1965).〔マンサー・オルソン（依田博・森脇俊雅訳）『集合行為論：公共財と集団理論』，ミネルヴァ書房，1996.〕

● Ostrom, E., Burger, J., Field, C. B., Norgaard, R. B., and Policansky, D. Revisiting the commons: Local lessons, global challenges. *Science*, 284, 278-282 (1999).

情報の雪崩的現象（カスケード）

情報カスケードについての文献もまた多くの学問領域にまたがっている．いくつかの例を下に挙げる．

■ Aguirre, B. E., Quarantelli, E. L., and Mendoza, J. L. The collective behavior of fads: The characteristics, effects, and career of streaking. *American Sociological Review*, 53, 569-584（1988）.

◆ Banerjee, A. V. A simple model of herd behavior. *Quarterly Journal of Economics*, 107, 797-817（1992）.

◆ Bikhchandani, S., Hirshleifer, D., and Welch, I. A theory of fads, fashion, custom and cultural change as informational cascades. *Journal of Political Economy*, 100（5）, 992-1026（1992）.

■ Lohmann, S. The dynamics of informational cascades: The Monday demonstrations in Leipzig, East Germany, 1989-91. *World Politics*, 47, 42-101（1994）.

情報の外部性——他人の意見に左右される

アッシュによる最初の実験を解説した論文．

● Asch, S. E. Effects of group pressure upon the modification and distortion of judgment. In Cartwright, D., and Zander, A.（eds.）, *Group Dynamics: Research and Theory*（Row, Peterson, Evanston, IL, 1953）, pp. 151-162.

ハーバート・サイモンの限定合理性の理論は以下に掲載されている．

■ Simon, H. A., Egidi, M., and Marris, R. L. *Economics, Bounded Rationality and the Cognitive Revolution*（Edward Elgar, Brookfield, VT, 1992）.

強制的外部性——「沈黙のらせん」現象

同調圧力関係にあるネットワーク経由の犯罪の拡大については以下に（理論上としたうえで）考察されている．

■ Glaeser, E. L., Sacerdote, B., and Schheinkman, J. A. Crime and social interactions. *Quarterly Journal of Economics*, 111, 507-548（1996）.

投票行動における「沈黙のらせん」概念を紹介している論文．

● Noelle-Neumann, E. Turbulences in the climate of opinion: Method-

ological applications of the spiral of silence theory. *Public Opinion Quarterly*, 41 (2), 143-158 (1977).

市場外部性——商品の効用を決めるもの

収穫逓増を経て現在「ロックイン」と呼ばれる概念を提唱した主要人物は経済学者のブライアン・アーサーである．彼の草分け的論文が以下である（彼はこの論文を掲載してくれる雑誌を見つけるのに何年も費やした）．

◆ Arthur, W. B. Competing technologies, increasing returns, and lock-in by historical events. *Economic Journal*, 99 (394), 116-131 (1989).

収穫逓増へのもう一つのアプローチ（上記論文とは少し違う）は以下に掲載されている．

◆ Romer, P. Increasing returns and long-run growth. *Journal of Political Economy*, 94 (5), 1002-1034 (1986).

以下の著者は相補性とネットワークの外部性とを関連付けてはいないが，相補性の重要性については次の記事に強調して書かれている．

◆ Milgrom, P., and Roberts, J. The economics of modern manufacturing: Technology, strategy, and organization. *American Economic Review*, 80 (3), 511-528 (1990).

一方でネットワークの外部性についての主流なアプローチは次に論じられている．

■ Economides, N. The economics of networks. *International Journal of Industrial Organization*, 16 (4), 673-699 (1996).

同調外部性——集団的利益の認識

協調に関する意思決定が外部性を有するということは，以下の二つの論文で明らかにされている．ただしどちらの論文も異なる用語を用いている．

◆ Glance, N. S., and Huberman, B. A. The outbreak of cooperation. *Journal of Mathematical Sociology*, 17 (4), 281-302 (1993).

■ Kim, H., and Bearman, P. The structure and dynamics of movement participation. *American Sociological Review*, 62 (1), 70-94 (1997).

社会的思志決定の重視

ボディ・ピアスについての記事.

● Harden, B. Coming to grips with the enduring appeal of body piercing. *New York Times*, February 12, 2002, p. A16.

第8章　閾値とカスケードと予測可能性

意思決定の閾値モデル

恐らく，閾値モデルを利用して集団意思決定を理解しようとした最も古い論文は以下だろう.

■ Schelling, T. C. A study of binary choices with externalities. *Journal of Conflict Resolution*, 17 (3), 381-428 (1973).

古典的論文をもう一つ.

■ Granovetter, M. Threshold models of collective behavior. *American Journal of Sociology*, 83 (6), 1420-1443 (1978).

閾値モデルを現実に導くには，個人がどのような意思決定をするのか，外部性がどのような意思決定に属しているかを決める必要がある．以下の文献はそれぞれ異なるモデルを導いているが，いずれも閾値の法則を見事に作り上げている.

◆Arthur, W. B., and Lane, D. A. Information contagion. *Structural Change and Economic Dynamics*, 4 (1), 81-103 (1993).

◆ Boorman, S. A., and Levitt, P. R. *The Genetics of Altruism* (Academic Press, New York, 1980).

◆ Durlauf, S. N. A framework for the study of individual behavior and social interactions. *Sociological Methodology*, 31, 47-87 (2001).

◆ Glance, N. S., and Huberman, B. A. The outbreak of cooperation. *Journal of Mathematical Sociology*, 17 (4), 281-302 (1993).

◆ Morris, S. N. Contagion. *Review of Economic Studies*, 67, 57-78 (2000).

社会ネットワークにおけるカスケード

「イサカ・アワーズ」に関する情報は以下.

● Glover, P. Grassroots economics. *In Context*, 41, 30 (1995).

● Morse, M. Dollars or sense. *Utne Reader*, 99 (September-October 1999).

エベレット・ロジャースが古典的著作『イノベーションの普及』において導入した専門用語は，その多くが今なお広く使用されている．初版刊行は1962年で，現在は第4版が出版されている．

● Rogers, E. *The Diffusion of Innovations*, 4th ed. (Free Press, New York, 1995).〔エベレット・ロジャーズ（三藤利雄訳）『イノベーションの普及』，翔泳社，2007.〕

ロジャースの考えたことと社会ネットワーク分析を結びつける果敢な試みは，ロジャースの生徒であるトーマス・ヴァレンテによって行われた．

■ Valente, T. W. *Network Models of the Diffusion of Innovations* (Hampton Press, Cresskill, NJ, 1995).

● Coleman, J. S., Katz, E., and Menzel, H. The diffusion of an innovation among physicians. *Sociometry*, 20 (4), 253-270 (1957).

大域的なカスケードが起こる条件

ネットワーク上の情報カスケードへの入門として模範的なアプローチを要約している論文．

◆ Watts, D. J. A simple model of global cascades on random networks. *Proceedings of the Naional Academy of Sciences*, 99, 5766-5771 (2002).

社会的伝播の特徴

マルコム・グラッドウェルによる社会的感染についての興味深い論議．

● Gladwell, M. *The Tipping Point: How Little Things Can Make a Big Difference* (Little, Brown, New York, 2000).〔マルコム・グラッドウェル（高橋啓訳）『急に売れ始めるにはワケがある：ネットワーク理論が明らかにする口コミの法則』，SB文庫，2007.〕

溝（キャズム）を越える――イノベーションの成功条件

ジェフリー・ムーアのアーリー・アダプターとアーリー／レイト・マジョリティ間の「溝（キャズム）」についての記述．

● Moore, G. A. *Crossing the Chasm: Marketing and Selling High-Tech Products to Mainstream Customers* (Harper Business, New York, 1999).

非線形の歴史観

成功とその資質との違いは，アート・デ・ヴァニーによる映画産業の研究の中で明白になっている．

■ De Vany, A., and Lee, C. Quality signals in information cascades and the dynamics of motion picture box office revenues: A computational model. *Journal of Economic Dynamics and Control*, 25, 593–614 (2001).

◆ De Vany, A. S., and Walls, W. D. Bose-Einstein dynamics and adaptive contracting in the motion picture industry. *Economic Journal*, 106, 1493–1514 (1996).

堅牢かつ脆弱な複雑系

「ノーマル・アクシデント」および「堅牢かつ脆弱なシステム」の概念は以下の異なる二つの研究に発表されている．

● Perrow, C. *Normal Accidents: Living with High-Risk Technologies* (Basic Books, New York, 1984).

◆ Carlson, J. M., and Doyle, J. Highly optimized tolerance: A mechanism for power laws in designed systems. *Physical Review E*, 60 (2), 1412–1427 (1999).

第9章　イノベーションと適応と回復

トヨタ＝アイシン危機

トヨタ＝アイシン危機について記述する際にベースにした論文．

● Nishiguchi, T., and Beaudet, A. Fractal design: Self-organizing links in supply chain management. In Von Krogh, G., Nonaka, I., and Nishiguchi, T. (eds.), *Knowledge Creation: A Source of Value* (Macmillan, London, 2000).

イノベーションをめぐる我々の考察を先導した，素晴らしきトヨタグループについて書かれた論文をもう一つ紹介する．

● Ward, A., Liker, J. K., Cristiano, J. J., and Sobek, D. K. The second Toyota paradox: How delaying decisions can make better cars faster. *Sloan Management Review*, 36 (3), 43–51 (1995).

市場と階層組織

産業組織について書かれたもっとも古いテキストでありながら，今なお最良のもの．

● Smith, A. *The Wealth of Nations* (University of Chicago Press, Chicago, 1976).

取引費用のカオス理論の前身は「企業は不確実性を減少させるために存在する」というフランク・ナイトの主張であった．

■ Knight, F. H. *Risk, Uncertainty, and Profit* (London School of Economics and Political Science, London, 1933).〔F. H. ナイト（奥隅栄喜訳）『危険・不確実性および利潤』，文雅堂書店，1959.〕

企業の根幹をなす取引費用を最初に主張したロナルド・コースの議論は以下に詳説されている．

● Coase, R. The nature of the firm. *Economoica*, n.s., 4 (November 1937).

それから数十年が経った今もなお，コースは経済学の主流派たちが彼の概念を受け入れるべく努力している．彼の最近の試みは次である．

● Coase, R. *The Nature of the Firm* (Oxford University Press, Oxford, 1991).

企業の階級組織の主な提唱者はオリヴァー・ウィリアムソンであり，彼の考え方は次の書籍に包括的に記されている．

■ Williamson, O. E. *Markets and Hierarchies* (Free Press, New York, 1975).

もっと短いバージョン．

■ Williamson, O. E. Transaction cost economics and organization theory. In Smelser, N. J., and Swedberg, R. (eds.), *The Handbook of Economic Sociology* (Princeton University Press, Princeton, NJ, 1994), pp. 77-107.

階層組織の優越性については，近年ロイ・ランダー率いる少数の経済学者グループにより広く定式化され，発展してきている．この分野の主要な文献は以下．

◆ Bolton, P., and Dewatripont, M. The firm as a communication network. *Quarterly Journal of Economics*, 109 (4), 809-839 (1994).

◆ Rander, R. The organization of decentralized information processing. *Econometrica*, 61 (5), 1109-1146 (1993).

◆ Rander, R. Bounded rationality, indeterminacy, and the theory of the firm. *Economic Journal*, 106, 1360–1373（1996）.

◆ Van Zandt, T. Decentralized information processing in the theory of organizations. In Sertel, M.（ed.）, *Contemporary Economic Issues*, vol. 4: *Economic Design and Behavior*（Macmillan, London, 1999）, chapter 7.

産業分水嶺

世界経済の本質が変化しつつあることを見抜いた，マイケル・ピオリとチャック・セーブルによる草分け的著書．

● Piore, M. J., and Sabel, C. F. *The Second Industrial Divide: Possibilities for Prosperity*（Basic Books, New York, 1984）.〔マイケル・J. ピオリ，チャールズ・F. セーブル（山之内靖・永易浩一・石田あつみ訳）『第二の産業分水嶺』，ちくま学芸文庫，2016.〕

ビジネス環境の曖昧さ

製造工場の問題点を突き止めるホンダのシステムを解説した論文．

● MacDuffie, J. P. The road to "root cause": Shop-floor problem-solving at three auto assembly plants. *Management Science*, 43, 4（1997）.

企業の本質的構造理論については経済学，社会学，企業コミュニティにおいても様々なアプローチがなされており，文献は多岐にわたる．いくつかを精選すると以下のとおりだが，これは網羅的ではないし，各分野の代表的論文を集めたとすら言えない．

● Chandler, A. D. *The Visible Hand: The Managerial Revolution in American Business*（Belknap Press of Harvard University Press, Cambridge, MA, 1977）.〔アルフレッド・D. チャンドラー Jr.（鳥羽欽一郎・小林袈裟治訳）『経営者の時代：アメリカ産業における近代企業の成立』東洋経済新報社，1979.〕

● Clippinger, J.（ed.）. *The Biology of Business: Decoding the Natural Laws of the Enterprise*（Jossey-Bass, San Francisco, 1999）.

◆ Fama, E. F. Agency problems and the theory of the firm. *Journal of Political Economy*, 88, 288–307（1980）.

■ Hart, O. *Firms, Contracts, and Financial Structure*（Oxford University Press, New York, 1995）.〔オリバー・ハート（鳥居昭夫訳）『企

業契約金融構造』，慶應義塾大学出版会，2010.〕

■ March, J. G., and Simon, H. A. *Organizations*（Blackwell, Oxford, 1993).〔ジェームズ・G.マーチ，ハーバート・A.サイモン（高橋伸夫訳）『オーガニゼーションズ』，ダイヤモンド社，2014.〕

■ Nelson, R. R., and Winter, S. G. *An Evolutionary Theory of Economic Change*（Belknap Press of Harvard University Press, Cambridge, MA, 1982).〔リチャード・R.ネルソン，シドニー・G.ウィンター（後藤晃・角南篤・田中辰雄訳）『経済変動の進化理論』，慶應義塾大学出版会，2007.〕

■ Powell, W., and DiMaggio, P.（eds.). *The New Institutionalism in Organizational Analysis*（Chicago, University of Chicago Press, 1991).

◆ Sah, R. K., and Stiglitz, J. E. The architecture of economic systems: Hierarchies and Polyarchies. *American Economic Review*, 76（4), 716-727（1986).

第三の方法

セーブルと私が共同研究を始めた頃に彼が問題をどの程度理解していたかは，以下の論文を読めばわかる．

● Helper, S., MacDuffie, J. P., and Sabel, C. F. Pragmatic collaborations: Advancing knowledge while controlling opportunism. *Industrial and Corporate Change*, 9（3), 443-488（2000).

● Sabel, C. F. Diversity, not specialization: The ties that bind the（new）industrial district. In Quadrio Curzio, A., and Fortis, M.（eds), *Complexity and Industrial Clusters: Dynamics and Models in Theory and Practice*（Physica-Verlag, Heidelberg, 2002).

曖昧さに対処する

曖昧な環境において企業が直面する難問と，彼らが適応できると同時に適応性を備えている必要があることの最も明晰な解説はデイヴィッド・スタークによる「ヘテラルキー」研究だろう．

● Stark, D. C. Recombinant property in East European capitalism. *American Journal of Sociology*, 101（4), 993-1027（1996)

● Stark, D. C. Heterarchy: Distributing authority and organizing di-

versity. In Clippinger, J. H. (ed.), *The Biology of Business: Decoding the Natural Laws of the Enterprise* (Jossey-Bass, San Francisco, 1999), chapter 7.

● Stark, D. C., and Bruszt, L. *Postsocialist Pathways: Transforming Politics and Property in East Central Europe* (Cambridge University Press, Cambridge, 1998).

マルチスケール・ネットワーク

チームを基礎としたマルチスケールのコア＝周辺構造ネットワークの特性は以下に概説されている．

◆ Dodds, P. S., Watts, D. J., and Sabel, C. F. The structure of optimal redistribution networks. Institute for Social and Economic Research and Policy Working Paper, Columbia University (2002).

第10章　始まりの終わり

複合システムの例としてニューヨーク市（より正確にはマンハッタン区）を挙げるのは，ジョン・ホランドの著書の冒頭にインスパイアされたものである．

● Holland, J. H. *Hidden Order: How Adaptation Builds Complexity* (Perseus, Cambridge, MA, 1996).

9.11 同時多発テロ

9.11 の世界貿易センタービルへの攻撃，そしてビル倒壊後におこなわれた果てしない復旧活動については以下の文献に詳しく書かれている．

● Langewiesche, W. *American Ground: Unbuilding the World Trade Center* (North Point Press, New York, 2002).

警察当局のコミュニケーションが危機的状況だったという情報は以下より引用した．

● Rashbaum, W. K. Police officers swiftly show inventiveness during crisis. *New York Times*, September 17, 2001, p. A7.

カンター・フィッツジェラルドについての話は，生き残った一人の従業員――マーケティング・コミュニケーション部門の重役――によるものであり，2001 年 12 月 5 日にコロンビア大学にて行われたビジネスリーダー達による円卓会議にて話された．この会議はデイヴィッド・スター

ク，ジョン・ケリー両氏主催，スーザン・ギッテルソン博士後援によるもので，スタークはコロンビア大学組織イノベーションセンター長，ケリーはコーネル大学インタラクティブデザイン研究所長である．

ポール・クルーグマンによる，すでに傾きかけた経済状況下における9.11同時多発テロによる経済の成り行きについての考察の記事は以下．

● Krugman, P. Fear itself. *New York Times Magazine*, September 30, 2001, p. 36.

結合の時代への教訓

1997年のアジア危機についての魅力的で洞察に満ちた記事．

● Friedman, T. L. *The Lexus and the Olive Tree: Understanding Globalization* (Farrar, Straus and Giroux, New York, 1999).〔トーマス・フリードマン（東江一紀・服部清美訳）『レクサスとオリーブの木：グローバリゼーションの正体』，草思社，2000.〕

そして最後に，1998年秋のロングターム・キャピタル・マネジメントを取り巻いた問題についての簡潔だが明解な記事．

● MacKenzie, D. Fear in the markets. *London Review of Books*, 22 (8), 31-32 (2000).

第11章　世界はより狭く——結合の時代のもう一年

■ Dodds, P. S., Muhanmad, R., and Watts, D. J. An experimental study of search in global social networks. *Science*, 301, 827-829 (2003).

◆ Dodds, P. S., Watts, D. J., and Sabel, C. F. Information exchange and the robustness of organizational networks. *Proceedings of the National Academy of Sciences*, 100, 12516-12521 (2003).

◆◆ Kempe, D., Kleinberg, J., and Tardos, E. Maximizing the spread of influence through a social network. *Proceedings of the 9th ACM SIGKDD International Conference on Knowledge Discovery and Data Mining* (2003).

◆◆ Newman, M. E. J. The structure and function of complex networks. *SIAM Review*, 45, 167-256 (2003).

参考文献

Adamic L. A. The small world web. In *Lecture Notes in Computer Science*, 1696, *Proceedings of the European Conference on Digital Libraries* (*ECDL*) *'99 Conference* (Springer, Berlin, 1999), pp. 443-454.

Adamic, L. A., and Huberman, B. A. Power-law distribution of the World Wide Web. *Science*, 287, 2115a (2000).

Adamic, L. A., Lukose, R. M., Puniyani, A. R., and Huberman, B. A. Search in power-law networks. *Physical Review E*, 64, 046135 (2001).

Aguirre, B. E., Quarantelli, E. L., and Mendoza, J. L. The collective behavior of fads: The characteristics, effects, and career of streaking. *American Sociological Review*, 53, 569-584 (1988).

Aho, A. V., Hopcroft, J. E., and Ullman, J. D. *Data Structures and Algorithms* (Addison-Wesley, Reading, MA, 1983).〔A. V. エイホ, J. E. ホップクロフト, J. D. ウルマン(大野義夫訳)『データ構造とアルゴリズム』, 培風館, 1987.〕

Ahuja, R. K., Magnanti, T. L., and Orlin, J. B. *Network Flows: Theory, Algorithms, and Applications* (Prentice-Hall, Englewood Cliffs, NJ, 1993).

Aiello, W., Chung, F., and Lu, L. A random graph model for massive graphs. In *Proceedings of the 32nd Annual ACM Symposium on the Theory of Computing* (Association for Computing Machinery, New York, 2000), pp. 171-180.

Albert, R., and Barabási, A L. Statistical mechanics of complex networks. *Review of Modern Physics*, 74, 47-97 (2002).

Albert, R., Jeong, H., and Barabási, A. L. Attack and error tolerance of complex networks. *Nature*, 406, 378-382 (2000).

Alon, N., and Spencer, J. H. *The Probabilistic Method* (Wiley-Interscience, New York, 1992).

Amaral, L. A. N., Scala, A., Barthelemy, M., and Stanley, H. E. Classes

of behavior of small-world networks. *Proceedings of the National Academy of Sciences*, 97, 11149–11152 (2000).

Anderson, P. W. More is different. *Science*, 177, 393–396 (1972).

Anderson, R M., and May, R. M. *Infectious Diseases of Humans* (Oxford University Press, Oxford, 1991).

Arthur, W. B. Competing technologies, increasing returns, and lock-in by historical events. *Economic Journal*, 99 (394), 116–131 (1989).

Arthur, W. B., and Lane, D. A. Information contagion. *Structural Change and Economic Dynamics*, 4 (1), 81–103 (1993).

Asavathiratham, C. *The Influence Model: A Tractable Representation for the Dynamics of Networked Markov Chains*. Ph. D. Dissertation, Department of Electrical Engineering and Computer Science, MIT (MIT, Cambridge, MA, 2000).

Asch, S. E. Effects of group pressure upon the modification and distortion of judgments. In Cartwright, D., and Zander, A. (eds.), *Group Dynamics: Research and Theory* (Row, Peterson, Evanston, IL, 1953), pp. 151–162.

Asimov, I. *The Caves of Steel* (Doubleday, Garden City, NY, 1954).〔アイザック・アシモフ（福島正実訳）『鋼鉄都市』，ハヤカワ文庫，1979.〕

——. *The Naked Sun* (Doubleday, Garden City, NY, 1957).〔アイザック・アシモフ（小尾芙佐訳）『はだかの太陽（新訳版）』，ハヤカワ文庫，2015.〕

Axelrod, R. *The Evolution of Cooperation* (Basic Books, New York, 1984).〔R. アクセルロッド（松田裕之訳）『つきあい方の科学：バクテリアから国際関係まで』，ミネルヴァ書房，1998.〕

Axelrod, R., and Dion, D. The further evolution of cooperation. *Science*, 242, 1385–1390 (1988).

Bailey, N. T. J. *The Mathematical Theory of Infectious Diseases and Its Applications* (Hafner Press, New York, 1975).

Ball, F., Mollison, D., and Scalia-Tomba, G. Epidemics with two levels of mixing. *Annals of Applied Probability*, 7 (1), 46–.89 (1997).

Banerjee, A. V. A simple model of herd behavior. *Quarterly Journal of Economics*, 107, 797–817 (1992).

Barabási, A., and Albert, R Emergence of scaling in random networks. *Science*, 286, 509–512 (1999).

Barabási, A. L. *Linked: The New Science of Networks* (Perseus Press, Cambridge, MA, 2002).〔アルバート＝ラズロ・バラバシ（青木薫訳）『新ネットワーク思考：世界のしくみを読み解く』, NHK出版, 2002.〕

Barabási, A L., Albert, R., Jeong, H., and Bianconi, G. Power-law distribution of the World Wide Web. *Science*, 287, 2115b (2000).

Barthelemy, M., and Amaral, L. A. N. Small-world networks: Evidence for a crossover picture. *Physical Review Letters*, 82, 3180–3183 (1999).

Bartholomew, D. J. *Stochastic Models for Social Processes* (Wiley, New York, 1967).

Batagelj, V., and Mrvar, A.. Some analyses of Erdős collaboration graph. *Social Networks*, 22 (2), 173–186 (2000).

Bernard, H. R., Killworth, P. D., Evans, M. J., McCarty, C., and Shelly, G. A. Studying social relations cross-culturally. *Ethnology*, 27 (2), 155–179 (1988).

Bikhchandani, S., Hirshleifer, D., and Welch, I. A theory of fads, fashion, custom and cultural change as informational cascades. *Journal of Political Economy*, 100 (5), 992–1026 (1992).

Bollobás, B. *Random Graphs*, 2nd ed. (Academic, New York, 2001).

Bolton, P., and Dewatripont, M. The firm as a communication network. *Quarterly Journal of Economics*, 109 (4), 809–839 (1994).

Boorman, S. A., and Levitt, P. R. *The Genetics of Altruism* (Academic Press, New York, 1980).

Boorman, S. A., and White, H. C. Social structure from multiple networks. II. Role structures. *American Journal of Sociology*, 81 (6), 1384–1446 (1976).

Boots, M., and A. Sasaki. "Small worlds" and the evolution of virulence: Infection occurs locally and at a distance. *Proceedings of the Royal Society of London, Series B*, 266, 1933–1938 (1999).

Boyd, R. S., and Richerson, P. J. The evolution of reciprocity in sizable groups. *Journal of Theoretical Biology*, 132, 337–356 (1988).

Breiger, R. L. The duality of persons and groups. *Social Forces*, 53, 181–190 (1974).

Brin, S., and Page, L. The anatomy of a large-scale hypertextual web search engine. *Computer Networks*, 30, 107–117 (1998).

Burt, R. S. *Structural Holes: The Social Structure of Competition* (Harvard University Press, Cambridge, MA, 1992).〔ロナルド・S. バート（安田雪訳）『競争の社会的構造：構造的空隙の理論』，新曜社，2006.〕

Callaway, D. S., Newman, M. E. J., Strogatz, S. H., and Watts, D. J. Network robustness and fragility: Percolation on random graphs. *Physical Review Letters*, 85, 5468–5471 (2000).

Carlson, J. M., and Doyle, J. Highly optimized tolerance: A mechanism for power laws in designed systems. *Physical Review E*, 60 (2), 1412–1427 (1999).

Casti, J. L. *Reality Rules* I & II: *Picturing the World in Mathematics: The Fundamentals, the Frontier* (Wiley-Interscience, New York, 1997).

Chancellor, E. *Devil Take the Hindmost: A History of Financial Speculation* (Farrar, Straus and Giroux, New York, 1999).〔エドワード・チャンセラー（山岡洋一訳）『バブルの歴史：チューリップ恐慌からインターネット投機へ』，日経 BP 社，2000.〕

Chandler, A D. *The Visible Hand: The Managerial Revolution in American Business* (Belknap Press of Harvard University Press, Cambridge, MA, 1977).〔アルフレッド・D. チャンドラー Jr.（鳥羽欽一郎・小林袈裟治訳）『経営者の時代：アメリカ産業における近代企業の成立』，東洋経済新報社，1979.〕

Clippinger, J. (ed.) *The Biology of Business: Decoding the Natural Laws of the Enterprise* (Jossey-Bass, San Francisco, 1999).

Coase, R. The nature of the firm. *Economica*, n.s., 4 (November 1937).

——. *The Nature of the Firm* (Oxford University Press, Oxford 1991).

Cohen, R. Who really brought down Milosevic? *New York Times Magazine*, November 26, 2000, p. 43.

Cohen, R, Erez, K., ben-Avraham, D., and Havlin, S. Resilience of the Internet to random breakdowns. *Physical Review Letters*, 85, 4626–

4628 (2000).
——. Breakdown of the Internet under intentional attack. *Physical Review Letters*, 86, 3682–3685 (2001).
Coleman, J. S., Katz, E., and Menzel, H. The diffusion of an innovation among physicians. *Sociometry*, 20, 253–270 (1957).
Davis, J. A. Structural balance, mechanical solidarity, and interpersonal relations. *American Journal of Sociology*, 68 (4), 444–462 (1963).
Davis, G. F. The significance of board interlocks for corporate governance. *Corporate Governance*, 4 (3), 154–159 (1996).
Davis, G. F., and Greve, H. R Corporate elite networks and governance changes in the 1980s. *American Journal of Sociology*, 103 (1), 1–37 (1997).
Davis, G. F., Yoo, M., and Baker, W. E. *The small world of corporate elite* (working paper, University of Michigan Business School, 2002).
Degenne, A., and Forse, M. *Introducing Social Networks* (Sage, London, 1999).
De Vany, A., and Lee, C. Quality signals in information cascades and the dynamics of motion picture box office revenues: A computational model. *Journal of Economic Dynamics and Control*, 25, 593–614 (2001).
De Vany, A. S., and Walls, W. D. Bose-Einstein dynamics and adaptive contracting in the motion picture industry. *Economic Journal*, 106, 1493–1514 (1996).
Dodds, P. S., Watts, D. J., and Sabel, C. F. The structure of optimal redistribution networks. Institute for Social and Economic Research and Policy Working Paper, Columbia University, (2002).
Durlauf, S. N. A framework for the study of individual behavior and social interactions. *Sociological Methodology*, 31, 47–87 (2001).
Ebel, H., Mielsch, L. I., and Bornholdt, S. Scale-free topology of e-mail networks. Preprint cond-matl02014 76. (2002). Available on-line at http://xxx.lanl.gov/abs/cond-matl0201476.
Economides, N. The economics of networks. *International Journal of Industrial Organization*, 16 (4), 673–699 (1996).
Emirbayer, M., and Mische, A. What is agency? *American Journal of*

Sociology, 103 (4), 962–1023 (1998).

Erdős, P., and Renyi, A. On random graphs. *Publicationes Mathematicae*, 6, 290–297 (1959).

——. On the evolution of random graphs. *Publications of the Mathematical Institute of the Hungarian Academy of Sciences*, 5, 17–61 (1960).

——. On the strength and connectedness of a random graph. *Acta Mathematica Scientia Hungary*, 12, 261–267 (1961).

Faloutsos, M., Faloutsos, P., and Faloutsos, C. On power-law relationships of the Internet topology. *Computer Communication Review*, 29, 251–262 (1999).

Fama, E. F. Agency problems and the theory of the firm. *Journal of Political Economy*, 88, 288–307 (1980).

Farmer, J. D. Market force, ecology, and evolution. *Industrial and Corporate Change*, forthcoming (2002).

Farmer, J. D., and Joshi, S. The price dynamics of common trading strategies. *Journal of Economic Behavior and Organization*, 49 (2), 149–171 (2002).

Farmer, J. D., and Lo, A. Frontiers of finance: Evolution and efficient markets. *Proceedings of the National Academy of Sciences*, 96, 9991–9992 (1999).

Ferguson, N. M., Donnelly, C. A., and Anderson, R. M. The foot-and-mouth epidemic in Great Britain: Pattern of spread and impact of interventions. *Science*, 292, 1155–1160 (2001).

——. Transmission intensity and impact of control policies on the foot and mouth epidemic in Great Britain. *Nature*, 413, 542–548 (2001).

Ferreri Cancho, R, Janssen, C., and Solé, R. V. Topology of technology graphs: Small world patterns in electronic circuits. *Physical Review E*, 64, 046119 (2001).

Flake, G. W. *The Computational Beauty of Nature: Computer Explorations of Fractals, Chaos, Complex Systems, and Adaptation* (MIT Press, Cambridge, MA, 1998).

Freeman, L. C. A set of measures of centrality based on betweenness. *Sociometry*, 40, 35–41 (1977).

Friedman, T. L. *The Lexus and the Olive Tree: Understanding Global-*

ization (Farrar, Straus and Giroux, New York, 1999).〔トーマス・フリードマン（東江一紀・服部清美訳）『レクサスとオリーブの木：グローバリゼーションの正体』，草思社，2000.〕

Gell-Mann, M. *The Quark and the Jaguar: Adventures in the Simple and the Complex* (W. H. Freeman, New York, 1994).〔マレイ・ゲルマン（野本陽代訳）『クォークとジャガー：たゆみなく進化する複雑系』，草思社，1997.〕

Gibson, D., Kleinberg, J., and Raghavan, P. Inferring Web communities from link topology. In *Proceedings of the 9th ACM Conference on Hypertext and Hypermedia* (Association for Computing Machinery, New York, 1998), pp. 225–234.

Gladwell, M. *The Tipping Point: How Little Things Can Make a Big Difference* (Little, Brown, New York, 2000).〔マルコム・グラッドウェル（高橋啓訳）『急に売れ始めるにはワケがある：ネットワーク理論が明らかにする口コミの法則』，SB 文庫，2007.〕

Glaeser, E. L., Sacerdote, B., and Schheinkman, J. A. Crime and social interactions. *Quarterly Journal of Economics*, 111, 507–548 (1996).

Glance, N. S., and Huberman, B. A. The outbreak of cooperation. *Journal of Mathematical Sociology*, 17 (4), 281–302 (1993).

——. The dynamics of social dilemmas. *Scientific American*, 270 (3), 76–81 (1994).

Glover, P. Grassroots economics. *In Context*, 41, 30 (1995).

Granovetter, M. Threshold models of collective behavior. *American Journal of Sociology*, 83 (6), 1420–1443 (1978).

Granovetter, M. S. The strength of weak ties. The *American Journal of Sociology*, 78, 1360–1380 (1973).

Grossman, J. W., and Ion, P. D. F. On a portion of the well-known collaboration graph. *Congressus Numerantium*, 108, 129–131 (1995).

Guare, J. *Six Degrees of Separation: A Play* (Vintage Books, New York, 1990).

Harary, F. Graph theoretic methods in the management sciences. *Management Science*, 387–403 (1959).

Harden, B. Dr. Matthew's passion. *New York Times Magazine*, February 18, 2001, pp. 24–62.

——. Coming to grips with the enduring appeal of body piercing. *New York Times*, February 12, 2002, p. A16.

Hardin, G. The tragedy of the commons. *Science*, 162, 1243-1248 (1968).

Hart, O. *Firms, Contracts, and Financial Structure* (Oxford University Press, New York, 1995).〔オリバー・ハート(鳥居昭夫訳)『企業 契約 金融構造』, 慶應義塾大学出版会, 2010.〕

Hauer, J. F., and Dagle, J. E. *White Paper on Review of Recent Reliability Issues and System Events*. Prepared for U.S. Department of Energy. (1999). Available on-line at http://www.eren.doe.gov/der/transmission/pdfs/reliability/events.pdf.

Helper, S., MacDuffie, J. P., and Sabel, C. F. Pragmatic collaborations: Advancing knowledge while controlling opportunism. Induistrial and *Corporate Change*, 9, 3 (2000).

Hess, G. Disease in metapopulation models: Implications for conservation. *Ecology*, 77, 1617-1632 (1996).

Holland, J. H. *Hidden Order: How Adaptation Builds Complexity* (Perseus, Cambridge, MA, 1996).

Holland, P. W., and Leinhardt, S. An exponential family of probability distributions for directed graphs. *Journal of the American Statistical Association*, 76, 33-65 (1981).

Huberman, B. A., and Lukose, R. M. Social dilemmas and internet congestion. *Science*, 277, 535-537 (1997).

Ijiri, Y., and Simon, H. A. *Skew Distributions and the Sizes of Business Firms* (Elsevier/North-Holland, New York, 1977).

Jin, E. M., Girvan, M., and Newman, M. E. J. The structure of growing networks. *Physical Review E*, 64, 046132 (2001).

Kareiva, P. Population dynamics in spatially complex environments: Theory and data. *Philosophical Transactions of the Royal Society of London, Series B*, 330, 175-190 (1990).

Keeling, M. J. The effects of local spatial structure on epidemiological invasions. *Proceedings of the Royal Society of London, Series B*, 266, 859-867 (1999).

Keeling, M. J., Woolhouse, M. E. J., Shaw, D. J., Matthews, L., Chase-

Topping, M., Haydon, D. T., Cornell, S. J., Kappey, J., Wilesmith, J., and Grenfell, B. T. Dynamics of the 2001 UK foot and mouth epidemic: Stochastic dispersal in a heterogeneous landscape. *Science*, 294, 813-817 (2001).

Kephart, J. O., Sorkin, G. B., Chess, D. M., and White, S. R. Fighting computer viruses. *Scientific American*, 277 (5), 56-61 (1997).

Kephart, J. O., White, S. R., and Chess, D. M. Computer viruses and epidemiology. *IEEE Spectrum*, 30 (5), 20-26 (1993).

Kermack, W. O., and McKendrick, A G. A contribution to the mathematical theory of epidemics. *Proceedings of the Royal Society of London, Series A*, 115, 700-721 (1927).

——. Contributions to the mathematical theory of epidemics. II. The problem of endemicity. *Proceedings of the Royal Society of London, Series A*, 138, 55-83 (1932).

——. Contributions to the mathematical theory of epidemics. III. Further studies of the problem of endemicity. *Proceedings of the Royal Society of London, Series A*, 141, 94-122 (1933).

Killworth, P. D., and Bernard, H. R. The reverse small world experiment. *Social Networks*, 1, 159-192 (1978).

Kim, B. J., Yoon, C. N., Han, S. K., and Jeong, H. Path finding strategies in scale-free networks. *Physical Review E*, 65, 027103 (2002).

Kim, H., and Bearman, P. The structure and dynamics of movement participation. *American Sociological Review*, 62 (1), 70-94 (1997).

Kindleberger, C. P. *Manias, Panics, and Crashes: A History of Financial Crises*, 4th ed. (Wiley, New York, 2000). 〔C. P. キンドルバーガー, R. Z. アリバー（高遠裕子訳）『熱狂, 恐慌, 崩壊：金融危機の歴史』, 日本経済新聞出版社, 2014（原著第6版からの翻訳). 〕

Kleinberg, J. Authoritative sources in a hyperlinked environment. *Journal of the ACM*, 46, 604-632 (1999).

——. The small-world phenomenon: An algorithmic perspective. In *Proceedings of the 32nd Annual ACM Symposium on Theory of Computing* (Association of Computing Machinery, New York, 2000), pp. 163-170.

——. Navigation in a small world. *Nature*, 406, 845 (2000).

——. Small-world phenomena and the dynamics of information. In Dieterich, T. G., Becker, S., and Ghahramani, Z. (eds.), *Advances in Neural Information Processing Systems* (*NIPS*), 14 (MIT Press, Cambridge, MA, 2002).

Kleinberg, J., and Lawrence, S. The structure of the web. *Science*, 294, 1849 (2001).

Kleinfeld, J. S. The small world problem. *Society*, 39 (2), 61-66 (2002).

Knight, F. H. *Risk, Uncertainty, and Profit* (London School of Economics and Political Science, London, 1933).〔F. H. ナイト（奥隅栄喜訳）『危険・不確実性および利潤』, 文雅堂書店, 1959.〕

Kochen, M. (ed.). *The Small World* (Ablex, Norwood, NJ, 1989).

Kogut, B., and Walker G. The small world of Germany and the durability of national networks. *American Sociological Review*, 66 (3), 317-335 (2001).

Korte, C., and Milgram, S. Acquaintance networks between racial groups-application of the small world method. *Journal of Personality and Social Psychology*, 15 (2), 101 (1970).

Kosterev, D. N., Taylor, C. W., and Mittelstadt, W. A. Model validation for the August 10, 1996 WSCC system outage. *IEEE Transactions on Power Systems*, 14 (3), 967-979 (1999).

Kretschmar, M., and Morris, M. Measures of concurrency in networks and the spread of infectious disease. *Mathematical Biosciences*, 133, 165-195 (1996).

Krugman, P. Fear itself. *New York Times Magazine*, September 30, 2001, p. 36.

Kuperman, M., and Abramson, G. Small world effect in an epidemiological model. *Physical Review Letters*, 86, 2909-2912 (2001).

Langewiesche, W. *American Ground: Unbuilding the World Trade Center* (North Point Press, New York, 2002).

Lawrence, S., and Giles, C. L. Accessibility of information on the web. *Nature*, 400, 107-109 (1999).

Liljeros, F., Edling, C. R., Amaral, L. A. N., Stanley, H. E., and Aberg, Y. The web of human sexual contacts. *Nature*, 411, 907-908 (2001).

Lohmann, S. The dynamics of informational cascades: The Monday

demonstrations in Leipzig, East Germany, 1989-91. *World Politics*, 47, 42-101 (1994).

Longini, I. M., Jr. A mathematical model for predicting the geographic spread of new infectious agents. *Mathematical Biosciences*, 90, 367-383 (1988).

Lorrain, F., and White, H. C. Structural equivalence of individuals in social networks. *Journal of Mathematical Sociology*, 1, 49-80 (1971).

Lyall, S. Return to sender, please. *New York Times*, December 24, 2000, *Week in Review*, p. 2.

Lynch, N. A. *Distributed Algorithms* (Morgan Kauffman, San Francisco, 1997).

MacDuffie, J. P. The road to "root cause": Shop-floor problem-solving at three auto assembly plants. *Management Science*, 43, 4 (1997).

MacKenzie, D. Fear in the markets. *London Review of Books*, 22 (8), 31-32 (2000).

Mackay, C. *Extraordinary Popular Delusions and the Madness of Crowds* (Harmony Books, New York, 1980).〔チャールズ・マッケイ（塩野未佳・宮口尚子訳）『狂気とバブル：なぜ人は集団になると愚行に走るのか』，パンローリング，2004.〕

Mannville, B. Complex adaptive knowledge management: A case study from McKinsey and Company. In Clippinger, J. H. (ed.), *The Biology of Business: Decoding the Natural Laws of the Enterprise* (Jossey-Bass, San Francisco, 1999), chapter 5.

March, J. G., and Simon, H. A. *Organizations* (Blackwell, Oxford, 1993).〔ジェームズ・G. マーチ，ハーバート・A. サイモン（高橋伸夫訳）『オーガニゼーションズ第二版：現代組織論の原典』，ダイヤモンド社，2014.〕

Merton, R. K. The Matthew effect in science. *Science*, 159, 56-63 (1968).

Milgram, S. The small world problem. *Psychology Today*, 2, 60-67 (1967).

——. *Obedience to Authority: An Experimental View* (Harper & Row, New York, 1974).〔スタンレー・ミルグラム（山形浩生訳）『服従の心理』，河出文庫，2012.〕

——. *The Individual in a Social World: Essays and Experiments*, 2nd ed.（McGraw-Hill, New York, 1992）.

Milgrom, P., and Roberts, J. The economics of modern manufacturing: Technology, strategy, and organization. *American Economic Review*, 80（3）, 511-528（1990）.

Mizruchi, M. S., and Potts, B. B. Centrality and power revisited: actor success in group decision making. *Social Networks*, 20, 353-387（1998）.

Molloy, M., and Reed, B. A critical point for random graphs with a given degree sequence. *Random Structures and Algorithms*, 6, 161-179（1995）.

——. The size of the giant component of a random graph with a given degree sequence. *Combinatorics, Probability, and Computing*, 7, 295-305（1998）.

Monasson, R. Diffusion, localization and dispersion relations on 'small-world' lattices. *European Physical Journal B*, 12（4）, 555-567（1999）.

Moore, C., and Newman, M. E. J. Epidemics and percolation in small-world networks. *Physical Review E*, 61, 5678-5682（2000）.

——. Exact solution of site and bond percolation on small-world networks. *Physical Review E*, 62, 7059-7064（2000）.

Moore, G. A. *Crossing the Chasm: Marketing and Selling High-Tech Products to Mainstream Customers*（Harper Business, New York, 1999）.〔ジェフリー・ムーア（川又政治訳）『キャズム Ver. 2 増補改訂版：新商品をブレイクさせる「超」マーケティング理論』, 翔泳社, 2014.〕

Morris, S. N. Contagion. *Review of Economic Studies*, 67, 57-78（2000）.

Morse, M. Dollars or sense. *Utne Reader*, 99（September-October 1999）.

Murray, J. D. *Mathematical Biology*, 2nd ed.（Springer, Heidelberg, 1993）.〔ジェームズ・D. マレー（勝瀬一登ほか訳）『マレー数理生物学入門』, 丸善出版, 2014.〕

Nadel, F. S. *Theory of Social Structure*（Free Press, Glencoe, IL, 1957）.〔S. F. ネーデル（斎藤吉雄訳）『社会構造の理論：役割理論の展開』, 恒星社厚生閣, 1978.〕

Nagurney, A. *Network Economics: A Variational Inequality Approach* (Kluwer Academic, Boston, 1993).

Nelson, R. R., and Winter, S. G. *An Evolutionary Theory of Economic Change* (Belknap Press of Harvard University Press, Cambridge, MA, 1982).〔リチャード・R. ネルソン，シドニー・G. ウィンター（後藤晃・角南篤・田中辰雄訳）『経済変動の進化理論』，慶應義塾大学出版会，2007.〕

Newman, M. E. J. Models of the small world. *Journal of Statistical Physics*, 101, 819–841 (2000).

——. The structure of scientific collaboration networks. *Proceedings of the National Academy of Sciences*, 98, 404–409 (2001).

——. Scientific collaboration networks: I. Network construction and fundamental results. *Physical Review E*, 64 016131 (2001).

——. Scientific collaboration networks: II. Shortest paths, weighted networks, and centrality. *Physical Review E*, 64, 016132 (2001).

Newman, M. E. J., Barabási, A.-L., and Watts, D. J. *The Structure and Dynamics of Networks* (Princeton University Press, Princeton, 2003).

Newman, M. E. J., and Barkema, G. T. *Monte Carlo Methods for Statistical Physics* (Clarendon Press, Oxford, 1999).

Newman, M. E. J., Moore, C., and Watts, D. J. Mean-field solution of the small-world network model. *Physical Review Letters*, 84, 3201–3204 (2000).

Newman, M. E. J., Strogatz, S. H., and Watts, D. J. Random graphs with arbitrary degree distributions and their applications. *Physical Review E*, 64, 026118 (2001).

Newman, M. E. J., and Watts, D. J. Scaling and percolation in the small-world network model. *Physical Review E*, 60, 7332–7342 (1999).

——. Renormalization group analysis of the small-world network model. *Physics Letters A*, 263, 341–346 (1999).

Newman, M. E. J., Watts, D. J., and Strogatz, S. H. Random graph models of social networks. *Proceedings of the National Academy of Sciences*, 99, 2566–2572 (2002).

Nishiguchi, T., and Beaudet, A. Fractal design: Self-organizing links in supply chain management. In Von Krogh, G., Nonaka, I., and Nishigu-

chi, T. (eds.) *Knowledge Creation A Source of Value* (Macmillan, London, 2000).

Noelle-Neumann, E. Turbulences in: the climate of opinion: Methodological applications of the spiral of silence theory. *Public Opinion Quarterly*, 41 (2), 143-158 (1977).

Nowak, M. A., and May, R. M. Evolutionary games and spatial chaos. *Nature*, 359, 826-829 (1992).

Olson, M. *The Logic of Collective Action: Public Goods and the Theory of Groups* (Harvard University Press, Cambridge, MA, 1965). 〔マンサー・オルソン（依田博・森脇俊雅訳）『集合行為論：公共財と集団理論』，ミネルヴァ書房，1996.〕

Ostrom, E., Burger, J., Field, C. B., Norgaard, R. B., and Policansky, D. Revisiting the commons: Local lessons, global challenges. *Science*, 284, 278-282 (1999).

Palmer, R. Broken ergodicity. In Stein, D. L. (ed.), *Lectures in the Sciences of Complexity*, vol. I, Santa Fe Institute Studies in the Sciences of Complexity (Addison-Wesley, Reading, MA, 1989), pp. 275-300.

Pastor-Satorras, R., and Vespignani, A. Epidemic spreading in scale-free networks. *Physical Review Letters*, 86, 3200-3203 (2001).

——. Epidemics and immunization in scale-free networks. In Bornholdt, S., and Schuster, H. G. (eds.), *Handbook of Graphs and Networks: From the Genome to the Internet* (Wiley-VCH, Berlin, 2002).

Pattison, P. *Algebraic Models for Social Networks* (Cambridge University Press, Cambridge, 1993).

Perrow, C. *Normal Accidents: Living with High-Risk Technologies* (Basic Books, New York, 1984).

Piore, M. J., and Sabel, C. F. *The Second Industrial Divide: Possibilities for Prosperity* (Basic Books, New York, 1984). 〔マイケル・J. ピオリ，チャールズ・F. セーブル（山之内靖・永易浩一・石田あつみ訳）『第二の産業分水嶺』，ちくま学芸文庫，2016.〕

Pool, I. de Sola, and Kochen M. Contacts and influence. *Social Networks*, 1 (r), 1-51 (1978).

Powell, W., and DiMaggio, P. (eds.). *The New Institutionalism in Organizational Analysis* (Chicago, University of Chicago Press, 1991).

Preston, R. *The Hot Zone* (Random House, New York, 1994).〔リチャード・プレストン(高見浩訳)『ホットゾーン』,飛鳥新社,2014.〕

Price, D. J. de Solla. Networks of scientific papers. *Science*, 149, 510-515 (1965).

——. A general theory of bibliometrics and other cumulative advantage processes. *Journal of the American Society for Information Science*, 27, 292-306 (1976).

Radner, R. The organization of decentralized information processing. *Econometrica*, 61 (5), 1109-1146 (1993).

——. Bounded rationality, indeterminacy, and the theory of the firm. *Economic Journal*, 106, 1360-1373 (1996).

Rapoport, A. A contribution to the theory of random and biased nets. *Bulletin of Mathematical Biophysics*, 19, 257-271 (1957).

——. Mathematical models of social interaction. In Luce, R. D., Bush, R. R., and Galanter, E. (eds.), *Handbook of Mathematical Psychology*, Vol. 2 (Wiley, New York, 1963), pp. 493-579.

——. *Certainties and Doubts: A Philosophy of Life* (Black Rose Press, Montreal, 2000).

Rashbaum, W. K. Police officers swiftly show inventiveness during crisis. *New York Times*, September 17, 2001, p. A7.

Redner, S. How popular is your paper? An empirical study of the citation distribution. *Europhysics Journal B*, 4, 131-134 (1998).

Ritter, J. P. Why Gnutella can't scale. No, really (working paper, available on-line http://www.darkridge.com/~jpr5/doc/gnutella.html, 2000).

Rogers, E. *The Diffusion of Innovations*, 4th ed. (Free Press, New York, 1995).〔エベレット・ロジャーズ(三藤利雄訳)『イノベーションの普及』,翔泳社,2007.〕

Romer, P. Increasing returns and long-run growth. *Journal of Political Economy*, 94 (5), 1002-1034 (1986).

Sabel, C. F. Diversity, not specialization: The ties that bind the (new) industrial district. In Quadrio Curzio, A, and Fortis, M. (eds.), *Complexity and Industrial Clusters: Dynamics and Models in Theory and Practice* (Physica-Verlag, Heidelberg, 2002).

Sachtjen, M. L., Carreras, B. A., and Lynch, V. E. Disturbances in a power transmission system. *Physical Review E*, 61 (5), 4877–4882 (2000).

Sah, R. K., and Stiglitz, J. E. The architecture of economic systems: Hierarchies and polyarchies. *American Economic Review*, 76 (4), 716–727 (1986).

Sattenspiel, L., and Simon, C. P. The spread and persistence of infectious diseases in structured populations. *Mathematical Biosciences*, 90, 341–366 (1988).

Schelling, T. C. A study of binary choices with externalities. *Journal of Conflict Resolution*, 17 (3), 381–428 (1973).

——. *Micromotives and Macrobehavior* (Norton, New York, 1978).

Scott, A. *Social Network Analysis*, 2nd ed. (Sage, London, 2000).

Shiller, R. J. *Irrational Exuberance* (Princeton University Press, Princeton, NJ, 2000).〔ロバート・J. シラー（植草一秀監訳）『投機バブル 根拠なき熱狂：アメリカ株式市場，暴落の必然』，ダイヤモンド社，2001.〕

Simon, H. A.. On a class of skew distribution functions. *Biometrika*, 42, 425–440 (1955).

Simon, H. A, Egidi, M., and Marris, R. L. *Economics, Bounded Rationality and the Cognitive Revolution* (Edward Elgar, Brookfield, VT, 1992).

Smith, A. *The Wealth of Nations* (University of Chicago Press, Chicago, 1976).〔アダム・スミス（山岡洋一訳）『国富論：国の豊かさの本質と原因についての研究（上・下）』，日本経済新聞出版社，2007.〕

Solomonoff, R., and Rapoport, A. Connectivity of random nets. *Bulletin of Mathematical Biophysics*, 13, 107–117 (1951).

Sornette, D. *Critical Phenomena in Natural Sciences* (Springer, Berlin, 2000).

Sporns, O., Tononi, G., and Edelman, G. M. Theoretical neuroanatomy: Relating anatomical and functional connectivity in graphs and cortical connection matrices. *Cerebral Cortex*, 10, 127–141 (2000).

Stanley, H. E. *Introduction to Phase Transitions and Critical Phenomena* (Oxford University Press, Oxford, 1971).〔H. E. スタンリー（松

野孝一郎訳）『相転移と臨界現象』，東京図書，1987.〕
Stark, D. C. Recombinant property in East European capitalism. *American Journal of Sociology*, 101（4）, 993-1027（1996）.
----. Heterarchy: Distributing authority and organizing diversity. In Clippinger, J. H.（ed.）, *The Biology of Business: Decoding the Natural Laws of the Enterprise*（Jossey-Bass, San Francisco, 1999）, chapter 7.
Stark, D. C., and Bruszt, L. *Postsocialist Pathways: Transforming Politics and. Property in East Central Europe*（Cambridge University Press, Cambridge, 1998）.
Stauffer, D., and Aharony, A. *Introduction to Percolation Theory*（Taylor and Francis, London, 1992）.〔D. スタウファー，A. アハロニー（小田垣孝訳）『パーコレーションの基本原理』，吉岡書店，2001.〕
Stein, D. L. Disordered systems: Mostly spin systems. In Stein, D. L.（ed.）, *Lectures in the Sciences of Complexity*, vol. I, Santa Fe Institute Studies in the Sciences of Complexity（Addison-Wesley, Reading, MA, 1989）, pp. 301-354.
Strogatz, S. H. *Nonlinear Dynamics and Chaos: With Applications to Physics, Biology, Chemistry, and Engineering*（Addison-Wesley, Reading, MA, 1994）.〔Steven H. Strogatz（田中久陽・中尾裕也・千葉逸人訳）『非線形ダイナミクスとカオス：数学的基礎から物理・生物・化学・工学への応用まで』，丸善出版，2015.〕
——. Norbert Wiener's brain waves. In Levin, S. A.（ed.）, *Frontiers in Mathematical Biology, Lecture Notes in Biomathematics, 100*（Springer, New York, 1994）, pp. 122-138.
——. Exploring complex networks. *Nature*, 410, 268-276（2001）.
——. *Sync: The Emerging Science of Spontaneous Order*（Hyperion, Los Angeles, 2003）.〔スティーヴン・ストロガッツ（蔵本由紀監修）『SYNC：なぜ自然はシンクロしたがるのか』，ハヤカワ文庫，2014.〕
Strogatz, S. H., and Stewart, I. Coupled oscillators and biological synchronization. *Scientific American*, 269（6）, 102-109（1993）.
Travers, J., and Milgram, S. An experimental study of the small world problem. *Sociometry*, 32（4）, 425-443（1969）.
Valente, T. W. *Network Models of the Diffusion of Innovations*（Hamp-

ton Press, Cresskill, NJ, 1995).
Van Zandt, T. Decentralized information processing in the theory of organizations. In Sertel, M. (ed.), *Contemporary Economic Issues, vol. 4: Economic Design and Behavior* (Macmillan, London, 1999), chapter 7.
Wagner, A., and Fell, D. The small world inside large metabolic networks. *Proceedings of the Royal Society of London, Series B*, 268, 1803–1810 (2001).
Waldrop, M. M. *Complexity: The Emerging Science at the Edge of Order and Chaos* (Touchstone, New York, 1992). 〔M.ミッチェル・ワールドロップ（田中三彦・遠山峻征訳）『複雑系：科学革命の震源地・サンタフェ研究所の天才たち』，新潮文庫，2000.〕
Walsh, T. Search in a small world. *Proceedings of the 16th International Joint Conference on Artificial Intelligence* (Morgan Kaufmann, San Francisco, 1999), pp. 1172–1177.
Ward, A., Liker, J. K., Cristiano, J. J., and Sobek, D. K. The second Toyota paradox: How delaying decisions can make better cars faster. *Sloan Management Review*, 36 (3), 43–51 (1995).
Wasserman, S., and Faust, K. *Social Network Analysis: Methods and Applications* (Cambridge University Press, Cambridge, 1994).
Watts, D. J. Networks, dynamics and the small-world phenomenon. *American Journal of Sociology*, 105 (2), 493–527 (1999).
——. *Small Worlds: The Dynamics of Networks between Order and Randomness* (Princeton University Press, Princeton, NJ, 1999). 〔ダンカン・ワッツ（栗原聡・佐藤進也・福田健介訳）『スモールワールド：ネットワークの構造とダイナミクス』，東京電機大学出版局，2006.〕
——. A simple model of global cascades on random networks. *Proceedings of the National Academy of Sciences*, 99, 5766–5771 (2002).
Watts, D. J., Dodds, P. S., and Newman, M. E. J. Identity and search in social networks. *Science*, 296, 1302–1305 (2002).
Watts, D. J., and Strogatz, S. H. Collective dynamics of 'small-world' networks. *Nature*, 393, 440–442 (1998).
West, D. B. *Introduction to Graph Theory* (Prentice-Hall, Upper Saddle

River, NJ, 1996).

White, H. C. What is the center of the small world? (paper presented at American Association for the Advancement of Science annual symposium, Washington, D. C., February 17-22, 2000).

White, H. C., Boorman, S. A., and Breiger, R. L. Social structure from multiple networks. I. Blockmodels of roles and positions. *American Journal of Sociology*, 81 (4), 730-780 (1976).

Wildavsky, B. Small world, isn't it? *U.S. News and World Report*, April 1, 2002, p. 68.

Williamson, O. E. *Markets and Hierarchies* (Free Press, New York, 1975).

—— Transaction cost economics and organization theory. In Smelser, N. J., and Swedberg, R. (eds.), *The Handbook of Economic Sociology* (Princeton University Press, Princeton, NJ, 1994), pp. 77-107.

Winfree, A. T.. Biological rhythms and the behavior of populations of coupled oscillators. *Journal of Theoretical Biology*, 16, 15-42 (1967).

——. *The Geometry of Biological Time* (Springer, Berlin, 1990).

WSCC Operations Committee. *Western Systems Coordinating·Council Disturbance Report*, August 10, 1996 (October 18, 1996). Available on-line at http://www.wscc.com/outages.htm

Zipf, G. K. *Human Behavior and the Principle of Least Effort* (Addison-Wesley, Cambridge, MA, 1949).

本書は二〇〇四年十月二十八日、阪急コミュニケーションズから刊行された。文庫化にあたり第11章、読書案内、参考文献、および索引を増補した。

ちくま学芸文庫

スモールワールド・ネットワーク〔増補改訂版〕
世界をつなぐ「6次」の科学

二〇一六年十月十日　第一刷発行
二〇二二年十二月十五日　第二刷発行

著　者　ダンカン・ワッツ
訳　者　辻　竜平（つじ・りゅうへい）
　　　　友知政樹（ともち・まさき）
発行者　喜入冬子
発行所　株式会社　筑摩書房
　　　　東京都台東区蔵前二―五―三　〒一一一―八七五五
　　　　電話番号　〇三―五六八七―二六〇一（代表）
装幀者　安野光雅
印刷所　株式会社精興社
製本所　株式会社積信堂

ISBN978-4-480-09737-8 C0140